教育部高等学校电子信息类专业教学指导委员会规划教材
高等学校电子信息类专业系列教材

“十三五”江苏省高等学校重点教材（编号：2016-2-018）

Build Your Digital Blocks
Digital Circuits and Logic Design using Verilog HDL&Vivado

搭建你的数字积木

数字电路与逻辑设计

（Verilog HDL&Vivado版）

汤勇明 张圣清 陆佳华 编著
Tang Yongming Zhang Shengqing Lu Jiahua

清华大学出版社
北京

内容简介

本书系统论述了数字电路与逻辑设计的理论、方法与实践技术。全书基于 Verilog HDL 与 Vivado 开发环境，共 18 章，详尽介绍了如下内容：逻辑设计与 Vivado 基础、布尔代数与 Verilog HDL 基础、组合逻辑电路设计基础、时序逻辑电路设计基础、有限状态机设计基础、逻辑设计工程技术基础、Vivado 数字积木流程、串行通信接口控制器、RAM 接口控制器、字符点阵显示模块接口控制器、VGA 接口控制器、数字图像采集、数字逻辑系统设计案例、单周期 CPU 设计案例、数字信号处理设计案例(FIR)、数字图像处理设计案例、大学生 FPGA 设计案例以及 Xilinx 资源导读。

为便于教师和广大读者学习与动手实践，本书配套提供了教学课件、教学视频及程序代码等教学资源。

本书适合作为普通高等院校电子信息类、电气信息类、自动化类专业的本科生教材，也可作为相关专业研究生参考教材，并适合作为电子与电气工程技术领域的科研工程技术人员的参考用书。

图书在版编目(CIP)数据

搭建你的数字积木：数字电路与逻辑设计：Verilog HDL&Vivado 版/汤勇明，张圣清，陆佳华编著. —北京：清华大学出版社，2017 (2022.2 重印)
(高等学校电子信息类专业系列教材)
ISBN 978-7-302-46662-8

Ⅰ. ①搭… Ⅱ. ①汤… ②张… ③陆… Ⅲ. ①数字电路－逻辑设计－高等学校－教材 Ⅳ. ①TN79

中国版本图书馆 CIP 数据核字(2017)第 036014 号

责任编辑：盛东亮
封面设计：李召霞
责任校对：白　蕾
责任印制：沈　露

出版发行：清华大学出版社
网　　址：http://www.tup.com.cn，http://www.wqbook.com
地　　址：北京清华大学学研大厦 A 座　　**邮　　编**：100084
社 总 机：010-62770175　　**邮　　购**：010-83470235
投稿与读者服务：010-62776969，c-service@tup.tsinghua.edu.cn
质量反馈：010-62772015，zhiliang@tup.tsinghua.edu.cn
课件下载：http://www.tup.com.cn，010-83470236
印 装 者：北京国马印刷厂
经　　销：全国新华书店
开　　本：185mm×260mm　　**印　张**：21　　**字　　数**：505 千字
版　　次：2017 年 6 月第 1 版　　**印　　次**：2022 年 2 月第10次印刷
定　　价：49.00 元

产品编号：071723-01

序

FOREWORD

我国电子信息产业销售收入总规模在2013年已经突破12万亿元，行业收入占工业总体比重已经超过9%。电子信息产业在工业经济中的支撑作用凸显，更加促进了信息化和工业化的高层次深度融合。随着移动互联网、云计算、物联网、大数据和石墨烯等新兴产业的爆发式增长，电子信息产业的发展呈现了新的特点，电子信息产业的人才培养面临着新的挑战。

(1) 随着控制、通信、人机交互和网络互联等新兴电子信息技术的不断发展，传统工业设备融合了大量最新的电子信息技术，它们一起构成了庞大而复杂的系统，派生出大量新兴的电子信息技术应用需求。这些"系统级"的应用需求，迫切要求具有系统级设计能力的电子信息技术人才。

(2) 电子信息系统设备的功能越来越复杂，系统的集成度越来越高。因此，要求未来的设计者应该具备更扎实的理论基础知识和更宽广的专业视野。未来电子信息系统的设计越来越要求软件和硬件的协同规划、协同设计和协同调试。

(3) 新兴电子信息技术的发展依赖于半导体产业的不断推动，半导体厂商为设计者提供了越来越丰富的生态资源，系统集成厂商的全方位配合又加速了这种生态资源的进一步完善。半导体厂商和系统集成厂商所建立的这种生态系统，为未来的设计者提供了更加便捷却又必须依赖的设计资源。

教育部2012年颁布了新版《高等学校本科专业目录》，将电子信息类专业进行了整合，为各高校建立系统化的人才培养体系，培养具有扎实理论基础和宽广专业技能的、兼顾"基础"和"系统"的高层次电子信息人才给出了指引。

传统的电子信息学科专业课程体系呈现"自底向上"的特点，这种课程体系偏重对底层元器件的分析与设计，较少涉及系统级的集成与设计。近年来，国内很多高校对电子信息类专业课程体系进行了大力度的改革，这些改革顺应时代潮流，从系统集成的角度，更加科学合理地构建了课程体系。

为了进一步提高普通高校电子信息类专业教育与教学质量，贯彻落实《国家中长期教育改革和发展规划纲要(2010—2020年)》和《教育部关于全面提高高等教育质量若干意见》(教高【2012】4号)的精神，教育部高等学校电子信息类专业教学指导委员会开展了"高等学校电子信息类专业课程体系"的立项研究工作，并于2014年5月启动了《高等学校电子信息类专业系列教材》(教育部高等学校电子信息类专业教学指导委员会规划教材)的建设工作。其目的是为推进高等教育内涵式发展，提高教学水平，满足高等学校对电子信息类专业人才培养、教学改革与课程改革的需要。

本系列教材定位于高等学校电子信息类专业的专业课程，适用于电子信息类的电子信息工程、电子科学与技术、通信工程、微电子科学与工程、光电信息科学与工程、信息工程及其相近专业。经过编审委员会与众多高校多次沟通，初步拟定分批次（2014—2017年）建设约100门课程教材。本系列教材将力求在保证基础的前提下，突出技术的先进性和科学的前沿性，体现创新教学和工程实践教学；将重视系统集成思想在教学中的体现，鼓励推陈出新，采用“自顶向下”的方法编写教材；将注重反映优秀的教学改革成果，推广优秀的教学经验与理念。

为了保证本系列教材的科学性、系统性及编写质量，本系列教材设立顾问委员会及编审委员会。顾问委员会由教指委高级顾问、特约高级顾问和国家级教学名师担任，编审委员会由教育部高等学校电子信息类专业教学指导委员会委员和一线教学名师组成。同时，清华大学出版社为本系列教材配置优秀的编辑团队，力求高水准出版。本系列教材的建设，不仅有众多高校教师参与，也有大量知名的电子信息类企业支持。在此，谨向参与本系列教材策划、组织、编写与出版的广大教师、企业代表及出版人员致以诚挚的感谢，并殷切希望本系列教材在我国高等学校电子信息类专业人才培养与课程体系建设中发挥切实的作用。

吕志伟 教授

学习说明

本书配套教学视频

配套教学视频及实验操作视频可到 OpenHW 网站获取，网址如下：

http://www.openhw.org/refdesign

本书配套教学课件

配套教学课件可到清华大学出版社网站本书页面获取，网址如下：

http://www.tup.com.cn

本书配套程序代码

配书源程序在 OpenHW 网站及 Github 开源，并保持更新，网址如下：

https://github.com/xupsh/Digital-Design-Lab

注意：本书配书的教学视频、教学课件及程序代码仅限购买本书读者学习使用，不得以任何方式传播。

本书作者及编辑联络方式

作者邮箱：tym@seu.edu.cn

joshua.lu@xilinx.com

编辑邮箱：dongliang.sheng@qq.com

前言

PREFACE

这是一本正规教材吗？看书名有点像儿童读物。

这是一本设计开发手册吗？这里面怎么还有思考习题啊。

其实，编者们也为这本书的名字费了不少神，这是本书的第一个书名建议，之后也揣摩了好几个，但到了最后还是觉得这第一次取的名字最好，因为它最符合编者们当下对基于FPGA芯片的逻辑系统设计的核心理念。

如果说对于国内的高校和企业来讲，20世纪90年代，PLD还是新兴技术，仅在高端产品和产品设计初期有所应用外，如今PLD产品已经成为业内绝大多数的逻辑系统设计的核心，也是大多数工程师的基本设计能力。

这些年来，逻辑系统设计和FPGA编程类的新教材不断涌现。应该说，这些方面国内并不缺乏好的专业教材或工具书，但是作为编者的这几个人在分别经历多年相关课程教学、工程师培训、新技术推广等不同的工作后，总觉得教材可以编写得更像工具书一点，工具书可以再多点基础知识介绍。于是，几个人就凑在了一起，相互鼓励、相互督促做了一件他们最想做但其实又最不愿意做的事：编写一本教材。

以下是本书的编者们围绕逻辑系统设计和FPGA编程学习的几点认识，也是编写这本书的一些粗浅想法：

(1) 传统逻辑设计教学的内容和体系与当前行业的需求和实际产生了偏差

随着可编程逻辑器件(programmable logic device，PLD，包括现在的CPLD和FPGA)为主的新技术及其行业的快速发展，直接改变了基于数字系统核心的消费电子产品、工业系统、医疗仪器设备乃至专用逻辑芯片本身的设计，重点表现在逻辑系统的门电路规模门槛快速提升和设计方法的巨大变革。相比之下，成熟的传统逻辑设计教学体系与行业界的实际产生了偏差，例如：在传统逻辑设计教学中常用的真值表和卡诺图等在实际行业设计中难觅踪影；传统逻辑设计实验教学中常用的74系列或4000系列中规模单元芯片采购困难且价格高，使得教学实验项目难以为继；传统逻辑设计中当作理论讲解的竞争与冒险变成逻辑设计工程师时时刻刻面对的实际问题；实际工程应用中急需的模块化设计理念和团队合作能力在传统逻辑教学中基本缺失。

(2) 逻辑设计教学从传统的基础理论课程更多转向为实践类课程

传统的逻辑设计或数字电路课程都是各大电子信息专业的基础核心课程，在布尔代数基本理论基础上重点讲解组合逻辑系统的分析和设计、时序逻辑系统的分析和设计，再补充一些计算机结构中的基本单元作为其应用案例。这些内容也积累了大量考试题库，但大量题库都是限于四个逻辑变量及以下、J-K触发器容易命题但实际远不如D触发器实用、竞争冒险作为理论概念难以在习题中体现、状态机是综合类应用内容且入选习题的工作状态数不宜过多等，与此对应的实际情况是基于 FPGA 开展实际逻辑系统设计，几十万门的逻辑系统需求很平常，状态机已经成为大多数逻辑系统设计的基本单元，产品设计不断追求高性能使得毛刺问题在每一个设计中均需要认真处理等。因此，很多理论分析工作在当前设计中不再适用，大量设计能力需要通过不断实践经验积累。

（3）逻辑设计门槛的降低和逻辑系统复杂度的提升对模块化设计提出更高要求

FPGA 设计培训并不困难，越来越多的工程师通过自学就掌握了 FPGA 设计的基本能力，但随着 FPGA 芯片规模的快速提升和芯片价格的持续下降，大量复杂逻辑系统均已在单芯片内实现，且产品设计的时间周期越来越短，大量的逻辑系统设计都需要工程师团队分工合作完成，同时大量基本逻辑单元和功能模块会重复利用，因此，模块化编程思想和设计团队的标准逻辑模块设计积累都十分重要。把产品设计比作搭积木，谁的逻辑模块积木多以及谁的专有逻辑模块积木多会左右一个产品的市场成败。

基于上述理念，本书希望建设成能满足目前从逻辑设计入门到具备基本逻辑设计工程师能力的学习道路上的教材或参考书。在组织规划过程中贯穿了以下几点思路：

（1）以目前主流且实用的 FPGA 和 Verilog HDL 为基础更新逻辑设计理论基础教学主线；

（2）将 Vivado 集成设计开发环境在第 1 章中就呈现给读者，让读者从一开始就能利用该开发工具学习具体逻辑设计；

（3）淡化以往卡诺图、真值表这类效率低且目前实用性不强的设计方法，强化基于硬件表述语言的硬件编程设计思想，区分软件编程常规的指令语句单步运行思维模式；

（4）突出模块化编程思想并详细介绍 IP 设计封装和调用办法；

（5）常用逻辑模块及逻辑系统案例选取由浅入深，设计过程和例程尽量详细，替代一般实验指导书。

综上，本书具体分成三大部分：第一部分逻辑设计基础（共六章）；第二部分常用逻辑设计模块（共五章）；第三部分逻辑系统设计案例（共六章）。将常用逻辑模块突显出来，主要是希望更多反映模块化编程思想和逻辑系统设计团队分工合作的趋势。

本书的编辑整理工作得到东南大学教务处的立项支持，并在 Xilinx 大学计划的支持下进行，相关章节内容邀请了 Xilinx 大学计划的应用工程师团哲恒、实习生崔宏宇，以及东南大学电子科学与工程学院电路与系统方向的研究生参与整理，在此一并感谢。

本书编辑整理均在编者的日常教学和大学计划工作之余进行，并分工合作完成，系统性和文字风格一致性可能会有所差异，并难免一些错漏，有待读者不断指出并修改。编者们也会持续补充设计案例并整理教学应用相关的教学资料，也希望大家能不断反馈相关意见，使本书能得到良好的修编，改进目标和方向。

编著者

2017 年 3 月

目录

CONTENTS

第一部分　逻辑设计基础

第1章　逻辑设计概述及Vivado基础 …… 3

1.1　逻辑设计概况 …… 3

1.2　Verilog HDL语言基础 …… 6

1.2.1　硬件描述语言概述 …… 6

1.2.2　Verilog HDL语言要素和设计流程 …… 9

1.3　PLD器件基础 …… 11

1.3.1　可编程逻辑器件技术发展历程 …… 11

1.3.2　FPGA和CPLD简介 …… 12

1.3.3　Xilinx FPGA介绍 …… 12

1.3.4　FPGA选型应该考虑的问题 …… 13

1.4　Vivado开发环境及设计流程 …… 15

1.4.1　Vivado功能介绍 …… 15

1.4.2　Vivado用户界面介绍和菜单操作 …… 15

1.4.3　Vivado开发流程 …… 18

第2章　布尔代数和Verilog HDL基础 …… 30

2.1　布尔代数 …… 30

2.1.1　三种基本逻辑门 …… 31

2.1.2　四种常用逻辑门 …… 32

2.2　布尔定律 …… 33

2.2.1　单变量布尔定律 …… 33

2.2.2　双变量和三变量的布尔定律 …… 33

2.3　布尔代数化简 …… 37

2.3.1　公式法化简 …… 37

2.3.2　卡诺图化简 …… 38

2.4　Verilog HDL语言基础 …… 42

2.4.1　Verilog HDL模块及端口 …… 42

2.4.2　Verilog HDL数据类型声明 …… 45

2.4.3　Verilog HDL运算操作 …… 47

第3章　组合逻辑电路设计基础 …… 53

3.1　组合电路中的always块 …… 53

3.1.1 基本语法格式 …… 54
3.1.2 过程赋值 …… 54
3.1.3 变量的数据类型 …… 55
3.1.4 简单实例 …… 55
3.2 条件语句 …… 56
3.2.1 if-else 语句 …… 57
3.2.2 case 语句 …… 59
3.3 循环语句 …… 62
3.3.1 for 语句 …… 62
3.3.2 repeat 语句 …… 63
3.3.3 while 语句 …… 64
3.3.4 forever 语句 …… 65
3.4 always 块的一般编码原则 …… 65
3.4.1 组合电路代码中常见的错误 …… 65
3.4.2 组合电路中 always 块的使用原则 …… 68
3.5 常数和参数 …… 68
3.5.1 常数 …… 68
3.5.2 参数 …… 69
3.6 设计实例 …… 71
3.6.1 多路选择器 …… 71
3.6.2 比较器 …… 72
3.6.3 译码器和编码器 …… 74
3.6.4 十六进制数七段 LED 显示译码器 …… 77
3.6.5 二进制—BCD 码转换器 …… 79
3.7 练习题 …… 81
第 4 章 时序电路设计基础 …… 83
4.1 触发器和锁存器 …… 83
4.1.1 基本 D 触发器 …… 83
4.1.2 含异步复位的 D 触发器 …… 84
4.1.3 含异步复位和同步使能的 D 触发器 …… 85
4.1.4 基本锁存器 …… 87
4.1.5 含清 0 控制的锁存器 …… 88
4.2 寄存器 …… 89
4.2.1 1 位寄存器 …… 89
4.2.2 N 位寄存器 …… 90
4.2.3 寄存器组 …… 91
4.3 移位寄存器 …… 92
4.3.1 具有同步预置功能的 8 位移位寄存器 …… 92
4.3.2 8 位通用移位寄存器 …… 93
4.4 计数器 …… 94
4.4.1 简单的二进制计数器 …… 94
4.4.2 通用二进制计数器 …… 94

4.4.3 模 m 计数器 …… 95
4.5 设计实例…… 97
4.5.1 数码管扫描显示电路 …… 97
4.5.2 秒表…… 101
4.6 练习题 …… 103
第 5 章 有限状态机设计基础 …… 104
5.1 引言 …… 104
5.1.1 有限状态机的特点…… 104
5.1.2 Mealy 状态机和 Moore 状态机…… 105
5.1.3 有限状态机的表示方法…… 106
5.2 有限状态机代码实现 …… 107
5.3 设计实例 …… 110
5.3.1 序列检测器设计…… 110
5.3.2 ADC 采样控制电路设计 …… 113
5.3.3 按键消抖电路设计…… 116
5.4 课程练习 …… 118
第 6 章 逻辑设计工程技术基础…… 120
6.1 数字电路稳定性 …… 120
6.2 组合逻辑与毛刺 …… 121
6.2.1 组合逻辑设计中的毛刺现象…… 121
6.2.2 组合逻辑设计中毛刺的处理…… 122
6.3 异步设计与毛刺 …… 123
6.3.1 异步时序电路中的毛刺现象…… 123
6.3.2 异步时序电路中毛刺的处理…… 123
6.4 Verilog HDL 设计中的编程风格 …… 125
6.4.1 强调代码编写风格的必要性…… 125
6.4.2 强调编写规范的宗旨…… 125
6.4.3 变量及信号命名规范…… 125
6.4.4 编码格式规范…… 126
6.5 Xilinx 开发环境中的其他逻辑设计辅助工具 …… 128

第二部分 常用逻辑设计模块

第 7 章 Vivado 数字积木流程…… 131
7.1 IP 基础 …… 131
7.2 打包属于自己的 IP …… 134
7.3 IP 设计示例——二进制转格雷码 …… 146
7.4 练习题 …… 152
第 8 章 串行通信接口控制器 …… 153
8.1 UART 串口通信协议及控制器设计 …… 153
8.1.1 UART 协议介绍 …… 153
8.1.2 UART 协议实例 …… 154
8.2 PS/2 协议及实例设计…… 158

8.2.1 PS/2 协议介绍 …… 158
8.2.2 PS/2 设计实例 …… 159
8.3 SPI 同步串行总线协议及控制器设计 …… 160
8.3.1 SPI 协议介绍 …… 160
8.3.2 SPI 控制器模块实例 …… 162
8.4 I2C 两线式串行总线协议及控制器设计 …… 164
8.4.1 I2C 协议介绍 …… 164
8.4.2 I2C 模块设计实例 …… 166
8.5 练习题 …… 168
第 9 章 RAM 接口控制器 …… 169
9.1 内部存储器 …… 169
9.1.1 FIFO …… 169
9.1.2 单端口 RAM 设计 …… 175
9.1.3 双端口 RAM 设计 …… 177
9.2 外部存储器 …… 180
9.2.1 DRAM 介绍 …… 180
9.2.2 DDR SDRAM 原理 …… 180
9.2.3 DDR SDRAM 控制器原理 …… 182
9.3 练习题 …… 200
第 10 章 字符点阵显示模块接口控制器 …… 201
10.1 字符型液晶控制器设计 …… 201
10.1.1 LCD 原理 …… 201
10.1.2 字符型 LCD1602 模块 …… 202
10.1.3 字符型液晶模块显示实例 …… 206
10.2 点阵 OLED 控制器设计 …… 211
10.2.1 OLED 原理 …… 211
10.2.2 OLED 驱动原理 …… 212
10.2.3 OLED 显示实例 …… 214
10.3 练习题 …… 220
第 11 章 VGA 接口控制器 …… 221
11.1 CRT 显示器原理 …… 221
11.2 VGA 控制器设计 …… 221
11.2.1 VGA 视频接口的概念 …… 221
11.2.2 VGA 的接口信号 …… 222
11.2.3 行同步和场同步 …… 222
11.3 VGA 接口设计实例 …… 223
11.3.1 VGA 显示条纹和棋盘格图像 …… 223
11.3.2 VGA 图像显示实例(文字/图片显示或者数码相框) …… 226
11.3.3 VGA IP 的使用 …… 230
11.4 练习题 …… 235
第 12 章 数字图像采集 …… 236
12.1 数字图像采集概述 …… 236

12.2　系统设计原理…… 236
12.2.1　系统架构…… 236
12.2.2　OV7725 芯片介绍…… 237
12.2.3　OV7725 SCCB 协议…… 238
12.2.4　OV7725 配置寄存器…… 239
12.2.5　OV7725 图像采集…… 239
12.2.6　Block RAM 存储单元…… 242
12.2.7　VGA 显示的实现…… 243
12.3　模块搭建与综合实现…… 243
12.4　系统调试及板级验证…… 246
12.4.1　引脚分配…… 246
12.4.2　模块连接…… 246
12.5　练习题…… 246

第三部分　逻辑系统设计案例

第 13 章　数字逻辑系统设计案例：数字钟…… 249
13.1　数字钟设计案例…… 249
13.1.1　实验原理…… 249
13.1.2　实验设计流程…… 249
13.2　基于集成逻辑分析仪的调试…… 253
13.3　约束设计…… 257
13.3.1　物理约束…… 257
13.3.2　时序约束…… 260
13.4　练习题…… 272
第 14 章　单周期处理器设计实例…… 273
14.1　单周期处理器体系架构简介…… 273
14.1.1　单周期处理器指令集简介…… 273
14.1.2　单周期处理器系统结构…… 276
14.2　设计流程…… 277
14.2.1　实验原理…… 277
14.2.2　设计与验证…… 279
第 15 章　数字信号处理实例：FIR 滤波器…… 284
15.1　FIR 滤波器简介…… 284
15.2　基于 HLS 的 FIR 滤波器实现流程…… 284
15.3　工程测试…… 291
15.4　生成 IP…… 292
15.5　练习题…… 293
第 16 章　数字图像处理设计案例…… 294
16.1　项目概述…… 294
16.2　硬件介绍…… 295
16.3　模块介绍…… 295
16.3.1　RGB 转 HSV 模块…… 295

16.3.2 Color Detect 色彩检测及坐标计算 …… 296
16.4 舵机控制模块 …… 300
16.5 实例实现过程 …… 300
16.6 板级验证 …… 301
16.7 练习题 …… 302
第17章 大学生FPGA设计案例 …… 303
17.1 逻辑控制 …… 303
17.2 图像处理 …… 304
17.2.1 VGA控制颜色 …… 305
17.2.2 视力表 …… 305
17.2.3 手部运动检测系统 …… 307
17.3 仪表仪器 …… 309
17.3.1 数字示波器 …… 309
17.3.2 逻辑分析仪 …… 309
17.3.3 波形发生器 …… 311
17.4 其他 …… 312
第18章 Xilinx资源导读 …… 313
18.1 获取本书参考例程 …… 313
18.1.1 Github介绍及使用 …… 313
18.1.2 OpenHW介绍 …… 313
18.1.3 Xilinx各类比赛 …… 315
18.2 Xilinx网站 …… 315
18.2.1 FPGA应用与解决方案 …… 315
18.2.2 文档资料查找 …… 315
18.2.3 Vivado工具和License的下载以及更新 …… 317
18.2.4 问题的查找 …… 317
18.2.5 Xilinx社区 …… 318
18.3 视频教程 …… 318
18.4 Vivado学习参考文档 …… 318
参考文献 …… 320

第一部分

PART

逻辑设计基础

第 1 章　逻辑设计概述及 Vivado 基础
第 2 章　布尔代数和 Verilog HDL 基础
第 3 章　组合逻辑电路设计基础
第 4 章　时序电路设计基础
第 5 章　有限状态机设计基础
第 6 章　逻辑设计工程技术基础

第1章 逻辑设计概述及Vivado基础

CHAPTER 1

本章学习导言

以Xilinx为代表的半导体公司推动可编程逻辑器件技术(PLD)进入逻辑系统/逻辑芯片产业界有相当长一段时间,成为重要的系统设计研发技术。近年来国内广大高校看清技术发展趋势和产业需求,将该技术作为电子信息类专业学生的重要工程开发能力培养方向。但数字电路/逻辑设计基础一直保留了早先的基础理论课教学体系,仅将PLD设计作为逻辑电路教学体系的补充或后续课程。目前,高校相关专业的相关课程体系编排通常遵循的顺序是:先学习数字电路的基本概念和方法,再学习硬件描述语言(HDL)编程设计,最后通过PLD开发工具和平台进行实践训练。

但是本书作者群的理念与此不同,具体有两点:①传统数字电路分析和设计采用的很多教学内容,例如卡诺图和真值表等,已不再适用当前的逻辑系统设计应用;②逻辑设计随着PLD技术的不断发展,已不再是传统意义上的理论课,更多成为一门实践类课程,就好比一个人学习骑自行车,不是看完一本教材就能学会的,必须通过连续多次的骑行训练才能学会。

基于以上考虑,作者对本教材的内容进行了筛选,并对编排作了一些调整。本章在初步介绍逻辑设计、可编程芯片技术和硬件描述语言Verilog HDL的概述后,快速进入最新的PLD开发设计工具Vivado的使用介绍,帮助读者及早熟悉Vivado这一设计工具,并利用它在后续章节中通过实践练习深入了解逻辑设计的各类概念和技巧。对于已经具备基本逻辑设计基础的读者可以直接进入1.4节学习Vivado工具的使用。从本章开始到第6章,我们将结合Verilog HDL代码,介绍数字电路在设计中的具体实现。

1.1 逻辑设计概况

自然界的物理量可分为模拟(analog)和数字(digital)两大类。模拟量是指那些量值可在一定的范围内连续变化,或者说在一定的范围内有无穷多个取值的量。自然界绝大多数物理量都是模拟量,例如温度、湿度、语音等,用电子技术处理这一类物理量时,应当用电信号去模拟它们，例如可以用话筒将声音变为电压（或电流）幅值随声波变化的电信号，如图 1.1 所示，用这种方法得到的电信号，在时间和幅值上都是连续的，称为模拟信号（analog signal）。另一种物理量是数字量，例如人数、物品的个数等，其特点是其取值是离散的，只能是一个范围内的某些特定值，且分别与某个数字相对应，用电子技术处理这一类物理量时，所选取的电信号应反映其数字信息，现在最通用的方法就是用电压幅值的高（代表数字 1）和低（代表数字 0）所描述的二进制数字表示它们，如图 1.1(e)所示（它表示一个二进制数 1001100，即十进制数 76），这就是数字系统与计算机所使用的数字信号（Digital Signal）。显然，数字信号在时间和幅值上都是离散的。模拟信号可以通过模数转换电路（ADC）转换成数字信号，反之，数字信号也可以通过数模转换电路（DAC）转换成模拟信号。

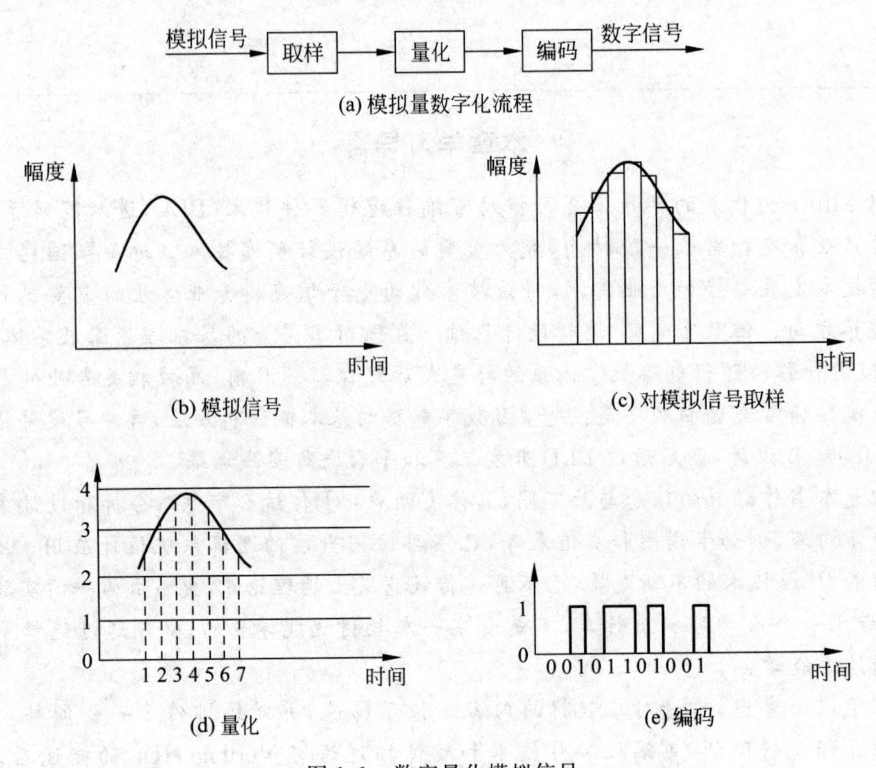

图 1.1　数字量化模拟信号

处理（process）模拟信号和数字信号的电路分别称为模拟电路（analog circuit）和数字电路（digital circuit）。这里所说的处理包括信号的产生、放大、变换、存储等。图 1.1(b)所示模拟信号的信息是用其幅值携带的（也可以用频率或相位等参量携带），所以在处理过程中必须保持信号的波形精确不变，但要做到这一点是不容易的，因为处理过程中不可避免地会因器件的限制和环境的影响出现畸变和干扰，使得处理后的信号失真，而要使处理后的信号达到很高的保真度，就必须使用高质量的器件和采取各种补偿措施，这些都将使电路的成本和制作难度大大增加。

由于数字信号是用电压幅值的高和低携带信息的，即使在处理过程中出现一定的畸变或干扰，只要不使幅值的高低混淆，所携带的信息便不会丢失，而做到这一点通常并不难，因此数字设备具有极高的可靠性和稳定性。而且，只要采样的频率足够高、所使用的数字位数足够多，就能达到很高的处理精度，而用模拟方法实现时，由于系统各部分误差的累积影响，要达到与数字方法同样的精度和质量，设备往往相当复杂和昂贵。

此外，数字技术还有以下优点：

（1）数字信息可以通过打印或制成光盘长期保存。

（2）便于用计算机控制或处理。

（3）集成化程度高：由于数字集成电路制作工艺不断成熟，集成技术发展极快，集成电路的工程师不断践行着摩尔定律，芯片规模不断扩大，处理速度不断提升，而价格不断下降。目前集成工艺已进入深亚微米领域，集成规模高达每片数百万只晶体管，一个电路系统往往只需一片集成电路就可以实现，体积小、重量轻、生产周期短，且可靠性高。

（4）设计方便，自动化程度高：数字电路的设计与模拟电路相比，偏重于逻辑而不是偏重于参数选取，因此更便于使用计算机工具，目前许多高质量的数字系统开发工具纷纷面世，为设计数字系统提供了极为方便的条件，特别是各类现场可编程逻辑器件（PLD）及相应开发工具的出现，使得科技人员在自己的实验室内即可自行设计和制作专用集成电路（ASIC），并可通过各类仿真工具来校验设计的结果，这些都大大缩短了设计的进程，节约了设计的成本，提高了设计的质量。而对于模拟电路的设计，目前还远没有达到这样的水平。

虽然自然界绝大多数的物理量都是模拟量，但可利用模数转换电路将模拟量转换为数字量，然后再用数字电路处理，所以绝大多数现代电子产品的主体部分都采用数字电路，只是在高频率、大功率、高电压或微弱信号处理等情况下，由于超出了目前的数字集成电路的应用范围，不得不采用模拟方法处理。然而，用模拟方法处理的这些问题，往往是决定电子产品性能高低的关键，所以对模拟电路的研究仍然是电子技术的一个极为重要的方面。

为了便于后续通过 Verilog HDL 语言学习逻辑系统设计，特先给出一个该设计领域的基本入门程序案例。以下是一个简单的1位与门电路，它具有两个输入 a、b 和一个输出 y。当 a 和 b 都为1时，信号量 y 为1。该电路的真值表如表1.1所示。

表1.1 1位与门电路的真值表

输入 a	输入 b	输出 y
0	0	0
0	1	0
1	0	0
1	1	1

该电路的逻辑表达式为

$$y = a \& b$$

实现上述表达式的 Verilog HDL 程序代码见例1.1。在下面的章节中，会分别介绍语言结构和代码表达。

例1.1 与门的实现

```
module gate_and(
        input a,
        input b,
        output y
            );
        assign y = a & b;

endmodule
```

理解一个 HDL(hardware description language,硬件描述语言)程序的最好的方法就是站在硬件电路的角度思考。该程序由三部分组成：IO 部分描述的是电路的输入输出端口，分别是 a、b 和 y；程序主体部分描述了电路的内部组织结构；代码包含一个赋值语句，它执行一些简单的逻辑运算。这一程序的图形表示如图 1.2 所示。在 1.2 节将说明硬件描述语言的基本信息。

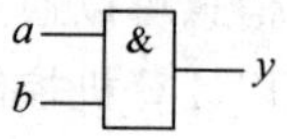

图 1.2　上述 1 位与门程序的图形表示

1.2　Verilog HDL 语言基础

1.2.1　硬件描述语言概述

硬件描述语言(hardware description language,HDL)是一种用形式化方法描述逻辑电路和系统的语言。利用这种语言，逻辑电路系统的设计可以从上层到下层(从抽象到具体)逐层描述自己的设计思想，用一系列分层次的模块来表示极其复杂的逻辑系统。然后，利用电子设计自动化(EDA)工具，逐层进行仿真验证，再把其中需要变为实际电路的模块组合，经过自动综合工具转换到门级电路网表。接下来，再用专用集成电路(ASIC)或现场可编程门阵列(FPGA)自动布局布线工具，把网表转换为要实现的具体电路布线结构。据统计，目前在美国硅谷约有 90%以上的 ASIC 和 FPGA 采用硬件描述语言进行设计。

硬件描述语言 HDL 的发展至今已有 30 多年的历史，其成功地应用于设计的各个阶段：建模、仿真、验证和综合等。到 20 世纪 80 年代，已出现了上百种硬件描述语言，对设计自动化曾起到了极大的促进和推动作用。但是，这些语言一般各自面向特定的设计领域和层次，而且众多的语言使用户无所适从。因此，需要一种面向设计的多领域、多层次并得到普遍认同的标准硬件描述语言。20 世纪 80 年代后期至 90 年代，VHDL 和 Verilog HDL 语言适应了这种趋势的要求，先后成为 IEEE 标准。

现在，随着超大规模 FPGA 以及包含 SoC 内核 FPGA 芯片的出现，软硬件协调设计和系统设计变得越来越重要。传统意义上的硬件设计越来越倾向于与系统设计和软件设计结合。硬件描述语言为适应新的情况，迅速发展，出现了很多新的硬件描述语言，像 System Verilog、SystemC、Cynlib C++等；另一方面，PLD 设计工具在原先仅支持硬件描述语言设计输入的基础上，日益增加对传统高级设计语言(如 C 或 C++)的设计支持。

补充阅读：几种主要的 HDL

目前，硬件描述语言可谓是百花齐放，有 VHDL、Superlog、Verilog、SystemC、System Verilog、Cynlib C++、C Level 等。整体而言，在 PLD 开发领域应用最广的还是 VHDL 和 Verilog HDL。随着逻辑系统开发规模的不断增大，SystemC 和 System Verilog 等系统级硬件描述语言也得到越来越多的应用。

1) VHDL

早在 1980 年，因为美国军事工业需要描述电子系统的方法，美国国防部开始进行 VHDL 的开发。1987 年，IEEE(Institute of Electrical and Electronics Engineers)将 VHDL 制定为标准。参考手册为 IEEE VHDL 语言参考手册标准草案 1076/B 版，于

1987 年批准，称为 IEEE 1076—1987。应当注意，起初 VHDL 只是作为系统规范的一个标准，而不是为设计而制定的。第二个版本是在 1993 年制定的，称为 VHDL-93，增加了一些新的命令和属性。

虽然有“VHDL 是一个 4 亿美元的错误”这样的说法，但 VHDL 毕竟是 1995 年以前唯一制定为标准的硬件描述语言，这是它不争的事实和优势；但同时它确实比较麻烦，而且其综合库至今也没有标准化，不具有晶体管开关级模拟设计的描述能力。目前来说，对于特大型的系统级逻辑电路设计，VHDL 是较为合适的。

实质上，在底层的 VHDL 设计环境是由 Verilog HDL 描述的器件库支持的，因此，它们之间的互操作性十分重要。目前，Verilog 和 VHDL 的两个国际组织 OVI(Open Verilog International)、VI 正在筹划这一工作，准备成立专门的工作组来协调 VHDL 和 Verilog HDL 语言的互操作性。OVI 也支持不需要翻译，由 VHDL 到 Verilog 的自由表达。

2) Verilog HDL

Verilog HDL 是在 1983 年，由 GDA(GateWay Design AUTOMATION)公司的 Phil Moorby 首创的。Phil Moorby 后来成为 Verilog-XL 的主要设计者和 Cadence 公司的第一合伙人。在 1984—1985 年，Phil Moorby 设计出了第一个名为 Verilog-XL 的仿真器；1986 年，他对 Verilog HDL 的发展又作出了另一个巨大的贡献：提出了用于快速门级仿真的 XL 算法。

随着 Verilog-XL 算法的成功，Verilog HDL 语言得到迅速发展。1989 年，Cadence 公司收购了 GDA 公司，Verilog HDL 语言成为 Cadence 公司的私有财产。1990 年，Cadence 公司决定公开 Verilog HDL 语言，于是成立了 OVI 组织，负责促进 Verilog HDL 语言的发展。基于 Verilog HDL 的优越性，IEEE 于 1995 年制定了 Verilog HDL 的 IEEE 标准，即 Verilog HDL 1364—1995；2001 年发布了 Verilog HDL 1364—2001 标准，在这个标准中，加入了 Verilog HDL-A 标准，使 Verilog 有了模拟设计描述的能力。

3) SystemC

随着半导体技术的迅猛发展，SoC 已经成为当今集成电路设计的发展方向。在系统芯片的各个设计(像系统定义、软硬件划分、设计实现等)中，集成电路设计界一直在考虑如何满足 SoC 的设计要求，一直在寻找一种能同时实现较高层次的软件和硬件描述的系统级设计语言。

SystemC 正是在这种情况下，由 Synopsys 公司和 CoWare 公司积极响应目前各方对系统级设计语言的需求而合作开发的。1999 年 9 月 27 日，40 多家世界著名的 EDA 公司、IP 公司、半导体公司和嵌入式软件公司宣布成立“开放式 SystemC 联盟”。著名公司 Cadence 也于 2001 年加入了 SystemC 联盟。SystemC 从 1999 年 9 月联盟建立初期的 0.9 版本开始更新，从 1.0 版到 1.1 版，一直到 2001 年 10 月推出了最新的 2.0 版。

补充阅读：硬件抽象级的模型类型

按传统方法可将硬件抽象级的模型类型分为以下五种：

(1) 系统级(system level)：用语言提供的高级结构实现系统运行的模型。

(2) 算法级(algorithm level)：用语言提供的高级结构实现算法运行的模型。

(3) RTL级(register transfer level)：描述数据在寄存器之间流动和如何处理、控制这些数据流动的模型。

注意：以上三种都属于行为描述，只有RTL级才与逻辑电路有明确的对应关系。

(4) 门级(gate level)：描述逻辑门以及逻辑门之间连接的模型，与逻辑电路有确切的连接关系。

注意：以上四种，逻辑系统设计工程师必须掌握。

(5) 开关级(switch level)：描述器件中三极管和存储节点以及它们之间连接的模型。与具体的物理电路有对应关系，工艺库元件和宏部件设计人员必须掌握。

另外，根据目前芯片设计的发展趋势，验证级和综合抽象级也有可能成为一种标准级别，因为它们适用于IP核复用和系统级仿真综合优化的需要，而软件(嵌入式和固件式)也越来越成为一个和系统密切相关的抽象级别。

HDL是用于硬件设计的语言，可以对硬件的并发执行过程建模。早期的HDL语言有ABEL等，仅是对电路连接的简单文字描述。现在应用广泛的硬件描述语言，例如VHDL和Verilog HDL，在结构描述能力基础上具备了行为描述的能力，可以面向设计以外的综合、仿真等应用。未来的HDL有SystemC等，对大型系统设计、模块化设计等支持度更优。

与ABEL、AHDL等应用逻辑等式来描述逻辑功能，侧重于结构描述方法的语言相比，Verilog HDL语法更为丰富，适合算法级、寄存器传输级(RTL)、门级、板图级等各类设计描述应用；与VHDL语言相比，虽然两者都具备良好的行为描述能力，但工程师通常认为Verilog HDL在描述硬件单元的结构时更简单易读，VHDL的描述长度有时会达到Verilog HDL的两倍。

补充阅读：行为描述/结构描述

HDL设计方法主要有行为描述、结构描述两种。

行为描述由输入/输出的相应关系来描述，只有电路的功能性描述，没有结构描述，也没有具体的硬件示意图，如图1.3所示。

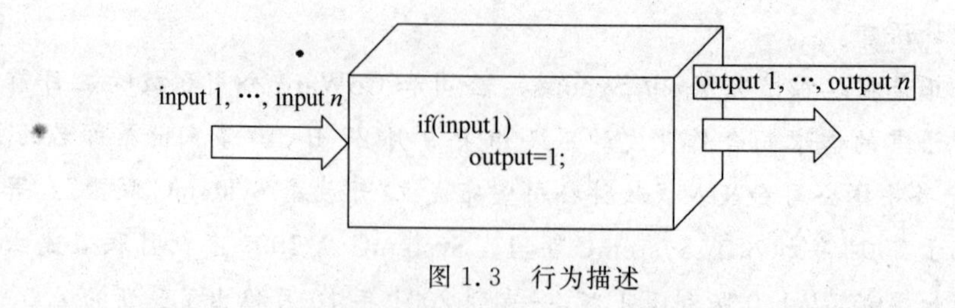

图1.3　行为描述

结构描述由低等级的元件或基本单元的连接关系来描述，主要关注电路的功能和结构。它设计具体的硬件，便于后续综合。如图 1.4 所示。

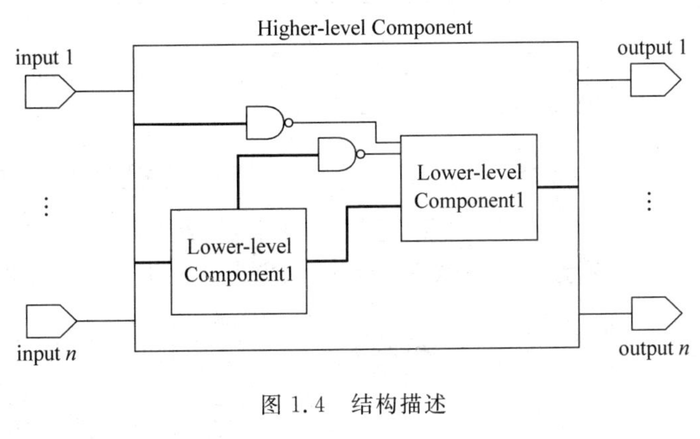

图 1.4 结构描述

Verilog HDL 已经成为公认的标准，得到广泛的应用。Verilog HDL 的主要应用包括：ASIC 和 FPGA 工程师用于编写可综合的 RTL 代码；高抽象级系统仿真进行系统结构开发；测试工程师用于编写各种层次的测试程序；用于 ASIC 和 FPGA 单元或更高层次的模块模型开发。

Verilog HDL 语言本身是面向集成电路设计开发的，PLD 设计是 Verilog HDL 的一大应用领域。但需要说明的是，PLD 设计受限于 PLD 器件已有的单元电路及各类可综合资源，设计的灵活性不如专用集成电路设计，所以对于 PLD 设计而言，不能支持全部的 Verilog HDL 语句库，仅仅支持 Verilog HDL 的一个子集。

1.2.2 Verilog HDL 语言要素和设计流程

图 1.5 给出了 Verilog HDL 的核心语言要素，它主要通过定义模块来描述基本硬件单元，模块内再分端口申明、数据申明、电路功能描述等。时序规范主要用于设计的仿真阶段。

从 Verilog HDL 到最终基于 PLD 芯片的电路实现大约分为设计输入、编译、综合、仿真、下载等几个过程，其主要流程框图见图 1.6。HDL 是主要的电路设计输入方式，很多设计开发环境也支持电路图设计输入；编译是对 HDL 语言正确性及可综合性的检查；综合形成对应于 PLD 器件内部逻辑电路资源的解释，将 HDL 语言、原理图等设计输入翻译成 RAM、触发器等基本逻辑单元组成的逻辑连接，根据要求优化生成逻辑，输出网表文件供布局布线使用；仿真形成是针对上述电路解释的性能表现；下载则是按照流文件(Stream)格式要求植入 PLD 中。

目前主要的 PLD 厂家都提供了能实现上述设计步骤的综合开发环境，Xilinx 公司提供的最新综合开发环境是 Vivado，其具体操作流程可参见本章 1.4 节，后续 PLD 设计的学习均可在 Vivado 设计环境下进行。

在开始 Verilog HDL 编程学习前特别需要注意以下事项：

(1) Verilog HDL 通过定义标识符赋予对象唯一的名称，例如 eq1、i0 和 p0。它是由字母、数字、下画线“_”和美元符号“$”组成，$ 通常是用于命名一个系统任务或函数。标识符

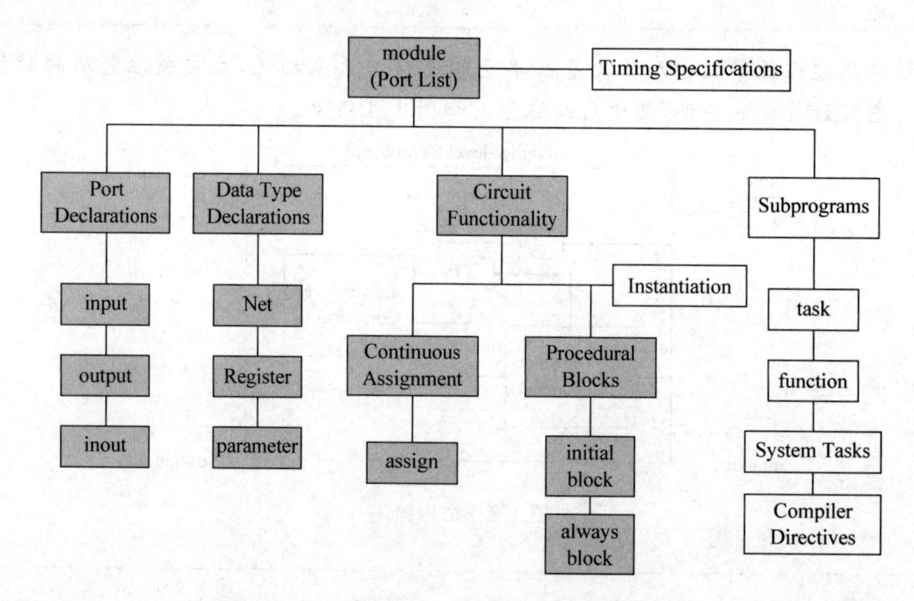

图 1.5 Verilog HDL 主要语言要素组成示意图

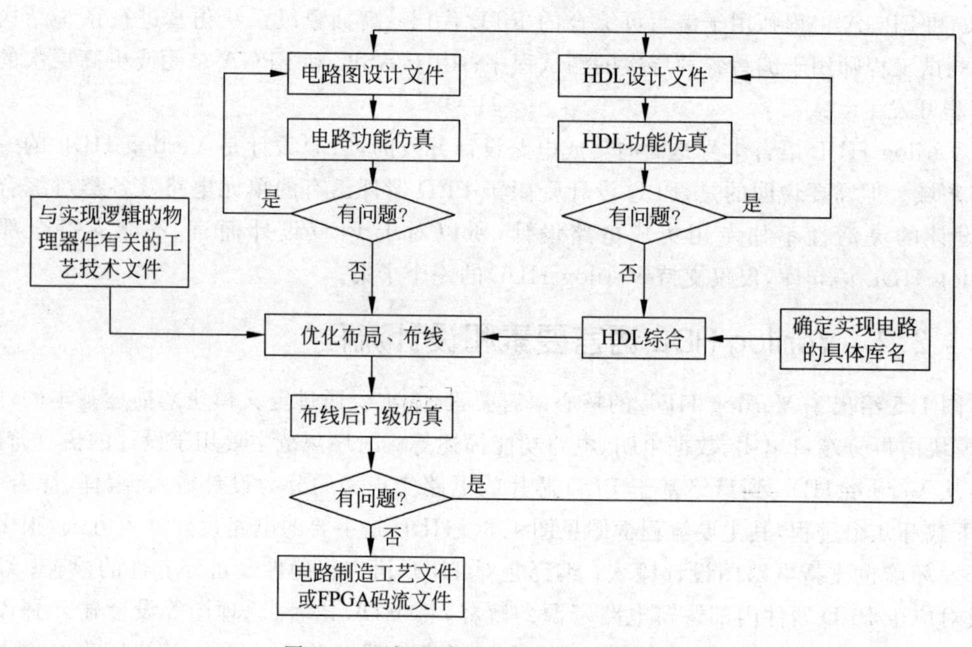

图 1.6 逻辑电路设计与实现的流程框图

的第一个字符必须是字母或下画线。

(2) Verilog HDL 中一些预定义标识符称为关键词,用来描述语言结构,例如 module 和 wire。

(3) Verilog HDL 是大小写敏感的,而 VHDL 不区分大小写,因此例如 data-bus、Data-bus 和 DATABUS 表示三个不同的对象。另需注意所有的关键词均为小写,例如 module、endmodule 等。

(4) Verilog HDL 对空白符(空格、制表符和换行符)不敏感,在编译的时候会被忽略

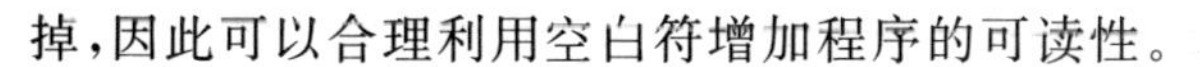

掉,因此可以合理利用空白符增加程序的可读性。

(5) Verilog HDL 的单行注释用“//”表示,多行注释由“/ * ”开始,“ * /”结束。

关于 Verilog HDL 主要语言要素的详细介绍,包括模块申明、端口申明、数据类型申明、运算符等将在第 2 章中展开,核心功能描述语句在第 3、4、5 章逐步介绍。

1.3 PLD 器件基础

1.3.1 可编程逻辑器件技术发展历程

最早的可编程逻辑器件(PLD)是 1970 年制成的可编程只读存储器(PROM),它由固定的与阵列和可编程的或阵列组成。PROM 采用熔丝技术,只能写一次,不能擦除和重写。随着技术的发展,此后又出现了紫外线可擦除只读存储器 UVEPROM 和电可擦除只读存储器 EEPROM。由于其价格便宜、速度低、易于编程,适合于存储函数和数据表格。

可编程逻辑阵列(PLA)器件于 20 世纪 70 年代中期出现,它是由可编程的与阵列和可编程的或阵列组成,但由于器件的价格比较贵、编程复杂、资源利用率低,因而没有得到广泛应用。

可编程阵列逻辑(PAL)器件是 1977 年美国 MMI 公司率先推出的,它采用熔丝编程方式,由可编程的与阵列和固定的或阵列组成,采用双极性工艺制造,器件的工作速度很高。由于它的设计很灵活,输出结构种类很多,因而成为第一个得到普遍应用的可编程逻辑器件。

通用阵列逻辑(GAL)器件是 1985 年 Lattice 公司最先发明的可电擦写、可重复编程、可设置加密位的 PLD。GAL 在 PAL 的基础上,采用了输出逻辑宏单元形式 EECMOS 工艺结构。在实际应用中,GAL 器件对 PAL 器件仿真具有百分之百的兼容性,所以 GAL 几乎完全代替了 PAL 器件,并可以取代大部分标准 SSI、MSI 集成芯片,因而获得广泛应用。

可擦除可编程逻辑器件(EPLD)是 20 世纪 80 年代中期 Altera 公司推出的基于 UVEPROM 和 CMOS 技术的 PLD,后来发展到采用 EECMOS 工艺制作的 PLD,EPLD 的基本逻辑单元是宏单元,宏单元是由可编程的与阵列、可编程寄存器和可编程 I/O 三部分组成的。从某种意义上讲,EPLD 是改进的 GAL,它在 GAL 基础上大量增加输出宏单元的数目,提供更大的与阵列,集成密度大幅提高,内部连线相对固定,延时小,有利于器件在高频下工作,但内部互连能力较弱。

复杂可编程逻辑器件(CPLD)是 20 世纪 80 年代末 Lattice 公司提出了在线可编程技术(ISP)以后,于 20 世纪 90 年代初推出的。CPLD 至少包含三种结构:可编程逻辑宏单元、可编程 I/O 单元和可编程内部连线,它是在 EPLD 的基础上发展起来的,采用 EECMOS 工艺制作,与 EPLD 相比,增加了内部连线,对逻辑宏单元和 I/O 单元也有很大改进。

现场可编程门阵列(FPGA)器件是 Xilinx 公司 1985 年首家推出的,它是一种新型的高密度 PLD,采用 CMOS-SRAM 工艺制作。FPGA 的结构与门阵列 PLD 不同,其内部由许多独立的可编程逻辑模块(CLB)组成,逻辑块之间可以灵活地相互连接,CLB 的功能很强,不仅能够实现逻辑函数,还可以配置成 RAM 等复杂的形式。配置数据存放在芯片内的 SRAM 中,设计人员可现场修改器件的逻辑功能,即所谓的现场可编程。FPGA 出现后受到电子设计工程师的普遍欢迎,发展十分迅速。

1.3.2 FPGA 和 CPLD 简介

FPGA 和 CPLD 都具有体系结构和逻辑单元灵活、集成度高以及适用范围宽的特点。这两种器件兼容了简单 PLD 和通用门阵列的优点，可实现较大规模的电路，编程也很灵活。与 ASIC(application specific IC)相比，具有设计开发周期短、设计制造成本低、开发工具先进、标准产品无须测试、质量稳定等优点，用户可以反复地编程、擦除、使用，或者在外围电路不动的情况下用不同软件就可实现不同的功能以及可实时在线检验。

CPLD 即复杂可编程逻辑器件，是一种比 PLD 复杂的逻辑元件。CPLD 是一种用户根据各自需要而自行构造逻辑功能的数字集成电路。与 FPGA 相比，CPLD 提供的逻辑资源相对较少，但是经典 CPLD 构架提供了非常好的组合逻辑实现能力和片内信号延时可预测性，因此对于关键的控制应用比较理想。

FPGA 即现场可编程门阵列，它是在 PAL、GAL、EPLD 等可编程器件的基础上进一步发展的产物。它是作为专用集成电路(ASIC)领域中的一种半定制电路而出现的，提供了丰富的可编程逻辑资源、易用的存储/运算功能模块和良好的性能，既解决了定制电路的不足，又克服了原有可编程器件门电路数有限的缺点。

FPGA 和 CPLD 因为结构上的区别，各具自身特色。因为 FPGA 的内部构造触发器比例和数量多，所以它在时序逻辑设计方面更有优势；而 CPLD 因具有与或门阵列资源丰富、程序掉电不易失等特点，适用于组合逻辑为主的简单电路。总体来说，由于 FPGA 资源丰富功能强大，在产品研发方面的应用突出。当前新推出的可编程逻辑器件芯片主要以 FPGA 类为主，随着半导体工艺的进步，其功率损耗越来越小，集成度越来越高。

1.3.3 Xilinx FPGA 介绍

Xilinx 公司成立于 1984 年，公司的共同创始人 Ross Freeman 发明了 FPGA(现场可编程门阵列)，而后在 1989 年辞世。2009 年，Ross Freeman 携 FPGA 发明荣登 2009 年美国“全国发明家名人堂”。Xilinx 公司是 All Programmable FPGA、SoC、MPSoC 和 3D IC 的全球领先企业，致力于实现新一代更智能的、互联的和差异化的系统与网络。在整个行业向云计算、SDN/NFV、视频无处不在、嵌入式视觉、工业物联网和 5G 无线过渡的大趋势推动下，Xilinx 的创新使得这些应用既能软件定义，又能硬件优化。

Xilinx 的各种软件定义及硬件优化解决方案，包括已经验证的、基于 C 语言和 IP 的可支持开发“软件定义硬件”的设计工具，以及一个支持“软件定义系统”开发的全新系列软件开发环境。通过这种独特的组合，Xilinx 不仅正在使用软件满足快速增长的可编程性及智能性需求，同时也正在使用优化硬件实现 10 倍以上的带宽、1/10 的延时与功耗以及高度灵活的任意连接。

Xilinx 公司的当前的 FPGA 产品按工艺划分，分为 45nm、28nm、20nm、16nm。45nm 的主要是 Spartan 系列，Spartan 系列适合中低端应用，成本比较低。28nm 产品主要是 7 系列，有 Artix-7、Kintex-7 和 Virtex-7 三个系列。其中 Artix-7 面向中低端用户；Kintex-7 面向中端用户；Virtex-7 面向高端用户。20nm 是 UltraSCALE 系列，有 Virtex 和 Kintex 系列。16nm 是 UltraSCALE＋系列。图 1.7 给出了 Xilinx 公司 FPGA 产品的主要发展历程。

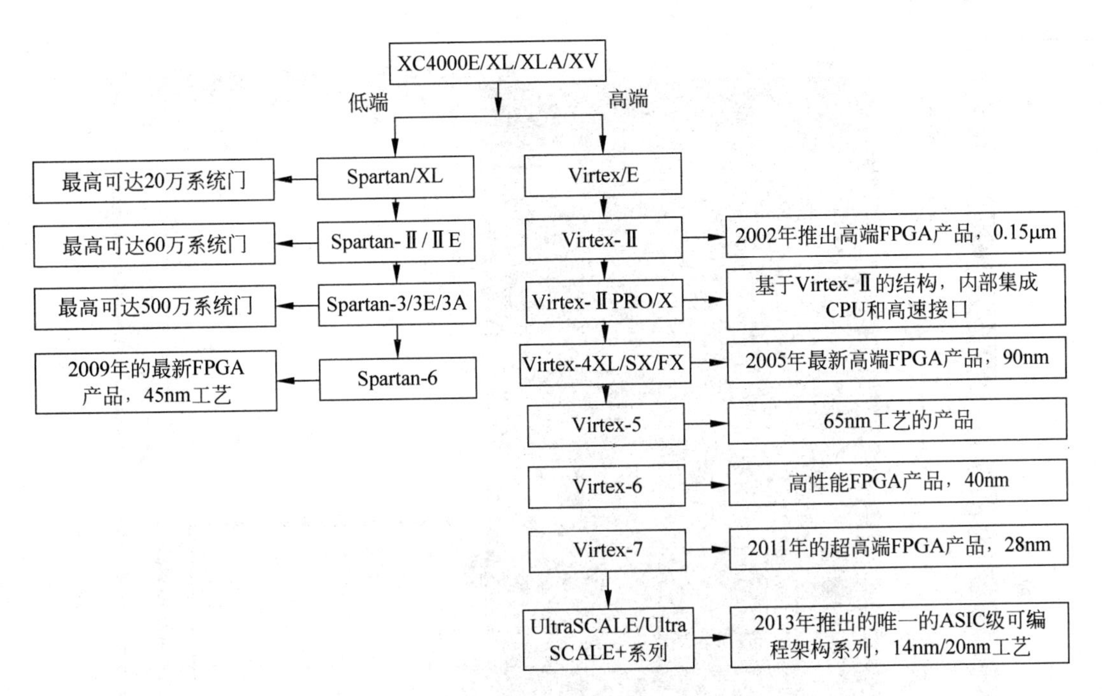

图 1.7 Xilinx 公司 FPGA 产品系列谱图

1.3.4 FPGA 选型应该考虑的问题

当选择一款 FPGA 芯片时，首先要确定我们的设计需要多少 FPGA 资源，然后根据评估的资源数量，去选择合适的 FPGA 型号。选择 FPGA 具体型号需要考虑以下内容：

(1) 管脚数量；

(2) 逻辑资源；

(3) 片内存储器；

(4) DSP 资源；

(5) 功耗；

(6) 封装形式。

实验的板卡使用芯片 xc7a35tcpg236-1 的关键特性如下：

(1) 33 280 个逻辑单元，六输入 LUT 结构；

(2) 1800Kbits 快速 RAM 块；

(3) 5 个时钟管理单元，均各含一个锁相环(PLL)；

(4) 90 个 DSP slices；

(5) 内部时钟频率最高可达 450MHz；

(6) 1 个片上模数转换器(XADC)。

这些参数的定义，可以查阅 Xilinx 官方手册 7 Series FPGAs Configurable Logic Block User Guide(UG474)。

同时，如图 1.8 所示在 Vivado 里，也可以看到相应的参数。在综合完成后，运行 Report Utilization 后，可以看到本书使用的板卡上的芯片 xc7a35tcpg236-1 的所有可用的资源。

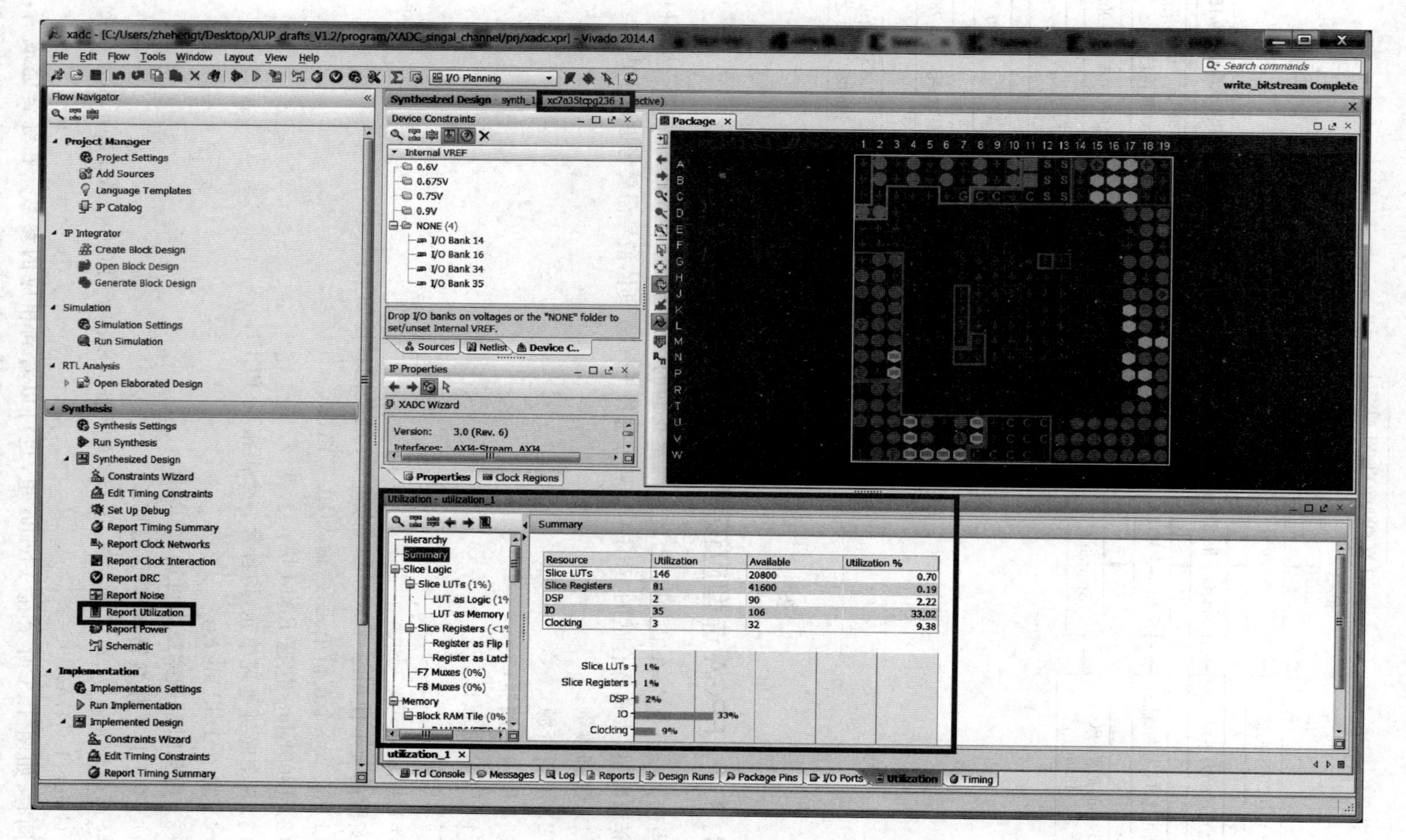
Flow Navigator
Project Manager
Project Settings
Add Sources
Language Templates
IP Catalog
IP Integrator
Create Block Design
Open Block Design
Generate Block Design
Simulation
Simulation Settings
Run Simulation
RTL Analysis
Open Elaborated Design
Synthesis
Synthesis Settings
Run Synthesis
Synthesized Design
Constraints Wizard
Edit Timing Constraints
Set Up Debug
Report Timing Summary
Report Clock Networks
Report Clock Interaction
Report DRC
Report Noise
Report Utilization
Report Power
Schematic
Implementation
Implementation Settings
Run Implementation
Implemented Design
Constraints Wizard
Edit Timing Constraints
Report Timing Summary
write_bitstream Complete
Resource
Utilization
Available
Utilization %
Slice LUTs
146
20800
0.70
Slice Registers
81
41600
0.19
DSP
2
90
2.22
IO
35
106
33.02
Clocking
3
32
9.38

图 1.8 芯片资源

同时，如图 1.9 所示，我们也可以参考相关的选型手册，上面有所有芯片的详细参数，可以进行对比。

		Artix®-7 FPGAs Optimized for Lowest Cost and Lowest Power Applications (1.0V, 0.95V, 0.9V)					
	Part Number	XC7A15T	XC7A35T	XC7A50T	XC7A75T	XC7A100T	XC7A200T
Logic Resources	Logic Cells	16,640	33,280	52,160	75,520	101,440	215,360
	Slices	2,600	5,200	8,150	11,800	15,850	33,650
	CLB Flip-Flops	20,800	41,600	65,200	94,400	126,800	269,200
Memory Resources	Maximum Distributed RAM (Kb)	200	400	600	892	1,188	2,888
	Block RAM/FIFO w/ ECC (36 Kb each)	25	50	75	105	135	365
	Total Block RAM (Kb)	900	1,800	2,700	3,780	4,860	13,140
Clock Resources	CMTs (1 MMCM + 1 PLL)	5	5	5	6	6	10
I/O Resources	Maximum Single-Ended I/O	250	250	250	300	300	500
	Maximum Differential I/O Pairs	120	120	120	144	144	240
Embedded Hard IP Resources	DSP Slices	45	90	120	180	240	740
	PCIe® Gen2(1)	1	1	1	1	1	1
	Analog Mixed Signal (AMS) / XADC	1	1	1	1	1	1
	Configuration AES / HMAC Blocks	1	1	1	1	1	1
	GTP Transceivers (6.6 Gb/s Max Rate)(2)	4	4	4	8	8	16
Speed Grades	Commercial	-1, -2	-1, -2	-1, -2	-1, -2	-1, -2	-1, -2
	Extended	-2L, -3	-2L, -3	-2L, -3	-2L, -3	-2L, -3	-2L, -3
	Industrial	-1, -2, -1L	-1, -2, -1L	-1, -2, -1L	-1, -2, -1L	-1, -2, -1L	-1, -2, -1L

图 1.9　芯片选型手册

1.4　Vivado 开发环境及设计流程

在未来十年，Xilinx 将主打 All Programmable 器件，而 Vivado 设计套件正是 Xilinx 在这一趋势下精心打造的可编程逻辑开发环境。Vivado 设计套件包括高度集成的设计环境和新一代 IC 级的设计工具，这些均建立在共享的可扩展数据模型和通用调试环境基础上。该套件也是一个基于 AMBA AXI4 总线互联规范、IP-XACT IP 封装元数据、TCL 脚本语言、Synopsys 系统约束（SDC）以及其他有助于根据客户需求量身定制设计流程并符合业界标准的开放式环境。Vivado 还将各类可编程技术结合起来，可扩展实现多达 1 亿个等效 ASIC 门的设计。

1.4.1　Vivado 功能介绍

Vivado 并不是 ISE 设计套件的升级版本，而是一个全新的设计套件。它替代了 ISE 设计套件的所有重要工具，例如 Project Navigator、Xilinx Synthesis Technology、Implementation、CORE Generator、Constraints、Simulator （ISim）、ChipScope Analyzer、FPGA Editor、PlanAhead、SmartXplorer 等。现在，所有的这些功能通过一个共享的可扩展数据模型被构建在 Vivado 设计套件中。它的出现使得 Xilinx 28nm 系列可编程器件的整体性能得到了很大的提升。

(1) Vivado 设计套件采用快速综合和 ESL 设计，实现重用的标准算法和 RTL IP 封装技术，模块和系统验证的仿真速度提高了 3 倍。

(2) Vivado 设计套件采用层次化器件编辑器和布局管理器，速度提升 3～15 倍；为业界提供最好支持的 VHDL 逻辑综合工具，速度提高 4 倍；使用增量式的工程变更管理，加速设计修改后综合和实现的快速处理。

1.4.2　Vivado 用户界面介绍和菜单操作

在使用 Vivado 之前，应该先将其安装到自己的 PC 中。我们使用的 Vivado 版本为

2014.4，从 2013.1 版本开始，Vivado 设计套件和 ISE 设计套件必须被分开安装。Vivado 2014.4 开始对 UltraScale 设备进行支持，并继续支持 7 系列以上产品。详细的安装过程以及 License 请参考 UG973。

由于目前的 ISE 设计套件和 Vivado 设计套件都对 7 系列设备进行支持，所以很多的工程或者部分功能需要从 ISE 移植到 Vivado。但请注意这个过程是单向的，并且只支持 7 系列设备的工程。详细的 Migrating 过程请参考 UG911。

在 Windows 环境下，选择 Start → All Programs → Xilinx Design Tools → Vivado 2014.4 或者双击桌面上的 Vivado 快捷图标 打开 Vivado IDE。如果习惯使用命令行模式，并且熟悉使用 Vivado TCL 脚本语言，可以通过 Start → All programs → Xilinx Design Tools → Vivado 2014.4→2014.4 Vivado Tcl Shell 来打开 Vivado Shell 进行设计。当然，在 Vivado IDE 中也提供了 TCL 控制台，可以使用命令行加 GUI 的方式来设计。如图 1.10 所示为 Vivado 的开始欢迎界面。在这个界面中，可以创建一个新工程、打开一个已有的工程、打开系统事例工程、管理 IP、查看相关的帮助文档或者视频。

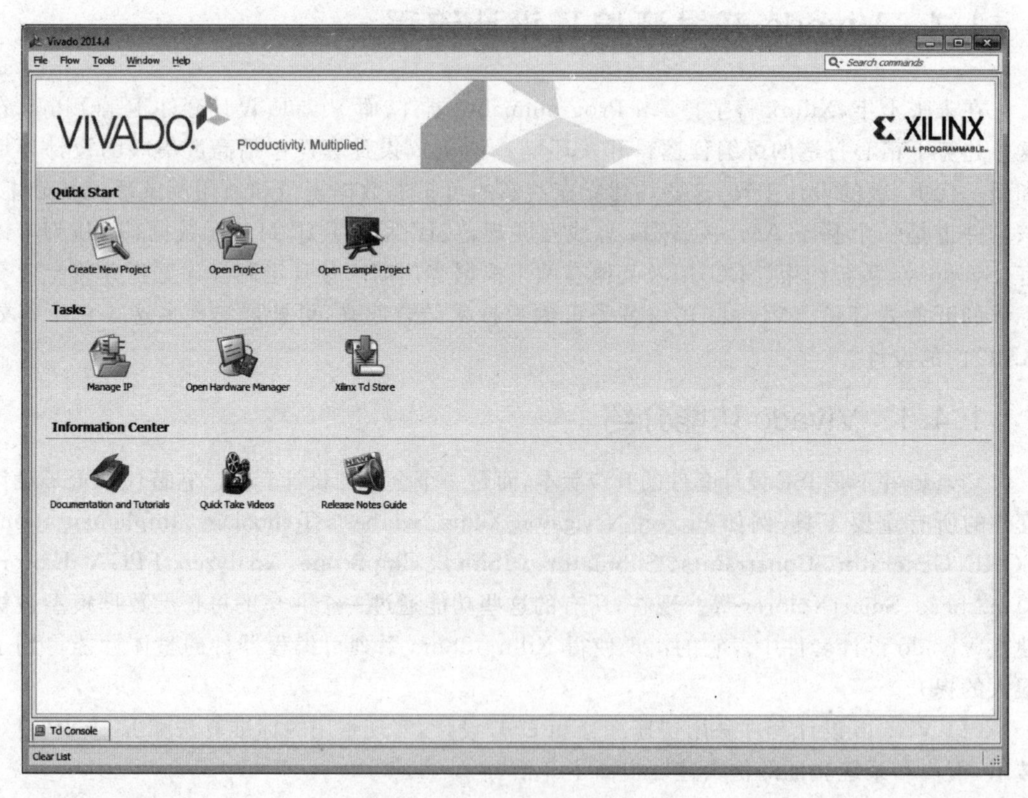

图 1.10 Vivado 开始界面

图 1.11 所示为 Vivado IDE 主要工作环境：

（1）Menu Bar：菜单栏，主要提供访问 Vivado IDE 的一些命令。

（2）Main Toolbar：工具栏，主要提供一些常用命令的访问，以及一些重要 layout 的快速切换。

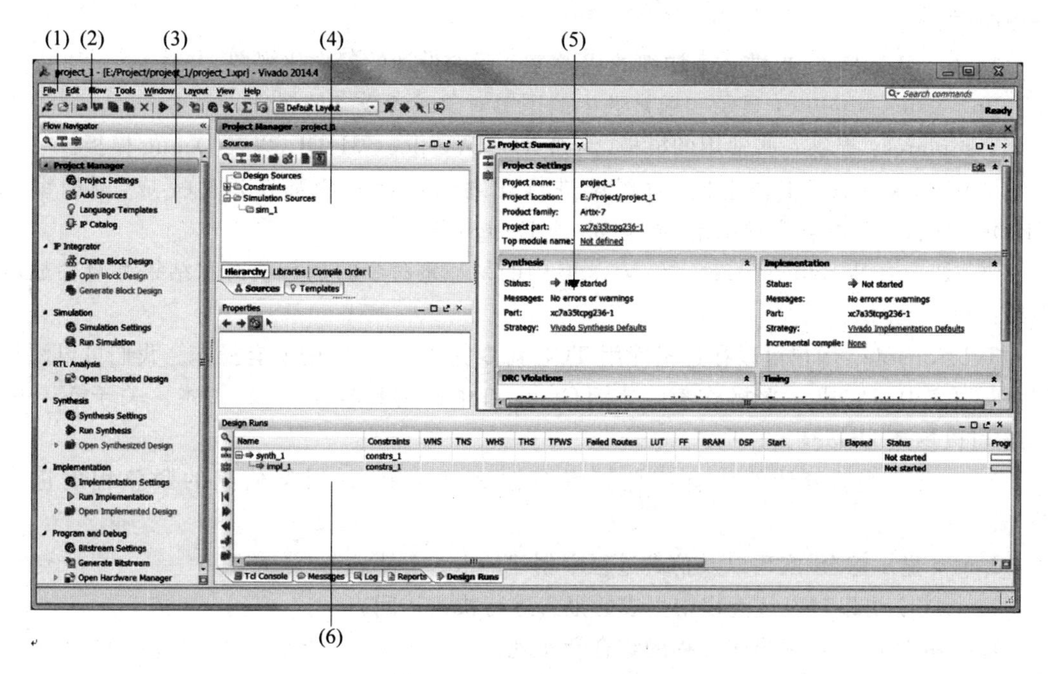

图 1.11　Vivado ID 主界面

(3) Flow Navigator：设计流程导航，主要提供从设计输入到生成 bit 流创建的命令和工具。

Project Manager：主要提供工程一些常用设置、添加或创建设计文件、打开 IP Catalog。Add Sources 选项的详细信息请参考 UG895 第 3 章，IP Catalog 的应用请参考 UG896。

IP Integrator：创建、打开或者生成一个 Block Design。在后面的章节中将会对这个功能单独进行介绍。

Simulation：可以改变一些常用仿真设置并且对指定的顶层文件进行仿真。更多关于此功能的信息，请参考 UG900。

RTL Analysis：主要进行设计规则检测(DRCs)，并生成 RTL 原理图。更多信息请参考 UG895 第 4 章。

Synthesis：进行一些常用的综合设置，并对指定的顶层文件进行层次化的综合。打开综合设计，查看综合结果。详细信息请参考 UG901。

Implementation：可以进行一些常用设置和对设计进行实现，并可以打开实现后的设计。请参考 UG904 了解更多相关信息。

Program and Debug：对 Bitstream 进行一些常用的设置，生成 bit 流，还能够打开硬件管理器将 bit 文件对特定的设备进行烧写。如果设计中加入了 Debug 核，这里还将会打开 Vivado 逻辑分析仪，对系统进行 Debug。

(4) Data Windows Area：这个区域显示的都是跟设计源文件以及一些重要数据相关的信息。

Sources Window：这一部分主要包括设计文件的层次结构、IP 源文件、Libraries，以及编译顺序。

Netlist Window：提供一个详细的或者综合后的设计的层次化视图。

Properties window：显示当前被选中的逻辑对象或者设备的属性。

Templates：提供一些常用的模板，例如XDC、Verilog、VHDL，以及Debug模板。

(5) Workspace：工作空间，对系统进行详细的设计一般都在这里完成，例如编写VHDL代码、查看综合实现结果、创建Block Design等。

(6) Result Windows Area：在Vivado中的每一条命令的执行状态和结果都将会显示在结果窗口区域。

Tcl Console：用户可以在这里使用TCL命令完成Vivado的所有操作。我们可以注意到，在GUI中每完成一次操作都会在TCL窗口中被解释成了TCL脚本。关于Vivado TCL可以参考UG894。

Message：当前设计的所有信息都将会在这里显示，并根据信息的紧急程度进行分类。

Log：显示综合、实现以及仿真过程中创建的log文件。

Reports：可以对设计流程中生成的报告进行快速访问。

Design Runs：管理当前工程的综合和实现。

1.4.3 Vivado开发流程

本节通过一个简单的门电路实例，描述FPGA的整个开发流程，帮助读者理解FPGA的基本开发步骤。具体包含以下5部分：

(1) 创建工程和设计输入；

(2) 添加设计文件；

(3) 添加约束文件；

(4) 综合与实现；

(5) 生成配置文件并对FPGA进行配置。

1. 创建工程与设计输入

(1) 可以通过双击桌面Vivado快捷图标，或者浏览Start → All Programs → Xilinx Design Tools → Vivado 2014.4来启动Vivado。

(2) 当Vivado启动后，可以看到图1.12所示的开始页面。

(3) 选择Create New Project选项，图1.13所示的New Project向导将会打开，单击Next。

(4) 在Project Name对话框中，输入gate_and作为Project name，选择C:/xilinx/digital_verilog作为Project location，确保Create project subdirectory被勾选，如图1.14所示，单击Next。

(5) 在Project Type对话框中，选择RTL Project，确保Do not specify sources at this time选项没有被勾选，如图1.15所示，单击Next。

(6) 在Add Sources对话框中，选择Verilog作为目标语言；如果对VHDL熟悉，也可以选择VHDL；如果这里忘记了选择，在工程创建完成后，也可以在工程设置中选择熟悉的

图 1.12　Vivado 开始界面

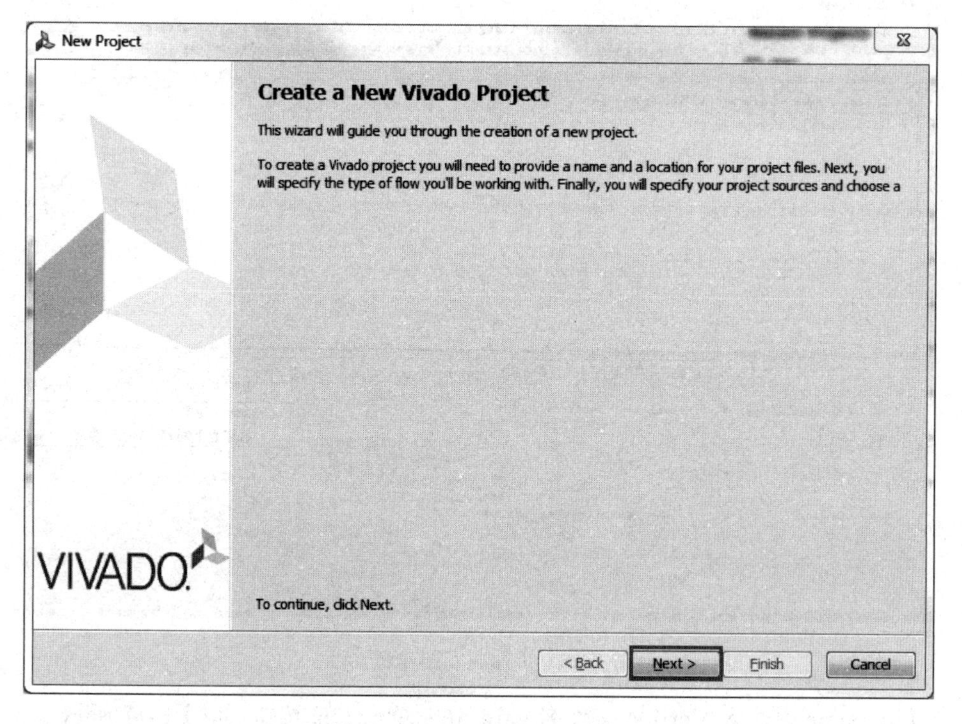

图 1.13　New Project 对话框

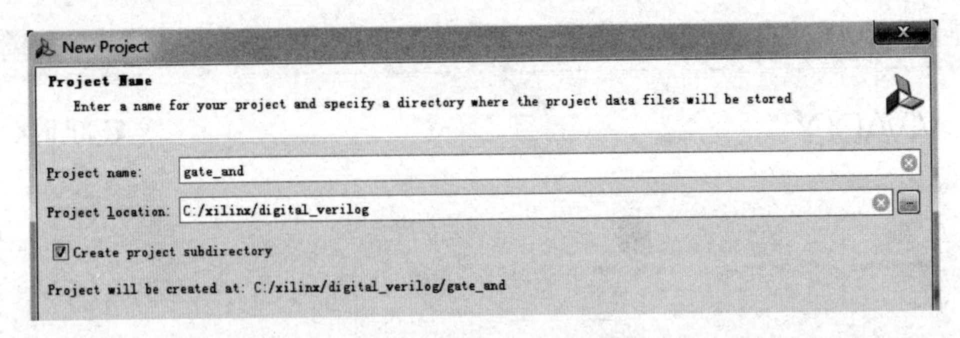

图 1.14 Project Name 对话框

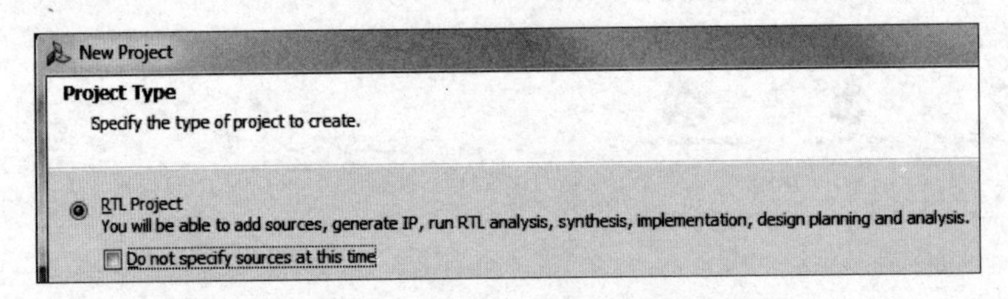

图 1.15 Project Type 对话框

HDL 语言。如果已经有了源文件，在这里就可以选择 Add Files 或者 Add Directories 进行添加，由于我们没有任何源文件，所以这里直接单击 Create File…，如图 1.16 所示。

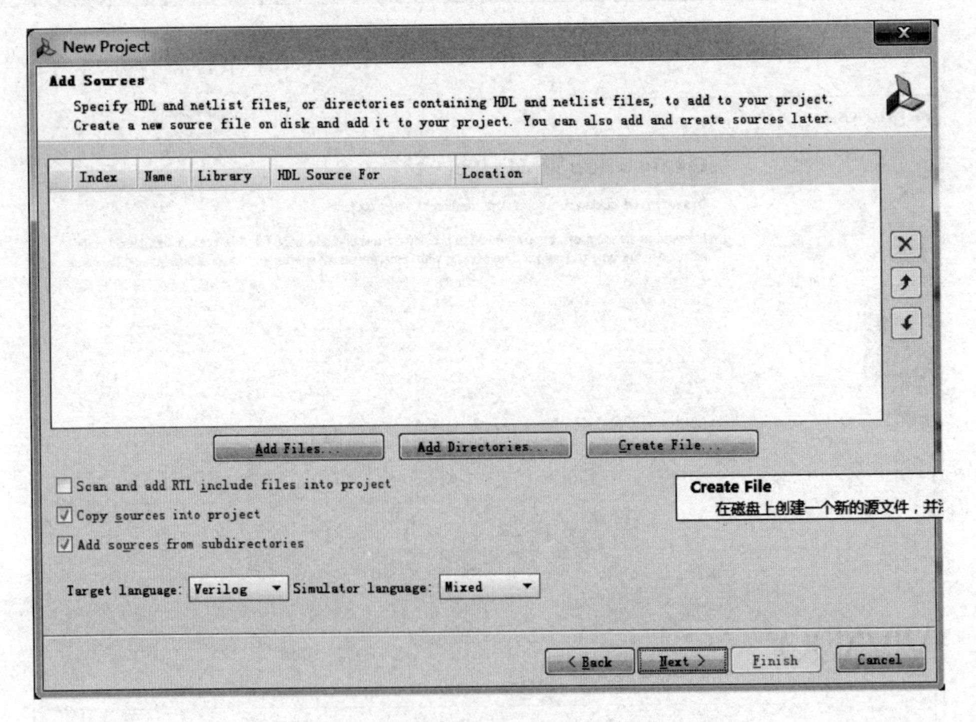

图 1.16 添加或者创建源文件

在 File name 中输入 Verilog 文件名 gate_and，单击 OK 按钮，如图 1.17 所示。

(7) 在 Add Existing IP 对话框中，单击 Next。

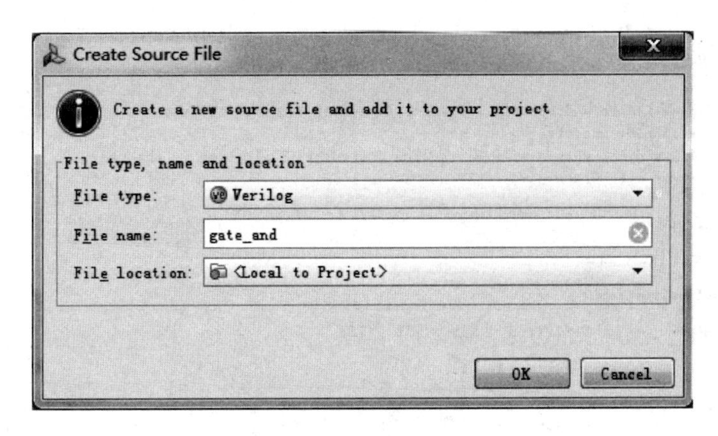

图 1.17　创建源文件

(8) 在 Add Constraints 对话框中，单击 Next。

(9) 在 Default Part 对话框中，选择相应的芯片型号或者硬件平台。在 Search 框中输入 7a35tcpg，在下面的 Part 列表中选择 xc7a35tcpg236-1，单击 Next，如图 1.18 所示。

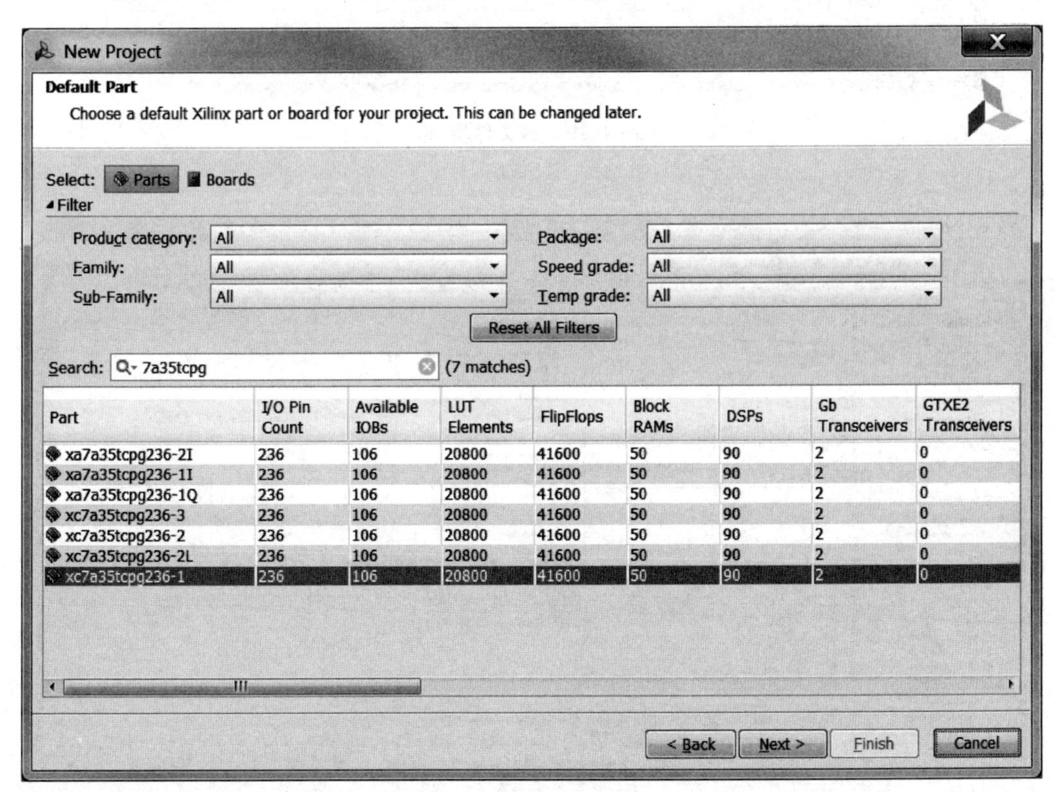

图 1.18　芯片选择

(10) 在 New Project Summary 对话框中，查看工程设计内容是否正确。无须修改则单击 Finish 完成工程创建，至此，我们已经使用 Vivado 创建了一个 FPGA 设计的工程框架。添加设计文件后，会在工程创建结束后弹出模块 IO 定义窗口，如图 1.19 所示。

(11) 图 1.20 为 Vivado 的工程界面。

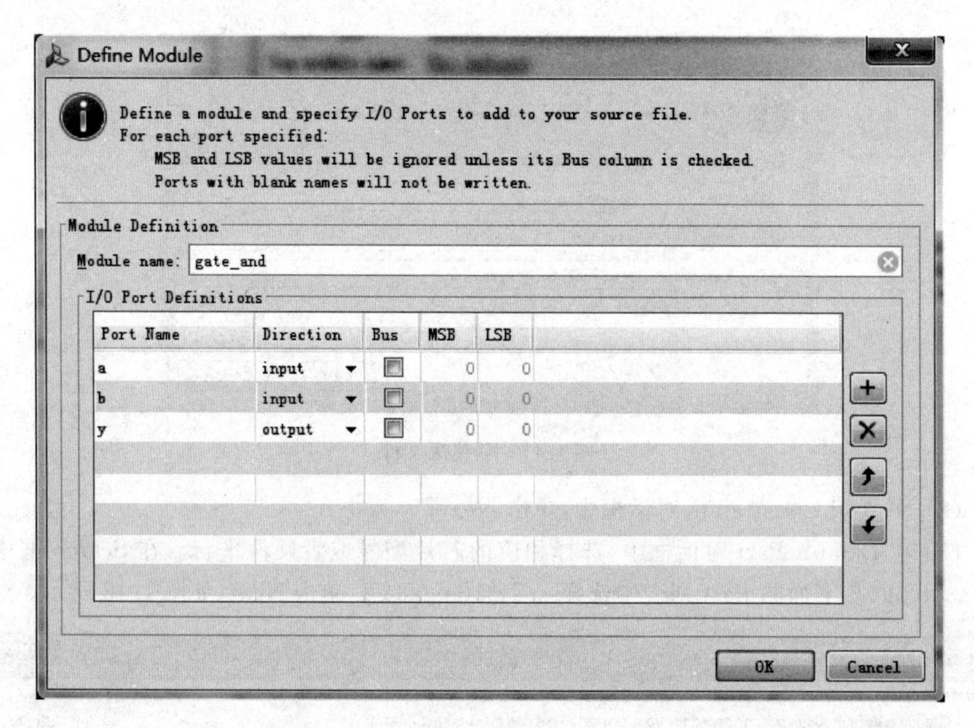

图 1.19　源文件端口

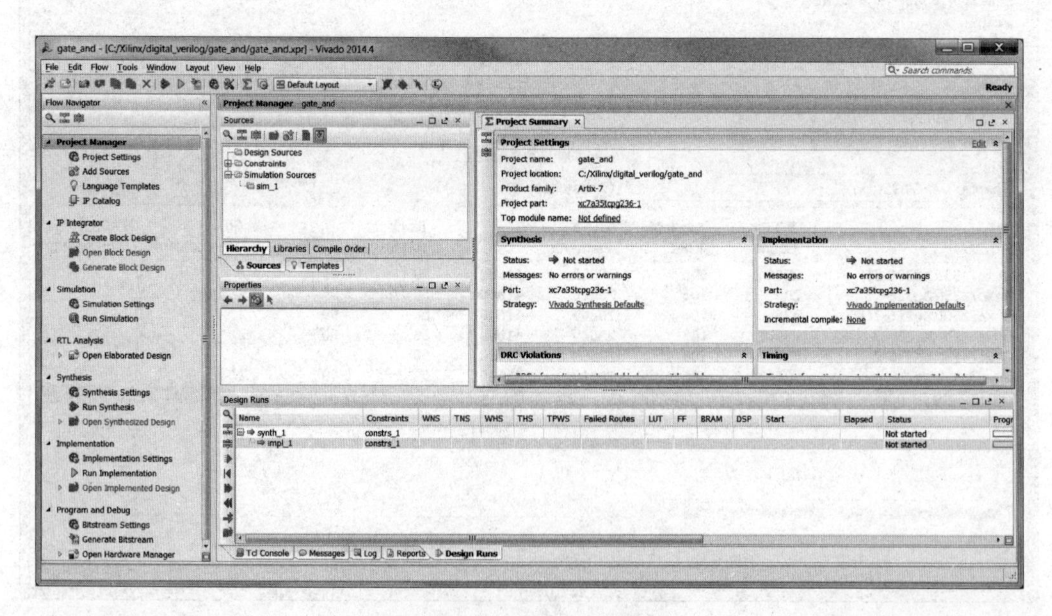

图 1.20　Vivado 工程界面

2. 添加或者创建设计文件

在工程创建向导中已有添加或者创建设计文件的步骤。如果设计需要继续添加 HDL 文件则可以在工程界面左侧设计向导栏中选择 Project Manager→Add Sources，出现图 1.21 所示的源文件添加界面，选择第二项 Add or create design sources。

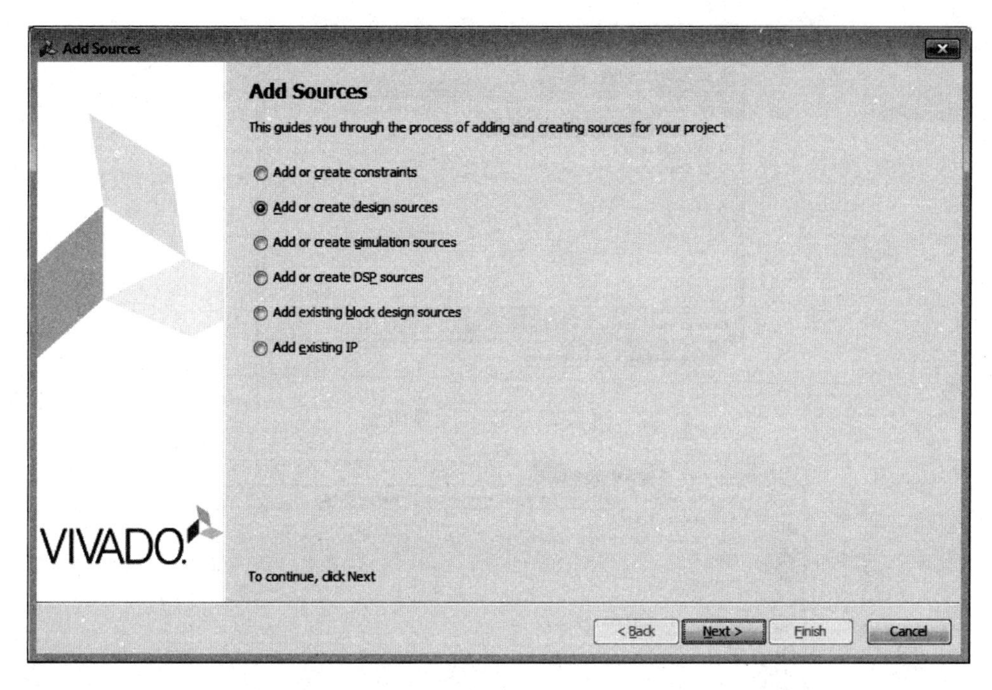

图 1.21　Vivado 工程添加文件界面

单击 next 按钮后，弹出设计文件添加界面，如图 1.22 所示，在此用户可添加或者创建设计文件，方法同前。

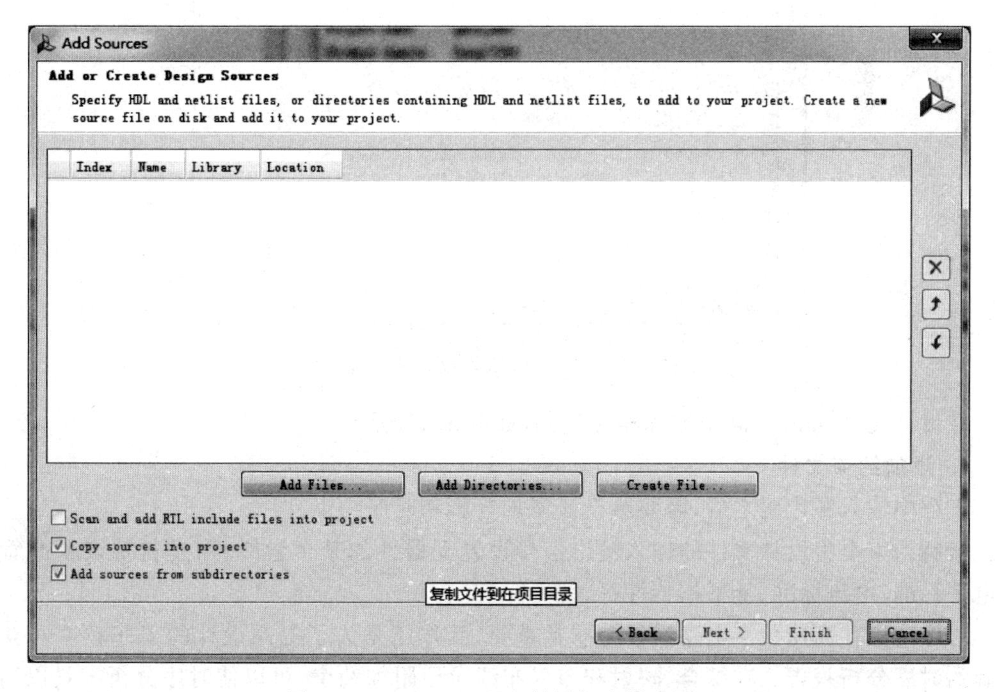

图 1.22　Vivado 工程文件添加或创建界面

在设计文件添加或者创建完成后，双击图 Sources 面板中 Design Sources 目录下的设计文件 gate_and，则可查看设计文件，如图 1.23 和图 1.24 所示。

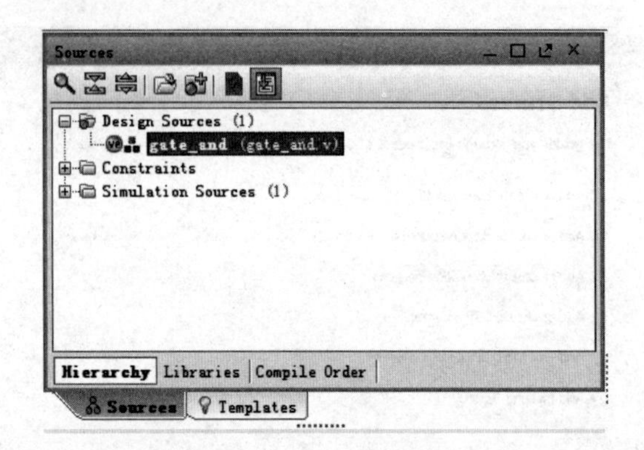

图 1.23　Sources 界面

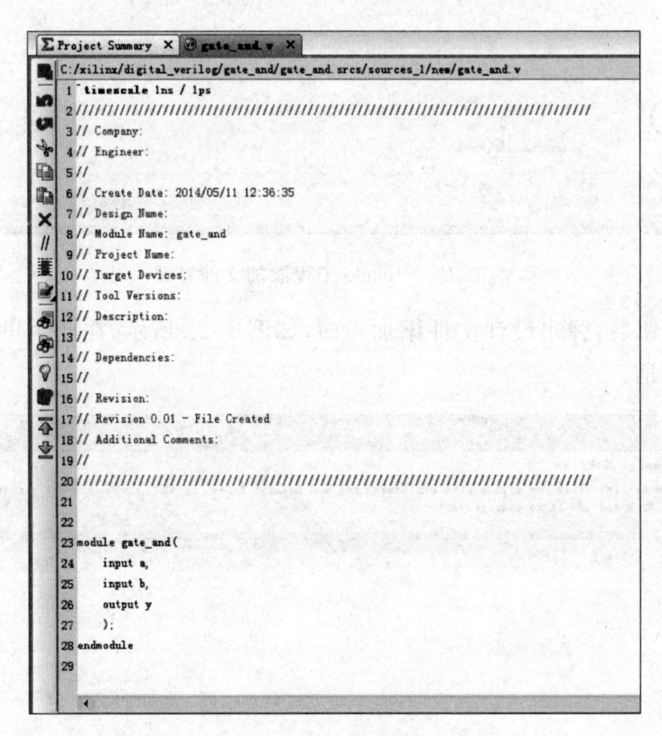

图 1.24　Vivado 工程设计文件输入

在设计文件 gate_and 中添加相应代码，如图 1.25 所示。

3. 添加约束文件

工程中输入源代码之后，需要给设计添加管脚和时序约束。

管脚约束是将设计文件的输入输出信号设置到器件的某个管脚，而且包括设置此管脚的电平标准、电流标准、上下拉特性等。

时序约束在高速数字电路设计中非常重要，其作用是为了提高设计的工作频率和获得正确的时序分析报告。在综合、映射和布局布线阶段附加约束，可以使时序分析工具以用户的时序约束为标准，尽量满足约束要求，同时产生实际时序和用户约束时序之间的差异，并形成报告。因此要求用户必须进行时序约束，而且越全面越好。在 Vivado 中时序约束由专门的工具完成。

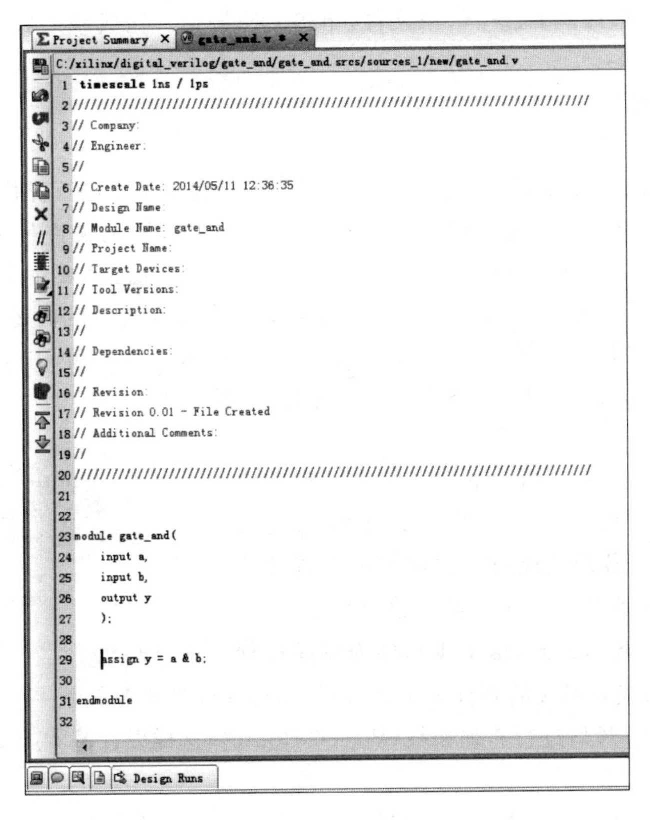

图 1.25　代码样例

此处为了简化设计，将已经创建好的管脚约束添加到工程中。选择 Project Manager→Add Sources，在出现源文件添加界面中选择第一项 Add or create constraints，出现图 1.26 所示的添加或创建约束文件的界面，单击 Add Files。

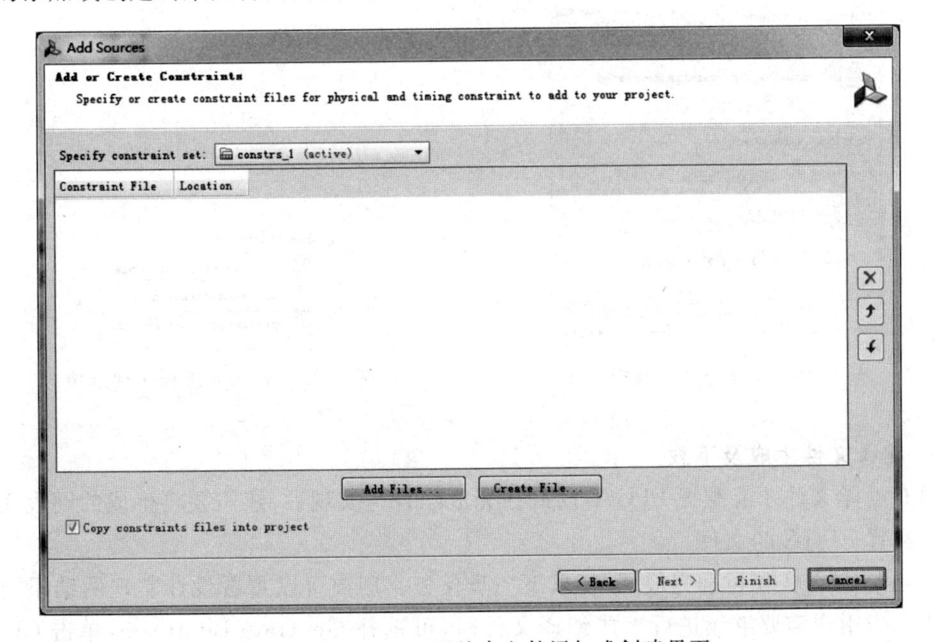

图 1.26　Vivado 工程约束文件添加或创建界面

在弹出的文件选择框中选中约束文件，单击 OK 按钮。完成添加后，单击 Finish，完成约束文件的添加。

4. 综合与实现

1）综合过程

综合就是针对输入设计以及约束条件，按照一定的优化算法进行优化处理，获得一个能满足预期功能的电路设计方案。在 FPGA 设计时，工程师设计的文件是用硬件描述语言或者原理图形式来表示电路功能的。综合工具将这些输入文件翻译成由 FPGA 内部逻辑资源（逻辑单元、RAM 存储单元、时钟单元等）按照某种连接方式组成的逻辑连接（网表），并根据用户要求生成网表文件，这一过程称为综合过程。用户单击 Flow Navigator→Synthesis→Run Synthesis 进行工程综合，如图 1.27 所示。

2）实现过程

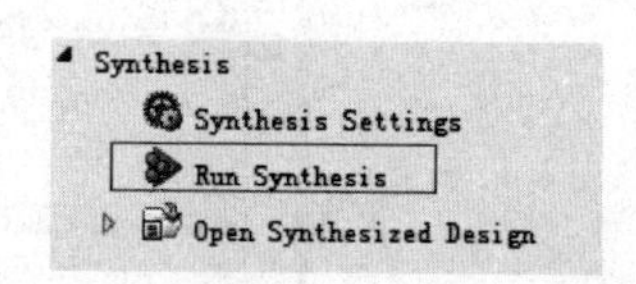

图 1.27　Vivado 工程综合选项

实现就是通过翻译、映射、布局布线等过程来完成设计的固化。实现过程首先将综合生成的网表（Netlist）文件，通过翻译变成所选器件的内部资源和硬件单元，如可配置逻辑块（CLB）、数字时钟单元（DCM）、存储单元（RAM）等，这个步骤称为翻译过程（Translate）；然后找到对应的硬件关系，将设计与这些硬件资源关系一一对应起来，这又称为映射过程（Map）；最后进行布局布线（Place&Route），这样设计基本上就可以完全固化到 FPGA 当中了。

在用户完成综合过程后，Vivado 会提示综合过程完成，征求下一步任务。用户可以查看综合的结果或者综合报告。当用户需要继续进行实现过程时，选择 Run Implementation，单击 OK 按钮执行实现过程，如图 1.28 所示。或者单击 Flow Navigator→Implementation→Run Implementation，如图 1.29 所示，执行实现过程。

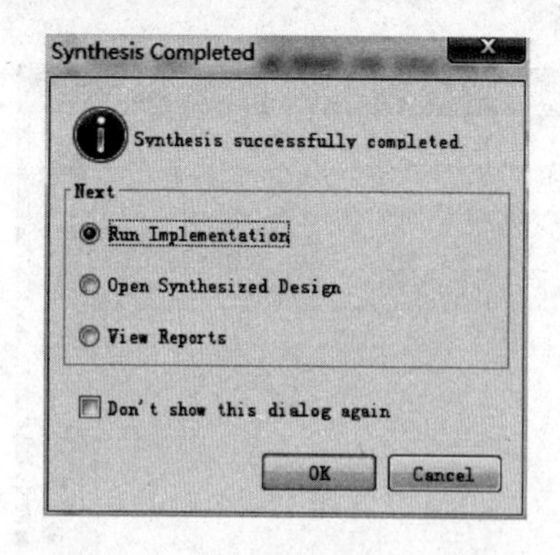

图 1.28　设计综合完成弹出框

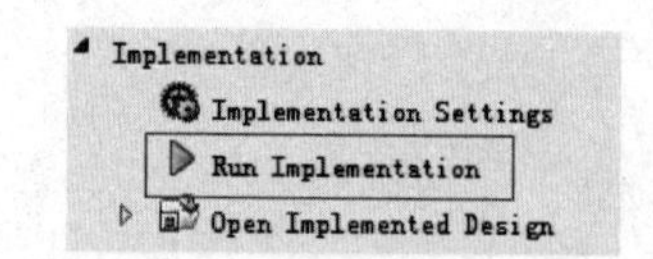

图 1.29　Vivado 工程实现选项

5. 编译文件生成及下载

只有编译文件才能配置 FPGA，因此在完成综合与实现后，还需要将生成的网表文件转换成可配置 FPGA 的文件。

Vivado 会在实现过程完成后，征求下一步任务。用户可以查看设计实现的结果或者实现报告。当用户需要继续进行生成编译文件时，可选择 Generate Bitstream，单击 OK 按钮执行编译过程，如图 1.30 所示。或者单击 Flow Navigator→Program and Debug→Generate Bitstream，如图 1.31 所示，执行编译过程。

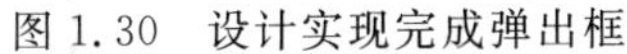

图 1.30　设计实现完成弹出框

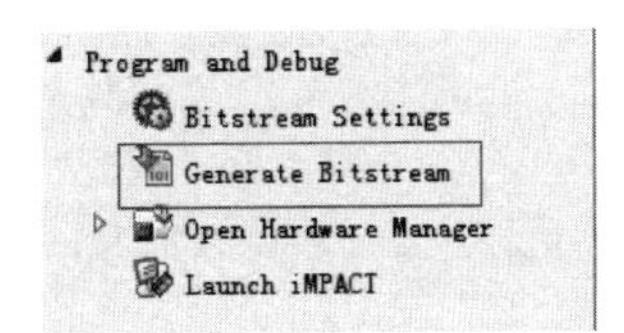

图 1.31　Vivado 工程生成编译文件选项

生成编译文件后，选择 Open Hardware Manager，打开硬件管理器进行板级验证，如图 1.32 所示。

也可以在设计导航栏中单击 Open Hardware Manager 打开硬件管理器，如图 1.33 所示。

图 1.32　编译文件生成后弹出框

图 1.33　Vivado 工程硬件管理选项

如图 1.34 所示，打开目标器件，单击 Open target，如果初次连接板卡，选择 Open New Target；如果之前连接过板卡，可以选择 Recent Targets，在其列表中选择相应板卡。

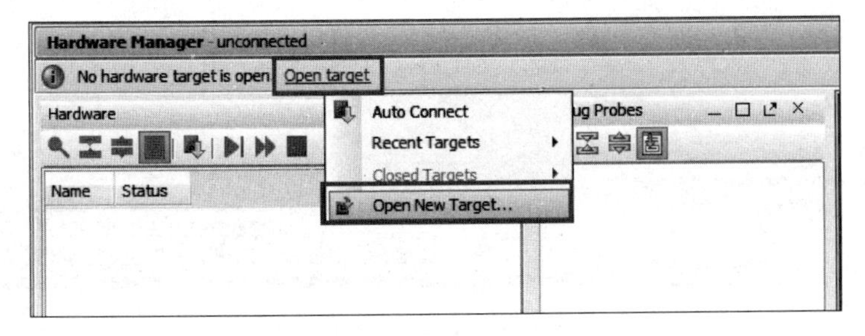

图 1.34　打开目标器件

如图1.35所示，在打开新硬件目标界面中，单击Next进行创建。选择Local server，单击Next按钮。

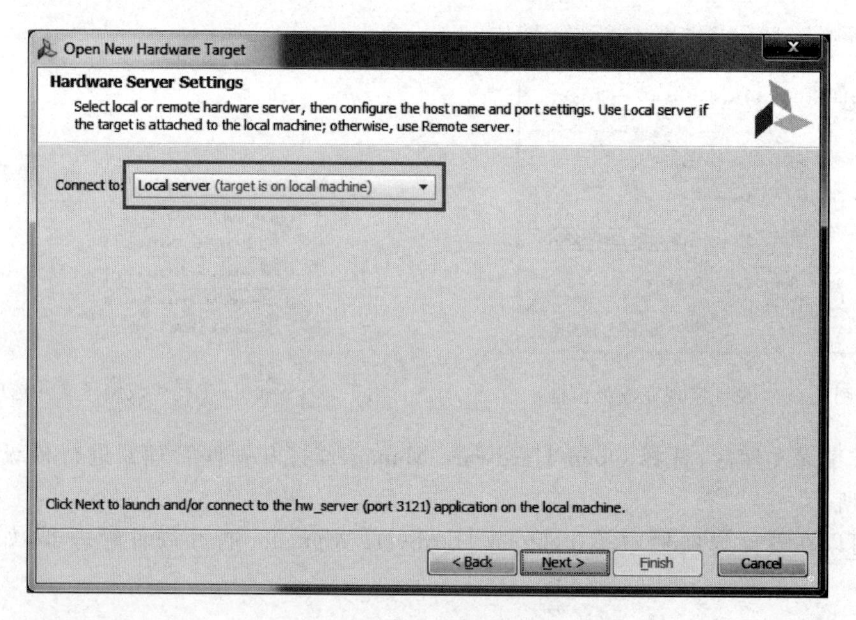

图1.35　硬件设备创建界面

如图1.36所示，单击Next，再单击Finish按钮，完成创建。

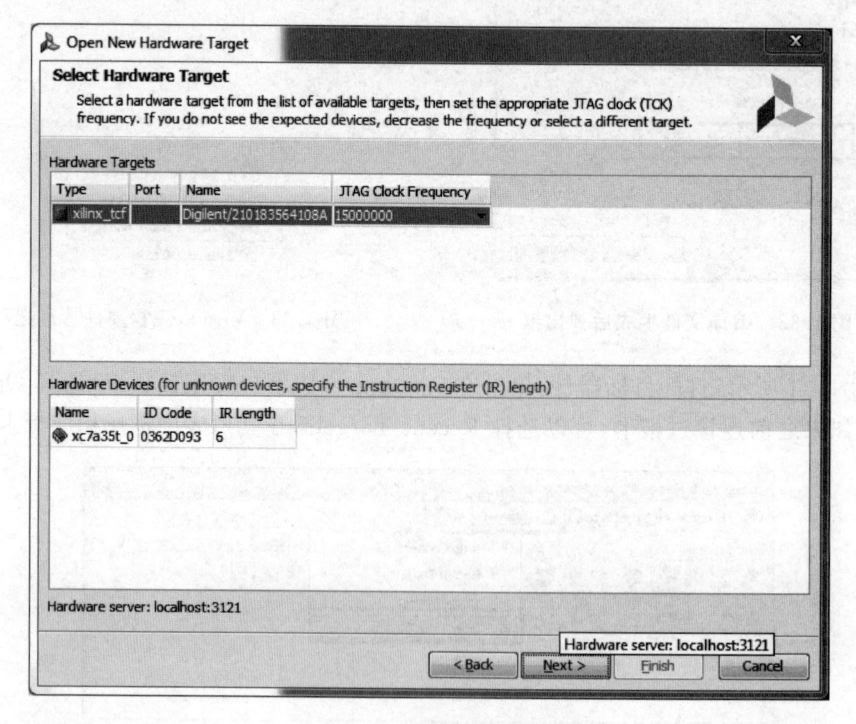

图1.36　选择硬件目标

单击 Hardware Manager 上方提示语句中的 Program device，如图 1.37 所示，选择目标器件。

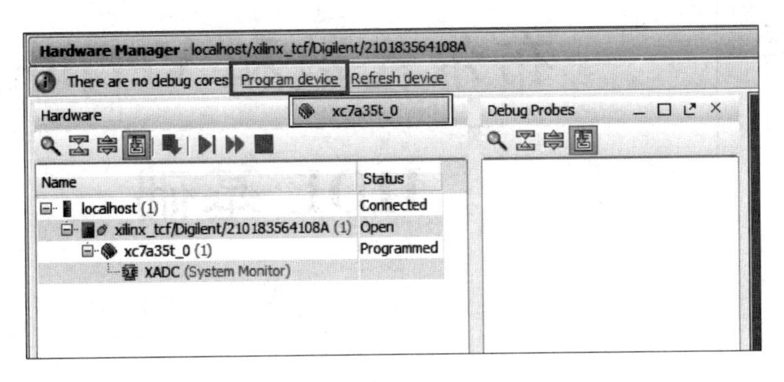

图 1.37 Vivado 工程配置 FPGA

检查弹出框中所选中的编译文件，然后单击 Program 进行下载，完成后即可进行板级验证。

第2章

CHAPTER 2

布尔代数和 Verilog HDL 基础

本章学习导言

本章主要介绍逻辑电路分析和设计的理论基础——布尔代数，随着高级语言的硬件编译支持能力不断进步，当今的大多数逻辑分析和综合都可以由计算机辅助工具自动完成，但作为逻辑设计人员仍需对此有基本的了解，建立逻辑设计的本质概念，并能有效利用工具在后续设计优化中找到方向。此外，在布尔代数的学习过程中，也会帮助读者建立对 Verilog HDL 语言基本语法的概念。

本章主要学习布尔代数的基本知识，包括公理、常用定律和标准表达式等，然后学习 Verilog HDL 语言中可以用来说明布尔代数相关数据类型和逻辑表达式的语法要素，例如端口变量申明、运算符等。

2.1 布尔代数

补充阅读：布尔代数的由来

1835年，20岁的乔治·布尔开办了一所私人授课学校。为了给学生们开设必要的数学课程，这位只受过初步数学训练的青年自学了艰深的《天体力学》和很抽象的《分析力学》。在孤独的研究中，他首先发现了不变量，并把这一成果写成论文发表。这篇高质量的论文发表后，布尔开始和许多一流的英国数学家交往，其中包括数学家、逻辑学家德·摩根。摩根在19世纪前半期卷入了一场著名的争论，布尔知道摩根是对的，于是在1848年出版了一本薄薄的小册子来为朋友辩护。这本书一问世，立即得到了摩根的赞扬，肯定他开辟了新的、棘手的研究科目。布尔此时已经在研究逻辑代数，即布尔代数。他把逻辑简化成极为容易和简单的一种代数。为了使自己的研究工作趋于完善，布尔在此后6年的漫长时间里，又付出了不同寻常的努力。1854年，39岁的布尔发表了《思维规律》这部杰作，标志着布尔代数的问世，这是数学史上的一座新的里程碑。几乎像所有的新生事物一样，布尔代数发明后并没有受到人们的重视。布尔在他的杰作出版后不久就去世了。20世纪初，罗素在《数学原理》中认为，"纯数学是布尔在一部他称之为《思维规律》的著作中发现的。"此说法一出，立刻引起世人对布尔代数的注意。今天，布尔发明的逻辑代数已经发展成为纯数学的一个主要分支。

布尔逻辑可以被定义为所有布尔代数所公有的东西。它由在布尔代数的元素间永远成立的关系组成，而不管具体的哪个布尔代数。因为逻辑门和某些电子电路的代数在形式上也是这样的，所以同数理逻辑一样，布尔逻辑也可用在工程和计算机科学中研究。近几十年来，布尔代数在自动化技术、电子计算机的逻辑设计等工程技术领域中有重要的应用。

布尔代数又称逻辑代数，是一种基于二进制数据的纯数学分支。这些二进制位通常被认为是逻辑值"0"和"1"，其中，"1"为"真"而"0"为"假"。在这里，"0"、"1"不表示数的大小，而是用来表达矛盾的双方，是两种不同的逻辑状态。参与逻辑运算的变量叫逻辑变量，每个变量的取值非"0"即"1"。布尔代数可以用电子器件来实现，例如，晶体管输出的高电平与低电平、有脉冲信号与无脉冲信号都可以用"0"和"1"来表示。

逻辑代数中逻辑变量之间是逻辑关系，逻辑关系用逻辑运算符表示。使用逻辑运算符连接逻辑变量及常量"0"、"1"构成逻辑代数表达式。最基本的逻辑运算都可以用数字电路的逻辑门实现，通常包括三种基本逻辑门("与"、"或"、"非")和四种常用逻辑门("与非"、"或非"、"异或"、"同或")。

2.1.1　三种基本逻辑门

所有的数字系统或者是逻辑系统，甚至包括计算机系统，其任意逻辑单元都可以用这三种基本的逻辑门构建。

1. 非门

非门是实现非逻辑运算的基本门电路，对应运算符是"-"。$F=\overline{A}$ 是非运算逻辑函数。在非逻辑函数中，A 称为原变量，$\overline{A}$ 称为反变量，$\overline{A}$ 的值是 A 的反码。当 A 为0时，$\overline{A}$ 为1；当 A 为1时，$\overline{A}$ 为0。简单地说，非门就是将输入值取反并输出，其真值表如表2.1所示。

在Verilog HDL中，用"～"符号作为取反运算符，写作：$y=\sim x$。

2. 与门

与门是实现与逻辑运算的基本门电路，对应运算符是"·"、"*"、"^"或是空。$F=A\cdot B$ 是与运算逻辑函数。$A\cdot B$ 称为 F 的与运算表达式。在"与"运算的定义中，只有输入变量 A 和 B 的取值都为1时输出变量 F 的值才为1，其余为0，其真值表如表2.2所示。

在Verilog HDL中，用"&"符号作为与运算符，两输入与门的表达式写作：$z=x\&y$。

表2.1　非运算的定义

A	F
0	1
1	0

表2.2　与运算的定义

A	B	F
0	0	0
0	1	0
1	0	0
1	1	1

3. 或门

或门是实现或逻辑运算的基本门电路，对应运算符是"+"或者"∨"。$F=A+B$ 是或运算逻辑函数。$A+B$ 称为 F 的或运算表达式。在或运算的定义中，只有输入变量 A 和 B 的取值都为0时输出变量 F 的值才为0，其余为1，其真值表如表2.3所示。

表2.3 或运算的定义

A	B	F
0	0	0
0	1	1
1	0	1
1	1	1

在Verilog HDL中，用"|"符号作为或运算符，两输入或门的表达式写作：$z = x|y$。

2.1.2 四种常用逻辑门

利用上述三种基本逻辑门，可以构建四种新的常用逻辑门：与非门、或非门、异或门及同或门。

1. 与非门

与非运算等价于两个逻辑变量先做一次与运算后再做一次非运算后输出。$F=\overline{A\cdot B}$ 是与非运算逻辑函数表达式。在与非运算的定义中，当且仅当输入变量 A 和 B 的取值同时为1时，输出变量 F 的值为0；否则，输出变量 F 的值为1，其真值表如表2.4所示。

在Verilog HDL中，两输入与非门的表达式写作：$z = \sim(x \& y)$。

2. 或非门

或非运算等价于两个逻辑变量先做一次或运算后再做一次非运算后输出。$F=\overline{A+B}$ 是或非运算逻辑函数表达式。在或非运算的定义中，当且仅当输入变量 A 和 B 的取值同时为0时，输出变量 F 的值为1；否则，输出变量 F 的值为0，其真值表如表2.5所示。

在Verilog HDL中，两输入或非门的表达式写作：$z = \sim(x|y)$。

表2.4 与非运算的定义

A	B	F
0	0	1
0	1	1
1	0	1
1	1	0

表2.5 或非运算的定义

A	B	F
0	0	1
0	1	0
1	0	0
1	1	0

3. 异或门

异或运算的运算符是"⊕"。$F=A\oplus B$ 是异或运算逻辑函数表达式。异或运算逻辑函数还可以用 $F=A\overline{B}+\overline{A}B$ 表示。在异或运算的定义中，当输入变量 A 和 B 的取值相同时，输出变量 F 的值为0；当输入变量 A 和 B 的取值相异时，输出变量 F 的值为1，其真值表如表2.6所示。

在Verilog HDL中，用"^"符号作为异或运算符，两输入异或门的表达式写作：$z=x \hat{} y$。当然，根据异或运算的定义，也可以写作：$z = (\sim x \& y)|(x \& \sim y)$。

4. 同或门

同或运算的运算符是"⊙"。$F=A\odot B$ 是同或运算逻辑函数。同或运算逻辑函数还可以用 $F=AB+\overline{A}\overline{B}$ 表示。在同或运算的定义中，当输入变量 A 和 B 的取值相同时，输出变

量 F 的值为 1；当输入变量 A 和 B 的取值相异时，输出变量 F 的值为 0，其真值表如表 2.7 所示。

表 2.6 异或运算的定义

A	B	F
0	0	0
0	1	1
1	0	1
1	1	0

表 2.7 同或运算的定义

A	B	F
0	0	1
0	1	0
1	0	0
1	1	1

在 Verilog HDL 中，用“~^”符号作为同或运算符，两输入同或门的表达式写作：$z = x\sim\hat{}\, y$。当然，根据同或运算的定义，也可以写作：$z = (\sim x \& \sim y) | (x \& y)$。

2.2 布尔定律

英国的乔治・布尔建立了逻辑代数学(现在我们称其为布尔代数)，确立了数学与逻辑之间的紧密联系。之后经过英国的伯特兰・罗素和美国的克劳德・香农等人不断努力，使逻辑代数学建立了完整、强大的体系，并能运用于继电器电路设计，称为开关代数。开关代数展示了如何运用逻辑表达式来设计电路，以实现诸如二进制加减法之类的运算。

本节介绍一些布尔代数的基本定律(布尔定律)。

2.2.1 单变量布尔定律

表 2.8 列出了单变量的布尔定律，所有表达式都可以通过将 x 赋值为 0 或 1 来验证。

表 2.8 单变量的布尔定律

	或 运 算	与 运 算
0-1 律	$x\|0 = x$ $x\|1 = 1$	$x \& 0 = 0$ $x \& 1 = x$
互补律	$x \| \sim x = 1$	$x \& \sim x = 0$
重叠律	$x\|x = x$	$x \& x = x$
还原律	$\sim\sim x = x$	

观察表 2.8 可以发现或运算和与运算定律的差别在于：所有的“|”运算符换成“&”，运算结果为 0 换成 1。这就是对偶律。它不仅是单逻辑变量的定律，而且对于所有布尔定律及恒等式均成立。

对偶律表明：在布尔定律或恒等式中，交换“|”和“&”运算符，同时交换表达式中所有的 0 和 1，定律(恒等式)仍然成立。

2.2.2 双变量和三变量的布尔定律

表 2.9 列出了双变量和三变量的布尔定律，它们可细分为五种定律，而且每种定律都有两种形式(a)和(b)，这两种形式互为对方的对偶形式。

表 2.9　双变量和三变量的布尔定律（Verilog HDL 语言格式）

	形式(a)	形式(b)
交换律	$x\|y=y\|x$	$x\&y=y\&x$
结合律	$x\|(y\|z)=(x\|y)\|z$	$x\&(y\&z)=(x\&y)\&z$
分配律	$x\|(y\&z)=(x\|y)\&(x\|z)$	$x\&(y\|z)=(x\&y)\|(x\&z)$
联合律	$(x\&y)\|(\sim x\&y)=y$	$(x\|y)\&(\sim x\|y)=y$
吸收律	$x\|(x\&y)=x$ $x\|(\sim x\&y)=x\|y$	$x\&(x\|y)=x$ $x\&(\sim x\|y)=x\&y$

1. 交换律

表 2.9 中所示的交换律是显而易见的，以下分别介绍利用真值表和文氏图来验证上述双变量和三变量的其他布尔定律。

2. 结合律

表 2.9 中所示的结合律表明：对于三个（或更多）的输入变量，与运算、或运算的执行顺序是无关紧要的。对于所有定律，都可以通过真值表来证明，即列出所有可能的输入及输出结果。表 2.10 通过真值表证明了结合律形式(a)。

表 2.10　结合律形式(a)对应的真值表

x y z	$y\|z$	$x\|(y\|z)$	$x\|y$	$(x\|y)\|z$
0 0 0	0	0	0	0
0 0 1	1	1	0	1
0 1 0	1	1	1	1
0 1 1	1	1	1	1
1 0 0	0	1	1	1
1 0 1	1	1	1	1
1 1 0	1	1	1	1
1 1 1	1	1	1	1

也可以用另一种非常实用的方式——文氏图来验证布尔定律，如图 2.1 所示。

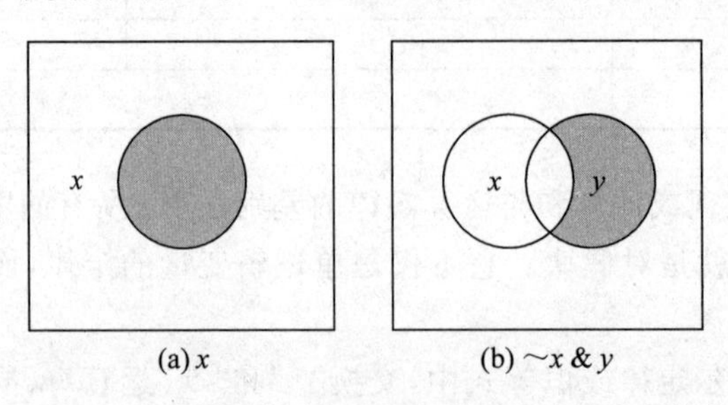

(a) x　　(b) $\sim x\&y$

图 2.1　逻辑变量 x 和布尔函数 $\sim x\ \&\ y$ 的文氏图

文氏图是以图形的形式来表示逻辑变量或布尔函数。图 2.1(a)所示的文氏图用单位圆来表示变量 x，单位圆内部的区域被认为是真，也就是 $x=1$；单位圆外部的区域则为假，也就是 $x=0$ 或 $\sim x$。

如果有两个变量 x 和 y，则用两个单位圆来表示它们。x 内部的区域代表 x 为真，y 内

部的区域代表 y 为真。在 x 之外 y 之内的区域则表示布尔函数 $\sim x\ \&\ y$，如图 2.1(b)所示。

对于三个变量 x、y 和 z，用三个单位圆来表示它们。图 2.2 展示了布尔函数 $x\ \&\ y$、$x\ \&\ z$、$y\ \&\ z$ 和 $x\ \&\ y\ \&\ z$ 所对应的文氏图。注意：阴影部分表示各变量为真的区域在此重叠，也就是在此区域内做与运算输出为真。

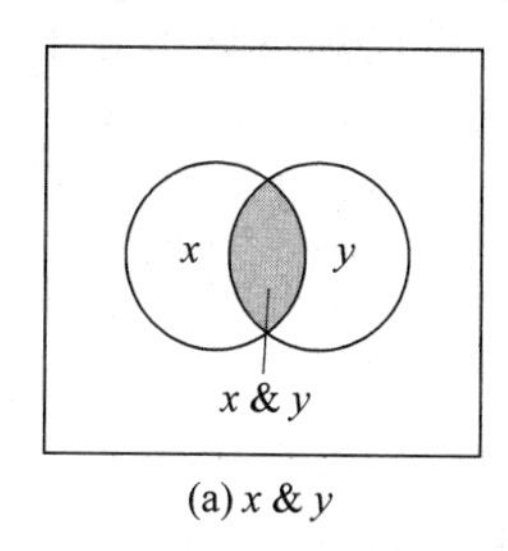

(a) $x\ \&\ y$

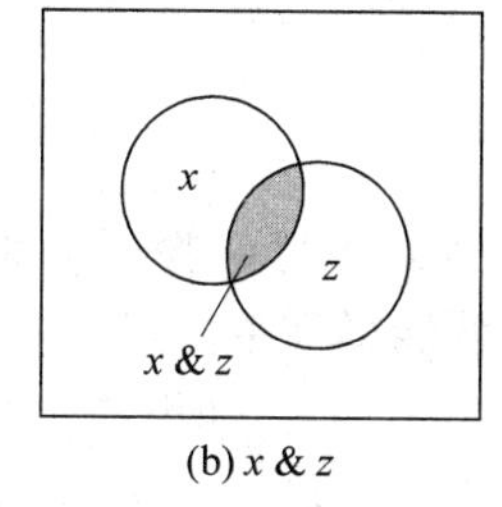

(b) $x\ \&\ z$

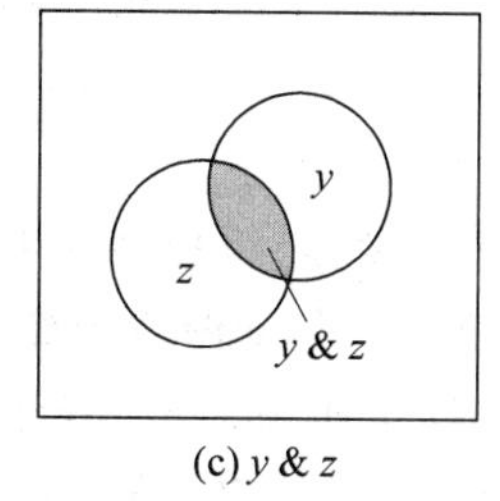

(c) $y\ \&\ z$

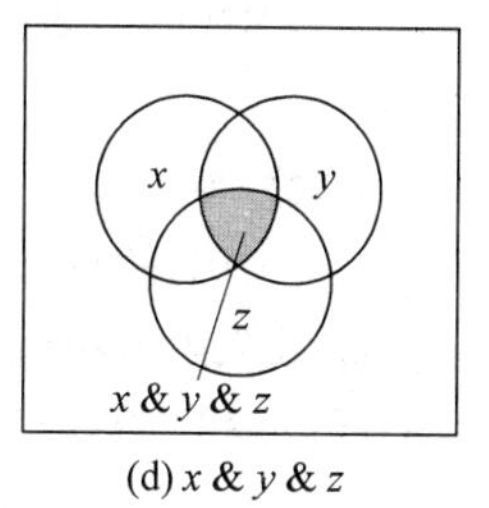

(d) $x\ \&\ y\ \&\ z$

图 2.2　与运算对应的文氏图

表 2.9 中结合律形式(b)的正确性可以很容易地通过图 2.2 所示的文氏图得到验证。无论先将 y 和 z 还是 x 和 y 做与运算，最后得到的结果都是一样的，如图 2.2(d)所示。

或运算对应的文氏图如图 2.3 所示。注意：此时阴影覆盖所有逻辑变量区域，因为只要输入之中有一个为真时，或运算的输出即为真。之前曾用真值表的方式(参见表 2.10)证明了结合律形式(a)，现在也可以通过文氏图的方式验证其正确性，如图 2.3 所示。无论先将 y 和 z 还是 x 和 y 做或运算，最后得到的结果是一致的，如图 2.3(d)所示。

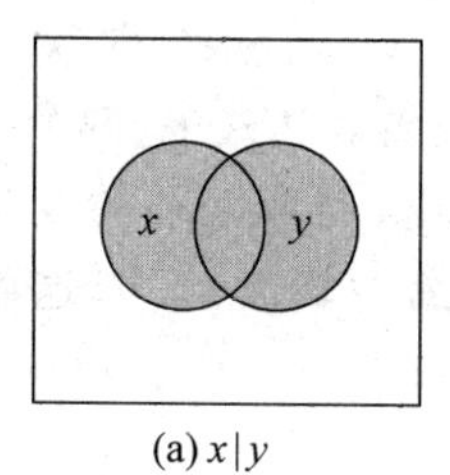

(a) $x|y$

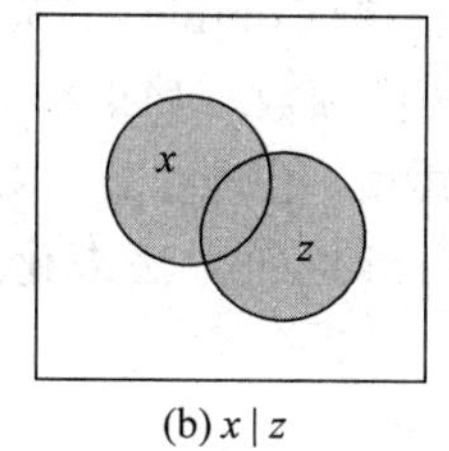

(b) $x|z$

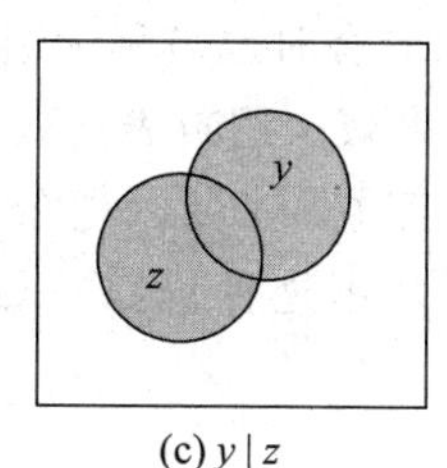

(c) $y|z$

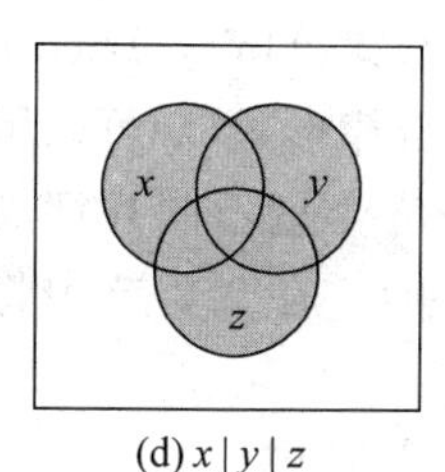

(d) $x|y|z$

图 2.3　或运算对应的文氏图

3. 分配律

表 2.9 中的分配律也可以用文氏图来验证。用 x 和图 2.2(c)所示的 $y\ \&\ z$ 做或运算，将得到图 2.4(a)所示图形；而将图 2.3(a)所示的 x|y 和图 2.3(b)所示的 x|z 做与运算，将得到同样的如图 2.4(a)所示的图形。这证明了表 2.9 中的分配律形式(a)。

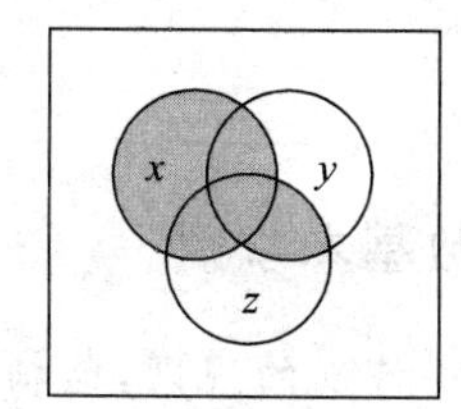

(a) $x\,|\,(y\ \&\ z)=(x\,|\,y)\ \&\ (x\,|\,z)$

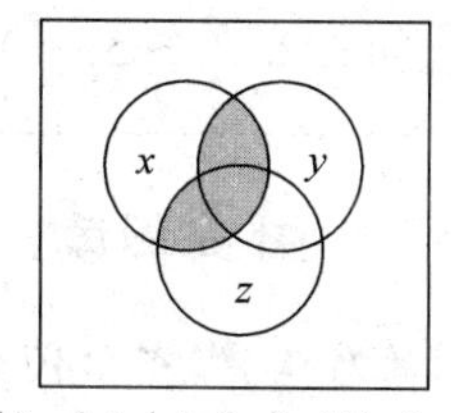

(b) $x\ \&\ (y\,|\,z)=(x\ \&\ y)\,|\,(x\ \&\ z)$

图 2.4　用文氏图验证分配律

类似地图 2.4(b)所示文氏图可以通过将 x 和图 2.3(c)所示的 y|z 做与运算得到，也可以通过将图 2.2(a)所示的 x & y 和图 2.2(b)所示的 x & z 做或运算得到。这证明了

表 2.9 中的分配律形式(b)。

表 2.9 中的分配律形式(b)和普通代数中的分配律非常类似：$x\times(y+z)=x\times y+x\times z$。其中，$x$ 的乘法运算被分配到不同的加法项中。在布尔代数中，不仅与运算(逻辑乘)可以被分配到不同的或运算项中(例如表 2.9 中的分配律形式(b))，或运算也可以被分配到不同的与运算中(例如表 2.9 中的分配律形式(a))，但类似的情形在普通代数运算中是不允许的。

4. 联合律

表 2.9 中的的联合律形式(a)可以通过很多方法得到验证。如果把图 2.2(a)所示的 $x\ \&\ y$ 和图 2.1(b)所示的 $\sim x\ \&\ y$ 做或运算，就能得到单位圆 y。

也可以通过验证已知的定律来推出联合律形式(a)。如下：

$$
\begin{aligned}
(x\ \&\ y)\mid(\sim x\ \&\ y) &= (y\ \&\ x)\mid(y\ \&\ \sim x)\\
&= y\ \&(x\mid\sim x)\\
&= y\ \&\ 1 = y
\end{aligned}
$$

同样地，对于联合律形式(b)也可以通过推导得出：

$$
\begin{aligned}
(x\mid y)\&(\sim x\mid y) &= (y\mid x)\&(y\mid\sim x)\\
&= y\mid(x\ \&\ \sim x)\\
&= y\mid 0 = y
\end{aligned}
$$

思考联合律形式(b)怎样通过文氏图来得到。

联合律(Unity Theorem)有时也被称为组合律(Combing Theorem)。很多时候，表 2.9 中的联合律形式(a)可以用来减少逻辑表达式中的项数。如果在逻辑表达式中，两个乘积项只有一位变量不同且两者互补，就可以把公共项(相同变量)提出，剩余互补的变量之和("|")为 1。在 2.3 节中将采用这种思路，以图形化的方法来化简逻辑表达式，这就是卡诺图。

5. 吸收律

表 2.9 给出了吸收律的两种形式。在第一行中，y 被吸收；而在第二行中，$\sim x$ 被吸收。吸收律 $x|(x\ \&\ y)=x$ 和 $x\ \&\ (x|y)=x$ 有时也被称为覆盖律(例如 x 将 y 覆盖)。

显而易见，如果将图 2.2(a)所示的 x & y 和图 2.1(a)所示的 x 相加(或运算)，就能得到 x。同样地，如果将图 2.3(a)所示的 $x|y$ 和 x 相与，也能得到 x。

如果将图 2.1(a)所示的 x 和图 2.1(b)所示的 $\sim x\ \&\ y$ 相加，就能得到图 2.3(a)所示的阴影部分，这就证实了表 2.9 中的吸收律 $x|(\sim x\ \&\ y)=x|y$。读者也可以试着用文氏图验证表 2.9 中的吸收律 $x\ \&\ (\sim x|y)=x\ \&\ y$。

补充阅读：布尔代数基本规则

除了上文中提到的对偶律，布尔代数还有一些特别的规则，包括以下最常见的代入规则和反演规则。

1) 代入规则

在任何逻辑等式中，如果等式两边所有出现变量的地方都代之以一个逻辑函数，则等式仍然成立。

例如，$\overline{A\cdot B}=\overline{A}+\overline{B}$，若用 $A\cdot C$ 代替 A，等式仍然成立，

即　$\overline{A\cdot C\cdot B}=\overline{A\cdot C}+\overline{B}=\overline{A}+\overline{C}+\overline{B}$

2）反演规则

对于任意一个逻辑函数，如果将其中所有的“·”换成“+”，“+”换成“·”；“0”换成“1”，“1”换成“0”；原变量换成反变量，反变量换成原变量，那么，所得的逻辑函数表达式就是该逻辑函数的反函数。反演规则也被称为“德摩根定律”。

例如，求 $F=\overline{A}\overline{B}+CD$ 的反函数，可根据上述规则写成

$$\overline{F}=(A+B)\cdot(\overline{C}+\overline{D})$$

2.3　布尔代数化简

运用布尔定律可以将布尔表达式化简，即减少逻辑表达式中的乘积项个数，这有助于减少所实现的电路中的逻辑元件个数。在真值表的输出列中，每个“1”输出都代表一个相应的乘积项。当前基于计算机的各类设计工具均能有效协助完成相关逻辑函数的化简工作，但了解如何实现逻辑化简能更好地理解后续设计优化。

除公式法化简外，卡诺图也是传统逻辑化简的工具，以下分别简单介绍。

2.3.1　公式法化简

在介绍布尔代数的公式法化简之前，先介绍一下最小项表达式和最大项表达式的概念。逻辑变量的逻辑与运算叫做与项，与项的逻辑或运算构成了逻辑函数的与或式，也叫做积之和式；逻辑变量的逻辑或运算叫做或项，或项的逻辑与运算构成了逻辑函数的或与式，也叫做和之积式。逻辑函数有最小项之和及最大项之积两种标准形式。

1. 最小项

在 n 变量逻辑函数中，若 m 为包含 n 个因子的乘积项，而且 n 个变量均以原变量或反变量的形式在 m 中出现一次，则称 m 为该组变量的最小项。

最小项性质：

(1) 在输入变量的任何一取值下必有一个最小项，而且仅有一个最小项的值为1；

(2) 任意两个最小项的乘积为0；

(3) 全体最小项之和为1；

(4) 具有相邻性的两个最小项可以合并为一项并消去一个因子；

(5) n 个变量的最小项数目为 2^n。

例如：

两变量 A 和 B 的最小项：$\overline{A}\overline{B}$、$\overline{A}B$、$A\overline{B}$、AB。

三变量 A、B 和 C 的最小项：$\overline{A}\overline{B}\overline{C}$、$\overline{A}\overline{B}C$、$\overline{A}B\overline{C}$、$A\overline{B}\overline{C}$、$\overline{A}BC$、$A\overline{B}C$、$AB\overline{C}$、$ABC$。

2. 最大项

在 n 变量逻辑函数中，若 M 为 n 个变量的和，而且这 n 个变量均以原变量或反变量的形式在 M 中出现一次，则称 M 为该组变量的最大项。

最大项性质：

(1) 在输入变量的任何取值下，必有一个，而且只有一个最大项的值是0；

(2) 任意两个最大项之和为1；

(3) 全体最大项之积为0；

(4) 只有一个变量不同的两个最大项的乘积等于各不相同变量之和；

(5) n 个变量的最大项数目为 2^n。

例如：

两变量 A 和 B 的最大项：$\overline{A}+\overline{B}$、$\overline{A}+B$、$A+\overline{B}$、$A+B$。

对于 n 变量中任意一对最小项 m_i 和最大项 M_i，都是互补的，即 $\overline{m_i}=M_i$ 或 $\overline{M_i}=m_i$。

任何一个逻辑函数都可以唯一表示为最小项之和或最大项之积的形式。

例如：
$$
\begin{aligned}
F &= A\overline{B}+C \\
&= A\overline{B}C+A\overline{B}\overline{C}+(\overline{A}\overline{B}+\overline{A}B+A\overline{B}+AB)C \\
&= A\overline{B}C+A\overline{B}\overline{C}+\overline{A}\overline{B}C+\overline{A}BC+ABC \qquad \text{(最小项之和)} \\
&= (A+C)(\overline{B}+C) \\
&= (A+C+B\overline{B})(\overline{B}+C+A\overline{A}) \\
&= (A+C+B)(A+C+\overline{B})(\overline{B}+C+A)(\overline{B}+C+\overline{A}) \\
&= (A+B+C)\ (A+\overline{B}+C)\ (\overline{A}+\overline{B}+C) \qquad \text{(最大项之积)}
\end{aligned}
$$

考虑图2.5(a)所示的真值表，基于乘积和的输出逻辑函数为

$$f = (\sim x \,\&\, \sim y) \mid (x \,\&\, \sim y) \mid (x \,\&\, y) \tag{3.1}$$

函数可以写成如下最小项之和的形式：

$$f(x,y) = m_0 \mid m_2 \mid m_3 = \sum(0,2,3) \tag{3.2}$$

根据布尔定律，可以做如下化简：

$$
\begin{aligned}
f &= (\sim x \,\&\, \sim y) \mid (x \,\&\, \sim y) \mid (x \,\&\, y) \\
&= (\sim x \mid x) \,\&\, \sim y \mid x \,\&\, y \qquad \text{分配律} \\
&= \sim y \mid x \,\&\, y \qquad \text{互补律} \\
&= \sim y \mid x \qquad \text{吸收律}
\end{aligned}
$$

注意：最后的结果实际上是图2.5所示真值表中和项积表达式。

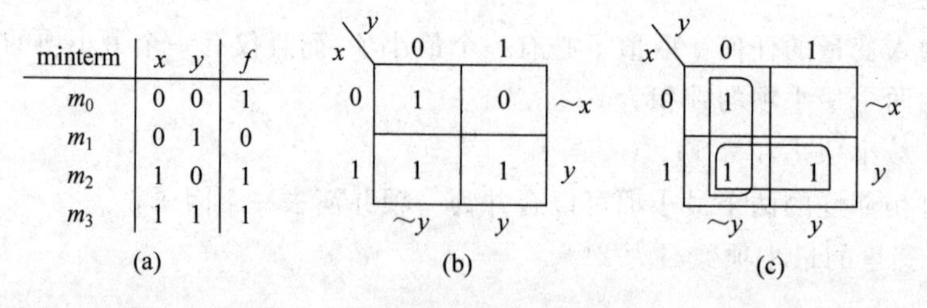

图2.5　两变量真值表和卡诺图

2.3.2 卡诺图化简

1. 两变量卡诺图

卡诺图是真值表的另一种表达形式，也可以通过卡诺图的方法来得到如上所示的化简

结果。两变量布尔函数对应 2×2 的卡诺图，如图 2.5 所示。x 的可能取值(0 或 1)被用作行标签，y 的可能取值(0 或 1)被用作列标签。因此，卡诺图中的每一个方格都代表了一个最小项。真值表中的输出值被填入到卡诺图中对应的最小项方格中。请注意：图 2.5(a)和图 2.5(b)所包含的信息完全相同。

将卡诺图中左上角的方格指定为最小项 m_0 或“00”方格；将右上角的方格指定为最小项 m_1 或“01”方格；将左下角的方格指定为最小项 m_2 或“10”的方格；将右下角的方格指定为最小项 m_3 或“11”方格。

在卡诺图中，一般只填值为 1 的最小项方格，而将值为 0 的方格留空，如图 2.5(c)所示。分析卡诺图发现如果相邻两个方格均为 1，那么所对应的两最小项必然包括互补的某一变量，从而可以将此变量消去。

例如，在卡诺图 2,5 中用方框框起来的第一列，其对应的两最小项为

$$\begin{aligned} m_0 \mid m_2 &= (\sim x \,\&\, \sim y) \mid (x \,\&\, \sim y) \\ &= (\sim x \mid x) \,\&\, \sim y \\ &= 1 \,\&\, \sim y \\ &= \sim y \end{aligned}$$

因此，这两个最小项对输出 f 的“贡献”为$\sim y$，这从图中很容易看出来。每当所圈方框同时包含某变量的“0”和“1”时，该变量即可被消去。第一列中的方框包含 x 和$\sim x$，所以 x 可以被消去，从而只剩下$\sim y$。

另一个“1”方框位于图中底行。注意：该方框包含了 y 和$\sim y$，所以 y 被消去。而方框处于 x 的“1”行，即 x 行，所以对应两最小项的“贡献”为 x。由此，最终的布尔函数可以写成：

$$f = \sim y \mid x$$

这跟我们之前得到的结果是一致的。

两变量卡诺图的化简规则：用方框圈起相邻的“1”方格，并按之前所述读出化简结果。方框可以重叠。如果“1”方格不相邻，例如 m_0 和 m_3，那么方框将只能包含单个方格，这种情况就无法化简了。

原始的 f 乘积和表达式为

$$f = (\sim x \,\&\, \sim y) \mid (x \,\&\, \sim y) \mid (x \,\&\, y)$$

它包含 3 个乘积项。利用卡诺图我们将其化简为非常简单的表达式$\sim y|x$。

2. 三变量卡诺图

对于三变量和四变量的逻辑表达式化简，卡诺图是非常实用的。两变量卡诺图化简的思路同样可应用于多变量卡诺图化简。对于三变量的情况，我们画出图 2.6 所示的卡诺图。

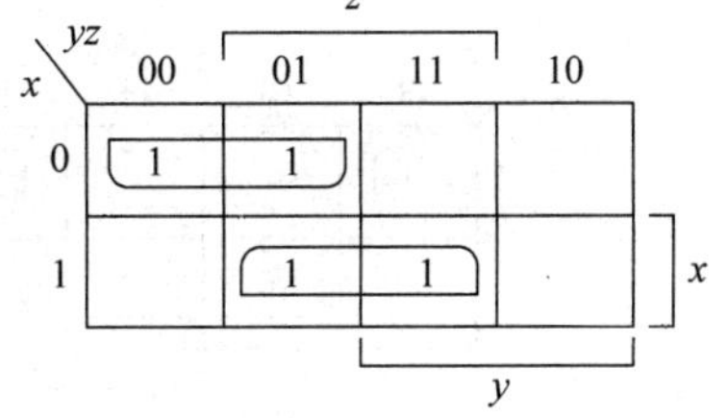

图 2.6　三变量卡诺图

图 2.6 所示的卡诺图有 2 行 4 列共 8 个方格，对应于三变量逻辑函数的 8 个最小项。行标签 x 的可能值为 0 和 1，这和两变量的情形一样。不同的地方在于，三变量卡诺图中的列标签含有两个变量 y 和 z，对应 4 种取值可能 00、01、10、11。请注意：我们不按照这种顺序将它们写入卡诺图，而是将最后两项对换，也就是

00、01、11、10。这样做的原因是，采用后一种顺序时，从某一列移到相邻列将只有一个变量发生变化。在这种情况下，中间的两列对应 z 为真（$z=1$），后面两列对应 y 为真（$y=1$）。

与两变量的情形一样，将相邻“1”方格框起来，消去冗余变量（互补的变量）。例如，图 2.6 所示卡诺图对应如下乘积和逻辑表达式：

$$f = (\sim x \,\&\, \sim y \,\&\, \sim z) \mid (\sim x \,\&\, \sim y \,\&\, z) \mid (x \,\&\, \sim y \,\&\, z) \mid (x \,\&\, y \,\&\, z)$$

通过将相邻“1”方格框起，可以将上述表达式化简为两个乘积项之和。在第一行的方框中 z 被消去，因为方框包含了 z 的 0 和 1 值，留下来的乘积项即为 $\sim x \,\&\, \sim y$；类似地，在底行中 y 被消去，留下乘积项 $x \,\&\, z$。最终函数 f 被化简为

$$f = (\sim x \,\&\, \sim y) \mid (x \,\&\, z)$$

在卡诺图中，每次必须框起尽可能多的“1”方格。例如，在图 2.7 中，底行的 4 个“1”方格应该被框起，这将消去 z 和 y，从而只剩下 x；而在另一个方框中（第四列），x 被消去，从而只剩下 $y \,\&\, \sim z$。因此，该图对应化简后的布尔函数为

$$f = x \mid (y \,\&\, \sim z)$$

如果有 4 个相邻“1”方格构成一个正方形，而不是排成一行，也应将这 4 个“1”方格框起，如图 2.8 所示，这将消去 x 和 y，从而只剩下 z。同时，左上角的方框消去 z，剩下 $\sim x \,\&\, \sim y$，右下角的方框消去 z，剩下 $x \,\&\, y$。因此，最终化简结果为

$$f = z \mid (\sim x \,\&\, \sim y) \mid (x \,\&\, y)$$

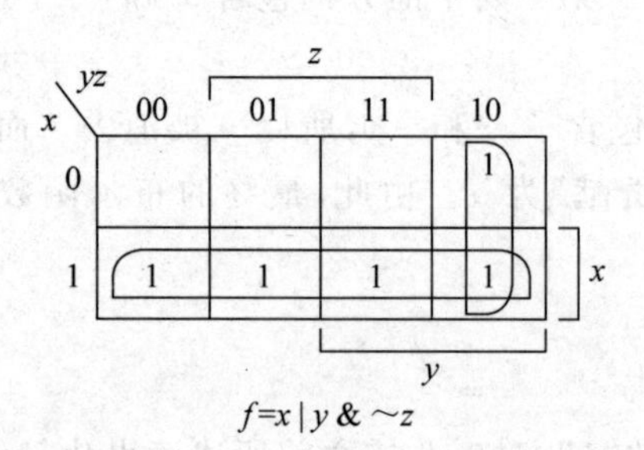

图 2.7 方框应包含尽可能多的“1”方格

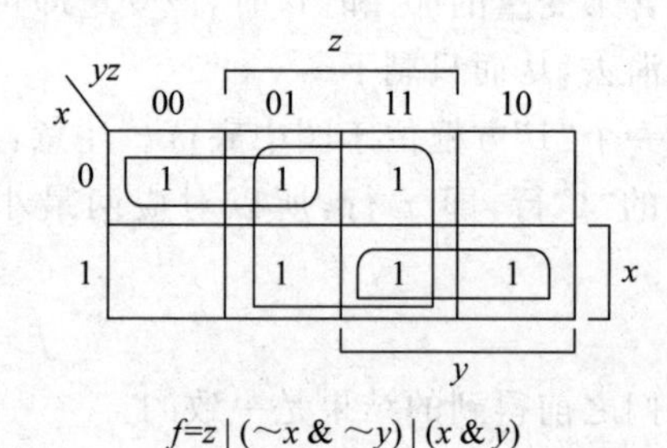

图 2.8 4 个构成正方形的“1”方框应被框起

在卡诺图中，最右边的列被认为与最左边的列相邻，所以如果最左边的“1”方格与最右边的“1”方格相邻，也应被框起，如图 2.9 所示，这将消去 y，从而剩下 $\sim x \,\&\, \sim z$；图中底行方框化简为 $x \,\&\, z$。因此，最终结果为

$$f = (\sim x \,\&\, \sim z) \mid (x \,\&\, z)$$

每个方框应框起尽可能多的“1”方格，即使方框之间相互重叠，如图 2.10 所示。该图最后的化简结果为

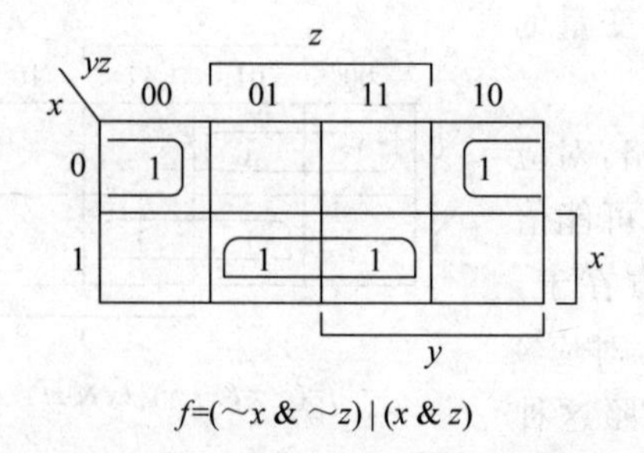

图 2.9 最左列和最右列“1”相邻的例子

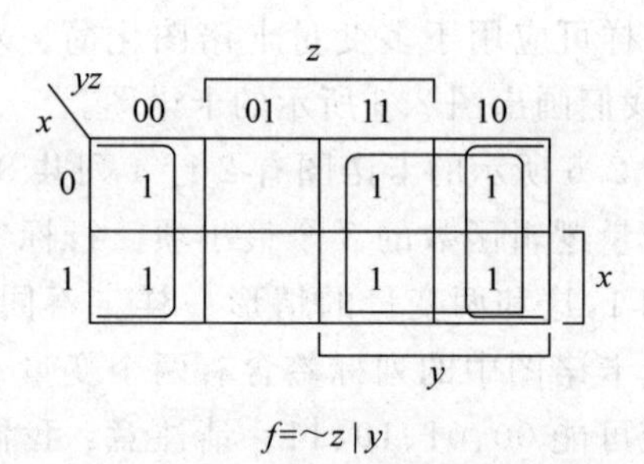

图 2.10 方框相互重叠示例

$$f = \sim z \mid y$$

式中只有两项,每项只有一个变量。

3. 四变量卡诺图

图 2.11 所示为四变量卡诺图,四个变量分别为 w、x、y、和 z。它其实是三变量情形的扩展,其中 4 行对应变量 w 和 x,而 4 列则对应变量 y 和 z。注意:行标签的排列顺序为 00、01、11、10,这与列标签的顺序是一样的。这样就使得从一行移到相邻另一行时,只有一个变量发生变化。类似地,最左列与最右列相邻,顶行与底行相邻。因此,四变量卡诺图中处于边沿且相对的"1"方格可以被圈入方框中。

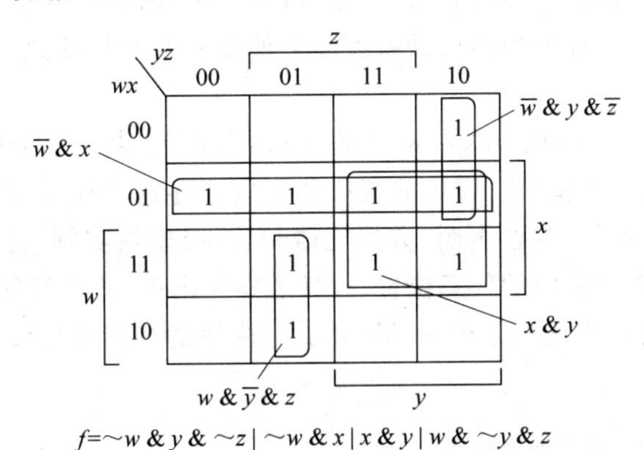

图 2.11 四变量卡诺图的示例

图 2.11 展示了 4 个"1"方框,及它们对最终化简结果的"贡献":

$$f = (\sim w \ \& \ y \ \& \ \sim z) \mid (\sim w \ \& \ x) \mid (x \ \& \ y) \mid (w \ \& \ \sim y \ \& \ z)$$

注意:原始的乘积项函数表达式共有 9 个乘积项(对应 9 个"1"方格)。

4×4 卡诺图中每个方格对应的最小项如图 2.12 所示。所以对于函数:

$$f(w, x, y, z) = \sum(0,1,2,3,5,7,8,10,14,15)$$

其所对应的卡诺图如图 2.13 所示。请注意:4×4 卡诺图 4 个边角上的"1"方格是相邻的,它们可以被圈入同一方框中。从图中读出化简后的逻辑表达式为

$$f = (\sim w \ \& \ z) \mid (w \ \& \ x \ \& \ y) \mid (\sim x \ \& \ \sim z)$$

wx \ yz	00	01	11	10
00	0	1	3	2
01	4	5	7	6
11	12	13	15	14
10	8	9	11	10

图 2.12 四变量卡诺图中的最小项

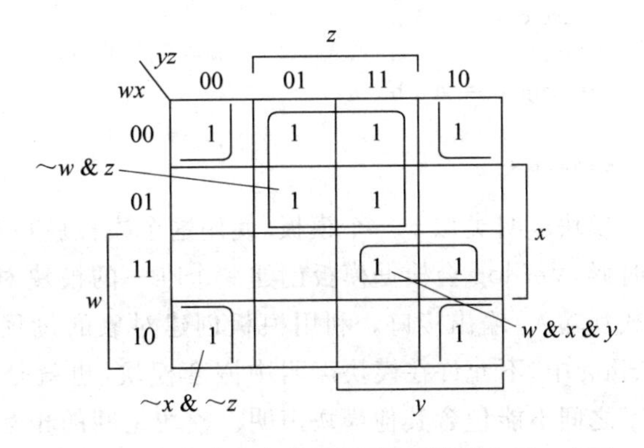

图 2.13 4 个边角上的"1"方格可被圈入同一方框

2.4 Verilog HDL 语言基础

2.4.1 Verilog HDL 模块及端口

1. Verilog HDL 模块声明

Verilog 使用模块(module)的概念来代表一个基本的功能单元。一个模块可以是一个元件，也可以是低层次模块的组合。常用的设计方法是使用元件来构建在设计中多个地方使用的功能模块，以便进行代码重用。模块通过接口(输入和输出)被高层次模块调用，但隐藏了内部的实现细节。这样就使得设计者可以方便地对某个模块进行修改，而不影响涉及的其他部分。

模块声明由关键字 module 开始，关键字 endmodule 结束。每个模块必须具有一个模块名，由它唯一地标识这个模块。模块的端口列表则描述这个模块的输入和输出端口。模块内部的 5 个组成部分是：变量声明、数据流语句、低层模块实例、行为语句块以及任务和函数。这些部分可以在模块中的任意位置，以任意顺序出现，其他部分都是可以选的。在一个 Verilog 源文件中可以定义多个模块，Verilog 对模块的排列顺序没有要求。模块的定义格式如下：

```
module <模块名>(<模块端口列表>)
…
<模块的内容>
…
…
endmodule
```

以一个与门的 Verilog 模块为例，代码如下：

```
module andDemo (a,b,c);

  input a, b;
  output c;

  wire a, b;
  wire c;

  assign c = a & b

endmodule
```

模块声明类似于一个模板，使用这个模板就可以创建实际的对象。当一个模块被调用的时候，Verilog 会根据模板创建一个唯一的模块对象，每个对象都有其各自的名字、变量、参数和输入/输出接口。利用模板创建对象的过程称为实例化，创建的对象称为实例。在 Verilog 中，不允许在模块声明中嵌套模块，也就是在模块声明的 module 和 endmodule 关键字之间不能包含其他模块声明。模块之间的相互调用是通过实例引用来完成的。需要注意的是，不要将模块声明和模块定义相混淆。模块声明只是说明模块如何工作，其内部结构和外部接口，对模块的调用必须通过实例化来完成。

2. Verilog HDL 端口声明

端口是模块与外界环境交互的接口，只有在模块有端口的情况下才需要有端口列表和端口声明。对于外部环境来说，模块内部是不可见的，对模块的调用只能通过端口进行。这种特点为设计者提供了很大的灵活性：只要接口保持不变，模块内部的修改不会影响到外部环境。在模块定义中包含一个可选的端口列表。如果模块和外部环境没有任何信号交换，则可以没有端口列表。

端口列表中所有端口必须在模块中进行声明，Verilog 中端口具有以下三种类型：

(1) input：模块从外界读取数据的接口，在模块内不可写。

(2) output：模块往外界发送数据的接口，在模块内不可读。

(3) inout：可读取数据，也可以送出数据，数据可双向流动。

这里以全加器为例，说明端口的声明，其代码如下：

```
module fullAdder(a,b,cin, sum, cout);
  //端口声明的开始
  input a, b, cin;
  output sum, cout;
  //端口声明的结束

  wire a, b, cin;
  wire sum , cout;

  assign sum = (a ^ b)^c;
  assign cout = cin&(a^b)|(a&b);

endmodule
```

端口的默认数据类型是 wire 型，如果希望输出端口能保存数据，则把它声明成 reg 型。不能将 input 类型的端口声明为 reg 数据类型，这是因为 reg 类型的变量是用于保存数据值的，而输入端口只是反映与其相连的外部信号的变化，并不能保存这些信号值。

我们将一个端口看成是由相互连接的两个部分组成，一部分位于模块的内部，另一部分位于模块的外部。当在一部分中调用另一部分时，端口之间的连接必须遵守一些规则，如图 2.14 所示。

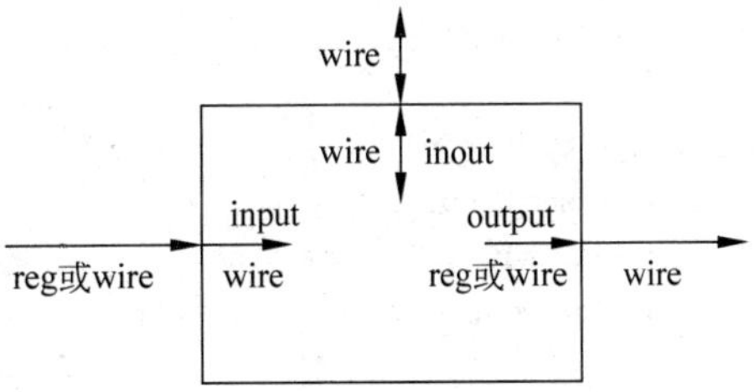

图 2.14　端口连接

(1) 输入端口

从模块内部看，输入端口必须为 wire 型；从模块外部来看，输入端口可以连接到 wire 或 reg 数据类型变量。

(2) 输出端口

从模块内部看，输出端口可以为 wire 型或 reg 型；从模块外部来看，输出端口必须连接到 wire 数据类型变量，而不能连接到 reg 类型的变量。

(3) 输入/输出端口

从模块内部看，输入/输出端口必须为 wire 型；从模块外部来看，输入/输出端口必须连接到 wire 数据类型变量，而不能连接到 reg 类型的变量。

（4）位宽匹配

对模块进行调用的时候，Verilog 允许端口的内、外两个部分具有不同的位宽。一般情况下，Verilog 仿真器会对此给予警告。

（5）未连接端口

Verilog 允许模块实例的端口保持未连接的状态。例如，如果模块的某些输出端口只用于调试，那么这些端口可以不与外部信号连接。

（6）端口与外部信号的连接

在对模块调用的时候，可以使用两种方法将模块定义的端口与外部环境中的信号连接起来：按顺序连接以及按名字连接。但是两种方法不能混合在一起使用。

（7）顺序端口的连接

连接到模块实例的信号必须与模块声明时目标端口列表中的位置保持一致。下面以顶层模块调用全加器为例进行说明，其代码如下：

```
module Top;
reg A,B;
reg CIN;
wire SUM, COUT;
…
//实例化顺序连接
//信号按照端口列表中的次序连接，在本模块中把它命名为 adder
fullAdder adder(A,B,CIN,SUM,COUT);
…
endmodule

module fullAdder(a,b,cin, sum, cout);
  //端口声明的开始
  input a, b, cin;
  output sum, cout;
  //端口声明的结束

  wire a, b, cin;
  wire sum , cout;
  assign sum = (a ^ b)^cin;
  assign cout = cin&(a^b)|(a&b);

endmodule
```

（8）命名端口连接

在大型设计中，一个模块可能有很多端口，要记住这些端口的顺序是困难的，而且容易出错。因此 Verilog 提供了另一种更方便的端口连接方法——命名端口连接。这种方法中端口和相应的外部信号按照其名字进行连接，而不是按照位置。代码示例如下：

```
//实例化顺序连接
//信号按照端口列表中的次序连接，在本模块中把它命名为 adder
fullAdder adder(.sum(SUM), .cout(COUT), .a(A), .b(B), .cin(CIN),);
```

从代码中可以看到，端口连接以任意顺序出现，只要保证端口和外部信号的正确匹配即可。注意，这种连接方法中，需要与外部信号连接的端口必须用名字进行说明，而不需要连接的端口只需忽略即可。命名连接的一个优点是，只要端口的名字不变，即使模块端口列表中端口的顺序发生了变化，模块实例的端口连接也无须调整。

2.4.2 Verilog HDL 数据类型声明

数据类型用来表示数字电路硬件中的数据存储和传送元素。Verilog 中一共有 19 种数据类型，本节详细介绍其中的四种数据类型：wire 型、reg 型、memory 型和 parameter 型。其他数据类型只做简单说明。

1. wire 型

wire 型数据常用来表示以 assign 关键字指定的逻辑信号。Verilog 程序模块中的输入、输出信号类型默认为 wire 型。wire 型信号可以用作方程式的输入，也可以用作 assign 语句或者实例元件的输出。

wire 型信号的定义格式如下：

```
wire[n-1:0] 数据名 1,数据名 2, …,数据名 N;
```

这里，总共定义了 N 条线，每条线的位宽为 n。例如：

```
wire[2:0] a, b, c;
```

2. reg 型

reg 是寄存器数据类型变量的关键字。寄存器是数据存储单元的抽象，通过赋值语句可以改变寄存器存储的值，其作用相当于改变触发器的值。reg 型数据常用来表示 always 模块内的指定信号，代表触发器。在 always 块内被赋值的每一个信号都定义为 reg 型，即赋值操作符的有效变量必须是 reg 型。

reg 型信号的定义格式如下：

```
reg[n-1:0] 数据名 1,数据名 2, …,数据名 N;
```

这里，总共定义了 N 个寄存器变量，每个寄存器的位宽为 n。例如：

```
reg[2:0] a, b, c;
reg d;
```

reg 型数据的默认值是未知的。reg 型数据可以为正值或负值。但当 reg 型数据是一个表达式中的操作数时，它的值被当作无符号值，即正值。如果一个 4 位的 reg 型数据被写入−1，在表达式中运算时，其值被认为是＋15。reg 型和 wire 型的区别在于：reg 型保持最后一次赋值，而 wire 型需要持续的驱动。

3. memory 型

Verilog 通过对 reg 型变量建立数组来对存储器建模，可以描述 RAM、ROM 存储器和寄存器数组。数组中每一个单元通过一个整数索引进行寻址。memory 型通过扩展 reg 型数据的地址范围来达到二维数组的效果，其定义格式如下：

```
reg[n-1:0] 存储器名 [m-1:0];
```

其中，reg[n－1:0]定义了存储器中每一个存储单元的大小，即该存储单元是一个 n 位位宽的寄存器；存储器后面的[m－1:0]定义了存储器的大小，即该存储器中有多少个这样的寄存器。例如：

```
reg[15:0] ROMA [7:0];
```

这个例子定义了一个存储位宽为16位，存储深度为8的存储器，该存储器的地址范围是0～7。

尽管memory型和reg型数据的定义相近，但是二者有很大的区别。例如：

```
reg[n-1: 0] rega;          //一个 n 位的寄存器
reg memb [n-1:0];          //一个由 n 个 1 位寄存器构成的存储器组
```

一个 n 位寄存器可以在一条赋值语句中直接赋值，一个完整的存储器则不行。

```
rega = 0;                  //合法赋值
memb = 0;                  //非法赋值
```

如果要对memory进行读写，必须指定地址。例如：

```
memb[0] = 1;
reg [3:0] rom [4:1];
rom[0] = 4'h0;
rom[1] = 4'h1;
rom[2] = 4'h2;
rom[3] = 4'h3;
```

4. parameter

在Verilog中用parameter来定义常量，即用parameter来定义一个标识符表示一个常数。采用该类型可以提高程序的可读性与可维护性。

parameter型信号的定义格式如下：

```
parameter 参数名 1 = 数据名 1;
```

例如：

```
parameter a1 = 1;
parameter [3:0] S0 = 4'h0,
                S1 = 4'h5,
                S2 = 4'h6,
                S3 = 4'h4;
```

5. 其他类型

integer：整型变量，是一种用于过程赋值语句的通用的寄存器型变量。整型变量的大小取决于主机的字长。

real：声明为real型的变量是双精度浮点数。可以用十进制或者指数形式给这类变量赋值。

realtime：与real型变量相同，唯一的区别在于realtime型变量是以实数形式存储时间的值。

wand：这个数据类型表示线与线网，当任意一个驱动为0时，线网值是0。这种电路由集电极开路逻辑实现。

wor：这个数据类型表示线或线网，当任意一个驱动为 1 时，线网值是 1。这种电路由发射极耦合逻辑实现。

scalared：用于声明一个线性变量，这个变量中的比特可以单独选中或者部分选中。

time：用于以 64 位无符号数的形式存储仿真时间。

tri：指定一个多驱动的线型。它和 wire 的功能是相同的，但是用于描述三态线型。

tri0：关键字 tri0 建模了一种带下拉电阻的线网。当没有驱动时，输出为 0。

tri1：关键字 tri1 建模了一种带上拉电阻的线网。当没有驱动时，输出为 1。

triand：指定了一种三态的多驱动线网。它建模了 wand 的硬件实现。如果任何一个驱动是 0，则线网的值为 0。它的语法和功能与 wand 线网是相同的。

trior：指定了一种三态的多驱动线网。它建模了 wor 的硬件实现。如果任何一个驱动是 1，则线网的值为 1。它的语法和功能与 wor 线网是相同的。

trireg：这是一种存储数据的寄存器，它建模了线网变量里保存的电荷。

vectored：用于声明一种线网，这种线型中的比特不能单独或部分选中，换言之线网在引用时是一个不可以分割的实体。

2.4.3 Verilog HDL 运算操作

Verilog HDL 大概包含 30 多个操作符，除了第 1 章已讨论基本运算符外，还有算术、移位和关系运算等。这些操作对应中等规模组件，例如加法器和比较器。在本部分，我们检验这些操作并涵盖一些与综合相关的杂项结构。表 2.11 归纳了这些操作。

表 2.11　Verilog HDL 运算操作符

操作类型	运算符	描　　述	操作数
算术	+	加	2
	−	减	2
	*	乘	2
	/	除	2
	%	取模	2
	**	乘幂	2
移位	>>	逻辑右移	2
	<<	逻辑左移	2
	>>>	算数右移	2
	<<<	算数左移	2
关系	>	大于	2
	<	小于	2
	>=	大于等于	2
	<=	小于等于	2
相等	==	相等	2
	!=	不相等	2
	===	事件相等	2
	!==	事件不相等	2

续表

<table>
<tr><th>操作类型</th><th>运算符</th><th>描　述</th><th>操作数</th></tr>
<tr><td rowspan="4">位</td><td>~</td><td>按位取反</td><td>1</td></tr>
<tr><td>&</td><td>按位与</td><td>2</td></tr>
<tr><td>|</td><td>按位或</td><td>2</td></tr>
<tr><td>^</td><td>按位异或</td><td>2</td></tr>
<tr><td rowspan="3">缩减</td><td>&</td><td>与缩减</td><td>1</td></tr>
<tr><td>|</td><td>或缩减</td><td>1</td></tr>
<tr><td>^</td><td>异或缩减</td><td>1</td></tr>
<tr><td rowspan="3">逻辑</td><td>!</td><td>逻辑取反</td><td>1</td></tr>
<tr><td>&&</td><td>逻辑与</td><td>2</td></tr>
<tr><td>||</td><td>逻辑或</td><td>2</td></tr>
<tr><td>位拼接</td><td>{}</td><td>按位拼接</td><td>2 或以上</td></tr>
<tr><td>条件</td><td>?:</td><td>条件运算</td><td>3</td></tr>
</table>

1. 算数运算

算数运算有 6 种：+、-、*、/、%和 **，分别表示加、减、乘、除、取模和乘幂运算。在综合时，+、-运算表示加法器和减法器，由 FPGA 逻辑单元进行综合。

乘法是一个复杂的操作，乘法器的综合取决于综合软件和目标装置，赛灵思 Vivado 软件在综合时可以导出这些模块，因此在 HDL 代码中可以使用乘法操作。尽管支持乘法器的综合，但也要注意到这些模块数字和输入位宽的限制，使用时要谨慎。

|、%、** 三个符号通常不能自动综合。

2. 移位运算

移位运算有 4 种：>>、<<、>>>和<<<。前两个表示逻辑右移和逻辑左移，后两个表示算数右移和算数左移。

在逻辑移位（即>>和<<）时移入的是 0，在算数右移时移入的是标志位（即最高位），而在算数左移时移入的是 0。注意逻辑左移和算数左移没有区别，一些移位运算示例如表 2.12 所示。

表 2.12　移位运算示例

a	a >> 2	a >>> 2	a << 2	a <<< 2
0100_1111	0001_0011	0001_0011	0011_1100	0011_1100
1100_1111	0011_0011	1111_0011	0011_1100	0011_1100

如果移位运算的两个操作数都是信号，如 a << b，移位器则是一个桶形移位器，是一非常复杂的电路。

3. 关系和相等运算

关系运算有 4 种：>、<、<=和>=。这些运算比较两个操作数的大小并返回一个布尔型结果，若为假则由 1 位的数值“0”表示；若为真则由 1 位数值“1”表示。

相等运算有 4 种：==、!=、===和!==。同关系运算一样，结果返回假（1 位“0”）或真（1 位“1”）。===和!==运算称为事件相等和不相等运算，对不确定值 x 和高阻值 z 进行比较，其无法进行综合。

关系运算以及==和!=运算在综合时为比较器。

4. 位运算、缩减运算和逻辑运算

位运算、缩减运算和逻辑运算有些类似,都执行与、或、异或和取反操作,这些运算由基本逻辑单元实施。

基本位运算有4种:&(与)、|(或)、^(异或)和~(取反)。前三个需要两个操作数。取反和异或可以结合,例如,~^或^~,构成同或运算。这些操作按位执行,因此被称为位运算,例如a、b、c为4位信号:

```
wire [3:0]a , b , c ;
```

语句

```
assign c = a|b ;
```

和以下语句相同:

```
assignc[3] = a[3]|b[3];
assignc[2] = a[2]|b[2];
assignc[1] = a[1]|b[1];
assignc[0] = a[0]|b[0];
```

若&、|和^运算只有一个操作数,则称为缩减运算。单操作数通常是数组数据类型,运算对数组的所有的元素都执行并返回1位结果,例如,a是一4位信号,y是一1位信号:

```
wire [3:0] a;
wire y;
```

语句

```
assign y = |a;                //only one operand
```

相当于:

```
assign y = a[3]|a[2]|a[1]| a[0];
```

逻辑运算有3种:&&(逻辑与)、||(逻辑或)和!(逻辑非)。逻辑操作和位操作不同,逻辑运算总是返回一个1位的值,当运算的所有位为0时返回假(0),至少有一位为1时返回真(1)。所以,逻辑运算应该用作布尔表达式的逻辑连接,例如:

(state == idle) || ((state == op)) && (count > 10)

如表2.13所示,通过位运算与逻辑运算对比可以区分两种运算的不同。由于Verilog用0和1来表示假和真,在某些场合下,位运算和逻辑运算可以通用,但最好是布尔表达式用逻辑运算而信号处理用位运算。

表2.13 位运算与逻辑运算示例

a	b	a&b	a|b	a&&b	a||b
0	1	0	1	0(false)	1(true)
000	000	000	000	0(false)	0(false)
000	001	000	001	0(false)	1(true)
011	001	001	011	1(true)	1(true)

5. 位拼接运算和复制运算

位拼接运算{}，通过组合数段元素和小数组构成大数组，举例说明其用法：

```
wire  a1;
wire  [3:0] a4;
wire  [7:0] b8, c8, d8;
...
assign b8  = {a4, a4};
assign c8  = {a1, a1, a4, 2'b00};
assign d8  = {b8[3:0], c8[3:0]};
```

位拼接运算的实施涉及输入和输出信号的重新连接并且只需要“连线”。

位拼接运算的一个应用是通过固定数目进行循环移位，例如：

```
wire [7:0] a;
wire [7:0] rot, shl, sha;
...
//rotate a to right 3 bits
assign rot  = {a[2:0], a[8:3]}
//shift a to right 3 bits and insert 0 (logic shift)
assign shl  =  {3'b000, a[8:3]};
//shift a to 3 bits and insert
//(arithmetic shift)
assign sha  =  {3a[8], a[8:3]};
```

位拼接运算 N{}，复制封闭字符串。其中复制常数 N，指定复制的次数，例如{4{2'b01}}返回 8'b010101，之前的算数移位运算可以简化为

```
assign sha =  {3{a[8]}, a[8:3]};
```

6. 条件运算

条件运算?：包括三个操作数，其通用格式如下：

```
[signal] = [boolean - exp] ?[true - exp] : [false - exp];
```

[boolean_exp]是一个布尔表达式，结果返回真(1'b1)或假(1'b0)。若为真，[true_exp]赋给[signal]；若为假则将[false_exp]赋给[signal]。例如，以下电路为获取 a 和 b 中的较大值：

```
assign  max =  (a > b) ? a :b;
```

条件运算可以看成 if-else 语句的简化：

```
if [boolean - exp]
    [signal] = [true - exp];
else
    [signal] = [false - exp];
```

尽管简单，条件运算可以进行级联和嵌套来指定所需选择，例如，表 1.1 中描述的 eq1 电路可以采用条件运算重写代码：

```
assign  eq =  (~i1 &~i0) ? 1'b1:
```

```
(~il &i0) ?1'b0:
(il&~i0) ? 1'b0:
 1'bl;
```

还可以扩展求较大值电路返回 a、b 和 c 的最大值：

```
assign  max = (a>b) ? ((a>c) ?a : c) :((b>c) ? b : c);
```

7. 运算优先级

运算优先级指定运算顺序，优先级如表 2.14 所示，当执行一个表达式时，先执行高优先级运算，例如，在表达式 a+b >> 1 中，先执行 a+b，再执行>> 1。也可以用小括号改变优先级，例如 a+(b >> 1)。最好的做法是采用小括号使表达式更清楚，即使不要求使用括号。

表 2.14 运算操作符优先级

运 算 符	优 先 级
{} {{}}	高 ↑
! ~	
**	
* / %	
+ -	
>> << >>> <<<	
< <= > >=	
== != === !==	
& ~&	
^ ~^	
| ~|	
&&	
||	
?:	低

8. 表达式位宽调整

在 Verilog 程序中，接口、线网数据、寄存器类数据和变量的信号有不同的位数(即位长或位宽)，在 Verilog 语句中，操作数的位宽可以不同，但有一系列隐形规则决定其调整：

(1) 确定上下文操作数的最大位宽，包括表达式右端和左端信号；

(2) 扩展右端表达式位宽至最大位宽；

(3) 将结果赋给左端信号，如果左端信号位宽较小，则截断相应的高位信号。

先考虑下面简单例子：

```
wire  [7:0]a , b;
assign  a = 8'b00000000;
assign  b = 0;
```

第一条语句把一个 8 位值“00000000”赋给 a，第二条语句把整数 0 赋给 b，想到在 Verilog 中整数是 32 位，因此 0 表示“00000000000000000000000000000000”，由于 b 是 8 位数据，则赋值时截断为“00000000”。尽管两个表达式都是将所有的 0 赋给信号，但应当了解信号是怎样获取数值的。

再考虑另一个例子：

```
wire[7:0]a , b;
wire[7:0] sum8;
wire[8:0] sum9;
assign  sum8 = a + b;
assign  sum9 = a + b;
```

在第一条语句中，所有的操作数都是8位的并执行一个8位加法器，加法的溢出位舍弃；在第二条语句中，a和b扩展为9位信号的位宽，执行的是一个9位加法器，sum9[8]位得到结果的溢出位。如果要明确设计溢出位信号，也可以采用位拼接运算：

```
assign  {c-out ,sum8} = a + b;
```

尽管基本的转化规则简单直观，但细微之处容易出错，例如，a、b、sum1和sum2是8位信号，以下语句得到不同结果：

```
//shift 0 to MSB of sum1
assign  sum1 = (a + b) >>1;
//shift carry - out of a + b to MSB of sum2
assign  sum2 = (0 + a + b) >>1 ;
```

在第一条语句中，所有的操作数都是8位的，执行的是8位加法，溢出位舍弃，当执行移位操作时，0移给最高位。在第二条语句中，0是整数因此位宽是32位，a和b扩展到32位进行加法运算，对和进行移位，赋给sum2时结果截断为8位，sum2[7]得到原始的溢出位，当采用有符号数据类型时，转化则更加复杂，具体可查阅相关手册。

另一种可靠但有些繁琐的方法是手工调整操作数的位宽，例如，获得sum2的另一种方法如下：

```
wire[8:0] sum_ext ; //extend sum to 9 bits
...
assign  sum_ext = {1'b0,a} + {1'b0,b};
assign  sum2 = sum_ext [9: 1];
```

代码虽然更长但是更加直观且不容易出错。

总体来说，必须了解Verilog的位宽自动调节机制，意外的位宽不匹配可能会导致细微的、难以发现的错误，除了常见的调整，如用整数0给所有位赋0，应该手工调整位宽或者彻底记录所需的自动调整。

第3章 组合逻辑电路设计基础

CHAPTER 3

本章学习导言

组合逻辑电路在任一时刻的输出状态只取决于该时刻的输入状态的组合，而与电路以前的状态无关。即电路只是由门电路组成，没有记忆单元，也没有反馈电路。第2章介绍的简单逻辑运算符可用于描述基本逻辑单元构成的门级设计，实际已经是基本的组合逻辑电路设计内容。本章主要介绍由中等规模组件构成组合逻辑电路的HDL描述，例如加法器、比较器和多路复用器等。本章首先结合实例对Verilog HDL行为描述的常用语法进行介绍，包括always块、if语句、case语句、参数和常数等，并通过一些常见组合逻辑电路实例来展示常用组合电路设计。

本章的目的是给出组合逻辑电路基本概念，在介绍Verilog HDL用于组合逻辑设计的条件语句和循环语句等基本要素后，分别给出比较器、多路选择器等常见组合逻辑电路单元的介绍及其Verilog HDL实现。

这些常用组合逻辑电路单元在逻辑系统中出现频率高，算得上搭建逻辑系统的最基本积木，熟练掌握这些单元对于复杂逻辑系统设计以及逻辑系统设计优化均有重要作用。

3.1 组合电路中的always块

在进行较为复杂的逻辑电路设计时，为了提高设计效率，通常采用较为抽象的行为描述，Verilog HDL使用一些顺序执行的过程语句来进行行为描述。这些语句封装在一个always块或initial块中，initial块仅在仿真开始的时候执行一次，而always块能够进行综合，生成能够执行逻辑运算或控制的电路模块。在本部分中重点讨论always块。

always块可以看成一个包含内部过程描述语句的黑盒子，过程语句包含多种结构，但是很多都没有对应的硬件，编码不佳的always块通常会导致不必要的复杂实施或者根本无法综合。本部分主要关注可综合的组合逻辑电路设计，讨论内容限制为三种类型的语句：块程序赋值、条件语句和循环语句。

3.1.1 基本语法格式

带敏感信号列表的 always 块的简化使用格式如下：

```
always@(敏感信号列表)
begin 可选的模块名
        可选的本地变量声明;
        顺序执行语句;
        顺序执行语句;
...
end
```

敏感信号列表是 always 块响应的信号和事件列表，对于组合电路，应该包含所有的输入信号。当有两个或者两个以上的信号时，在 Verilog HDL 1995 中，它们之间可以用关键字 or 来连接，例如：

```
always  @(a or b or c)
```

Verilog HDL 2001 规范中，可以使用“,”来区分，例如：

```
always  @(a , b , c)
```

在本书中，使用 Verilog HDL 2001 规范。

@(敏感信号列表)项实际上是一个时序控制结构，它是可综合 always 块中的唯一时序控制结构。模块体可包含任意数目的过程语句，当模块体只有一条语句时，定界符 begin 和 end 可以省略。

敏感信号可分为两种类型：一种是电平敏感型；一种是边缘敏感型。每个 always 过程一般只由一种类型的敏感信号来触发，而不能混合使用。对于组合电路，一般采用电平触发；对于时序电路，一般由时钟边沿触发。Verilog HDL 提供了 posedge 和 negedge 两个关键词来分别描述上升沿和下降沿。

always 块可以看作一个复杂的电路部分，可以被中止和激活。当敏感列表中的信号发生变化或某一事件发生时，该部分被激活并执行内部过程语句，由于没有其他时序控制结构，执行过程会一直持续到 end 模块才会终止，因此，always 块实际上是个“永远循环”过程，每次的循环由敏感信号列表触发。

3.1.2 过程赋值

过程赋值只能用在 always 块或 initial 块中，有两种赋值方式：阻塞赋值和非阻塞赋值。其基本语法格式如下：

```
阻塞赋值: 变量名 = 表达式;
非阻塞赋值: 变量名 <= 表达式 ;
```

在阻塞赋值中，在执行下一条语句前，一个表达式只能赋给一个数据类型的值，可以理解为赋值阻断了其他语句的执行，与 C 语言中的正常变量赋值行为相似。在非阻塞赋值中，表达式的值在 always 块结束时进行赋值，这种情况下赋值没有阻断其他语句的执行。

Verilog 的初学者经常会混淆阻塞赋值和非阻塞赋值，不能正确理解它们的区别。这样

可能会导致意外的行为或竞争条件。它们的基本使用原则是

(1) 组合电路使用阻塞赋值；

(2) 时序电路使用非阻塞赋值。

因为本章关注的是组合电路，因此只使用阻塞赋值语句。

3.1.3 变量的数据类型

在过程赋值中，一个表达式只能赋给一种变量数据类型的输出，这些变量数据类型有 reg 型、integer 型、real 型、time 型和 realtime 型。reg 数据类型和 wire 数据类型类似，可以用于过程输出；integer 数据类型表示固定大小(通常是 32 位)有符号二进制补码格式，由于大小固定，在综合中通常不用该数据类型；其他几种数据类型用于建模和仿真，无法被综合。

3.1.4 简单实例

用两个简单例子来说明 always 模块和过程阻塞赋值的用法和行为。

1. 一位比较器

可以用 always 块来设计简单的一位比较器电路，代码见例 3.1。

例 3.1 一位比较器的 always 块实现

```
module eq1_always
  (
    input  i0,i1,
    output reg eq           //eq 声明为 reg 类型
  );
  reg p0, p1;               //p0 和 p1 声明为 reg 类型
  always @(i0, i1)          //i0 和 i1 必须在敏感信号列表中
  begin
    //语句的顺序是很重要的
    p0 = ~i0&~i1;
    p1 = i0 &i1;
    eq = p0| p1 ;
  end
endmodule
```

因为 *eq*、*p*0 和 *p*1 信号在 always 块内赋值，它们都声明为 reg 型数据类型；敏感列表包括 *i*0 和 *i*1，并由逗号隔开，当其中一个发生变化时，always 块则被激活；三条阻塞赋值语句顺序执行，和 C 程序中的语句非常类似，语句的顺序十分重要，在第三条阻塞赋值语句执行前 *p*0 和 *p*1 必须赋值。

要正确建立所需的行为模型，组合电路的敏感列表必须包含所有的输入信号，忽略一个信号就可能导致综合和仿真结果不一致，在 Verilog HDL 2001 中，可以用下面的符号

```
always  @ *
```

来隐式地包含所有输入信号，在本书组合电路描述中使用这种结构。

2. 过程赋值语句和持续赋值语句的比较

其实，持续赋值语句和过程赋值语句的行为大不相同，下面以一个三输入的与门来说明它们的区别。

例 3.2 中的代码，使用的是过程赋值语句，它完成的功能是执行 a、b 和 c 的逻辑与运算(即 $a\&b\&c$)，综合的电路如图 3.1(a)所示。

例 3.2 三输入的与电路

```
module and_block_assign
  (
   input  a , b , c,
   output reg  y
   );
   always  @ *
   begin
    y = a ;
    y = y&b;
    y = y&c;
   end
  endmodule
```

如果采用类似例 3.3 中的持续赋值语句，则描述结果不正确。在例 3.3 的代码中，每条程序赋值综合一部分电路，左端 3 次出现的 y 表明三个输出捆绑在一起，对应的电路如图 3.1(b)所示，这显然不是想要的设计结果。

例 3.3 与电路的不正确代码

```
module and_cont_assign
  (
  input  a,b,c,
  output  y
  );
  assign y = a;
  assign y = y & b;
  assign y = y &c ;
endmodule
```

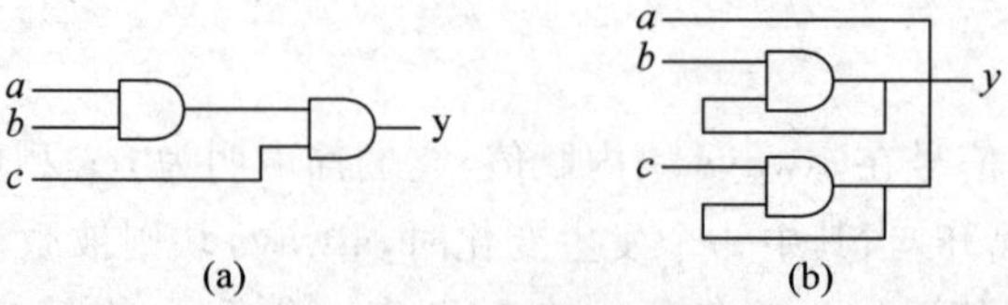

图 3.1 正确和不正确的代码段推导出的电路

3.2 条件语句

条件语句有 if-else 语句和 case 语句两种，它们都是顺序语句，应该放在 always 块内使用。下面分别结合实例对这两种语句进行介绍。

3.2.1　if-else 语句

1. 语法

if-else 语句的简化语法如下：

```
if (表达式)
  begin
    顺序执行语句;
    顺序执行语句;
  end
else
  begin
    顺序执行语句 ;
    顺序执行语句 ;
end
```

[表达式]项一般为逻辑表达式或者关系表达式，也可以是一位的变量。语句先对表达式判断，如果表达式为真，则执行下面分支的语句，否则执行 else 分支的语句。else 分支具有选择性，可以省略。如果分支里只有一条语句，则定界符 begin 和 end 可以省略。

多条 if 语句可以“级联”，以执行多布尔条件并建立优先级，如下：

```
if (表达式 1)
...
else if (表达式 2)
else if (表达式 3)
...
else
```

2. 实例

用两个简单例子来说明 if-else 语句的用法。

1) 4 位优先编码器

4 位优先编码器有四个优先级，$r[3]$、$r[2]$、$r[1]$和 $r[0]$作为一组 4 位输入信号，$r[3]$优先级最高，输出是较高优先级的二进制代码，优先编码器的功能表如表 3.1 所示，HDL 代码见例 3.4。

表 3.1　四输入优先编码器功能表

输入 ($r[3]$ $r[2]$ $r[1]$ $r[0]$)	输出 ($y[2]$ $y[1]$ $y[0]$)
1　x　x　x	1　0　0
0　1　x　x	0　1　1
0　0　1　x	0　1　0
0　0　0　1	0　0　1
0　0　0　0	0　0　0

例 3.4　使用 if-else 语句的优先编码器的 HDL 代码

```
module prio_encoder_if
  (
  input[3:0] r,
  output reg[2:0]  y
  );
  always@ *
    if(r[3] == 1'b1)        //可以写成 (r[3])
        y = 3'b100;
    else if(r[2] == 1'b1)  //可以写成 (r[2])
        y = 3'b011;
    else if (r[1] == 1'b1) //可以写成 (r[1])
        y = 3'b010;
    else if(r[0] == 1'b1)  //可以写成 (r[0])
        y = 3'b001;
    else
        y = 3'b000;
endmodule
```

代码首先检查信号 $r[3]$请求，如果为 1 则将 100 赋给 y，如果 $r[3]$为 0，则继续检查信号 $r[2]$请求并重复以上过程，直至所有请求信号检查完毕。注意当 $r[3]$为 1 时布尔表达式($r[3]$==1'b1)为真，由于在 Verilog 中真值也可表示为 1'b1，因此表达式也可以写成($r[3]$)。

2）2-4 译码器

根据 n 位输入的信号，一个 $n-2^n$ 二进制译码器将 2^n 位输出中的一位置位，2-4 译码器的真值表如表 3.2 所示，该电路包括控制信号端 en 来使能译码功能，HDL 代码见例 3.5。

表 3.2　带使能的 2-4 译码器的真值表

en	*a*[1]	*a*[0]	*y*
0	x	x	0000
1	0	0	0001
1	0	1	0010
1	1	0	0100
1	1	1	1000

例 3.5　使用 if-else 语句实现的 2-4 译码器

```
module decoder_2_4_if
  (
  input [1:0] a,
  input en,
  output  reg[3:0] y
  );
 always @ *
    if(en == 1'b0)
        y = 4'b0000;
    else if (a == 2'b00)
```

```
            y = 4'b0001;
        else if(a == 2'b01)
            y = 4'b0010;
        else if(a == 2'b10)
            y = 4'b0100;
        else
            y = 4'b1000;
endmodule
```

代码首先检查使能位 *en* 是否为 1,如果条件为假(即 *en* 为 0),则设置输出 *y* 为无效状态;如果条件为真,则检测 4 个二进制数的组合顺序,设置输出 *y* 的状态。注意布尔表达式(en==1'b0)也可以写成~en。

3.2.2　case 语句

相对于 if-else 语句只有两个分支而言,csae 语句则是一种多分支语句,其可用于描述多条件分支电路,例如译码器、数据选择器、状态机及微处理器指令译码等。case 语句有 case、casez 和 casex 三种表示方式,以下分别进行介绍。

1. case 语句语法

case 语句的简化语法如下:

```
case(表达式)
    分支项 1:
      begin
        顺序执行语句;
        顺序执行语句;
      …
      end
    分支项 2:
      begin
        顺序执行语句;
        顺序执行语句;
      …
      end
    分支项 3:
      begin
        顺序执行语句;
        顺序执行语句;
        …
      end
    …
   default:
      begin
        顺序执行语句;
        顺序执行语句;
     end
endcase
```

case 语句是一条多路决策语句,其将 case 表达式和多个分支项进行比较,程序跳入与当前表达式相等的分支项对应的分支执行，如果有多个分支项匹配，则执行第一条匹配的分支。最后一条分支为可选的，关键词是 default，包含表达式未指定的所有值。如果一条分支中只有一条语句，则定界符 begin 和 end 可以省略。

2. case 语句实例

采用和 if-else 语句例子中相同的优先编码器和译码器来说明 case 语句的用法。

1）2-4 译码器的 case 语句描述

2-4 译码器的功能表如表 3.2 所示，使用 case 语句的 HDL 代码见例 3.6。

例 3.6　使用 case 语句实现的 2-4 译码器 HDL 代码

```
module decoder_2_4_case
  (
  input  [1:0]a,
  input  en,
  output reg[3:0]y
  );
  always @ *
      case  ({en, a})
          3'b000, 3'b001, 3'b010, 3'b011: y = 4'b0000;
          3'b100: y = 4'b0001;
          3'b101: y = 4'b0010;
          3'b110: y = 4'b0100;
          3'b111: y = 4'b1000;            //也可以使用 default 语句
  endcase
endmodule
```

如果某些值有相同的执行语句，可以将这多个值放入一组表达式中，如同例 3.6 中的“3'b000, 3'b001, 3'b010, 3'b011:”语句，注意项目表达式包含表达式{en,a}的所有可能值，default 省略。

2）4 位优先编码器的 case 语句描述

4 位优先编码器的功能表如表 3.1 所示，HDL 代码见例 3.7。

例 3.7　使用 case 语句的优先编码器 HDL 代码

```
module prio_encoder_case
    (
    input  [3: 0]r,
    output  reg  [2:0]  y
    );
    always @ *
      case(r)
            4'b1000, 4'b1001, 4'b1010, 4'b1011,
                    4'b1100, 4'b1101, 4'b1110, 4'b1111:
                  y = 3'b100;
            4'b0100, 4'b0101, 4'b0110, 4'b0111:
                  y = 3'b011;
            4'b0010, 4'b0011:
```

```
                    y = 3'b010;
            4'b0001:
                    y = 3'b001;
            4 ' b0000 :    //也可以使用 default
                    y = 3'b000;
        endcase
endmodule
```

3. casex 和 casez 语句

除了常规的 case 语句,还有两种变体 casez 和 casex 语句。在 casez 语句中,默认为表达式中的 z 值和? 是无关值(即对应为无需匹配);在 casex 语句中,默认为表达式中的 x 值和? 为无关值。由于 z 和 x 可能出现在仿真中,所以更倾向于采用?。

例如,之前的优先编码器可以用 casez 语句描述,见例 3.8。

例 3.8 使用 casez 语句描述的 4 位优先编码器 HDL 代码

```
module prio_encoder_casez
  (
  input  [3:0]r,
  output reg  [2:0]  y
 );
 always @ *
        casez (r)
            4'b1???: y = 3'b100;
            4'b01??: y = 3'b011;
            4'b001?: y = 3'b010;
            4'b0001: y = 3'b001;
            4'b0000: y = 3'b000;     //这里可以使用 default
   endcase
endmodule
```

4. full case 和 parallel case

在 verilog HDL 中,项目表达式有时不需要包括 case 表达式的所有值,而且一些值也可以匹配不只一次,观察下面的 casez 语句:

```
reg[2:0] s
...
casez(s)
  3'b111: y = 1'b1;
  3'b1??: y = 1'b0;
  3'b000: y = 1'b1;
endcase
```

上述语句中,3'b111 在分支项表达式中匹配了两次(一次在 3'b111 中,一次在 3'b1?? 中),由于第一次匹配先生效,如果 s 是 3'b111,y 的值是 1'b1。如果 s 是 3'b001、3'b010 或 3'b011,则没有匹配,y 保持之前的值。

当分支项表达式包括 case 表达式的所有二进制值,则语句称为 full case 语句,对于组合电路,由于每一个输入组合对应一个输出值,因此必须采用 full case 语句,未匹配的值可以用 default 表示,例如,之前的语句也可以改为

```
casez(s)
    3'b111: y = 1'b1;
    3'b1??: y = 1'b0;
    default:y = 1'b1;
endcase
```

或者为

```
casez(s)
    3'b111: y = 1'b1;
    3'b1??: y = 1'b0;
    3'b000: y = 1'b1;
    default :y = 1'bx;
endcase
```

如果分支项表达式中的值互斥（即一个值只出现在一个项目表达式中），语句则称为 parallel case 语句。例如，上述的 casez 语句不是 parallel case 语句，因为 3'b111 出现了两次，例 3.6 和例 3.7 中的 case 语句是 parallel case 语句。

很多综合软件工具都有 full case 指令和 parallel case 指令，使用这些指令时，所有 case 语句都被当成 full case 语句和 parallel case 语句并进行相应综合，Verilog HDL 2001 也有相同的属性，使用这些指令会本质上覆盖原来的语义并使仿真和综合产生差异。在本书中，用代码来表达这些条件而不是运用这些指令或属性。

3.3 循环语句

在 Verilog HDL 中共有 4 种类型的循环语句，用来控制语句的执行次数。它们分别是：

(1) forever：连续执行语句，多用在 initial 块中，用来生成时钟等周期性波形；

(2) repeat：连续执行一条语句 *n* 次；

(3) while：执行一条语句直到某个条件不满足，如果一开始条件就不满足，则语句一次也不执行；

(4) for：有条件的循环语句。

3.3.1 for 语句

1. 语法

for 语句的一般形式为

```
for (表达式 1; 表达式 2; 表达式 3)
begin
    顺序执行语句 ;
    顺序执行语句 ;
    …
end
```

当顺序执行语句只有一条时,定界符 begin 和 end 可以省略。

它的执行过程是

(1) 求解表达式 1。

(2) 求解表达式 2,如果其值为真(非 0),则执行下面的第(3)步;如果为假(0),则结束循环,转到第(5)步。

(3) 如果表达式(2)为真,执行 begin/end 块中的顺序执行语句后,求解表达式(3)。

(4) 转回第(2)步继续执行。

(5) 执行 for 语句下面的语句。

2. 实例

用 for 循环实现两个 8 位二进制数的乘法操作,实现代码见例 3.9。

例 3.9 两个 8 位二进制数相乘的 for 语句 HDL 描述

```
module mult_for
  (
    input[8:1]op0,
    input[8:1] op1,
    output reg [16:1]result
    );
    integer i;
    always @ *
    begin
      result = 0;
      for(i = 1;i <= 8;i = i + 1)
        if(op1[i])
            result = result + (op0 << (i - 1));
      end
    endmodule
```

3.3.2 repeat 语句

1. 语法

repeat 语句的使用格式如下:

```
repeat(表达式)
begin
    顺序执行语句;
    顺序执行语句;
    ...
end
```

当顺序执行语句只有一条时,定界符 begin 和 end 可以省略。

在 repeat 语句中,其表达式通常为常量表达式,用来指定循环执行的次数。

2. 实例

用 repeat 循环实现两个 8 位二进制数的乘法操作,实现代码见例 3.10。

例 3.10 两个 8 位二进制数相乘的 repeat 语句 HDL 描述

```
module mult_repeat
  (
    input[8:1]op0,
    input[8:1]op1,
    output reg [16:1]result
  );
  reg[16:1]tempa;
  reg[8:1] tempb;
  always@ *
  begin
    result = 0;
    tempa = op0;
    tempb = op1;
    repeat(8)
      begin
        if(tempb[1])
        result = result + tempa;
      tempa = tempa << 1;
      tempb = tempb >> 1;
    end
  end
endmodule
```

3.3.3 while 语句

1. 语法

while 语句的使用格式如下:

```
while(表达式)
begin
    顺序执行语句;
    顺序执行语句;
    …
end
```

当顺序执行语句只有一条时,定界符 begin 和 end 可以省略。

while 语句在执行时,首先判断表达式是否为真,如果为真,则执行后面的语句或语句块,然后再回头判断表达式是否为真,若为真,再执行一遍后面的语句,如此不断,直到表达式为假。因此,在执行语句中,必须有一条改变表达式值的语句。

2. 实例

用 while 循环实现两个 8 位二进制数的乘法操作,实现代码见例 3.11。

例 3.11 两个 8 位二进制数相乘的 while 语句 HDL 描述

```
module mult_while
  (
    input[8:1]op0,
    input[8:1] op1,
```

```
    output reg [16:1]result
    );
   interger i = 1;
   always@ *
   begin
    result = 0;
    while(i <= 8)
      if(op1[i])
          result = result + (op0 << (i - 1));
      i = i +1
  end
endmodule
```

3.3.4 forever 语句

forever 语句的使用格式如下:

```
forever
  begin
    顺序执行语句;
    顺序执行语句;
    ...
end
```

当顺序执行语句只有一条时,定界符 begin 和 end 可以省略。

forever 循环语句连续不断地执行后面的语句或语句块,常用来产生周期性的波形,作为仿真激励信号。forever 语句一般用在 initial 过程语句中,如果用它来进行模块描述,可以使用 disable 语句进行中断。

3.4 always 块的一般编码原则

Verilog 可以用于建模和综合,当编写可综合代码时,需要知道不同的语言结构如何与硬件匹配,尤其是 always 块,因为变量和过程语句可以在模块内使用,我们要谨记编写代码的目的是综合为硬件电路而不是用 C 语言描述顺序算法,做不到这些会经常导致一些无法综合的代码,会造成不必要的复杂实施,或者在仿真和综合之间产生差异。在本部分,主要讨论一些常见错误并提出一些编码原则。

3.4.1 组合电路代码中常见的错误

组合电路代码中常见的错误主要包括:变量在多个 always 块中赋值、不完整的敏感信号列表、不完整分支和不完整输出赋值等。以下分别讨论。

1. 变量在多个 always 块中赋值

在 Verilog 中,变量(出现在左端部分)在多个 always 块中赋值,例如,以下代码段中两个 always 块都含 y 变量:

```
reg  y;
reg  a , b , clear ;
```

```
…
always @ *
    if(clear ) y = 1'b0 ;
always @ *
    y = a&b;
```

尽管该代码作为异步电路是正确的，也可以进行仿真，但是无法综合，考虑到每个always块可以认为是电路的一部分，以上代码表示 y 是两个电路的输出，并可以通过每个部分进行更新，没有物理电路可以表示这种行为，因此代码不能综合，必须把赋值语句写入一个always块中，例如：

```
always @ *
  if( clear)
     y = 1'b0;
  else
     y = a&b;
```

2. 不完整的敏感信号列表

对于组合电路，输出是输入的函数，因此任何输入信号的变化都会激活电路，这要求所有的输入信号都应该包含在敏感信号列表中，例如二输入与门可以写成：

```
always @(a, b)              //a 和 b 都在敏感列表中
        y = a&b;
```

如果忘记包含 b，代码则变成：

```
always @(a)                //b 不在敏感列表中
      y = a&b;
```

尽管代码仍然可以正确综合，但是行为改变了，当 a 发生变化时，always块被激活，$a\&b$ 的值赋给 y，而当 b 发生变化时，由于always块对 b"不敏感"，仍然处于中止状态，y 仍保持之前的值不变，没有物理电路表示这种行为。大部分综合软件会给出警告信息并综合成与门电路，而仿真软件仍按语句表达的行为建模，因此会产生仿真与综合的结果不一致。

在Verilog HDL 2001中，采用了特殊符号@ * 表示包含所有相关的输入信号，因此不会出现这种问题，所以最好在组合电路中使用这个符号。

3. 不完整分支和不完整输出赋值

组合电路的输出是输入的函数，不应该包括任何内部状态（即存储器），always模块的一种常见错误就是综合出组合电路的意外存储器。Verilog标准指定在always块中，变量如果没有赋值则保持原来的值，在综合时，这将导致内部状态（通过闭合反馈回路）或存储元件（锁存器）的产生。

为了防止always块中意外的存储器，所有输出信号在任何时候都应该赋予恰当值。不完整分支和不完整输出赋值是两种常见的导致意外存储器产生的错误，例如，当表达式 $a>b$ 为真时，若 eq 没有赋值，则会保持之前的值，从而会综合出相应的锁存器。

有两种方法来解决不完整分支和不完整输出赋值错误，第一种是加上else分支并明确给所有输出变量赋值，代码变成：

```
always @ *
    if(a > b)
      begin
        gt = 1'b1;
        eq = 1'b0;
      end
    else if(a == b)
      begin
        gt = 1'b0;
        eq = 1'b1;
      end
    else
      begin
        gt = 1'b0;
        eq = 1'b0;
    end
```

另一种方法是在 always 块的起始部分，给每个变量赋默认值，以包含所有未指定的分支和未赋值的变量，代码则变成：

```
always @ *
  begin
      gt  =  1'b0;          //gt 的默认赋值
      eq  =  1'b0;          //eq 的默认赋值
      if (a > b)
            gt  =  1'b1;
      else if (a == b)
            eq  =  1'b1;
end
```

如果 *gt* 和 *eq* 之后未赋值，则默认是 0。

如果 case 语句表达式的某些值未被分项表达式包含（即不是 fullcase 语句），case 语句也会产生相同的错误，例如以下代码：

```
reg  [1:0] s;
…
case (s)
      2'b00: y  =  1'b1;
      2'b10: y  =  1'b0;
      2'b11: y  =  1'b1;
endcase
```

没有任何分支包含 2'b01，如果 *s* 出现这种组合时，*y* 会保持之前的值，这会综合出意外的锁存器。为了解决这种问题，必须保证任何时候 *y* 都被赋值，一种方法是在末尾采用关键字 default 以包含所有未指定值，例如可以用以下代码替代最后一条分支项表达式：

```
case (s)
    2'b00: y  =  1'b1;
    2'b10: y  =  1'b0;
    default: y  =  1'b1;
endcase
```

或者用无关值增加一条项目表达式：

```
case (s)
    2'b00: y = 1'b1;
    2'b10: y = 1'b0;
    2'b11: y = 1'b1;
    default: y = 1'bx;
endcase
```

另外，也可以在always块的开始部分赋给一个默认值：

```
y= 1'b0;
case (s)
    2'b00: y = 1'b1;
    2'b10: y = 1'b0;
    2'b11: y = 1'b1;
endcase
```

3.4.2 组合电路中always块的使用原则

always块是一种灵活强大的语言结构，但必须谨慎使用，设计正确高效的电路并避免任何综合和仿真的差异性。以下是描述组合电路的编码原则：

(1) 只在一个always模块中对变量赋值；

(2) 组合电路采用阻塞赋值；

(3) 在敏感列表中使用@ * 自动包含所有输入信号；

(4) 确保包含if-else和case语句的所有分支；

(5) 确保所有分支的输出都被赋值；

(6) 一种同时满足(4)和(5)原则的方法是在always块开始时给输出赋默认值；

(7) 用代码描述full case和parallel case，而不用软件指令和属性；

(8) 了解不同控制结构综合出电路的类型；

(9) 思考生成的硬件电路。

3.5 常数和参数

3.5.1 常数

HDL代码经常在表达式和数组边界中使用常数值，这些值在模块内是固定不变的。好的设计是用符号常量代替"固定文本"，这使得代码清晰并有助于以后的维护和修改。在Verilog HDL中，可以用关键词localparam(局部参数)声明常量，例如，声明数据总线的位宽和范围如下：

```
localparam  DATA_WIDTH = 8 ,
            DATA_RANGE = 2 ** DATA_WIDTH - 1;
```

或定义符号端口名称：

```
localparam  UART_PORT = 4'b0001,
          LCD_PORT = 4'b0010,
          MOUSE_PORT = 4'b0100;
```

声明中的表达式如 2 ** DATA_WIDTH−1,在处理前已经执行,因此不会综合出其他物理电路,在本书中,用大写字母表示常数。

以下例子可以很好地说明常数的使用,考虑带有进位的加法器,一种方法是手工扩展输入 1 位,执行常规加法,截取和的最高位作为进位,代码见例 3.12。

例 3.12 固定位宽的加法器 HDL 描述

```
module adder_carry_hard_lit
  (
  input wire [3:0] a, b,
  output wire [3:0] sum,
  output wire cout        //进位
  );
  wire[4:0] sum_ext ;
  assign sum_ext = {1'b0, a} + {1'b0, b};
  assign sum = sum_ext [3:0];
  assign cout = sum_ext [4] ;
endmodule
```

代码描述的是 4 位加法器,其中固定文本如用来表示数据范围的 3 和 4,例如 wire[4:0]、sum_ext[3:0]及最高位 sum_ext[4]。如果想改成 8 位加法器,这些字都要手工修改,如果代码很复杂而且这些文字出现在很多地方,将是一个繁琐而且容易出错的过程。

为了增强可读性,可以采用符号常数 N 来表示加法器的位数,修改后代码见例 3.13。常数使代码更容易理解和维护。

例 3.13 使用常数的加法器 HDL 描述

```
module adder_carry_local_par
  (
  input[3:0] a, b,
  output[3:0] sum,
  output cout
  );
  //常数声明
  localparam N = 4 ,
             N1 = N - 1;
  wire[N:0]sum_ext;
  assign sum_ext = {1'b0, a} + {1'b0, b};
  assign sum = sum_ext [N1:0];
  assign cout = sum_ext [N] ;
endmudule
```

3.5.2 参数

Verilog 模块可以实例化为组件并成为更大设计模块的一部分。Verilog 提供一种结构称为 parameter，向模块传递信息，这种机制使得模块多功能化并能重复使用。参数在模块内不能改变，因此功能与常数类似。

在 Verilog HDL 2001 中，参数声明部分可以在模块的开头即端口声明之前。其简单语法如下：

```
module 模块名
#(
parameter 参数名 = 默认值,
          参数名 = 默认值;
  )
  (
   …
  );
```

例如，上述的加法器可以改成采用参数的加法器，见例 3.14。

例 3.14　使用参数的加法器 HDL 描述

```
module adder_carry_para
    #(parameter N = 4)
    (
    input  [N-1:0] a, b,
    output  [N-1:0] sum,
    output cout
    );
    //常数声明
    localparam N1 = N - 1;
    wire  [N:0] sum_ext;
    assign  sum_ext = {1'b0, a} + {1'b0, b};
    assign  sum = sum_ext [N1:0];
    assign  cout = sum_ext [N] ;
endmudule
```

参数 N 被声明为默认值 4，当 N 被声明之后，就可以像常数一样在端口声明和模块体中使用。

如果之后加法器在其他代码中作为组件使用，那么就可以在组件实例化中给参数指定所需的值并将原来的默认值覆盖。如果省略了参数赋值，则采用默认参数，组件实例化的用法见例 3.15。

例 3.15　加法器实例化的例子

```
module adder_insta
  (
  input  [3:0] a4, b4,
  output  [3:0] sum4,
  output  c4,
  input  [7:0] a8, b8,
  output  [7:0] sum8,
  output  c8
  );
```

```
  //实例化 8 位加法器
  Adder_carry_para #(.N(8)) unit1
    (. a(a8), . b(b8), . sum(sum8), . cout (c8)) ;
  //实例化 4 位加法器
  Adder_carry_para unit2
    (.a(a4), .b(b4),.sum(sum4),.cout(c4));
endmodule
```

参数提供了一种创建可扩展代码机制，可调整电路的位宽以适应特定的需求，这使代码移植性更好，有利于设计重用。

3.6　设计实例

本节给出一些常用的组合电路的设计实例，包括多路选择器、比较器、译码器、编码器和编码转换器等。

3.6.1　多路选择器

多路选择器(multiplexer)是一个多输入、单输出的组合逻辑电路，一个 n 输入的多路选择器就是一个 n 路的数字开关，可以根据通道选择控制信号的不同，从 n 个输入中选取一个输出到公共的输出端。这里以一个 4 选 1 多路选择器为例，介绍多路选择器的 Verilog HDL 描述。

4 选 1 多路选择器的电路模型和真值表如图 3.2 所示。其中 *in*0、*in*1、*in*2 和 *in*3 是 4 个输入端口，*s*1 和 *s*0 是通道选择控制信号端口，*out* 是输出端口。当 *s*1 和 *s*0 取值分别为 00、01、10 和 11 时，输出端 *out* 将分别输出 *in*0、*in*1、*in*2 和 *in*3 的数据。例 3.16 和例 3.17 分别是 4 选 1 多路选择器的 if-else 语句描述和 case 语句描述。4 选 1 多路选择器的仿真波形如图 3.3 所示。

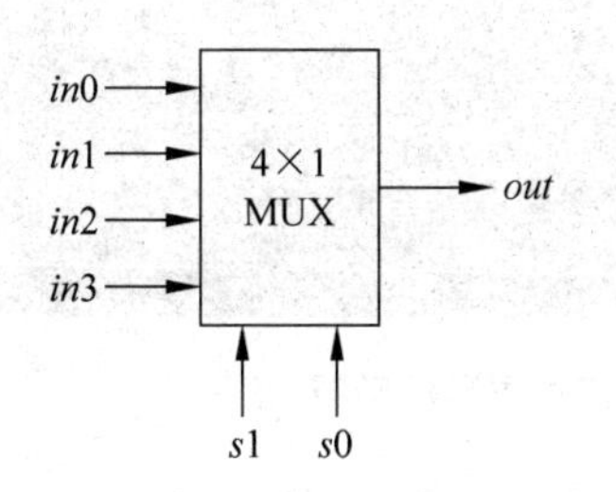

*s*1	*s*0	*out*
0	0	*in*0
0	1	*in*1
1	0	*in*2
1	1	*in*3

图 3.2　4 选 1 多路选择器的电路模型和真值表

例 3.16　4 选 1 多路选择器的 if-else 语句描述

```
module mux41_if
  (
    input in0,in1,in2,in3,
    input s0,s1,
    output reg out           //out 声明为 reg 类型
  );

  always@ *
```

```
  begin
    if ({s1,s0} == 2'b00)       out = in0;
    else if({s1,s01} == 2'b01)  out = in1;
    else if({s1,s01} == 2'b10)  out = in2;
    else                        out = in3;
  end
endmodule
```

例 3.17　4 选 1 多路选择器的 case 语句描述

```
module mux41_case
  (
    input in0,in1,in2,in3,
    input s0,s1,
    output reg out          //out 声明为 reg 类型
  );

  always@ *
  begin
    case({s1,s0})
      2'b00: out = in0;
      2'b01: out = in1;
      2'b10: out = in2;
      default: out = in0;
    endcase
  end
endmodule
```

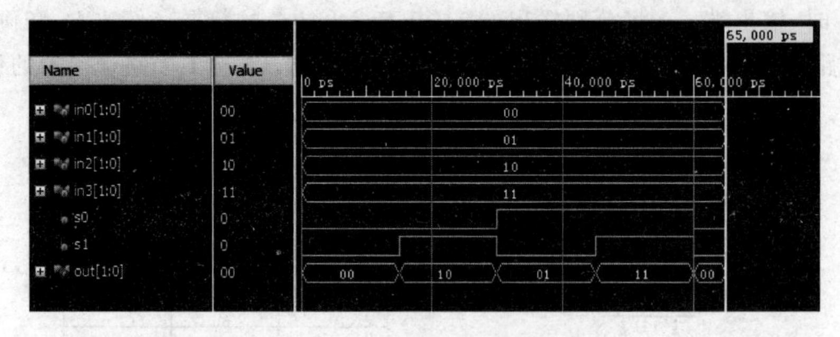

图 3.3　4 选 1 多路选择器的仿真波形图

3.6.2　比较器

数值大小比较在计算逻辑中是常用的一种方法，比较器就是用来完成这种数值大小比较逻辑的组合电路。1 位二进制数比较器是它的基础，其电路真值表如表 3.3 所示。其中，*in*0 和 *in*1 是 1 位输入比较信号，*lt*、*eq* 和 *gt* 分别是两个输入信号大小的比较结果。例 3.18 是其 Verilog HDL 描述。

注意：在例 3.18 的程序清单中，在 always 块内的 if 语句之前，对 *gt*、*eq* 和 *lt* 都赋值为 0。这样做是为了保证每个输出都被分配一个值。如果没有这样做，Verilog 会认为你不想让它们的值改变，系统将会自动生成一个锁存器，那么得到的电路就不再是一个组合电路了。其仿真波形如图 3.4 所示。

表 3.3 1 位二进制比较器的真值表

*in*0	*in*1	*gt*(*in*0 > *in*1)	*eq*(*in*0 = *in*1)	*lt*(*in*0 < *in*1)
0	0	0	1	0
0	1	0	0	1
1	0	1	0	0
1	1	0	1	0

例 3.18 1 位二进制比较器的 Verilog HDL 描述

```
module comp_1
  (
    input in0,in1,
    output reg gt,eq,lt
  );
 always@ *
  begin
   gt = 0;
   eq = 0;
   lt = 0;
   if(in0 > in1)
    gt = 1;
    if(in0 == in1)
      eq = 1;
    if(in0 < in1)
      lt = 1;
   end
endmodule
```

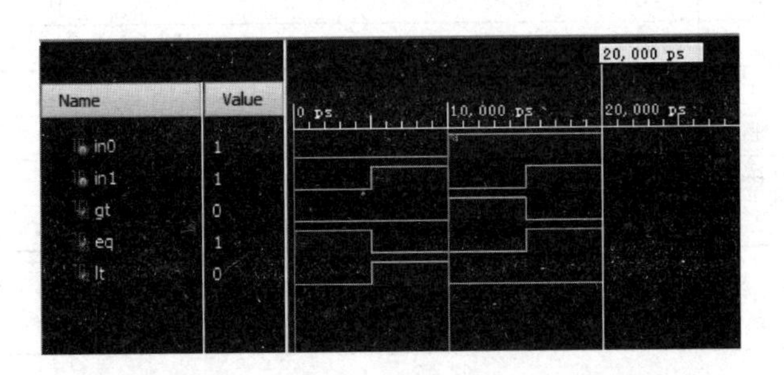

图 3.4 1 位二进制比较器的仿真波形图

为了使用方便,可以使用参数来实现一个输入数据位数可变的 N 位二进制数比较器,其 Verilog HDL 描述见例 3.19,这段代码在仿真时,默认 $N=8$。

例 3.19 N 位二进制比较器的 Verilog HDL 描述

```
module comp_N
  #(parameter N = 8)
  (
   input[N-1:0]in0,in1,
```

```
    output reg gt,eq,lt
  );
  always@ *
  begin
  gt = 0;
  eq = 0;
  lt = 0;
  if(in0 > in1)
    gt = 1;
  if(in0 == in1)
    eq = 1;
  if(in0 < in1)
    lt = 1;
  end
endmodule
```

3.6.3 译码器和编码器

1. 3-8 译码器

译码器电路有 n 个输入和 2^n 个输出，每个输出都对应着一个可能的二进制输入。通常情况下，一次只能有一个输出有效。表 3.4 是 3-8 译码器的真值表。其中，*in*[2:0]是编码器的三位逻辑输入，*y*[7:0]是其 8 位译码输出，每次只有一位输出为高电平。3-8 译码器的 Verilog HDL 描述见例 3.20，其仿真波形如图 3.5 所示。

表 3.4 3-8 译码器的真值表

in2	*in1*	*in0*	*y0*	*y1*	*y2*	*y3*	*y4*	*y5*	*y6*	*y7*
0	0	0	1	0	0	0	0	0	0	0
0	0	1	0	1	0	0	0	0	0	0
0	1	0	0	0	1	0	0	0	0	0
0	1	1	0	0	0	1	0	0	0	0
1	0	0	0	0	0	0	1	0	0	0
1	0	1	0	0	0	0	0	1	0	0
1	1	0	0	0	0	0	0	0	1	0
1	1	1	0	0	0	0	0	0	0	1

例 3.20 3-8 译码器的 Verilog HDL 描述

```
module decode_3_8
  (
   input[2:0]in,
   output  reg[7:0]  y
  );
  always @ *
   begin
    case(in)
     3'b000 :y = 8'b00000001;
     3'b001 :y = 8'b00000010;
     3'b010 :y = 8'b00000100;
```

```
    3'b011 :y = 8'b00001000;
    3'b100 :y = 8'b00010000;
    3'b101 :y = 8'b00100000;
    3'b110 :y = 8'b01000000;
    3'b111 :y = 8'b10000000;
    endcase
  end
endmodule
```

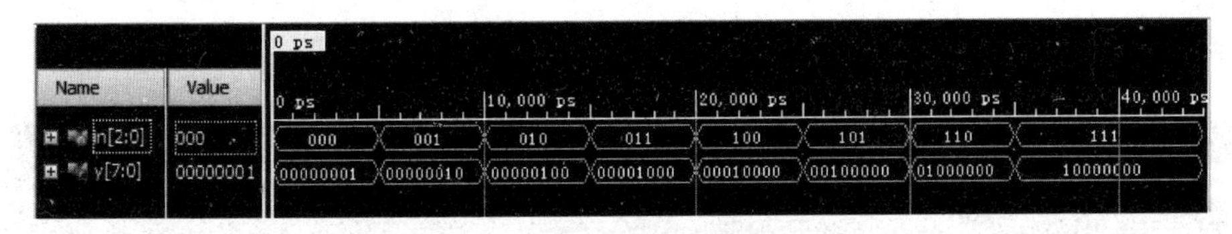

图 3.5　3-8 译码器的仿真波形图

2. 8-3 编码器

编码器是译码器的反向器件，它有 2^n 个输入和 n 个输出，输出的 n 位二进制数代表着输入高电平信号的那一路的标号。表 3.5 是 8-3 编码器真值表，在真值表中，每一行的输入只有一个为 1，其余的输入都为 0。假设剩下的 248 种输入的可能组合值都不会发生，因为它们会产生不希望的输出。不过，为了增加代码的鲁棒性，还是增加一位 valid 输出，用来指示输入了不希望的逻辑组合时的输出。8-3 编码器的 Verilog HDL 描述见例 3.21，其仿真波形如图 3.6 所示。

表 3.5　8-3 编码器的真值表

*y*0	*y*1	*y*2	*y*3	*y*4	*y*5	*y*6	*y*7	*in*2	*in*1	*in*0
1	0	0	0	0	0	0	0	0	0	0
0	1	0	0	0	0	0	0	0	0	1
0	0	1	0	0	0	0	0	0	1	0
0	0	0	1	0	0	0	0	0	1	1
0	0	0	0	1	0	0	0	1	0	0
0	0	0	0	0	1	0	0	1	0	1
0	0	0	0	0	0	1	0	1	1	0
0	0	0	0	0	0	0	1	1	1	1

例 3.21　8-3 编码器的 Verilog HDL 描述

```
module encode_8_3
  (
   input[7:0]in,
   output  reg[2:0]encode_out,
   output  reg  valid
  );
  always @ *
  begin
    valid = 1;
    case(in)
      8'b00000001 :encode_out = 3'b000;
```

```
        8'b00000010 :encode_out = 3'b001;
        8'b00000100 :encode_out = 3'b010;
        8'b00001000 :encode_out = 3'b011;
        8'b00010000 :encode_out = 3'b100;
        8'b00100000:encode_out = 3'b101;
        8'b01000000 :encode_out = 3'b110;
        8'b10000000 :encode_out = 3'b111;
        default     : valid = 0;
      endcase
    end
endmodule
```

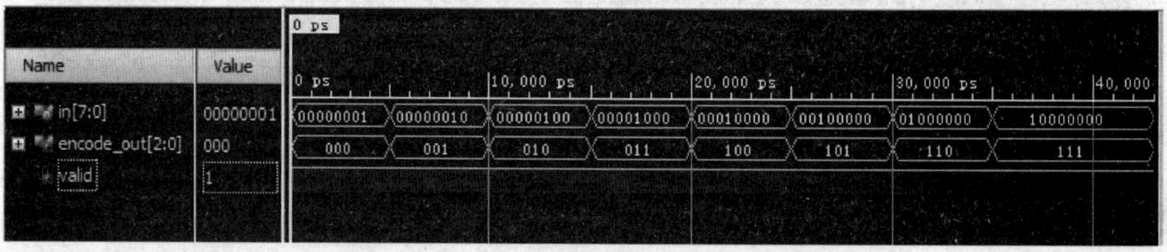

图 3.6　8-3 编码器的仿真波形图

3. 8-3 优先编码器

上面介绍的 8-3 编码器，要求在任何时候都只有一个输入为 1 即只有一路输入为高电平，如果输入有一个以上的 1 时，编码器只能输出一个无效信号来指示当前的状态。优先编码器的输入可以同时包括多个 1，输出状态会按照输入的优先级来确定。表 3.6 是 8-3 优先编码器的真值表，其中每一行 1 的左边的×代表不确定的状态，也就是说，不论×的值是 1 还是 0，都不会影响优先编码器的输出。从真值表可以看出，输入的优先级顺序依次是 *y*7、*y*6、*y*5、*y*4、*y*3、*y*2、*y*1 和 *y*0。8-3 优先编码器的实现代码见例 3.22，仿真结果如图 3.7 所示。

表 3.6　8-3 优先编码器的真值表

*y*0	*y*1	*y*2	*y*3	*y*4	*y*5	*y*6	*y*7	*in*0	*in*1	*in*2
1	0	0	0	0	0	0	0	0	0	0
×	1	0	0	0	0	0	0	0	0	1
×	×	1	0	0	0	0	0	0	1	0
×	×	×	1	0	0	0	0	0	1	1
×	×	×	×	1	0	0	0	1	0	0
×	×	×	×	×	1	0	0	1	0	1
×	×	×	×	×	×	1	0	1	1	0
×	×	×	×	×	×	×	1	1	1	1

例 3.22　8-3 优先编码器的 Verilog HDL 描述

```
module prio_encode_8_3
  (
  input[7:0]in,
  output  reg[2:0]  encode_out
  );
 always @ *
```

```
begin
 casez(in)
   8'b1??????? : encode_out = 3'b000;
   8'b01?????? : encode_out = 3'b001;
   8'b001????? : encode_out = 3'b010;
   8'b0001???? : encode_out = 3'b011;
   8'b00001??? : encode_out = 3'b100;
   8'b000001?? : encode_out = 3'b101;
   8'b0000001? : encode_out = 3'b110;
   8'b10000001 :encode_out = 3'b111;
 endcase
 end
endmodule
```

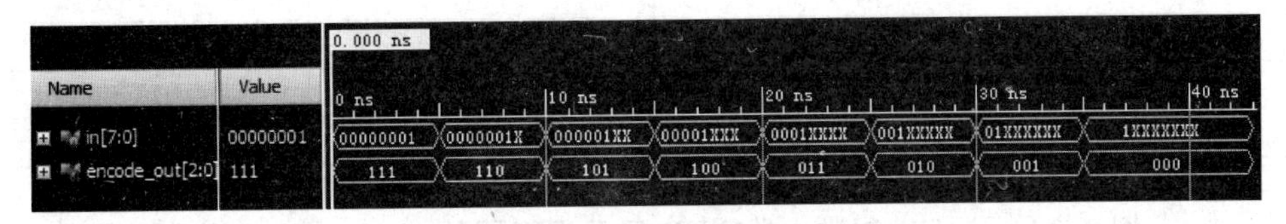

图 3.7 8-3 优先编码器的仿真波形图

3.6.4 十六进制数七段 LED 显示译码器

七段 LED 显示译码器也称为七段数码管，其示意图如图 3.8 所示，包括七个 LED 管和一个圆形 LED 小数点。按 LED 单元连接方式可以分为共阳数码管和共阴数码管，共阳数码管是指将所有发光二极管的阳极接到一起形成公共阳极(COM)的数码管，共阳数码管在应用时应将公共极 COM 接到逻辑高电平，当某一字段发光二极管的阴极为低电平时，相应字段就点亮；当某一字段的阴极为高电平时，相应字段就不亮。共阴数码管是指将所有发光二极管的阴极接到一起形成公共阴极(COM)的数码管，共阴数码管在应用时应将公共极 COM 接到逻辑低电平，当某一字段发光二极管的阳极为高电平时，相应字段就点亮；当某一字段的阳极为低电平时，相应字段就不亮。

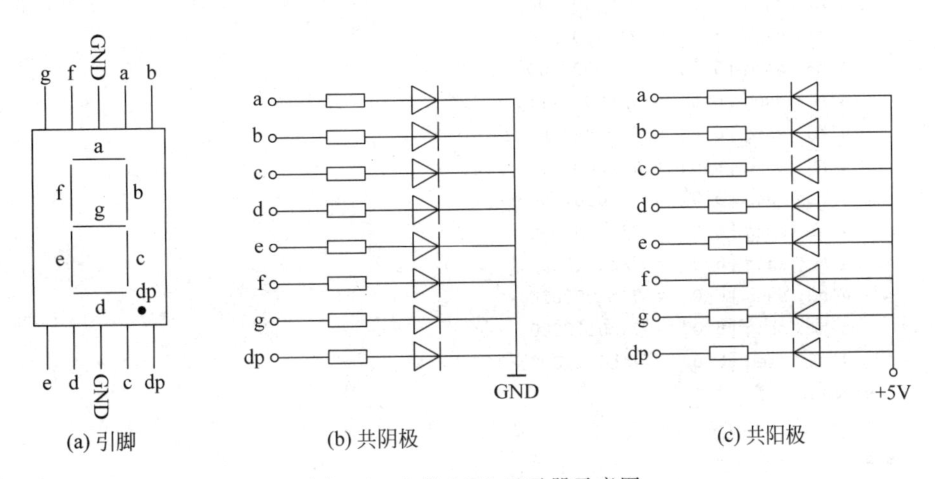

图 3.8 七段 LED 显示器示意图

本节设计的十六进制数七段LED显示译码器为共阳驱动数码管，是把一个4位二进制数即十六进制数输入，转换为驱动7段LED显示管的控制逻辑，为了完整，把1位小数点的控制dp也列出，其功能表如表3.7所示，Verilog HDL描述见例3.23，图3.9是其仿真波形图。

表3.7　十六进制数七段LED显示译码器功能表

hex[3:0]	sseg[6:0]	hex[3:0]	sseg[6:0]
0000	0000001	1000	0000000
0001	1001111	1001	0000100
0010	0010010	1010	0001000
0011	0000110	1011	1100000
0100	1001100	1100	0110001
0101	0100100	1101	1000010
0110	0100000	1110	0110000
0111	0001111	1111	0111000

例3.23　十六进制数七段LED显示译码器的Verilog HDL描述

```
module hex_7seg
  (
  input[3:0] hex,
  input dp,
  output reg [7:0]  sseg
 );
 always @ *
   begin
    case(hex)
        4'h0: sseg [6:0] = 7'b0000001;
        4'h1: sseg [6:0] = 7'b1001111;
        4'h2: sseg [6:0] = 7'b0010010;
        4'h3: sseg [6:0] = 7'b0000110;
        4'h4: sseg [6:0] = 7'b1001100;
        4'h5: sseg [6:0] = 7'b0100100;
        4'h6: sseg [6:0] = 7'b0100000;
        4'h7: sseg [6:0] = 7'b0001111;
        4'h8 :sseg [6:0] = 7' b0000000 ;
        4'h9 :sseg [6:0] = 7'b0000100 ;
        4'ha: sseg [6:0] = 7'b0001000;
        4'hb: sseg [6:0] = 7'b1100000;
        4'hc: sseg [6:0] = 7'b0110001;
        4'hd: sseg [6:0] = 7'b1000010;
        4'he: sseg [6:0] = 7'b0110000;
        4'hf: sseg [6:0] = 7'b0111000;
      endcase
      sseg [7] = dp;
    end
endmodule
```

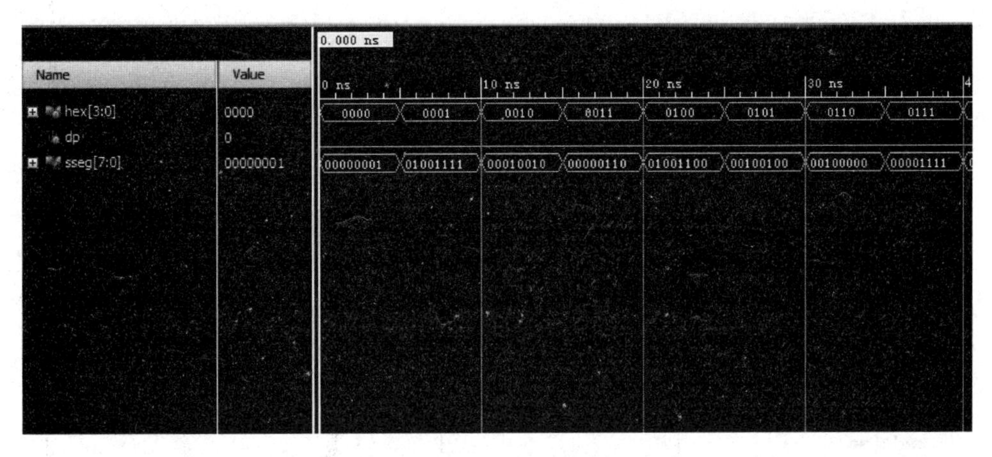

图 3.9　十六进制数七段 LED 显示译码器仿真波形图

3.6.5　二进制—BCD 码转换器

二—十进制(binary coded decimal，BCD)码，即把十进制数 0～9 用二进制码 0000～1001 表示。例如，十进制数 12 就用两个 BCD 码 0001 0010 来表示；十进制数 12 的十六进制(二进制)表示为 C(1100)。把单个十六进制数(0～F)转换成两个 BCD 码的真值表如表 3.8 所示，这等效于把 4 位二进制数转换为 5 位二进制数，其 Verilog HDL 的描述见例 3.24。

表 3.8　单个十六进制数转换为 BCD 码的真值表

bin[3:0]	bcd5[4:0]	bin[3:0]	bcd5[4:0]
0000	00000	1000	01000
0001	00001	1001	01001
0010	00010	1010	10000
0011	00011	1011	10001
0100	00100	1100	10010
0101	00101	1101	10011
0110	00110	1110	10100
0111	00111	1111	10101

例 3.24　单个十六进制数转 BCD 码的 Verilog HDL 描述

```
module bin_bcd4
  (
  input[3:0]bin4,
  output  reg[4:0]  bcd5
  );
  always @ *
   begin
    case(bin4)
        4'h0: bcd5  =  5'b00000;
        4'h1: bcd5  =  5'b00001;
        4'h2: bcd5  =  5'b00010;
```

```
            4'h3: bcd5 = 5'b00011;
            4'h4: bcd5 = 5'b00100;
            4'h5: bcd5 = 5'b00101;
            4'h6: bcd5 = 5'b00110;
            4'h7: bcd5 = 5'b00111;
            4'h8: bcd5 = 5'b01000;
            4'h9: bcd5 = 5'b01001;
            4'ha: bcd5 = 5'b10000;
            4'hb: bcd5 = 5'b10001;
            4'hc: bcd5 = 5'b10010;
            4'hd: bcd5 = 5'b10011;
            4'he: bcd5 = 5'b10100;
            4'hf: bcd5 = 5'b10101;
        endcase
    end
endmodule
```

设计任意数目输入的二进制—BCD 码转换器的一种方法是左移加 3 的算法。这里以输入为 8 位二进制码为例来介绍这种算法的基本步骤：

(1) 左移要转换的二进制码 1 位；

(2) 左移之后，BCD 码分别置于百位、十位、个位；

(3) 如果移位后所在的 BCD 码列大于或等于 5，则对该值加 3；

(4) 继续左移的过程直至全部移位完成。

表 3.9 是采用左移加 3 算法把十六进制码 0xFF 转换成 BCD 码的过程。8 位二进制—BCD 码转换器的实现代码见例 3.25，仿真结果见图 3.10。

表 3.9　8 位二进制码 0xFF 转换成 BCD 码的过程

操　　作	百位	十位	个位	二进制数	
十六进制数				F	F
开始				1 1 1 1	1 1 1 1
左移 1			1	1 1 1 1	1 1 1
左移 2			1 1	1 1 1 1	1 1
左移 3			1 1 1	1 1 1 1	1
加 3			1 0 1 0	1 1 1 1	1
左移 4		1	0 1 0 1	1 1 1 1	
加 3		1	1 0 0 0	1 1 1 1	
左移 5		1 1	0 0 0 1	1 1 1	
左移 6		1 1 0	0 0 1 1	1 1	
加 3		1 0 0 1	0 0 1 1	1 1	
左移 7	1	0 0 1 0	0 1 1 1	1	
加 3	1	0 0 1 0	1 0 1 0	1	
左移 8	1 0	0 1 0 1	0 1 0 1		
BCD 数	2	5	5		

例 3.25 8 位二进制数转 BCD 码的 Verilog HDL 描述

```
module bin_bcd8
  (
  input[7:0]bin4,
  output  reg[9:0]  bcd
  );
  //中间变量
  reg[17:0] x;
  integer i;
  always @ *
    begin
      for(i = 0;i < 8;i = i + 1)
        x[i] = 0;
        x[10:3] = bin4;                    //左移三位

      repeat(5)                            //重复 5 次
      begin
        if(x[11:8]> 4)                     //如果个位大于 4
          x[11:8] = x[11:8] + 3;           //加 3
        if(x[15:12]> 4)                    //如果十位大于 4
          x[15:12] = x[15:12] + 3;         //加 3
        x[17:1] = x[16:0];                 //左移 1 位
      end
      bcd = x[17:8];                       //BCD
  end
endmodule
```

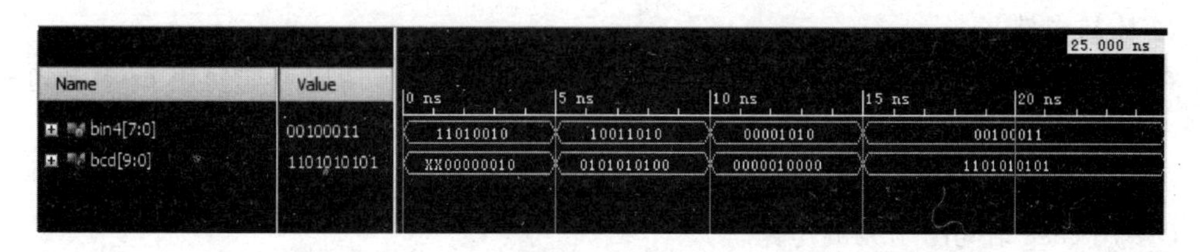

图 3.10 8 位二进制数转 BCD 码的仿真波形图

3.7 练习题

1. 格雷码转换

格雷码(循环二进制单位距离码)是任意两个相邻数的代码只有一位二进制数不同的编码,它与奇偶校验码同属可靠性编码。

从对应的 n 位二进制码字中直接得到 n 位格雷码码字,需要先对 n 位二进制的码字,从右到左,以 0 到 $n-1$ 编号。如果二进制码字的第 i 位和 $i+1$ 位相同,则对应的格雷码的第 i 位为 0,否则为 1(当 $i+1=n$ 时,二进制码字的第 n 位被认为是 0,即第 $n-1$ 位不变)。

公式表示为

$$G_i = B_i \oplus B_{i+1} (n-1 \geqslant i \geqslant 0)$$

（G：格雷码；B：二进制码）

（1）设计一个4位的二进制格雷码转换电路。

（2）编写代码并且进行仿真。

（3）利用FPGA进行实验验证。

2. 双优先编码器

双优先编码器返回最高优先级和次最高优先级请求代码，输入是16位req请求信号和2位最高优先级编码信号，输出是两组4位二进制代码，分别是4位最高优先级代码请求和4位次最高优先级代码请求。

（1）列出双优先编码器的真值表。

（2）设计电路并编写代码。

（3）仿真验证代码的正确性。

（4）设计测试电路并在原型板上用七段LED数码管显示两个输出信号，并编写代码。

（5）综合电路，编程FPGA并验证。

3. BCD增量器

二—十进制(BCD)码用4位二进制表示1个十进制数，例如259_{10}用BCD码表示为“0010 0101 1001”。BCD增量器用BCD码格式加1，例如加1后，“0010 0101 1001”(259_{10})变为“0010 0110 0000”(即260_{10})。

（1）设计一个三位十进制数的12位增量器电路并编写代码。

（2）推导测试平台并采用仿真验证代码的操作。

（3）用七段LED数码管显示三位数，并编写代码。

（4）综合电路，编程FPGA并进行实验验证。

4. 比较电路

在本章设计实例中的比较电路是基于if-else语句描述的，请思考如何用case语句写出比较电路。

（1）列出一个2位较大数判断电路的真值表。

（2）用case语句编写判断电路。

（3）用Vivado查看电路的RTL，思考RTL结果。

（4）仿真并且下载到板上验证。

第 4 章　时序电路设计基础

CHAPTER 4

本章学习导言

在第 3 章中,我们讨论了组合逻辑电路的设计,其输出只跟当前的输入有关。然而,最常用逻辑电路的输出不仅跟当前的输入有关,而且跟过去的状态也有关。这就要求在电路中必须包含一些存储元件来记住这些输入的过去状态值。这种包括锁存器和触发器的电路,称之为时序电路。时序电路是一种能够记忆电路内部状态的电路。与组合逻辑电路不同,时序逻辑电路的输出不仅取决于当前输入,还与其当前内部状态有关。

本章的目的是介绍一些常用的时序电路元件模块的 Verilog HDL 描述,并对其设计进行分析,由此给出时序电路设计的一般方法。

4.1　触发器和锁存器

不同结构、不同功能和不同用途的触发器和锁存器,是基本的时序电路元件,是时序逻辑电路设计的基础,掌握这些基础时序逻辑单元的 Verilog HDL 描述方法,有助于深入了解和掌握时序数字系统的设计方法。

4.1.1　基本 D 触发器

D 触发器(DFF)是逻辑电路中最基本的存储元件。上升沿触发的 D 触发器是最简单的 D 触发器,它的符号及真值表如图 4.1 所示,其工作时序如图 4.2 所示,从时序波形可以看出,输出信号 q 的值只在 clk 的上升沿到达时变化,并存储在触发器中。例 4.1 给出了基本 D 触发器的 Verilog HDL 描述。

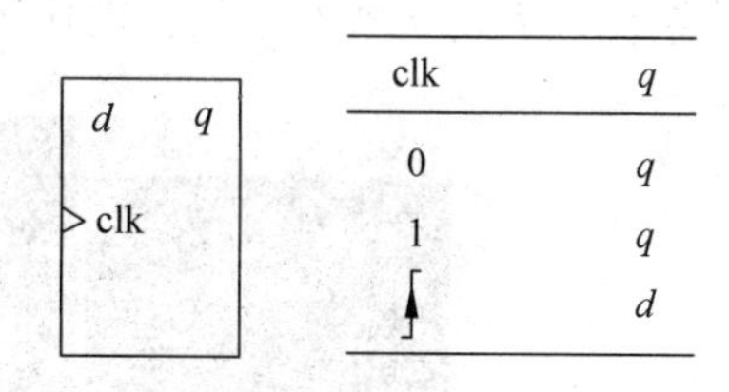

clk	q
0	q
1	q
↑	d

图 4.1　基本 D 触发器的符号及真值表

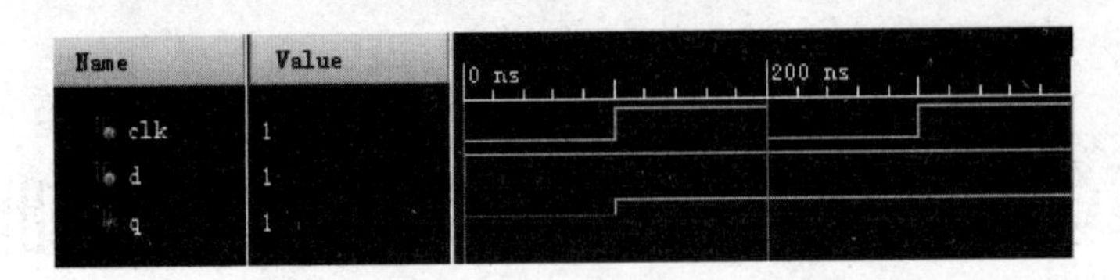

图 4.2　基本 D 触发器的时序波形

例 4.1　基本 D 触发器的 Verilog HDL 描述

```
module dff
  (
    input  clk,
    input  d,
    output  reg  q
  );
  always @(posedge clk)
    q<= d;
endmodule
```

例 4.1 使用了过程语句，时序电路通常都是用过程语句来进行描述。在过程语句的敏感列表中的 posedge clk 是时钟的上升沿检测函数，posedge(positive edge)指定时钟信号的变化方向为由 0 变为 1。这表明状态变化总是在 clk 信号的上升沿触发，反应出触发器边沿触发的特性。注意，输入信号 d 不包含在敏感列表中。这就验证了输入信号 d 只在时钟信号的上升沿进行采样，其值的改变并不会立即改变输出信号。

与 posedge clk 对应的还有 negedge clk，它是时钟下降沿敏感的描述。

4.1.2　含异步复位的 D 触发器

D 触发器可以包含异步复位信号，如图 4.3 所示，其工作时序如图 4.4 所示，从时序波形可以看出，reset 脚的高电平能够在任意时刻复位 D 触发器，而不受时钟信号控制，它实际上比定期采样输入优先级更高。使用异步复位信号违反了同步设计方法，因此应该在正常操作中避免，其主要应用于执行系统初始化。例如，在打开系统电源之后，可以生成一个短的复位脉冲迫使系统进入初始状态。其实现代码见例 4.2。

d　q
>clk
reset

reset	clk	q
1	–	0
0	0	q
0	1	q
0	↑	d

图 4.3　含异步复位的 D 触发器的符号及真值表

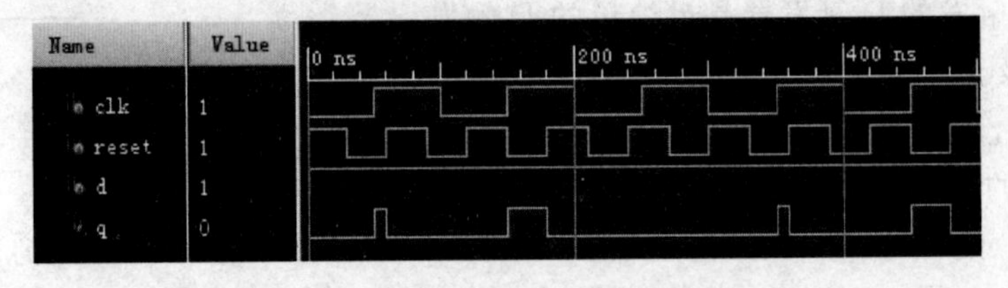

图 4.4　含异步复位的 D 触发器的时序波形

例 4.2　含异步复位 D 触发器实现代码

```
module dff_reset
  (
    input   clk,reset,
    input   d,
    output  reg  q
  );
  always @(posedge clk,posedge reset)
    begin
      if (reset)
        q <= 1'b0;
      else
        q <= d;
    end
endmodule
```

注意,reset 信号的上升沿也包括在敏感列表中,同时在 if-else 语句中要首先检查其值。如果 reset 信号为 1,则将 q 信号置为 0。这里所谓的“异步”是指独立于时钟控制器。即在任何时刻,只要 reset 是高电平,触发器输出端 q 的输出即为低电平。

4.1.3　含异步复位和同步使能的 D 触发器

更加实用的 D 触发器包含一个额外的控制信号 en,能够控制触发器进行输入值采样,如图 4.5 所示,其时序波形如图 4.6 所示。注意,使能信号 en 只有在时钟上升沿来临时才会生效,所以它是同步信号。如果 en 没有置 1,触发器将保持先前的值。实现代码见例 4.3。

d　q
en
clk
reset

reset	clk	en	q
1	–	–	0
0	0	–	q
0	1	–	q
0	↑	0	q
0	↑	1	d

图 4.5　含异步复位和同步使能的 D 触发器的符号及真值表

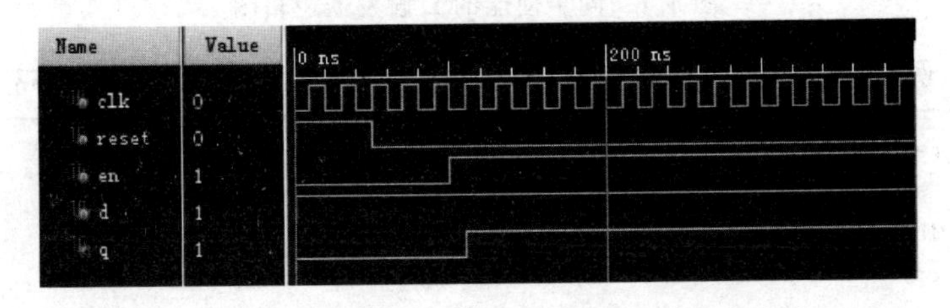

图 4.6　含异步复位和同步使能的 D 触发器的时序波形

例 4.3　含异步复位和同步使能的 D 触发器的实现代码

```
module dff_reset_en_1seg
  (
    input  clk,reset,
    input  en,
    input  d,
    output  reg  q
    );

    always @(posedge clk,posedge reset)
      begin
        if (reset)
          q <= 1'b0;
        else if(en)
          q <= d;
    end
endmodule
```

注意，第二个 if 语句后没有 else 分支。根据 Verilog HDL 语法，变量如果没有被赋新值则保持其先前的值。如果 en 等于 0，q 将保持原值。因此，省略的 else 分支描述了这个触发器的预期行为。

D 触发器的使能特性在同步快子系统和慢子系统时是非常有用的。例如，假设快子系统和慢子系统的时钟频率分别为 50 MHz 和 1 MHz。我们可以生成一个周期性的使能信号，每 50 个时钟周期使能一个时钟周期，而不是另外派生出一个 1 MHz 的时钟信号来驱动慢子系统。慢子系统在其余 49 个时钟周期中是保持原来状态的。这种方法同样可应用于消除门控时钟信号。

由于使能信号是同步的，该电路可以由一个常规的 D 触发器和简单下一状态逻辑电路构成。其框图如图 4.7 所示，实现代码见例 4.4。

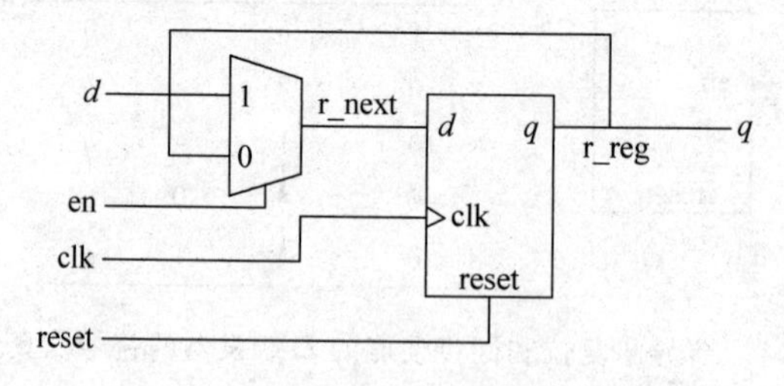

图 4.7　同步使能的 D 触发器逻辑图

例 4.4　两段式含异步复位和同步使能的 D 触发器实现代码

```
module dff_reset_en_2seg
  (
    input clk,reset,
     input en,
     input d,
    output  reg  q
  );
  reg r_reg,r_next;
```

```
    always @(posedge clk,posedge reset)
      begin
        if (reset)
          r_reg<= 1'b0;
        else
          r_reg<= r_next;
      end

      //next - state logic
      always @ *
        begin
          if (en)
            r_next = d;
          else
          r_next = r_reg;
      end
      //output logic
      always @ *
        q = r_reg;
  endmodule
```

为了清晰起见,代码使用了后缀_next 和_reg 强调下一状态输入值和触发器的输出,它们分别与 D 触发器的 *d* 和 *q* 信号连接。

4.1.4　基本锁存器

基本锁存器电路模块如图 4.8 所示,这是一个电平触发型锁存器。它的工作时序如图 4.9 所示,从波形显示可以看出,当时钟 clk 为高电平时,其输出 *q* 的值才会随输入 *d* 的数据变化而更新;当 clk 为低电平时,锁存器将保持原来高电平时锁存的值。例 4.5 是基本锁存器的一种 Verilog HDL 描述。

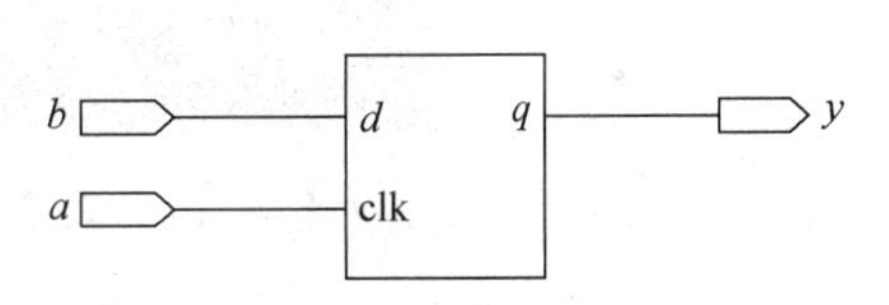

图 4.8　基本电平触发型锁存器的电路模块图

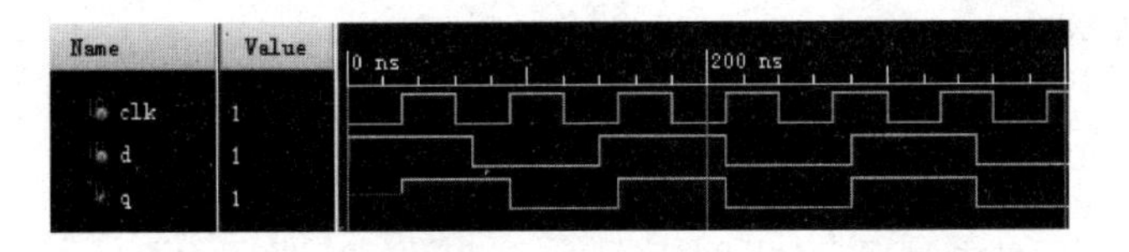

图 4.9　基本电平触发型锁存器的时序波形图

例 4.5　基本电平触发型锁存器的一种 Verilog HDL 描述

```
module latch_1
  (
    input  clk,
    input  d,
    output  reg  q
  );
  always @(clk,d)
    if(clk)
```

```
    q <= d;
endmodule
```

与D触发器的Verilog HDL描述相比，基本电平触发型锁存器没有使用时钟边沿敏感的关键词posedge。当敏感信号clk电平从低变为高时，过程语句被启动，顺序执行if语句，此时clk为高电平，于是执行 $q<=d$，把 d 的数据更新至 q，然后结束if语句；当clk从高电平变为低电平或者保持低电平时都不会触发过程，锁存器的输出 q 将保持原来的状态，这就意味着在设计模块中引入了存储元件，而此处省略的else分支描述了这个触发器的预期行为。

4.1.5 含清0控制的锁存器

含异步清0控制的锁存器电路模块如图4.10所示，它的工作时序如图4.11所示。例4.6和例4.7分别是它的两种不同风格的Verilog HDL描述。

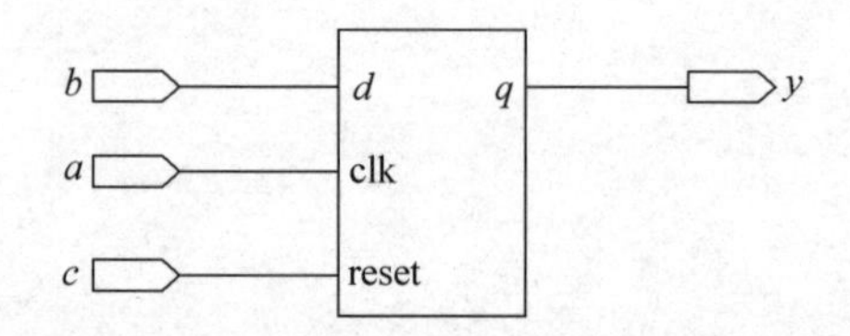

图4.10 含异步清0控制的锁存器模块图

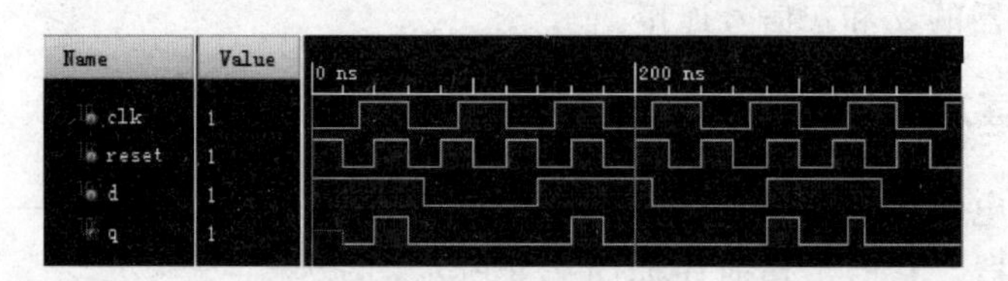

图4.11 含异步清0控制的锁存器的时序波形图

例4.6 含异步清0控制锁存器的一种Verilog HDL描述

```
module latch_reset_1
  (
    input clk,reset,
    input d,
    output q
  );
      assign q = (!reset)? 0:(clk?d:q);
  endmodule
```

例4.7 含异步清0控制锁存器的另外一种Verilog HDL描述

```
module latch_reset_2
  (
    input  clk,reset,
    input  d,
    output  reg  q
  );
  always @(clk,d,reset)
    if(!reset)
```

```
        q <= 0;
    else if(clk)
        q <= d;
endmodule
```

例 4.6 中的描述使用了具有并行语句特色的连续赋值语句，其中使用了条件运算操作。例 4.7 使用的是过程语句，把数据信号 *d*，复位信号 reset 和时钟信号 clk 都列在敏感信号列表中，从而实现 reset 的异步特性和 clk 的电平触发特性。

4.2 寄存器

4.2.1 1位寄存器

在 4.1 节的讨论中，我们知道 D 触发器可以用于位信号的存储。如果 *d* 为 1，那么在时钟的上升沿，D 触发器的输出 *q* 将变为 1；如果 *d* 为 0，那么在时钟的上升沿，D 触发器的输出 *q* 将为 0。在实际的数字系统中，一般 D 触发器的时钟输入端始终都有时钟信号输入。这就意味着在每个时钟的上升沿，当前的 *d* 值都将被锁存在 *q* 中，而时钟的变化频率通常是几百万次每秒。为了设计一个 1 位寄存器，它可以在需要时从输入线 in_data 加载一个值，给 D 触发器增加一根输入线 load，当想要从 in_data 加载一个值时，就把 load 设置为 1，那么在下一个时钟上升沿，in_data 的值将被存储在 *q* 中。1 位寄存器的逻辑符号如图 4.12 所示，其 Verilog HDL 描述见例 4.8，图 4.13 是其信号仿真结果。

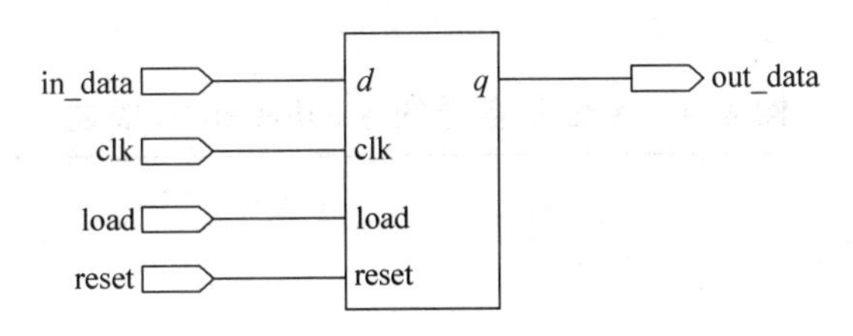

图 4.12 1 位寄存器逻辑符号

例 4.8 1 位寄存器的 Verilog HDL 描述

```
module reg_1
  (
    input   clk,reset,
    input   in_data,
    input   load,
    output  reg  out_data
  );
  always @(posedge clk,posedge reset)
    if(reset)
      out_data <= 0;
  else if(load == 1)
    out_data <= in_data;
endmodule
```

从图 4.13 中可以看出，当 load 信号为 0 时，输入线上的数据 in_data 不会在每个时钟

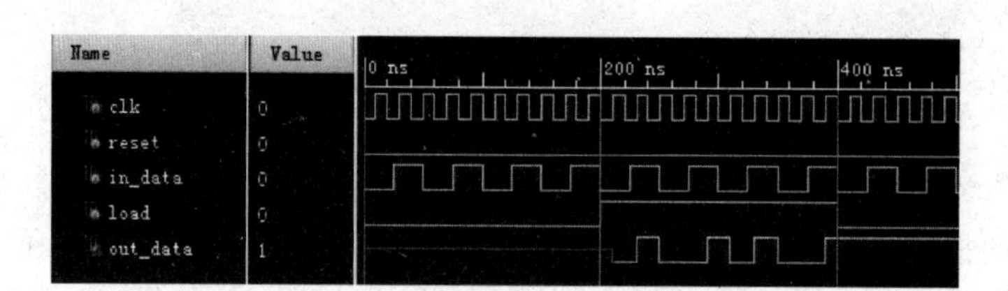

图 4.13　1 位寄存器的仿真时序图

clk 的上升沿被不断地重新加载到 out_data，寄存器的输出 out_data 保持不变；当 load 信号为 1 时，在下一个时钟 clk 的上升沿，out_data 就变为 in_data 的值。

4.2.2　N 位寄存器

如果把 N 个 1 位寄存器模块组合起来，就可以构成一个 N 位寄存器。和 1 位寄存器不同之处在于，把输入 in_data 和 out_data 定义为一个 N 位的数组。N 位寄存器的逻辑符号如图 4.14 所示，其 Verilog HDL 描述见例 4.9，当 $N=8$ 时，其仿真结果如图 4.15 所示。

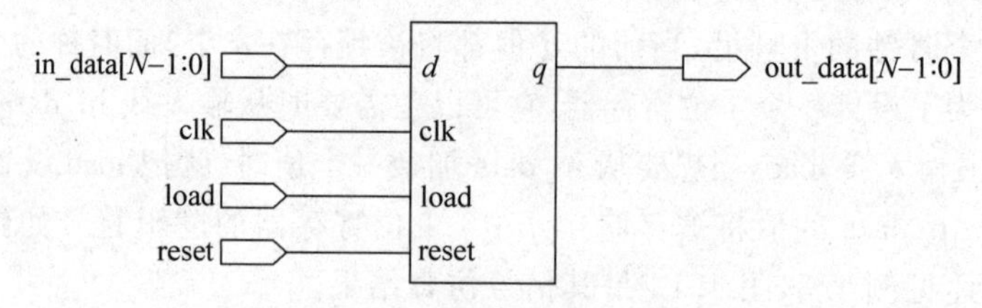

图 4.14　N 位寄存器逻辑符号

例 4.9　N 位寄存器的 Verilog HDL 描述

```
module reg_N
  #(parameter N = 8)
  (
    input clk,
    input reset,
    input[N-1:0]in_data,
    input load,
    output  reg[N-1:0]out_data
  );

  always @(posedge clk,posedge reset)
    if(reset)
      out_data<= 0;
    else if(load == 1)
      out_data<= in_data;
  endmodule
```

在例 4.9 中使用 parameter 语句，是为了使总线宽度可调。默认状态下，总线宽度为 8。如果想修改寄存器的位宽，可以使用 Verilog 的实例化语句，例如实现一个如下的 16 位寄存器，名称为 fReg：

```
reg_N#(
```

```
        .N(16))
fReg(.clk(clk),
     .reset(reset),
     .load(load),
     .in_data(indata),
     .out_data(out_data)
);
```

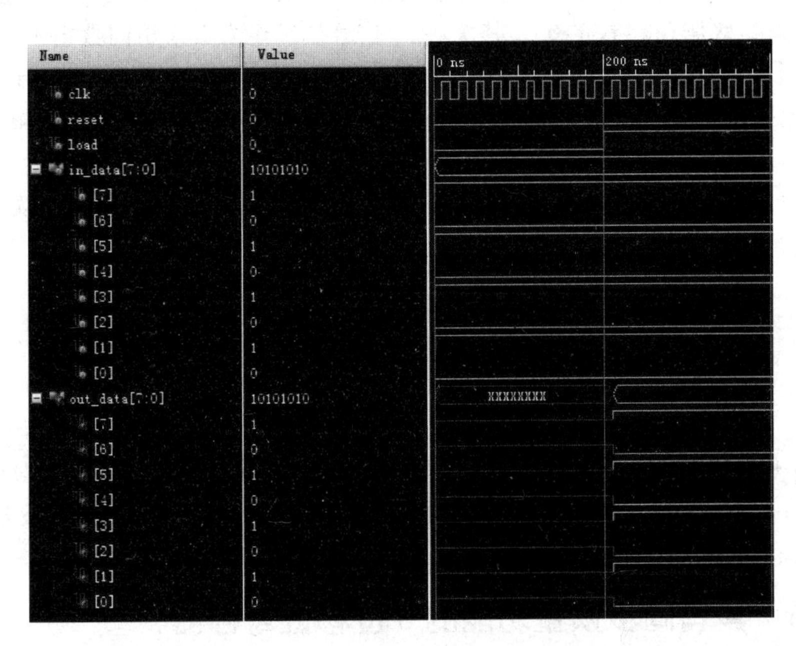

图 4.15　8 位寄存器的仿真时序图

4.2.3　寄存器组

寄存器组是由一组拥有同一个输入端口和一个或多个输出端口的寄存器组成。写地址信号 w_addr 指定了数据存储位置，读取地址信号 r_addr 指定数据检索位置。寄存器组通常用于快速、临时存储。例 4.10 给出了一个参数化的寄存器组的实现代码。参数 W 指定了地址线的位数，表明在这个寄存器组中有 2^W 个字。参数 N 指定了一个字的位数。

例 4.10　参数化的寄存器组 Verilog HDL 描述

```
module reg_file
  #(
   parameter N = 8,                   //位数
             W = 2)                   //地址位数
   input clk,
   input wr_en,
   input[W-1:0]w_addr,r_addr,
   input[N-1:0]w_data,
   output [N-1:0]r_data
  );
  reg[N-1:0] array_reg[2**W-1:0];
  always @(posedge clk)
```

```
    if(wr_en)
      array_reg[w_addr]<= w_data;
    assign r_data = array_reg[r_addr];
  endmodule
```

这段代码包含了几个新的特性。首先，定义了一个二维数组的数据类型：reg [N-1:0] array_reg [2 ** W-1:0]；它表示 array_reg 变量是一个含有[2 ** W-1:0]个元素的数组，每个元素的数据类型是 reg [N-1:0]。其次，一个信号被用作索引来访问数组中元素，例如数组 array_reg[w_addr]。虽然描述非常抽象，但是 Xilinx 公司的软件能够识别出这种语言构造，并正确地执行。array_reg[…] = …和… = array_reg[…]语句分别表明解码和多路复用的逻辑。

一些应用程序可能需要同时检索多路数据，这可以通过添加一个额外的读取端口来解决。例如：

```
r_data2 = array_reg[r_addr_2];
```

4.3 移位寄存器

一个 *N* 位的移位寄存器包含 *N* 个触发器。在每个时钟脉冲作用下，数据从一个触发器转移到另一个触发器。本节介绍移位寄存器的几种不同的 Verilog HDL 描述和设计方法。

4.3.1 具有同步预置功能的 8 位移位寄存器

具有同步预置功能的 8 位移位寄存器的描述见例 4.11。其中，clk 是移位时钟信号，load 是并行数据预置使能信号，din 是 8 位并行预置数据端口，qb 是串行输出端口。当 clk 的上升沿到来时，过程被启动，如果此时预置使能端口 load 为高电平，则输入端口 din 的 8 位二进制数被同步并行移入移位寄存器，用作串行右移的初始值；如果此时预置使能端口 load 为低电平，则执行赋值语句

```
reg8[6:0] <= reg8[7:1];
```

这样完成一个时钟周期后，把上一时钟周期的高 7 位值 reg8[7:1]更新至此寄存器的低 7 位 reg8[6:0]，实现右移一位的操作。连续赋值语句把移位寄存器最低位通过 qb 端口输出。例 4.11 的工作时序如图 4.16 所示。

例 4.11　具有同步预置功能的 8 位移位寄存器 Verilog HDL 描述

```
module shift_reg8
  (
    input clk,
    input load,
    input[7:0]din,
    output qb
  );
  reg[7:0] reg8;
```

```
always @(posedge clk)
  if(load)
    reg8 <= din;
  else
    reg8[6:0] <= reg8[7:1];
  assign qb = reg8[0];
endmodule
```

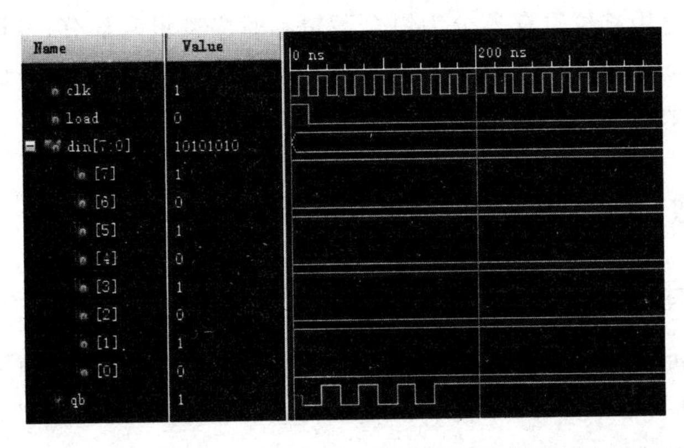

图 4.16　具有同步预置功能的 8 位移位寄存器的仿真时序图

4.3.2　8 位通用移位寄存器

通用移位寄存器可以加载并行数据，将其内容向左移位、向右移位或保持原有状态。它可以实现并转串(首先加载并行输入，然后移位)或串转并(首先移位，然后进行并行输出)。实现这种操作需要两位控制信号 *ctrl*，实现代码见例 4.12。

例 4.12　8 位通用移位寄存器 Verilog HDL 描述

```
module univ_shift_reg
      #(parameter N = 8)
      (
        input clk, reset;
        input  [1:0] ctrl;
        input  [N-1:0] d;
        output [N-1:0] q
  );
  //信号声明
  reg[N-1:0] r_reg, r_next;
  //寄存器
  always @(posegde clk,posedge reset)
      if (reset)
        r_reg <= 0;
    else
        r_reg <= r_next;
  //next-state logic
  always @ *
      case (ctrl)
          2'b00: r_next = r_reg;                    //无操作
```

```
            2'b01: r_next = {r_reg[N-2:0], d[0]};     //左移
            2'b10: r_next = {d[N-1], r_reg[N-1:1]};   //右移
            default:r_next = d;                       //载入
        endcase
    //输出逻辑
    assign q = r_reg;
endmodule
```

例 4.12 中，把通用移位寄存器分为组合逻辑和时序逻辑两部分，各用一个 always 块来进行描述。使用 4 选 1 的多路选择器来选择寄存器所需下一状态逻辑的值。注意，d 的最低位和最高位被用来作为串行输入的左移和右移操作。

4.4 计数器

4.4.1 简单的二进制计数器

一个简单的二进制计数器通过二进制序列反复循环。例如，一个 4 位二进制计数器计数，从“0000”、“0001”、…、至“1111”而后反复循环。N 位简单二进制计数器的参数化实现代码见例 4.13。

例 4.13 简单的 N 位二进制计数器 Verilog HDL 描述

```
module counter_sim_bin_N
  #(parameter N = 8)
  (
  input   clk,
  input reset,
  output[N-1:0]qd,
  output  cout
);
  reg[N-1:0] regN;
  always @(posedge clk)
   if(reset)
     regN<= 0;
   else
     regN<= regN + 1;
  assign qd = regN;
    assign cout = (regN == 2**N-1)?1'b1:1'b0;
endmodule
```

当采用默认参数 $N=8$ 时，例 4.13 描述的 8 位二进制计数器的仿真波形如图 4.17 所示。从图中可以看出此计数器的工作过程：当复位端 reset 为高电平时，在时钟 clk 的上升沿，完成对计数器的复位；在复位端为低电平时，计数器在下一个时钟上升沿从 0000 开始计数，直至计满 1111 后，再溢出为 0000，此时计数器的进位端 cout 输入一个 clk 周期的高电平，同时计数器从并行输出端口 qd 同步输出当前计数器的值。

4.4.2 通用二进制计数器

通用二进制计数器具有更多功能，例如可以实现增/减计数、暂停、预置初值，同时还具

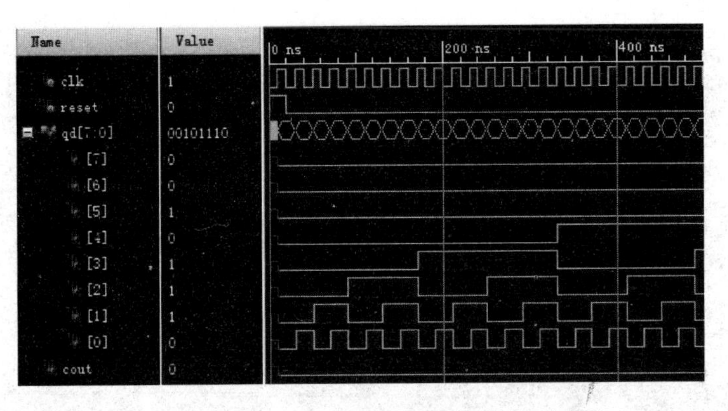

图 4.17 简单 8 位二进制计数器的仿真时序图

有同步清 0 等功能。参数化的通用二进制计数器实现代码见例 4.14。

例 4.14 通用 N 位二进制计数器 Verilog HDL 描述

```
module counter_univ_bin_N
  #(parameter N = 8)
  (
    input  clk,reset,load,up_down,
      input[N-1:0]d,
      output[N-1:0]qd
  );
  reg[N-1:0] regN;
    always @(posedge clk)
    if(reset)
      regN<= 0;
    else if (load)
      regN<= d;
    else if (up_down)
      regN<= regN + 1;
    else regN<= regN - 1;
   assign qd = regN;
  endmodule
```

当采用默认参数 $N=8$ 时，例 4.14 描述的 8 位二进制计数器的仿真波形如图 4.18 所示。计数器采用同步工作方式，同步时钟输入端口是 clk。复位端口 reset 为高电平时，计数器在 clk 时钟上升沿进行计数器清 0。预置控制端口是 load，当 load 为高电平时，预置数据输入端 d 的数值被送入计数器的寄存器。增/减计数模式控制端口是 up_down，当 up_down 为高电平时，计数器进行加法计数，当 up_down 为低电平时，计数器进行减法计数。数据输出端口实时输出计数器的计数值。

4.4.3 模 *m* 计数器

模 m 计数器的计数值从 0 增加到 $m-1$，然后循环。参数化的模 m 计数器实现代码见例 4.15。它有两个参数：参数 M，它指定了计数模值 m；参数 N，它指定了计数器所需的位数，应该等于$\lceil \log_2 M \rceil$。例 4.15 中计数器的默认值是模 10，它的仿真工作波形如图 4.19 所示。

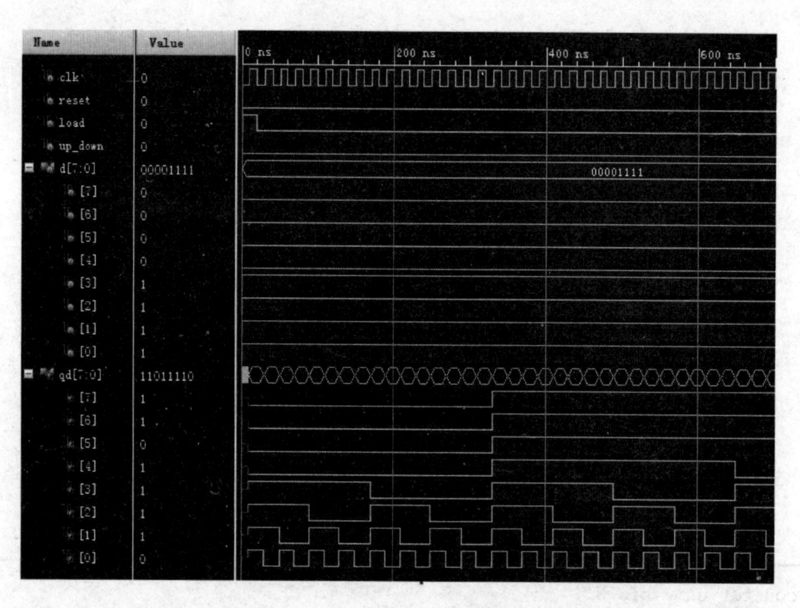

图 4.18 通用 8 位二进制计数器的仿真时序图

例 4.15 模 *m* 计数器 Verilog HDL 描述

```
module counter_mod_m
  #(parameter N = 4,                           //计数器位数
    parameter M = 10)                          //模 M 默认为 10
  (
   input clk,reset,
    output[N-1:0]qd,
    output cout
  );
  reg[N-1:0] regN;
   always @(posedge clk)
   if(reset)
      regN<= 0;
   else if(regN<(M-1))
      regN<= regN + 1;
   else
      regN<= 0;
   assign qd = regN;
   assign cout = (regN == (M-1))?1'b1:1'b0;
  endmodule
```

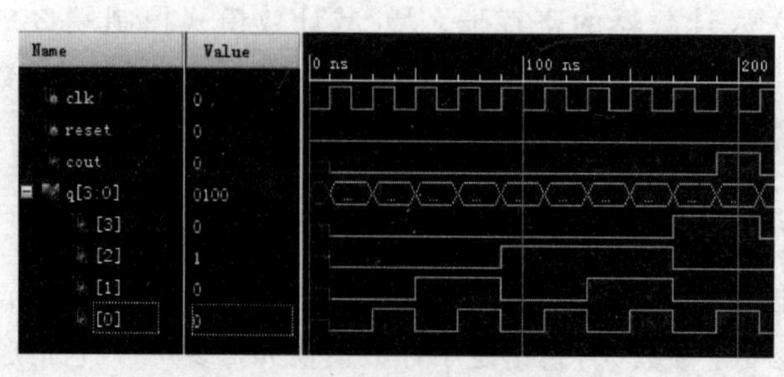

图 4.19 模 10 计数器的仿真时序图

4.5 设计实例

在学习了以上一些简单的时序电路之后，在本节中，我们将讨论几个更为复杂的时序电路设计。

4.5.1 数码管扫描显示电路

在第 3 章的组合电路设计中，介绍了单个数码管显示电路的设计。每个数码管包括 7 个 LED 管和 1 个小圆点，需要 8 个 IO 口来进行控制。采用这种控制方式，当使用多个数码管进行显示时，每个数码管都将需要 8 个 IO 口。在实际应用中，为了减少 FPGA 芯片 IO 口的使用数量，一般会采用分时复用的扫描显示方案进行数码管驱动。以四个数码管显示为例，采用扫描显示方案进行驱动时，四个数码管的 8 个段码并接在一起，再用 4 个 IO 口分别控制每个数码管的公共端，动态点亮数码管。这样只用 12 个 IO 口就可以实现 4 个数码管的显示控制，比静态显示方式的 32 个 IO 口数量大大减少。

如图 4.20 所示，在最右端的数码管上显示"3"时，并接的段码信号为"00001101"，4 个公共端的控制信号为"1110"。这种控制方式采用分时复用的模式轮流点亮数码管，在同一时间只会点亮一个数码管，数码管扫描显示电路时序如图 4.21 所示。分时复用的扫描显示利用了人眼的视觉暂留特性，如果公共端控制信号的刷新速度足够快，人眼就不会区分出 LED 的闪烁，认为 4 个数码管是同时点亮。

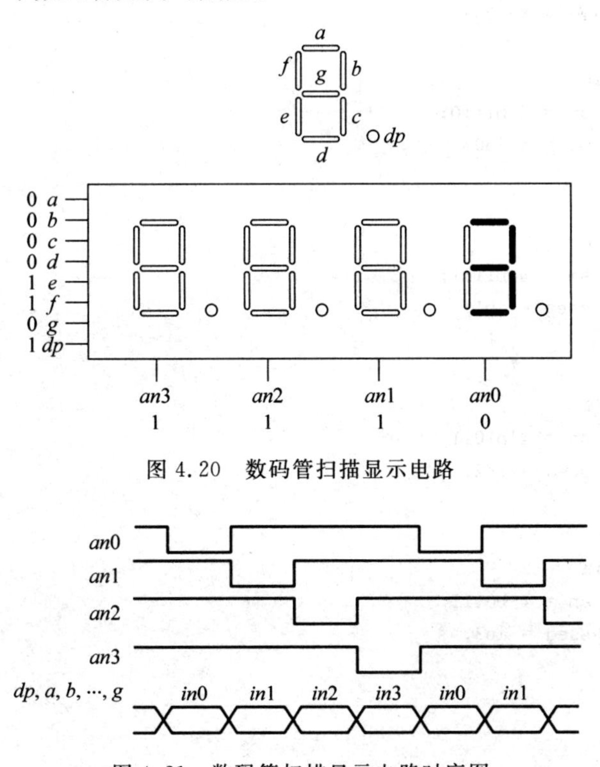

图 4.20 数码管扫描显示电路

图 4.21 数码管扫描显示电路时序图

分时复用的数码管显示电路模块含有四个控制信号 *an*3、*an*2、*an*1 和 *an*0，以及与控制信号一致的输出段码信号 *sseg*。控制信号的刷新频率必须足够快才能避免闪烁感，但也不能太快，以免影响数码管的开关切换，最佳工作频率为 1000Hz 左右。在我们的设计中，利用了一个 18 位二进制计数器对系统输入时钟进行分频得到所需工作频率，分频器最高两位用来作为控制信号，例如 *an*[0]的刷新频率为 50 MHz/2^16Hz，约等于 800Hz。四位数码管动态扫描显示电路的 Verilog 实现代码见例 4.16。

例 4.16　四位数码管动态扫描显示电路的 Verilog HDL 描述

```
module scan_led_disp
  (input  clk,reset,
  input [7:0] in3,in2,in1,in0,
   output reg [3:0] an,
    output reg[7:0]sseg
  );
  localparam N = 18;                      //对输入 50MHz 时钟进行分频(50 MHz/2^16)
  reg[N-1:0] regN;
    always @(posedge clk,posedge reset)
    if(reset)
      regN<= 0;
    else
      regN<= regN + 1;
    always @ *
      case (regN[N-1:N-2])
         2'b00:
             begin
                 an = 4'b1110;
                 sseg = in0;
             end
         2'b01:
             begin
                 an = 4'b1101;
                 sseg = in1;
             end
         2'b10:
             begin
                 an = 4'b1011;
                 sseg = in2;
             end
        default:
             begin
                 an = 4'b0111;
                 sseg = in3;
             end
        endcase
      endmodule
```

当利用例 4.16 介绍的分时复用电路，在七段式数码管上显示十六进制数字时，还需要四个译码电路，另外一个更好的选择是首先输出多路十六进制数据，然后将其译码。这种方案只需要一个译码电路，使 4 选 1 数据选择器的位宽从 8 位降为了 5 位(4 位 16 进制数和 1 位小数点)。实现代码见例 4.17。除 clock 和 reset 信号之外，输入信号包括 4 个 4 位十六进制数据 *hex*3、*hex*2、*hex*1、*hex*0 和 *dp_in* 中的 4 位小数点。

例 4.17 四位 16 进制数的数码管动态显示电路 Verilog HDL 描述

```
module scan_led_hex_disp
  (input clk, reset,
   input [3:0] hex3, hex2, hex1, hex0,
   input [3:0] dp_in,
   output reg [3:0] an,
    output reg[7:0]sseg
  );
  localparam N = 18;           //对输入 50MHz 时钟进行分频(50 MHz/2^16)
  reg[N-1:0] regN;
  reg[3:0] hex_in;
   always @(posedge clk, posedge reset)
   if(reset)
      regN<= 0;
   else
      regN<= regN + 1;

  always @ *
    case (regN[N-1:N-2])
        2'b00:
            begin
                an = 4'b1110;
                hex_in = hex0;
                dp = dp_in[0];
            end
         2'b01:
            begin
                an = 4'b1101;
                hex_in = hex1;
                dp = dp_in[1];
            end
         2'b10:
            begin
                an = 4'b1011;
                hex_in = hex2;
                dp = dp_in[2];
            end
        default:
            begin
                an = 4'b0111;
                hex_in = hex3;
                dp = dp_in[3];
            end
        endcase
      always @ *
    begin
      case (hex_in)
          4'h0: sseg[6:0] = 7'b0000001;
```

```
            4'h1: sseg[6:0] = 7'b1001111;
            4'h2: sseg[6:0] = 7'b0010010;
            4'h3: sseg[6:0] = 7'b0000110;
            4'h4: sseg[6:0] = 7'b1001100;
            4'h5: sseg[6:0] = 7'b0100100;
            4'h6: sseg[6:0] = 7'b0100000;
            4'h7: sseg[6:0] = 7'b0001111;
            4'h8: sseg[6:0] = 7'b0000000;
            4'h9: sseg[6:0] = 7'b0000100;
            4'ha: sseg[6:0] = 7'b0001000;
            4'hb: sseg[6:0] = 7'b1100000;
            4'hc: sseg[6:0] = 7'b0110001;
            4'hd: sseg[6:0] = 7'b1000010;
            4'he: sseg[6:0] = 7'b0110000;
            default: sseg[6:0] = 7'b0111000; //4'hf
        endcase
      sseg[7] = dp;
    end
endmodule
```

我们可以在实际的FPGA电路中验证该设计，把8位开关数据作为两个4位无符号数据的输入，并使两个数据相加，将其结果显示在四位七段式数码管上。实现代码见例4.18。

例 4.18 四位十六进制数的数码管动态显示测试

```
module scan_led_hex_disp_test
  (input  clk,
   input [7:0] sw,
   output [3:0] an,
   output[7:0]sseg
  );
  wire[3:0] a,b;
  wire[7:0] sum;
  assign a = sw[3:0];
  assign b = sw[7:4];
  assign sum = {4'b0, a} + {4'b0, b};
    //实例化四位十六进制数动态显示模块
  scan_led_hex_disp scan_led_disp_unit
    (.clk(clk), .reset(1'b0),
    .hex3(sum[7:4]), .hex2(sum[3:0]), .hex1(b), .hex0(a),
    .dp_in(4'b1011), .an(an), .sseg(sseg));
  endmodule
```

许多时序逻辑电路一般工作在相对较低的频率，就像分时复用数码管电路中的使能脉冲一样。这可以通过使用计数器来产生只有一个时钟周期的使能信号。在这个电路中使用的是18位计数器：

```
localparam N = 18;
reg[N-1:0]regN;
```

考虑到计数器的位数，仿真这种电路需要消耗大量的计算时间(2^18个时钟周期为一个周期)。因为我们的主要工作在于分时复用那段代码，大部分模拟时间被浪费了。更高效的方法是使用一个较小的计数器进行仿真，可以通过修改常量声明来实现：

```
localparam N = 4;
```

这样就只需要 2^4 个时钟周期为一个仿真周期，节约了大量时间，并且可以更好地观察关键操作。

最好定义参数 N，而不是将其设置为一个常量，在仿真与综合时可以方便修改代码。同时在实例化过程中，也可以对于仿真和综合设置不同的值。

4.5.2　秒表

在本节中，我们将讨论秒表的设计。秒表显示的时间分为 3 个十进制数字，从 00.0 到 99.9 秒循环计数。它包含一个同步清零信号 clr，使秒表返回 00.0，还包含一个启动信号 go，开始或者暂停计数。本设计是一个 BCD(二十进制代码)编码的计数器。在这种格式中，一个十进制数由 4 位 BCD 数字表示。例如 139 表示为“0001 0011 1001”和下一个数字 140 表示为“0001 0100 0000”。

计数脉冲从 50MHz 时钟源产生，首先需要一个最大值为 5 000 000 的计数器，每 0.1 秒生成一个时钟周期的脉冲，用于三位 BCD 计数器的计数时钟。本设计中，BCD 计数器采用同步设计方法进行设计。秒表的 Verilog HDL 描述见例 4.19。

例 4.19　秒表电路的 Verilog HDL 描述

```
module stop_watch
   (input clk,
   input go,clr,
   output[3:0] d2,d1,d0;
  );
  localparam COUNT_VALUE = 5000000;
  reg[22:0]ms_reg;
  reg [3:0] d2_reg, d1_reg, d0_reg;
  reg dp;
  wire ms_tick;
  reg[3:0] d2_next, d1_next, d0_next;
  always @(posedgeclk)
    begin
      if (clr == 0)
      begin
      ms_reg <= 23'b0;
      d2_reg <=  4'b0;
      d1_reg <=  4'b0;
      d0_reg <=  4'b0;
    end
    else if (go == 1)
        begin
          d2_reg <= d2_next;
          d1_reg <= d1_next;
          d0_reg <= d0_next;
          if (ms_reg < COUNT_VALUE)
            ms_reg <= ms_reg + 1;
          else
```

```
            ms_reg<= 23'b0;
        end
    end
  assign ms_tick = (ms_reg == COUNT_VALUE) ? 1'b1 : 1'b0;
  always @ *
   begin
    if (ms_tick)
      if (d0_reg != 9)
        d0_next = d0_reg + 1;
      else
        begin
      d0_next = 4'b0;
      if (d1_reg != 9)
        d1_next = d1_reg + 1;
      else
        begin
          d1_next = 4'b0;
          if (d2_reg != 9)
              d2_next = d2_reg + 1;
          else
              d2_next = 4'b0;
          end
      end
    end
  assign d2 = d2_reg;
  assign d1 = d1_reg;
  assign d0 = d0_reg;
endmodule
```

为了验证例4.18的秒表电路，可以把它与前面的十六进制分时复用数码管电路结合，显示出秒表的输出。实现代码见例4.20。注意，数码管的第一位显示0，信号go和clr分别对应两个标号为btn的IO口。

例4.20 秒表电路的测试例程

```
module stop_watch_test
  (input  clk,
   input [1:0] btn,
   output[3:0] an,
    output[7:0]sseg
  );
  wire[3:0] d2,d1,d0;
  //实例化4位16进制数动态显示模块
  scan_led_hex_disp scan_led_disp_unit
   (.clk(clk), .reset(1'b0),
   .hex3(4'b0), .hex2(d2), .hex1(d1), .hex0(d0),
   .dp_in(4'b1011), .an(an), .sseg(sseg));
  //实例化秒表
  stop_watch counter_unit
   (.clk(clk), .go(btn[1]), .clr(btn[0]),
   .d2(d2), .d1(d1), .d0(d0));
endmodule
```

4.6 练习题

1. 可编程的方波信号发生器

一个可编程的方波发生器是可以产生用变量(逻辑 1 和逻辑 0)表示的方波。时间间隔由两个 4 位的无符号整数控制信号 m 和 n 指定。高电平持续时间和低电平持续时间分别是 $m\times100$ns 和 $n\times100$ns。

(1) 编写程序并且进行仿真验证。

(2) 下载到 FPGA 板上,利用按键输入 m 和 n,并且在示波器上显示波形。

2. PWM 和 LED 调光器

方波的占空比表示在一个周期内高电平(逻辑 1)所占的百分比。PWM(脉冲宽度调制)电路可以输出一个可变占空比的方波。一个 4 位分辨率 PWM 中,4 位控制信号 w 指定占空比。w 信号是一个无符号整数和占空比为$\frac{w}{16}$。

(1) 设计一个 4 位分辨率的 PWM 电路,写出程序并且进行仿真验证。

(2) 将程序下载到 FPGA 板上用示波器进行验证。

(3) 在分时复用数码管电路的基础上增加一个信号,并加入 PWM 电路,PWM 电路指定 LED 点亮的时间百分比,可以通过改变占空比控制 LED 的亮度,并通过观察示波器验证电路的操作。

3. LED 循环电路

开发板有四个七段式 LED 数码管,因此一次只能显示 4 个符号,但是可以通过将数据不断旋转和移动来显示更多的信息。例如,假设输入信息是 10 位数(如"0123456789"),可以将其显示为"0123""1234""2345"……"6789""7890""0123"。

(1) 电路的输入信号 en 进行启用或暂停旋转,输入信号 dir 指定方向(向左或向右)。设计程序并且下载到 FPGA 板上进行验证。

(2) 用按键控制循环,按一下显示下一组数,设计程序并且下载到 FPGA 板上进行验证。

4. 增强秒表

在 4.5.2 节描述的秒表设计基础上进行扩展:

(1) 添加一个额外的信号 up,来控制计数的方向。当 up 有效时,秒表进行正方向计时,否则进行倒计时。设计程序并且下载到 FPGA 开发板上验证。

(2) 添加分钟数字显示。LED 显示格式为 *M.SS.D*,*D* 代表 0.1 秒和它的范围是 0 到 9 之间;*SS* 表示秒,其范围是 00 和 59 之间;*M* 代表分钟,它的范围是 0 到 9 之间。设计程序并且下载到 FPGA 开发板上验证。

第5章

CHAPTER 5

有限状态机设计基础

本章学习导言

在实际中，有限状态机(FSM)的应用非常广泛，特别是针对那些操作和控制流程非常明确的系统。有限状态机在数字通信、自动化控制和CPU设计等领域的控制应用中都占有重要的地位，这些控制器通过检查当前的状态和外部输入的命令来激活相应的控制信号，以此来达到数据通道的控制操作，而数据通道通常是由常规时序组件构成。本章对有限状态机的基本特征做一个较为全面的概述，同时介绍相应的Verilog HDL代码实现。

5.1 引言

有限状态机(FSM)简称状态机，是用来表示系统中的有限个状态及这些状态之间的转移和动作的模型。这些转移和动作依赖于当前的状态和外部的输入，和普通的时序电路不同，有限状态机的状态转换不会表现出简单、重复的模式。它下一步的状态逻辑通常是重新建立的，有时候我们称它为随机逻辑。这一点和通常意义上的时序电路不同，常规的时序电路的下一个状态都是由一些结构化组建构成的，例如增量器、移位器等。

本章对有限状态机的基本特征做一个较为全面的概述，同时也对相应的Verilog HDL代码实现进行讨论。在实际运用中，有限状态机的主要用途是作为大型数字系统的控制器，这些控制器通过检查当前的状态和外部输入的命令来激活相应的控制信号，以此来达到数据通道的控制操作，而数据通道通常是由常规时序组件构成。

5.1.1 有限状态机的特点

大量的设计实践经验表明，无论是与使用HDL的其他设计方案相比，还是与可以完成相似功能的CPU相比，在许多方面有限状态机都有着巨大的优越性。这主要表现在以下几个方面：

(1) 高效的顺序控制模型。状态机克服了纯硬件数字系统顺序方式控制不灵活的缺点。状态机的工作方式是根据控制信号按照预先设定的状态进行顺序运行的。相对于基于软件工作的 CPU 来说，状态机是纯硬件数字系统中的顺序控制模型，因此在其运行方式上类似于控制灵活和方便的 CPU，是高速高效控制的首选。

(2) 容易利用现成的 EDA 工具进行优化设计。由于状态机构建简单，设计方案相对固定，特别是可以做一些固定的、规范的描述，使用 HDL 综合器可以自动地发挥其强大的优化功能。另外，性能良好的综合器都具备许多可控或自动优化状态机的功能，例如编码方式选择和安全状态机生成等。

(3) 性能稳定。状态机容易构成性能良好的同步时序逻辑模块，这对于解决大规模逻辑电路设计中的竞争和冒险现象大有益处。因此，与其他设计方案相比，在消除电路的毛刺现象、强化系统工作稳定性方面，同步状态机的设计方案将使设计者拥有更多的解决方法。

(4) 高速性能。在高速通信和高速控制方面，状态机更具有巨大的优势；在顺序控制方面，一个状态机的功能类似于 CPU 的功能。

(5) 高可靠性能。CPU 本身的结构特点与执行软件指令的工作方式，决定了任何 CPU 都不可能获得圆满的容错保障。若用于有较高可靠性要求的电子系统中，状态机则更适合。首先状态机是由纯硬件电路构成，它的运行不依赖软件指令的逐条执行，因此不存在 CPU 运行软件过程中许多固有的缺陷；其次是状态机的设计中能使用各种容错技术；再次是当状态机进入非法状态并从中跳出进入正常状态所需的时间十分短暂，通常只有 2～3 个时钟周期(数十纳秒)，对系统不会构成较大的危害。

5.1.2 Mealy 状态机和 Moore 状态机

有限状态机(FSM)的基本框图和常规时序电路一样，如图 5.1 所示是一个经典状态机的示意图，它由状态寄存器和组合逻辑单元组成。其中，$x(t)$为当前输入；$z(t)$为当前输出；状态寄存器的输出 $s(t)$为现态；组合逻辑电路输出 $s(t+1)$则为次态。

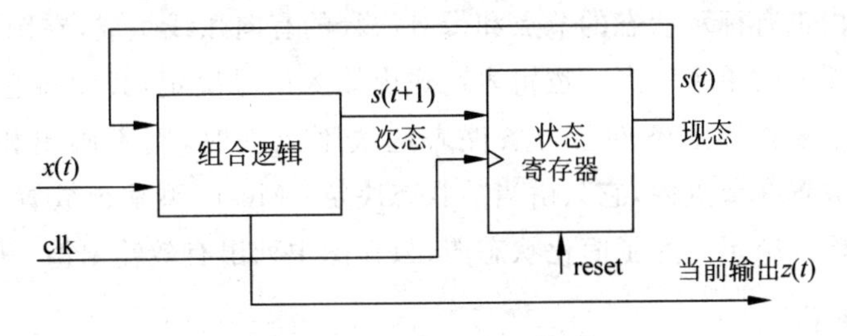

图 5.1 经典状态机框图

通常可以把图 5.1 中的组合逻辑电路模块分为两个部分。组合逻辑模块 C1 有两个输入端，分别为当前输入 $x(t)$和现态输入 $s(t)$，其输出为次态 $s(t+1)$；组合逻辑模块 C2 的输入也是当前输入 $x(t)$和现态输入 $s(t)$，输出为当前输出 $z(t)$。这种状态机的输出是由当前状态和输入决定的，称之为 Mealy 型有限状态机(Mealy machine)，其框图如图 5.2 所示。

若有限状态机的输出 $z(t)$只由当前状态 $s(t)$确定，那么称这种状态机为 Moore 型有限状态机(Moore machine)，其框图如图 5.3 所示。

在一个复杂的状态机中，这两种类型的输出可能都会存在。在这里，我们只把它们当作包含 Moore 输出和 Mealy 输出的子系统。Moore 型输出和 Mealy 型输出相似但却又不同，深入理解它们之间的细微差别是控制器设计的关键。

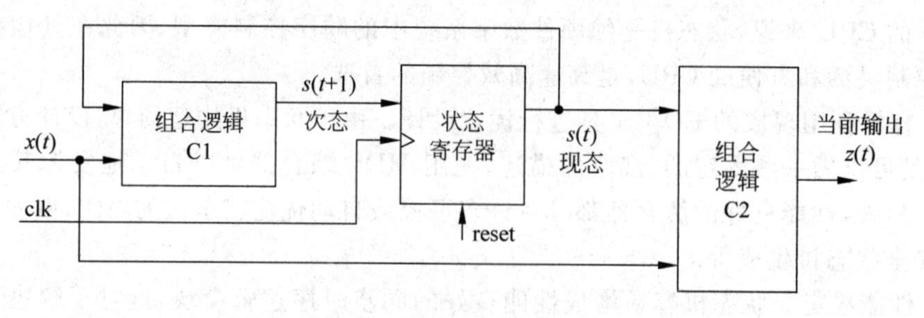

图 5.2 Mealy 状态机框图

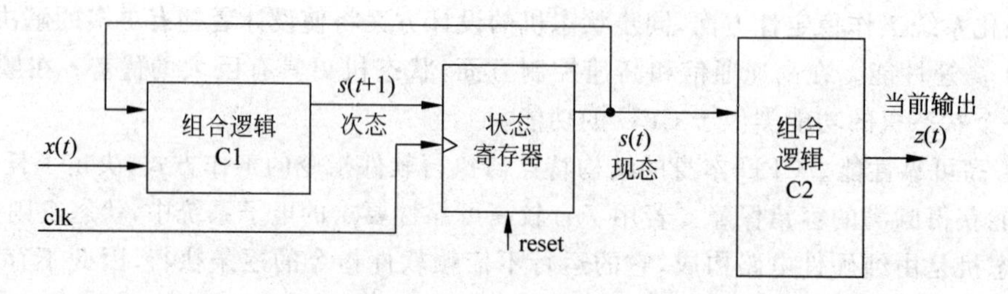

图 5.3 Moore 状态机框图

5.1.3 有限状态机的表示方法

状态机通常用简要的状态转移图或算法状态机(ASM)图来描述，它们的图解表示中都包含了状态机的输入输出、状态和转换。虽然这两种描述方法包含了相同的信息，但是状态转移图表示法更为紧凑，更适合描述较为简单的系统，而算法状态机图则更像是流程图，能较好地描述复杂系统中状态的转换和动作。

状态转移图由带有标示状态的节点和带有注释的有向弧线组成，在图 5.4(a)中可以看到一个带有转换弧线的单个节点。逻辑表达式由输入信号决定，我们将它放在每个转移弧线上，表示状态转移的特定条件。当条件表达式不成立时，则不画出相应的转移弧线。Moore 型输出值放置在节点内，它只由当前状态决定；Mealy 型输出放置在转换弧线上，由当前状态和外部输入决定。为了简化状态图，只在图中列出有效输出值，其他的则认为取默认值。

图 5.5(a)展示了一个典型的状态转移图。这个有限状态机包含三个状态、两个信号输入(a 和 b)、一个 Moore 输出($y1$)和一个 Mealy 输出($y0$)。当有限状态机在 S0 或 S1 状态时，$y1$ 输出高电平。当状态机处于 S0 状态且 a、b 均为 11 的时候，$y0$ 也为高电平。

ASM 图由 ASM 的一些状态框、判断框和条件输出框相互连接构成，其中判断框是可选的。

图 5.4(b)展示的是一个典型的 ASM 框图。状态框代表的是有限状态机的状态，Moore 型有效输出值置于框内，状态框只有一个输出。判断框用于测试输入条件和根据测试的结果来选择输出通道，它有两个输出通道，分别是 T 和 F，分别对应测试条件结果的真和假。条件输出框通常放置 Mealy 型的有效输出值，一般情况下放置在判断框的后面，表示控制器某些状态只有在特定条件下才能输出。

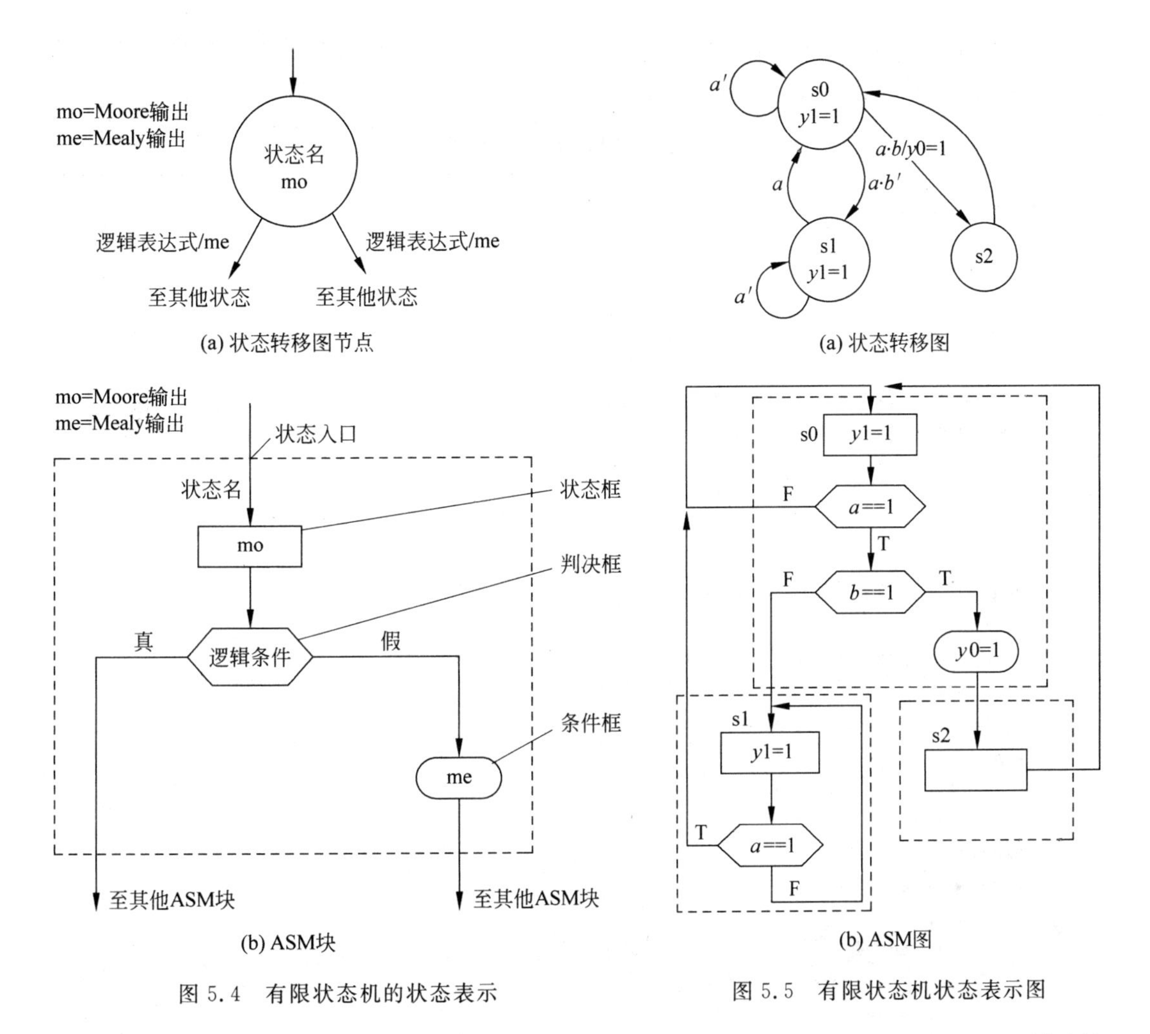

(a) 状态转移图节点

(b) ASM块

图 5.4 有限状态机的状态表示

(a) 状态转移图

(b) ASM图

图 5.5 有限状态机状态表示图

状态转移图可以转换为 ASM 图，ASM 图也可以转换为状态转移图。图 5.5(b)所示的 ASM 图是图 5.5(a)所示状态转移图转换而来。

5.2 有限状态机代码实现

有限状态机的代码编写和常规的时序电路相似，先将状态寄存器拿出，然后将次态逻辑和输出逻辑结合起来并书写相应的代码。其中次态逻辑的代码较为不同，对于有限状态机，次态逻辑单元的代码要遵循状态转移图或者 ASM 图的逻辑转移流向。

考虑到简便性和灵活性，用一个符号常量来表示有限状态机的状态。例如对于图 5.5 的三个状态，定义如下：

```
localparam [1:0] s0 = 2'b00,
 s1 = 2'b01,
 s2 = 2'b10;
```

综合的时候，软件会根据有限状态机的结构将符号常量映射为对应的二进制字符（如独热码），这就是状态分配。

图 5.5 描述的有限状态机实现代码见例 5.1，这是一个完整的有限状态机的代码，它由状态寄存器、次态逻辑单元、Moore 型输出逻辑单元和 Mealy 输出逻辑单元组成。

例 5.1　FSM 代码示例

```
module fsm_eg_mult_seg
  (
    input clk , reset,
    input a , b,
    output y0, y1
  );
  //状态符号声明
  localparam [1:0] s0 = 2 'b00 ,
                   s1 = 2 'b01,
                   s2 = 2 'b10;

  //信号声明
  reg [1 : 0] state_reg , state_next;
  //状态切换
  always @ (posedge clk , posedge reset )
  if ( reset )
    state_reg<= s0;
  else
    state_reg<= state_next ;
  //次态逻辑
  always @ *
  case ( state_reg )
      s0: if ( a )
            if ( b )
                state_next = s2 ;
            else
                state_next = s1;
            else
                state_next = s0;
      s1:  if  ( a )
              state_next = s0;
           else
              state_next = s1;
      s2: state_next = s0;
      default: state_next = s0;
    endcase
  //Moore 型逻辑输出
    assign  y1 = ( state_reg = = s0 ) || ( state_reg = = s1 ) ;
  //Mealy 型逻辑输出
    assign  y0 = ( state_reg = = s0 ) & a & b ;
endmodule
```

次态逻辑单元是这个例程的关键，例程中使用了一个 case 语句来作为 state_reg 信号的选择表达式。从例程中可以看出，次态(state_next)由当前状态(state_reg)和外部输入信号共同决定。每个状态的代码都要遵循图 5.5(b)的 ASM 图的流程来描述。

例程 5.2 是另一种代码设计方式，它将次态逻辑单元和输出逻辑单元合并成一个组合模块。

例 5.2　含组合模块的有限状态机代码示例

```
module fsm_eg_2_seg
  (
    input  clk , reset,
    input  a , b,
    output reg y0 , y1
  );
  //  状态符号声明
  localparam [ 1:0 ] s0  =  2'b00 ,
                     s1  =  2'b01 ,
                     s2  =  2'b10 ;
    //  信号声明
  reg[ 1:0 ] state_reg , state_next;
    //  状态切换
  always @ ( posedge clk , posedge reset )
    if ( reset )
      state_reg< = s0 ;
    else
      state_reg< = state_next ;
    //  次态逻辑和输出逻辑
    always @ *
      begin
        state_next  =  state_reg ;
        y1  =  1'b0;
        y0  =  1'b0;
      case (state_reg )
        s0 :begin
          y1  =  1'b1 ;
          if ( a )
            if ( b )
              begin
                state_next  =  s2 ;
                y0  =  1'b1 ;
              end
            else
              state_next  =  s1 ;
          end
        s1: begin
              y1  =  1'b1;
              if ( a )
                state_next  =  s0;
              end
        s2: state _ next  =  s0 ;
        default :state_next  =  s0 ;
      endcase
    end
  endmodule
```

可以看到，默认输出值都在代码的开头列出来了。

将次态逻辑单元和输出逻辑单元结合起来的部分代码和 ASM 图密切相关，状态转移图或者是 ASM 图的正确分析，可以使有限状态机转换为 HDL 代码变得很轻松。例 5.1 和例 5.2 提供了一个有限状态机编写 HDL 代码的模板。

5.3 设计实例

5.3.1 序列检测器设计

序列检测器可用于检测一组或多组由二进制码组成的脉冲序列信号，当序列检测器连续收到一组串行二进制码后，如果这组码与检测器中预先设置的码相同，则输出 1，否则输出 0。由于这种检测的关键在于正确码的接收必须是连续的，这就要求检测器必须记住前一次的正确码及正确序列，直到在连续的检测中所收到的每一位码都与预置数的对应码相同。在检测过程中，任何一位不相等都将回到初始状态重新开始检测。

用状态机来实现序列检测器是非常合适的，本节分别采用 Moore 状态机和 Mealy 状态机来实现对输入序列数“1101”的检测。

1. Moore 状态机序列检测器

当输入序列数为“1101”，状态机输出为 1。首先画出 Moore 状态机的状态转移图。定义初始状态为 s0，表示没有检测到 1 输入的状态。如果现态是 s0，输入为 0，那么下一状态还是停留在 s0；如果输入 1，则转移到状态 s1，这表明收到一个“1”。在状态 s1，如果输入为 0，则回到状态 s0；如果输入为 1，那么就转移到状态 s2，这意味着接收到两个连续的“1”。在 s2 状态，如果输入为 1，则停留在状态 s2；如果输入为 0，那么下一状态将转移到 s3 状态，这意味着已经接收到序列“110”。在 s3 状态时，如果输入为 1，则转移到状态 s4，表示已经检测到序列“1101”，因此设定 s4 状态的输出为 1；如果输入为 0，则返回状态 s0。在 s4 状态时，如果输入为 0，回到初始状态 s0；如果输入为 1，返回状态 s1。

整个 Moore 状态机序列检测器的状态转移图如图 5.6 所示。根据状态转移图，编写其 Verilog HDL 代码见例 5.3，其仿真结果如图 5.7 所示。

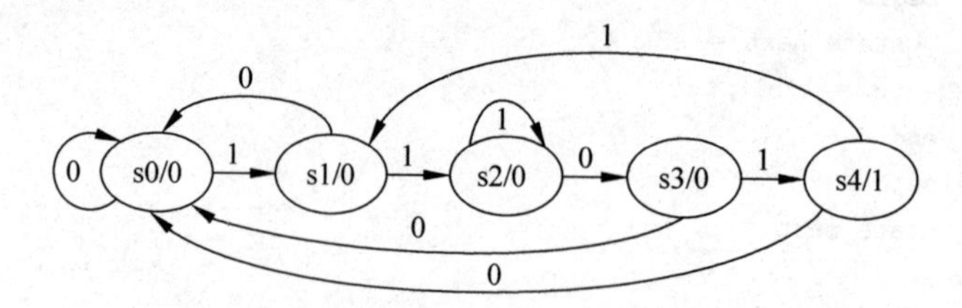

图 5.6 序列检测器的 Moore 状态机状态转移图

例 5.3 序列“1101”状态检测器的 Moore 状态机 HDL 代码实现

```
module  seq_det_moore
  (
    input  clk , reset,
    input  din,
    output reg sout
    ) ;
```

```
    //状态声明
    localparam[ 2:0 ]
      s0 = 3'b000 ,
      s1 = 3'b001 ,
      s2 = 3'b010 ,
      s3 = 3'b011 ,
      s4 = 3'b100;
    reg[ 2:0 ] cs , nst ;
    //状态寄存器
    always @ (posedge clk , posedge reset )
      if ( reset )
        cs <= s0 ;
      else
        cs <= nst ;
      //C1 模块
      always @ *
        begin
          case (cs )
            s0:
              if (din == 1'b1 )nst = s1 ;
              else nst = s0 ;
            s1:
              if (din == 1'b1 )nst = s2 ;
              else nst = s0 ;
            s2:
              if (din == 1'b0 )nst = s3 ;
              else nst = s2 ;
            s3:
              if (din == 1'b1 )nst = s4;
              else nst = s0 ;
            s4:
              if (din == 1'b0 )nst = s1 ;
              else nst = s0;
          default :nst = s0 ;
        endcase
      end
    //C2 模块
    always @ *
      begin
      if (cs == s4) sout = 1;
      else sout = 0;
    end
endmodule
```

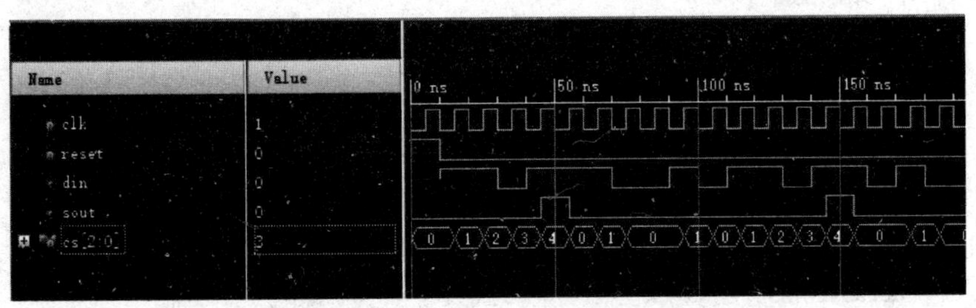

图 5.7　Moore 状态机的序列检测器仿真结果

2. Mealy 状态机序列检测器

也可以使用 Mealy 状态机来实现上述的序列“1101”的检测，图 5.8 给出了用 Mealy 状态机实现序列检测器的状态转移图。注意，图中只有 4 个状态。Mealy 状态机序列检测器的 Verilog HDL 代码描述见例 5.4。

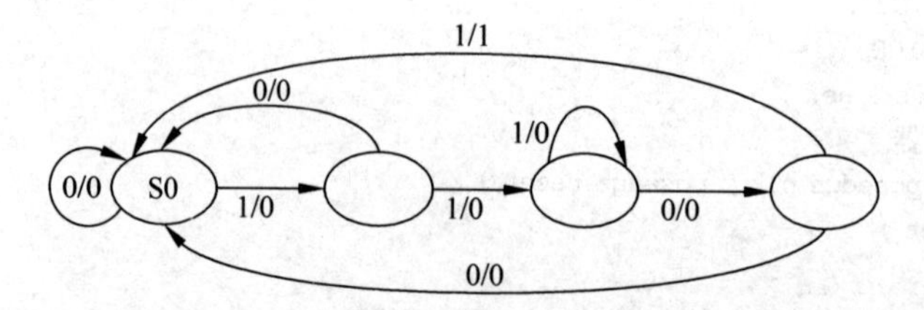

图 5.8 序列检测器的 Mealy 状态机状态转移图

例 5.4 序列“1101”状态检测器的 Mealy 状态机 HDL 代码实现

```
module  seq_det_mealy
  (
    input  clk , reset,
    input  din,
    output reg sout
    ) ;
    //  状态声明
    localparam[ 1:0 ]
      s0 = 2'b00 ,
      s1 = 2'b01 ,
      s2 = 2'b10 ,
      s3 = 2'b11;
    reg[ 1:0 ] cs , nst ;
    //状态转移
    always @ (posedge clk , posedge reset )
      if ( reset )
        cs<= s0 ;
      else
        cs<= nst ;
    //C1 模块
    always @ *
      begin
        case (cs )
          s0:
            if (din == 1'b1 )nst = s1 ;
            else nst = s0 ;
          s1:
            if (din == 1'b1 )nst = s2 ;
            else nst = s0 ;
          s2:
            if (din == 1'b0 )nst = s3 ;
            else nst = s2 ;
          s3:nst = s0 ;
          default :nst = s0 ;
        endcase
```

```
    end
  //C2 模块
  always @ *
    begin
      if(reset == 0) sout = 0;
        if ((cs == s3) &&(din == 1'b1)) sout = 1;
        else sout = 0;
    end
endmodule
```

Mealy 状态机序列检测器的仿真波形如图 5.9 所示，对比图 5.9 和图 5.7 可以看出，Moore 状态机的检测结果输出是与时钟同步的；而 Mealy 状态机的检测结果输出是异步的，当输入发生变化时，输出就立即变化。Mealy 状态机的输出比 Moore 状态机状态的输出提前一个周期。

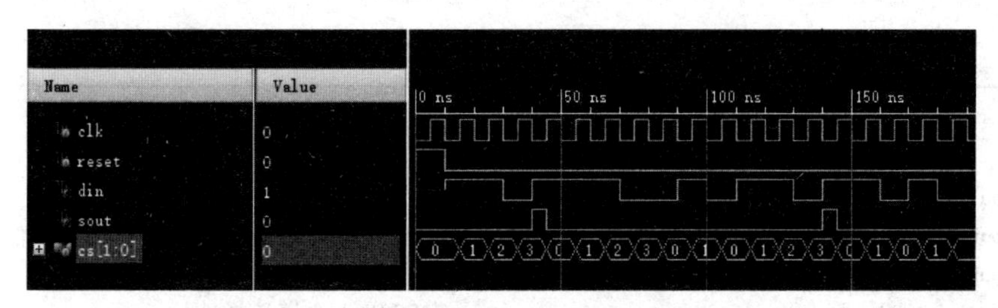

图 5.9　Mealy 状态机的序列检测器仿真结果

5.3.2　ADC 采样控制电路设计

ADC 采样控制的传统方法多是用单片机来完成的。单片机控制 ADC 采样具有编程简单、控制灵活的优点，但其缺点也是非常明显的，即采样速度慢，CPU 控制的低速极大地限制了 ADC 器件高速性能的发挥，在高速 ADC 控制中，目前基本上都使用可编程逻辑器件来进行。

为了便于说明，本节以十分常见的 ADC0809 为例，介绍有限状态机控制 ADC 的设计方法。设计控制 ADC0809 的有限状态机，首先要了解其工作时序，然后根据工作时序，绘制出状态转移图，最后完成状态机的 Verilog HDL 实现。图 5.10 是 ADC0809 的转换时序图。ADC0809 是一个 8 通道输入的 ADC，ADDA、ADDB 和 ADDC 是八路输入 *IN*0～*IN*7 的选择信号。端口 ALE 为模拟信号输入选通端口地址锁存信号，上升沿有效。START 为转换启动信号，高电平有效。当 START 有效后，转换状态信号 EOC 立即变为低电平，表示正在进行 AD 转换，转换时间为 100μs。转换结束后，EOC 变为高电平，控制器可以根据此信号了解转换状态。此后控制器可以通过控制输出使能端 *OE*，通过 8 位并行数据总线 D[7:0]来读取转换结果。

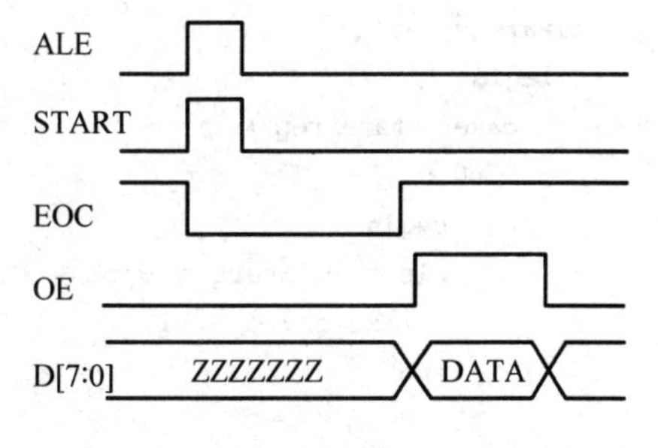

图 5.10　ADC0809 芯片工作时序图

图 5.11 是根据 ADC0809 工作时序绘制的状态转移图，ADC 转换控制状态机共有 4 个状态，分别是初始化状态 s0、启动 ADC 状态 s1、等待 ADC 转

换结束状态 s2 和转换数据读取状态 s3。ADC0809 控制的状态从 s0 到 s1、s1 到 s2、s3 到 s0 的状态转换都是在时钟上升沿直接变化，只有在 s2 状态时，根据输入信号 EOC 来判断状态转移的下一状态。由于状态机的输出状态较多，在图 5.11 中没有列出相应的输出，详细的输出信号信息可以查看例 5.5 的代码。ADC 在状态机控制下，依次在这 4 个状态切换，完成 AD 转换功能。有了状态转移图后，就可以对状态机进行 Verilog HDL 代码实现，其代码见例 5.5。

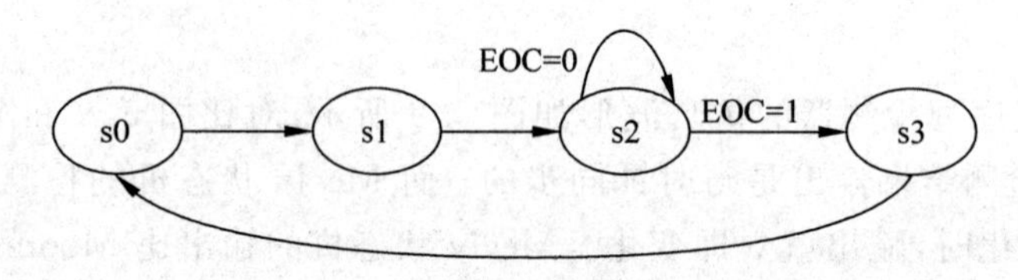

图 5.11　ADC0809 控制状态转移图

例 5.5　ADC0809 控制状态机的 Verilog HDL 代码实现

```
module adc0809
  (
  input clk, reset,                          //状态机工作时钟和系统复位控制
  input start,eoc,                           //ADC 转换启动信号和转换结束标志信号
  input [7:0] data,                          //来自 ADC 的数据总线
  output [2:0] addr,                         //ADC 输入通道选择地址
  output ale,                                //模拟通道地址输入锁存信号
  output oe                                  //ADC 数据输出使能
  ) ;
localparam[ 1: 0 ]                           //定义各状态
    s0 = 2'b00 ,
    s1 = 2'b01 ,
    s2 = 2'b10
    s3 = 2'b11;
reg  [ 1:0 ] state_reg , state_next ;        //状态声明
    //状态转移
always  @ (posedge clk , posdge reset )
if ( reset )
    state_reg<= s0 ;
else
  state_reg<= state_next ;
assign addr = 3'b001                         //输入通道设定为通道 0
    //次态逻辑和输出逻辑
always @ *
  begin
    case( state_reg )
      s0 :
        begin
        ale = 0; start = 0;oe = 0;
          next_state = s1;
        end
      s1 :
        begin
```

```
        ale = 1; start = 1;oe = 0;
          next_state = s2;
        end
      s2 :
        begin
        ale = 0; start = 0;oe = 0;
         if (eoc == 1'b1) next_state = s3;   //转换结束
         else next_state = s2;               //转换未结束,继续等待
        end
      s3 :
        begin
        ale = 0; start = 0;oe = 1;           //使能转换数据输出
          next_state = s0;
        end
      endcase
    end
  endmodule
```

实际上也可以把例5.5中的次态逻辑和输出逻辑组合逻辑过程分为两个组合过程：一个负责状态译码和状态转换；另外一个负责对外控制信号。其组合代码见例5.6,其功能和例5.5中的完全一样,但程序结构更清晰,功能分工更加明确。

例5.6　ADC0809控制状态机的Verilog HDL代码另一种实现

```
  always @ *
    begin
      case( state_reg )
        s0: next_state = s1;
        s1 :next_state = s2;
        s2 :
          if (eoc == 1'b1) next_state = s3;   //转换结束
          else next_state = s2;               //转换未结束,继续等待
        s3 :
          next_state = s0;
      endcase
    end
    always @ *
      begin
        case( state_reg )
          s0 :
            begin ale = 0; start = 0;oe = 0;end
          s1 :
            begin ale = 1; start = 1;oe = 0;end
          s2 :
            begin ale = 0; start = 0;oe = 0; end
          s3 :
            begin ale = 0; start = 0;oe = 1; end
          endcase
      end
```

5.3.3 按键消抖电路设计

由于实际的拨动开关和按键开关都是机械式的设备，开关动作来回抖动多次后才能稳定下来，这个过程就会使得信号产生抖动，如图 5.12 所示，抖动通常持续时间不超过 20ms。消抖电路的目的就是去除由机械开关产生的抖动信号。图 5.12 所示下面的波形是有限状态机所产生的去抖输出信号，在本节讨论其设计方案。

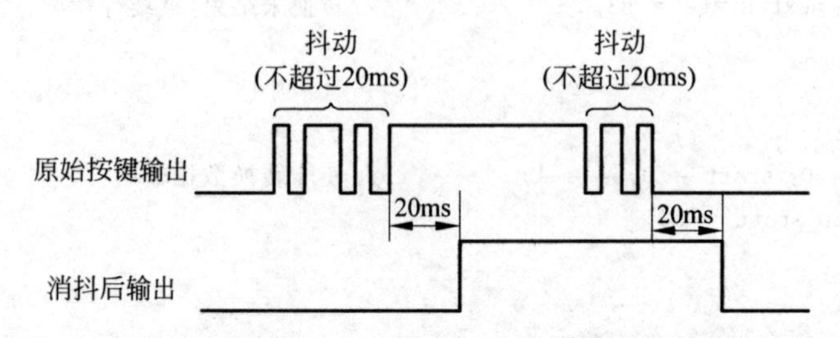

图 5.12 原始波形和消抖后波形

基于 FSM 设计的消抖电路，是利用一个 10ms 的非同步定时器和有限状态机来完成的，计时器每 10ms 产生一个滴答使能周期信号(毫秒级信号)，有限状态机则利用此信号来确定输入信号是否稳定。在这个设计方案中，有限状态机将消除时间较短的抖动，当输入信号稳定 20ms 以后才改变去抖动以后的输出值。根据图 5.12 给出的时序图，得出有限状态机的状态转移图如图 5.13 所示。zero 态和 one 态代表开关输入信号 sw 稳定在 0 和 1 值。假定系统的起始态是 zero 态，当 sw 变为 1 时，系统转换为 wait1_1 态。在 wait1_1 态，有限状态机处于等待状态并将 m_tick 置为有效电平态，若 sw 变为 0 则表示 1 值所持续的时间过短有限状态机返回 zero 态。这个动作在 wait1_2 态和 wait1_3 态也将再重复两次。对于 one 态，除了 sw 信号为 0 这个动作外，其他的和 zero 态类似。

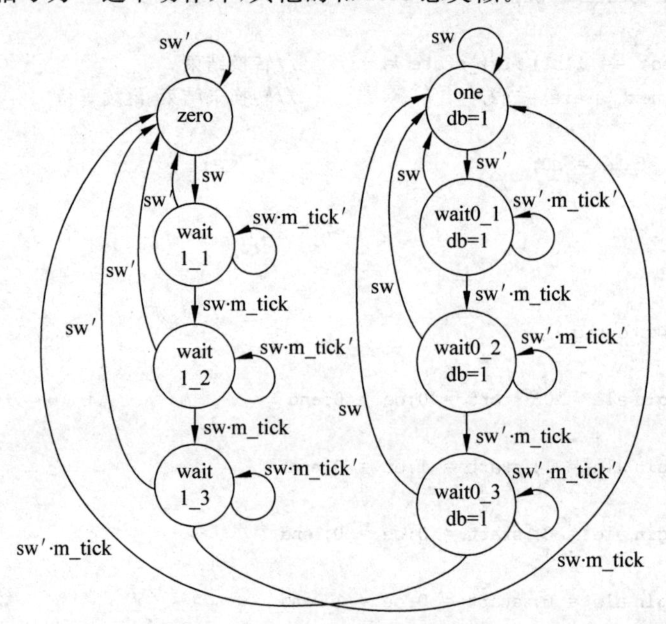

图 5.13 消抖电路状态转移图

由于 10ms 的计时器是非同步的，而 m_tick 计数器随时可能置 1，有限状态机必须检查置 1 值三次，以此保证 sw 信号能够稳定 20ms（实际上是 20～30ms）。例 5.7 给出了包括 10ms 定时器和有限状态机的 Verilog HDL 代码实现。

例 5.7 消抖电路的有限状态机 Verilog HDL 代码实现

```
module  db_fsm
  (
    input  clk , reset,
    input  sw,
    output reg db
    ) ;
    //  状态声明
    localparam[ 2:0 ]
      zero  =  3'b000 ,
      wait1_1  =  3'b001 ,
      wait1_2  =  3'b010 ,
      wait1_3  =  3'b011 ,
      one    =  3'b100 ,
      wait0_1  =  3'b101 ,
      wait0_2  =  3'b110 ,
      wait0_3  =  3'b111 ;
    //  定时器的位数 ( 2^N * 20 ns = 10 ms tick )
    localparam N = 19 ;
    //信号声明
    reg[ N-1:0] q_reg ;
    wire[ N-1:0 ] q_next ;
    wire m_tick ;
    reg[ 2:0 ] state_reg , state_next ;
    //10 ms tick 计数发生器
    always @ ( posedge clk )
      q_reg <= q_next ;
    assign  q_next = q_reg + 1 ;                          //下一状态逻辑
    assign  m_tick = ( q_reg == 0 ) ? 1'b1 : 1'b0 ;      //tick 输出
    always @ (posedge clk , posedge reset )
      if  ( reset )
          state_reg <= zero ;
      else
          state_reg <= state_next ;
    always @ *
      begin
        state_next = state_reg ;
        db = 1'b0 ;
        case (state_reg )
          zero :
            if (sw )
                state_next = wait1_1 ;
          wait1_1 :
            if ( ~sw )
              state_next = zero ;
            else if  (m_tick )
              state_next = wait1_2;
          wait1_2 :
```

```
            if ( ~sw )
              state_next = zero ;
            else if  (m_tick )
              state_next = wait1_3 ;
          wait1_3 :
            if ( ~sw )
              state_next = zero ;
            else if  (m_tick )
              state_next = one ;
          one :
            begin
              db = 1'b1 ;
              if ( ~sw )
              state_next = wait0_1 ;
            end
          wait0_1 :
            begin
              db = 1'b1 ;
              if(sw)
                state_next = one ;
              else if(m_tick )
                state_next = wait0_2;
              end
          wait0_2 :
            begin
              db = 1'b1 ;
              if(sw)
                state_next = one ;
              else if(m_tick )
                state_next = wait0_3 ;
              end
          wait0_3 :
            begin
              db = 1'b1 ;
              if(sw)
                state_next = one ;
              else if(m_tick )
                state_next = zero ;
              end
          default :state_next = zero ;
        endcase
      end
  endmodule
```

5.4 课程练习

1. 序列检测器扩展

在例 5.3 和例 5.4 序列检测器的基础上，增加当收到的脉冲序列数据为 0 时，则记录后 8 位数据的功能。

(1) 设计一个基于 Moore 型的电路并画出状态转移图和 ASM 图。

(2) 依据状态转移图和 ASM 图编写 Verilog HDL 代码。

（3）对代码进行仿真验证。

（4）设计一个基于 Mealy 型的电路，重复第 1～3 步。

2. 消抖电路的替换方案

在 5.3.3 节中设计的消抖电路有一个缺陷，当开关处于转换状态时会有一个反应延迟的问题。替代方案要实现在转换的第一个边沿立即作出反应，在等待一个很小的时间段后（至少 20ms）和输入信号进行计算。替换方案要求当输入信号由 0 变为 1 时，有限状态机立即作出反应并根据 20ms 时间内的输入消除抖动，在这个过程之后系统开始检查输入信号的下降沿。根据 5.3.3 节的设计步骤设计一个替代方案。

（1）根据电路画出状态转移图和 ASM 图。

（2）依据状态转移图和 ASM 图编写 Verilog HDL 代码。

（3）对代码进行仿真验证。

3. 停车场计数器

假设停车场只有一个入口和一个出口，利用两对光电传感器检测车辆的进出情况，如图 5.14 所示。当有车辆处在接收器与发射器中间时，红外光线被遮挡，相应的输出置为有效电平（即置 1）。通过检查光电传感器可以确定是否有车辆进出或者只是行人穿过。例如，车辆进入会发生如下事件：

（1）最开始两个传感器都未被遮挡（*ab* 值为"00"）；

（2）传感器 a 被遮挡（*ab* 值为"10"）；

（3）两个传感器都被遮挡（*ab* 值为"11"）；

（4）传感器 a 未被遮挡（*ab* 值为"01"）；

（5）两个传感器都未被遮挡（*ab* 值为"00"）。

因此，可以按以下步骤设计一个停车场计数器：

（1）设计一个带有两个输入（*a* 和 *b*）、两个输出（*enter*、*exit*）的有限状态机。当车辆进入停车场和开出停车场时，分别将 *enter*、*exit* 置为一个周期的有效电平。

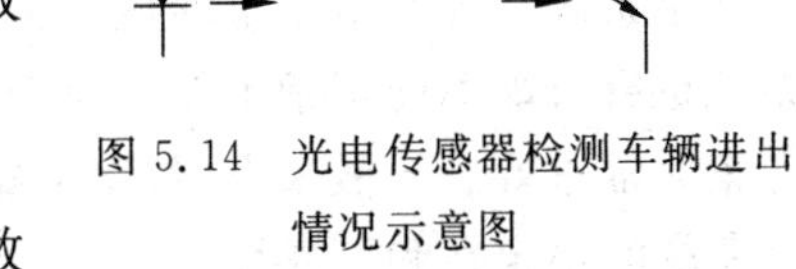

图 5.14　光电传感器检测车辆进出情况示意图

（2）根据有限状态机编写 Verilog HDL 代码。

（3）设计一个带有两个控制信号（inc、dec）的计数器，当车辆进出时加 1 或减 1，编写 Verilog HDL 代码。

（4）结合计数器、有限状态机和数码管分时复用显示电路，用两个带去抖电路的按键代替光电传感器的输入，验证停车场计数器的功能。

第6章 逻辑设计工程技术基础

CHAPTER 6

本章学习导言

前5章结合最新的可编程逻辑器件综合开发环境 Vivado 对逻辑设计的基本知识，包括布尔代数、组合逻辑设计、时序逻辑设计、状态机设计等内容做了相应的介绍。这些知识覆盖了今后逻辑系统设计的大多数理论基础，但在逻辑系统设计的实际工程应用中，还有很多对工程设计质量有重要影响的使用技术，包括对逻辑系统设计的稳定性认识、对破坏逻辑系统功能的毛刺问题的消除、对大型逻辑系统设计中程序设计的可扩展性和可读性理念等。本章在后续实际逻辑模块和系统设计前简要介绍相关工程技术的基本概念。

6.1 数字电路稳定性

数字系统或称逻辑系统的稳定性有很多影响因素。有时候，即使数字逻辑设计正确，但该系统也有可能不能正常工作。对于逻辑设计工程师而言，了解电路稳定性影响因素和解决方案非常重要。一般来说，数字电路中的毛刺、时间抖动(jitter)、亚稳态等因素都会影响数字系统的稳定性和可靠性。

稳定性：指当去掉系统干扰后，系统能以足够的精度恢复到初始平衡状态。

可靠性：需要系统正常工作时候它能正常工作，可表达为时间的数字函数，$R(t)$=系统在时刻t仍能正常工作的概率。

1. 时间抖动

在理想情况下，一个频率固定的完美的脉冲信号(以1MHz为例)的持续时间应该恰好是1μs，每500ns有一个跳变沿。但不幸的是，这种理想信号并不存在。实际的信号周期长度总会有一定差异，从而导致下一个沿的到来时间不确定，这种不确定就是抖动。抖动是对信号时域变化的测量结果，它从本质上描述了信号周期距离其理想值偏离了多少。在绝大多数文献和规范中，时间抖动被定义为高速串行信号边沿到来时刻与理想时刻的偏差，所不同的是某些规范中将这种偏差中缓慢变化的成分称为时间游走(wander)，而将变化较快的成分定义为时间抖动(jitter)。

2. 竞争与冒险

在逻辑电路中,某个输入变量或信号通过两条或两条以上的途径传输到输出端,由于途径上的延迟时间不同,到达输出门的时间就有先有后,这种现象称为竞争,因此而导致输出干扰脉冲险象(俗称毛刺)的现象称为冒险。通常,把不会产生错误输出的竞争现象称为非临界竞争;把产生暂时性的或永久性错误输出的竞争现象称为临界竞争。竞争和冒险是数字电路设计中的主要问题,它可以通过优化设计而改进,下面两小节会重点讨论。

3. 数字系统的亚稳态概念

在同步系统中,如果触发器的建立时间和保持时间不满足,就可能进入亚稳态,此时触发器输出端 Q 在有效时钟沿之后比较长的一段时间会处于状态 1 和状态 0 之间的不确定状态,即亚稳定状态。理论上讲,触发器在返回到正常的状态 1 或状态 0 之前,停留在这种亚稳态的时间长度是无穷的。当其他门电路或触发器接收到这个亚稳定的输入信号之后,有些部件会把这个信号当成 0,而另一些则把它当成 1,或者还有其他一些门电路和触发器本身也可能产生亚稳定的输出信号,从而导致电路出现不确定的错误。幸运的是,触发器的输出处于亚稳态的时间大多呈指数下降趋势。

6.2 组合逻辑与毛刺

6.2.1 组合逻辑设计中的毛刺现象

1. 毛刺的产生

信号在器件内部通过连线和逻辑单元时,都有一定的延时。延时分为两类,经过门电路等器件产生的延时称为“器件延时”;在门电路等器件间的传输线上产生的延时称为“路径延时”。所以,延时的大小与连线的长短和逻辑单元的数目有关,同时还受器件的制造工艺、工作电压、温度等条件的影响。同时,信号的高低电平转换也需要一定的过渡时间。由于存在这两方面因素,当多路信号的电平值发生变化时,在信号变化的瞬间,因为组合逻辑的输入信号的到达有先后顺序,所以并不是同时变化,由此往往会使得组合逻辑的输出出现一些不正确的尖峰信号,这些尖峰信号称为毛刺。

以图 6.1 所示的二输入与门为例,可以简单解释组合逻辑电路毛刺产生的原因。

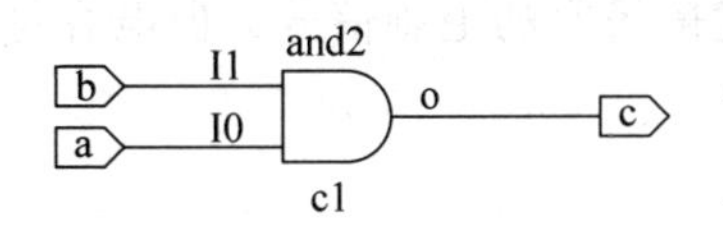

图 6.1　二输入与门

用软件预估出 a、b 到 c 的两条最差路径的延时分别是 7.567ns 和 5.436ns,这个总延时等于互连线路径延时加上与门的延时,即

a 的路径延时+与门延时=a 的总延时

b 的路径延时+与门延时=b 的总延时

假设与门延时是 0.3ns,那么 a 的路径延时是 7.267ns,b 的路径延时是 5.136ns。

图 6.2 为上述两输入与门的时序仿真波形图。由图中可以看出,a、b 两个信号只在 1ns 时间内同时为高电平(均为“1”),但是 c 输出的高电平持续时间竟达到了 2.2ns 左右,这是由于 a 和 b 两条路径存在时间差,b 比 a 提前 2ns 左右,当 b 取 120ns 的值时候,a 取 118ns 左右的值;当 b 取 123ns 的值的时候,a 取 121ns 的值,因此有了上述的波形图。

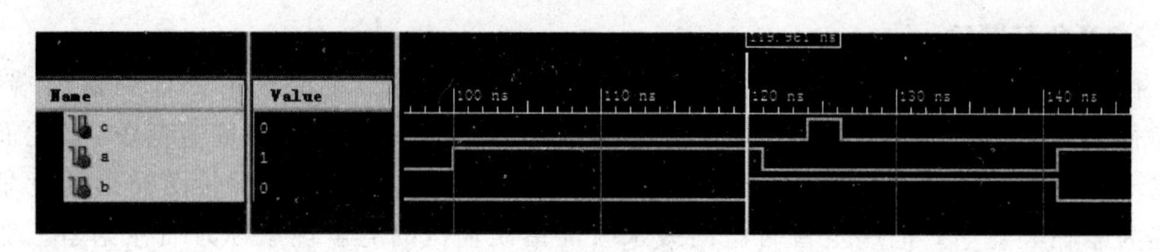

图 6.2　时序仿真波形图

由于各条路径延时不同而产生的时间之差称为竞争，正是由于这两条路径的竞争产生了输出信号的险象。

2. 毛刺的分类

1）按输出信号是否应该变化可分为静态险象和动态险象

静态险象：如果在输入变化而输出不应发生变化的情况下，输出端产生了短暂的错误输出，则称为静态险象。

动态险象：如果在输入变化而输出应该发生变化的情况下，输出在变化过程中产生了短暂的错误输出，则称为动态险象。

2）按错误输出脉冲信号的极性可分为“0”型险象与“1”型险象

“0”型险象：错误输出信号为负脉冲。

“1”型险象：错误输出信号为正脉冲。

3）按险象出现的原因可分为逻辑险象与功能险象

逻辑险象：由于某个变量与其反变量作用时间不一致，出现瞬时同态造成的险象。

功能险象：由于两个或两个以上输入信号同时变化时出现的险象。

6.2.2　组合逻辑设计中毛刺的处理

1. 增加冗余项

增加冗余项的方法是通过在函数表达式中“或”上冗余的“与”项或者“与”上冗余的“或”项，消除可能产生的险象。冗余项的选择可以采用代数法或者卡诺图法确定。但是此法只能用于消除逻辑险象，功能险象无法消除。

2. 在组合逻辑的输出端增加小电容

由于竞争引起的险象都是一些频率很高的尖脉冲信号，在电路的输出端加一个小电容，如图 6.3 所示。利用电容对电压变化延迟的特性来过滤掉宽度极窄的毛刺信号。但电容将使得输出波形的边沿加宽，降低了电路的速度。

3. 选通法

上述两种方法对于 FPGA 设计来说并不实用，真正在设计中常用的消除毛刺的方法是选通法。其基本思路是通过选通脉冲对电路的输出门加以控制，令选通脉冲在电路稳定后出现，则可使输出避开险象脉冲，送出稳定输出信号，如图 6.4 所示。其中包括对输入信号选通和对输出信号选通两种，采用了选通的方法以后，门网络的输出不再是连续的，它只在选通信号作用期间有效，而如果选通信号采用系统全局的时钟，则能够使得系统各部分同步工作。

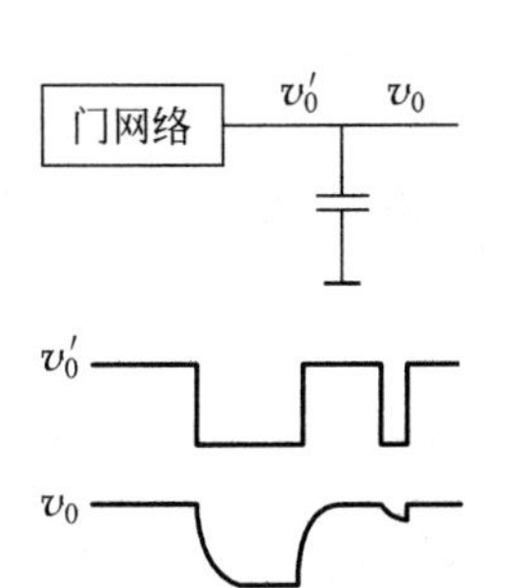

图 6.3　输出端加电容消除险象

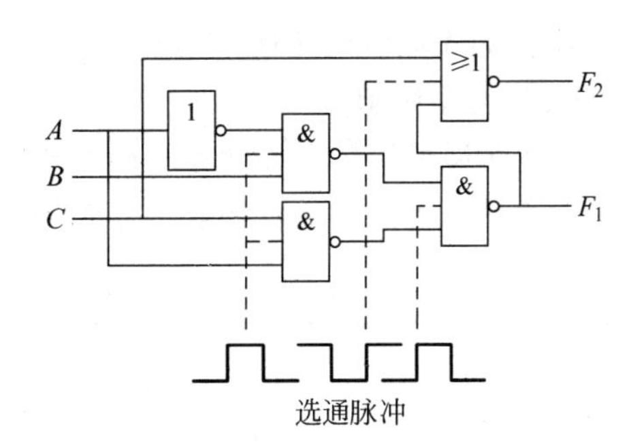

图 6.4　选通法消除险象

6.3　异步设计与毛刺

6.3.1　异步时序电路中的毛刺现象

除了上述组合逻辑电路中会产生毛刺外，异步时序电路设计中也容易产生毛刺。当异步时序电路在状态瞬变期间，若存在多于一个的状态变量同时发生改变(由 0 变 1 或由 1 变 0)，则称此电路处于竞争之中，若电路所趋向的最终稳态与状态变量的变化次序有关，则此电路的竞争是临界的，否则，此电路的竞争是非临界的。如果异步时序电路存在临界竞争，输出状态会出现毛刺现象，影响电路的稳定性，而且会使电路的操作变得不可预测。

6.3.2　异步时序电路中毛刺的处理

若要消除毛刺现象即消除临界竞争，可采用以下措施：

1. 延迟元件法

如表 6.1 所示(竞争条件在表中用 * 号标出)，在输入信号 $x_1\,x_2 = 01$ 的情况下，电路的状态从 $q_1\,q_2 = 00$ 到 11 的转换中含有临界竞争，这种临界竞争可以通过对组合电路插入一个适当量的延迟，使 q_2 值从 0 到 1 的变化总比 q_1 从 0 到 1 的变化快，这样临界竞争就变成非临界竞争，从而得到正确的结果。

表 6.1　状态转换表

$q_2\,q_1$		$x_1\,x_2$			
		00	01	11	10
A	00	00	11*	10	11*
B	01	00	01	11	11
C	11	00*	10	11	11
D	10	00	10	11	11

2. 多次转换法

假定从状态 A 到状态 C 的转换中($A \to C$)含有一个临界竞争，如果在同一输入列中，可以找到一个多次转换($A \to D \to C$)，那么，若能使 D 和 A 相邻，则用状态 D 代替 C 后，将消除转换中的临界竞争，并且维持“外部性能不变”。例如表 6.1，在 01 输入下，11 与 10 有相同的次态且 11 与 10 相邻，则可用 10 代替 11，并不影响外部性能，从而使存在临界竞争的转换 00 → 11 变为无竞争的转换 00 →10。

3. 非临界竞争赋值法

非临界竞争赋值法即允许状态编码有非临界竞争出现。例如表 6.1 给定的四个状态，利用临界竞争编码得到的流程图和编码表如图 6.5 和表 6.2 所示。

表 6.2 编码表

$q_3q_2q_1$		x_1x_2			
		00	01	11	10
A	000	000	011	010	011
B	101	000	101	011	011
C	011	000	010	011	011
D	010	000	010	011	011
E	001	000	010	011	011
F	100	000	—	—	—
G	111	—	—	011	—

由图 6.5 知，*A* 与 *B*、*B* 与 *C*、*C* 与 *A* 之间都存在竞争，但从表 6.2 可以看出，当增加 *E*、*G*、*F* 三个新状态后，就可以使它们之间的竞争全部化为非临界竞争。

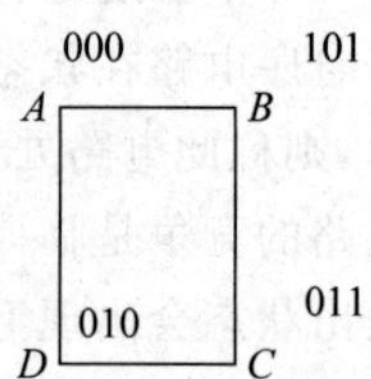

图 6.5 流程图

4. 同步电路改造法

同步电路指的是电路里的时钟相互之间是同步的，同步的含义不只局限于同一个 CLOCK，而是容许有多个 CLOCK，但是这些 CLOCK 的周期有倍数关系（也可以称为同源）并且相互之间的相位关系是固定的，例如，10ns、5ns 和 2.5ns 这三个 CLOCK 的电路是同步电路。现在的综合与 STA（静态时序分析）都是针对同步电路设计的。

异步电路是指 CLOCK 之间没有倍数关系或者相互之间的相位关系不固定，例如 5ns 和 3ns 两个 CLOCK 是异步的。异步电路无法作真正意义上的综合及 STA，只有靠仿真来检查电路正确与否。

同步电路有以下优点：

(1) 能够有效地避免毛刺的产生，提高设计的稳定性。在数字电路中，只要有逻辑电路就会有毛刺产生。而为了避免毛刺对设计的不良影响，提高设计的可靠性。同步设计是避免毛刺不良影响最简单的方法。而异步电路易产生毛刺，降低了设计的可靠性。

(2) 能够简化时序分析过程。时序分析是提高数字设计速度和性能等的关键因素。而同步电路为设计者提供了最大便利条件，其便于电路错误分析，加快了设计进度。而异步电路时序分析比较困难，出现错误之后难以排查，严重影响设计进度。

(3) 可以减少工作环境对设计的影响。同步电路受工作温度、电压等外界参数影响小，器件时延变化小。对于时钟和数据沿相对稳定的电路，时序要求较为宽松，因此对环境的依赖性较小。而异步电路受外界参数影响大，时序会变得更加严苛，甚至可能会导致芯片无法工作。

从电路的延迟方面来说，同步电路是使用计数器或者触发器产生的延时，而异步电路的延时是逻辑门的延时，难以进行预测；从逻辑资源消耗方面考虑，虽然在 ASIC（专用集成电路）设计中同步电路占用面积比异步电路大，但是在 FPGA 中衡量电路面积的是逻辑单元，所以同步设计和异步设计相比,不会浪费过多资源。加上目前的FPGA逻辑资源数量有了飞跃性地提升,能够很好地满足设计的需求,在不是万不得已的情况下,尽量不要使用异步设计。

在同步设计中时钟信号的质量和稳定性决定了同步时序电路的性能,而在FPGA内部有专用的时钟资源,例如全局时钟布线资源、专用的时钟管理模块DUL、PLL等。目前商用的FPGA都是针对同步的电路设计而优化的,同步时序电路可以很好地避免毛刺,因此提倡在设计中全部使用同步逻辑电路。特别注意,不同时钟域的接口需要进行同步。

6.4 Verilog HDL设计中的编程风格

6.4.1 强调代码编写风格的必要性

工作过的朋友肯定知道,所有设计公司都很强调规范,特别是对于比较大的系统设计(无论软件还是硬件),不按照规范几乎是不可能实现的。逻辑设计也是这样,如果不按规范做,过一个月后调试时如果发现有错,回头再看自己写的代码,估计很多信号功能都忘了,更不要说检错了。

每个代码编写者都有自己的编写习惯,而且都喜欢按照自己的习惯去编写代码。与自己编写风格相近的代码,阅读起来容易接受和理解;相反和自己编写风格差别较大的代码,阅读和接受就困难许多。

遵循代码编写规范书写的代码,很容易阅读、理解、维护、修改、跟踪调试、整理文档等。相反编写风格随意的代码,通常晦涩、凌乱,会给开发者本人的调试、修改工作带来困难,也会给合作者带来很大麻烦。

6.4.2 强调编写规范的宗旨

(1) 缩小篇幅;
(2) 提高整洁度;
(3) 便于跟踪、分析、调试;
(4) 增强可读性,帮助阅读者理解;
(5) 便于整理文档、交流合作。

6.4.3 变量及信号命名规范

1. 系统级信号

系统级信号指复位信号、置位信号及时钟信号等需要输送到各个模块的全局信号,系统信号以字符串Sys开头,例如SysClk。时钟信号以clk开头,并在后面添加相应的频率值;复位信号一般以rst或reset开头;置位信号为st或set开头。典型的信号命名方式如下:

```
wire [7:0] sys_dout, sys_din;
wire clk_32p768MHz;
wire reset;
wire st_counter;
```

2. 低电平有效的信号

信号后一律加下画线和字母n,例如SysRst_n;Dram_WrEn_n。

3. 经过锁存器锁存后的信号

信号后加下画线和字母 r，与锁存前的信号区别。例如 Data_Out 信号，经锁存后应命名为 Data_Out_r。

低电平有效的信号经过锁存器锁存后，其命名应在_n 后加 r。例如 Data_Out_n 信号，经锁存后应命名为 Data_Out_nr。

多级锁存的信号，可多加 r 以标明。例如 Data_Out 信号，经两级触发器锁存后，应命名为 Data_Out_rr。

4. 模块的命名

在系统设计阶段应该为每个模块进行命名。命名的方法是，将模块英文名称的各个单词首字母组合起来，形成 3～5 个字符的缩写。若模块的英文名只有一个单词，可取该单词的前 3 个字母。各模块的命名以 3 个字母为宜。例如：Central Processing Unit 模块，命名为 CPU；Random Access Memory 模块，命名为 RAM；Decoder 模块，命名为 DEC。

5. 模块之间的接口信号的命名

所有变量命名分包括两个部分：第一部分表明数据方向，其中数据发出方在前，数据接收方在后；第二部分为数据名称。

两部分之间用下画线隔离开。

第一部分全部大写，第二部分所有具有明确意义的英文名全部拼写或缩写的第一个字母大写，其余部分小写。举例：

```
CPUMMU_WrReq;
```

下画线左边是第一部分，代表数据方向是从 CPU 模块发向存储器管理单元模块（MMU）。下画线右边 Wr 为 Write 的缩写，Req 是 Request 的缩写。两个缩写的第一个字母都大写，便于理解。整个变量连起来的意思就是 CPU 发送给 MMU 的写请求信号。

模块上下层次间信号的命名也遵循本规定。若某个信号从一个模块传递到多个模块，其命名应视信号的主要路径而定。

6. 模块内部信号

模块内部的信号由几个单词连接而成，缩写要求能基本表明本单词的含义。

单词除常用的缩写方法外（例如 Clock→Clk，Write→Wr，Read→Rd 等），还可以取该单词的前几个字母（例如 Frequency→Freq，Variable→Var 等）。

每个缩写单词的第一个字母要大写，举例：

```
FlashAddrLatchEn;
```

若遇两个大写字母相邻，中间添加一个下画线，举例：

```
LCD_On.
```

6.4.4 编码格式规范

1. 分节书写

书写时，各节之间加 1 到多行空格。例如每个 always、initial 语句都是一节。每节基本上完成一个特定的功能，即用于描述某几个信号的产生。在每节之前都需要加几行注释对该节代码加以描述，至少需要列出本节中所描述的信号的含义。

2. 对齐

行首不要使用空格来对齐，而要用 Tab 键，Tab 键的宽度设为 4 个字符宽度；行尾不要有多余的空格。

3. 注释

注释有两种方法：使用//进行的注释行以分号结束；使用/* */进行的注释，/*和*/各占用一行，并且顶头。

例如：

```
//SDRAM Data bus 16 Bits;
```

4. 空格的使用

不同变量，以及变量与符号、变量与括号之间都应当保留一个空格。

Verilog 关键字与其他任何字符串之间都应当保留一个空格。例如：

```
always @ ( … )
```

使用大括号和小括号时，前括号的后边和后括号的前边应当留有一个空格。

逻辑运算符、算术运算符、比较运算符等运算符的两侧各留一个空格，与变量分隔开来。但单操作数运算符例外，可以直接位于操作数前，不需要使用空格。

使用//进行的注释，在//后应当有一个空格，注释行的末尾不要有多余的空格。

例如：

```
wire I2c_SClk = SClk | ( ((Sd_Cnt >= 4) & (SD_Cnt <= 30))? ~Clk:0 )
assign SramAddrBus = { AddrBus[31:24], AddrBus[7:0] };
```

5. 同层次书写

同一个层次的所有语句左端对齐；Initial、always 等语句块的 begin 关键词跟在本行的末尾，相应的 end 关键词与 Initial、always 对齐。这样做的好处是避免因 begin 独占一行而造成行数太多。

例如：

```
always @(negedge SysRst or posedge SysClk) begin
    if (!SysRst) Sd_Cnt = 6'b111111;
    else begin
        if (Go == 0)
            Sd_Cnt = 0;
        else
            if (Sd_Cnt < 6'b111111) Sd_Cnt = Sd_Cnt + 1;
    end
end
```

6. 不同层次书写

不同层次之间的语句使用 Tab 键进行缩进，每加深一层缩进一个 Tab。

7. 代码块

在 endmodule、endtask 及 endcase 等标记一个代码块结束的关键词后面要加上一行注释说明这个代码块的名称。

以上列出的代码编写规范无法覆盖代码编写过程中的全部，还有很多细节问题，需要在实际编写过程中仔细琢磨，而且有些规定也不是绝对的，需要灵活处理。但是在一个项目组内部及一个项目的进程中，应该有一套类似的代码编写规范来作为约束。

总的方向是，努力写整洁、可读性好的代码。

6.5 Xilinx 开发环境中的其他逻辑设计辅助工具

在 Vivado 中，软件提供了一些模板和原语给使用者直接调用 FPGA 内的资源。使用步骤如下：

(1) 打开 Vivado Window 一栏，选择 Language Templates，如图 6.6 所示。

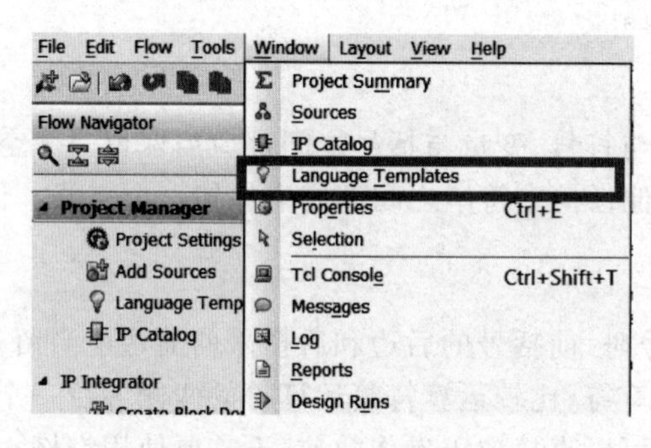

图 6.6 Vivado 原语选项

(2) 在源程序 Sources 窗口一栏，选择 Templates，就可以看到原语列表，如图 6.7 所示。

Verilog：主要是 Verilog 的原语、程序模板以及仿真模板。原语可以直接调用 FPGA 内的资源，模板则是为语法提供一个参考。

VHDL：主要是 VHDL 的原语、程序模板以及仿真模板。

XDC：主要是约束文件模板。

Debug：主要是调试模板。

(3) 调用方法如图 6.8 所示，是选择某一个具体的原语或模板，则会在 Preview 一栏显示出相应的程序。将程序复制到自己的程序代码里，便可以直接调用。

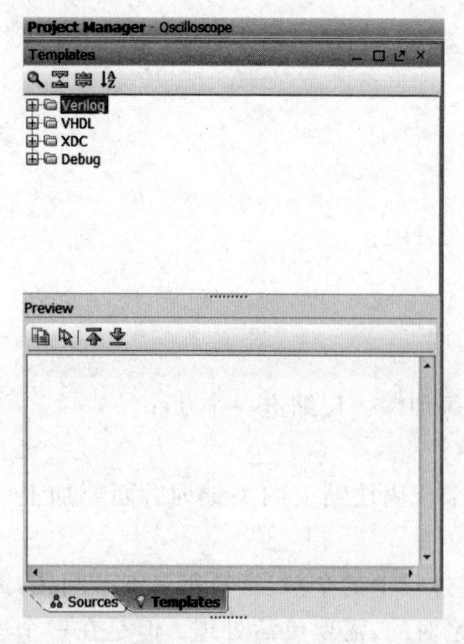

图 6.7 原语列表

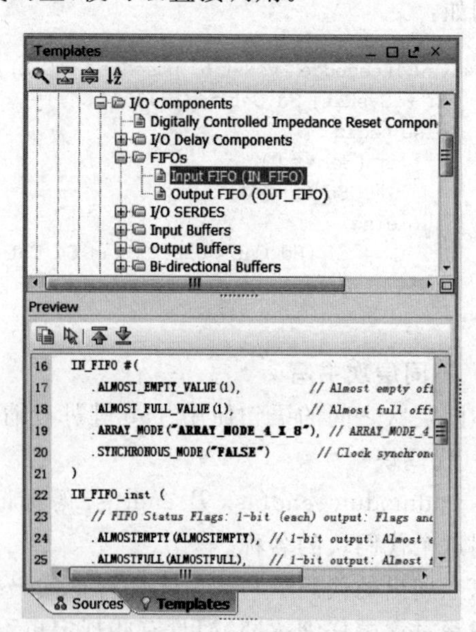

图 6.8 原语调用

第二部分

PART

常用逻辑设计模块

第 7 章　Vivado 数字积木流程
第 8 章　串行通信接口控制器
第 9 章　RAM 接口控制器
第 10 章　字符点阵显示模块接口控制器
第 11 章　VGA 接口控制器
第 12 章　数字图像采集

第7章 Vivado数字积木流程

CHAPTER 7

本章学习导言

Xilinx已经推出了16nm UltraScale+ FGPAs，可以预见，未来的FPGA片内资源将会继续增大，并变得更加复杂，而市场机制下的设计周期却在逐渐缩短。在这种趋势下，可重用设计、使用第三方IP将会变得必不可少。Xilinx已经意识到了设计者所面临的挑战，在Vivado设计套件中开发了一个强大的新功能来帮助解决这一问题，这就是本章将要为大家介绍的IP Integrator。从本章开始到第11章，我们将学习一些典型的接口开发并将之封装成IP，使用IP搭建数字积木，方便快捷地完成工程。

7.1 IP基础

Vivado IP Integrator可以在一个设计画布中通过实例化和互联IP核来创建一个复杂的系统设计，这些IP核在Vivado IP Catalog中统一管理，可以通过Add IP工具将其添加到IP Integrator的画布界面中。下面对这一强大的工具进行简单的介绍。

创建IP Integrator设计：可以在Flow Navigator中展开IP Integrator，然后单击Create Block Design来创建一个新的Block Design，如图7.1所示。

(1) 当Block Design创建完成，一个空白画布将在workspace中被打开，然后就可以在这个空白画布中构建自己的系统。首先来熟悉一下这个界面，可以通过单击Diagram窗口右上角的Float按钮将Diagram窗口从Vivado IDE中分离出来，再次单击这个图标还原默认布局。

(2) 单击Diagram窗口左上角的图标进入布局管理，如图7.2所示。这里可以通过勾选或者取消勾选来显示或者隐藏相应的Attributes、Nets以及Interface Connections。

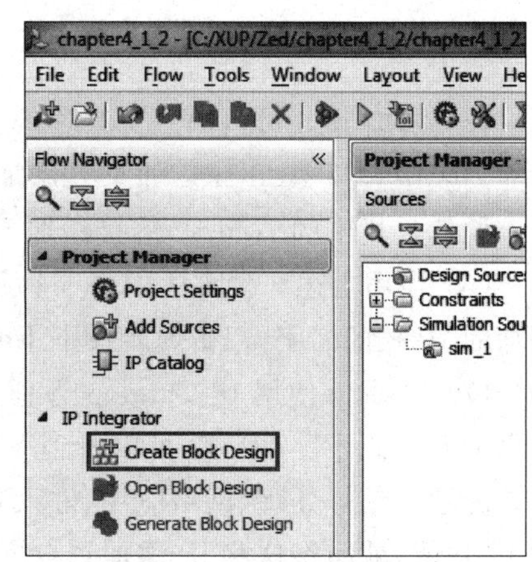

图7.1 Create Block Design

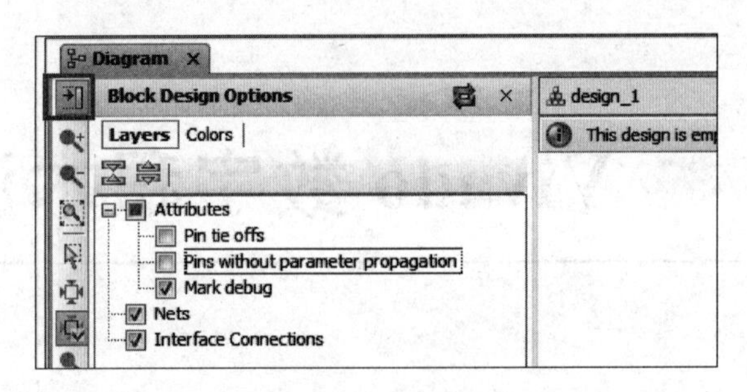

图 7.2　布局管理

(3) 选择 Colors 选项来设置背景颜色，和一些其他的颜色，如图 7.3 所示。

(4) 下面来熟悉一下 Diagram 窗口右边的工具栏，这些工具提供了常用操作的快速访问，如图 7.4 所示。

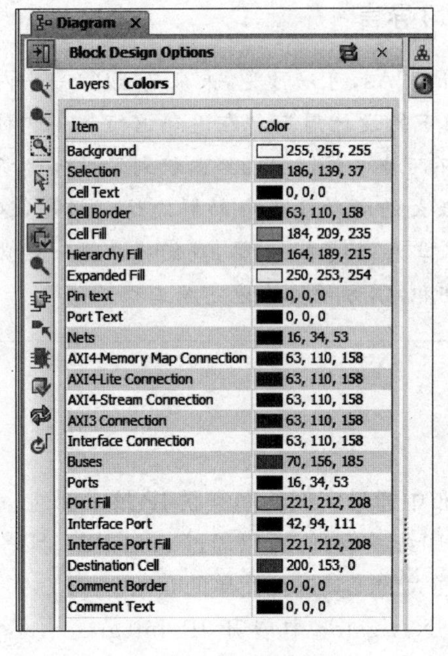

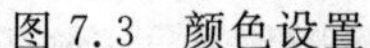
图 7.3　颜色设置

图 7.4　工具栏

(5) 添加 IP。可以通过工具栏的 Add IP 按钮或者右击画布的空白区域并在弹出的功能列表中选择 Add IP。如果是添加系统的第一个 IP 核，还可以通过单击 Diagram 窗口上方的信息栏中的 Add IP 链接添加 IP，如图 7.5 所示。

(6) 当用上述 3 种方法中的一种添加 IP 时，都会打开一个 IP Catalog 搜索框，输入想添加的 IP 核的名字，双击或者按下 Enter 键完成添加，如图 7.6 所示。

(7) Vivado 使用 IP Catalog 管理 IP 核。单击 Project Manager 下的 IP Catalog，打开 IP 管理器，如图 7.7 所示，可以看到 Vivado 已经集成了很多的 IP 核，从简单的数字电路到复杂的数字信号处理、网络应用、嵌入式应用、标准接口等。只需要使用 IP Integrator 的添加 IP 功能，就能将这些 IP 添加到自己的系统中使用，当然前提是要有相应 IP 核的使用权限，Xilinx 官方开放了很多的 IP 核 license，完全可以满足一般用户的需求。

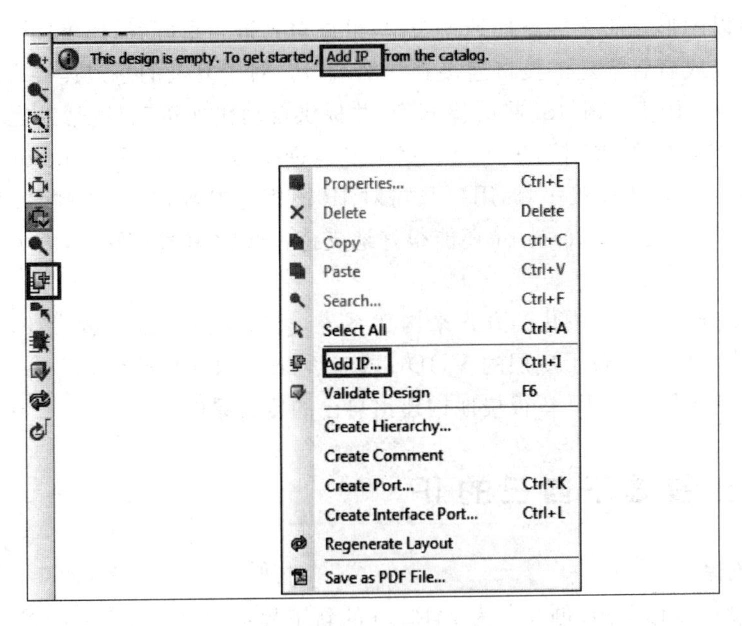

图 7.5 添加 IP

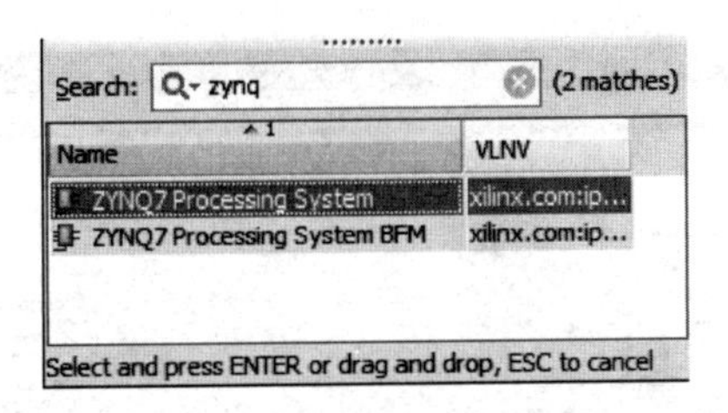

图 7.6 在 IP Catalog 中添加 IP

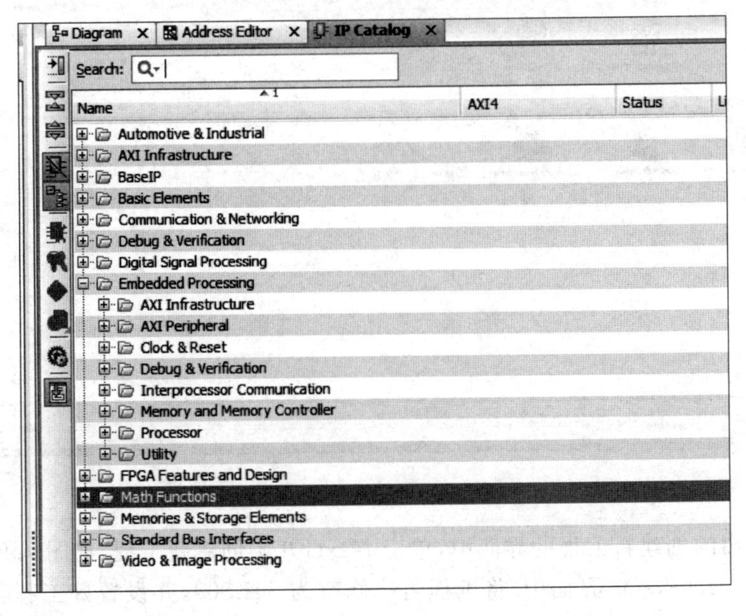

图 7.7 IP Catalog

(8) IP核以图形化的方式添加到画布中，可以对其进行重配置，还可以使用鼠标轻松地将两个接口连接或者将特定的接口连接到外部端口。对于复杂的总线连接以及一些常用的接口连接，Vivado IP Integrator 将会检测到，并提供自动化连接工具，帮助完成复杂接口的连接。对于一些特定的 IP 核，比如 ZYNQ7 Processing System IP、Microblaze 等 IP 核，Vivado 也提供了自动化连接工具，用户只需对 IP 核相应参数进行合理配置就能快速地完成系统设计。Vivado IP Integrator 还能很好地支持一些常用的开发板，大大地缩短了设计时间。

(9) IPIntegrator 以模块化的方式来构建系统，接口连接一目了然，整体层次结构清晰易懂，并且很大程度上屏蔽了底层的 VHDL 或者 Verilog HDL 设计，对于一个不懂 FPGA 的人来说也能使用第三方 IP 核很快地构建出自己的复杂系统。

7.2 打包属于自己的 IP

1. 创建工程

参考 IP 设计流程示例，创建名为 74LS00 的新工程：

(1) 如图 7.8 所示，打开 Vivado 设计开发软件，选择 Create New Project。

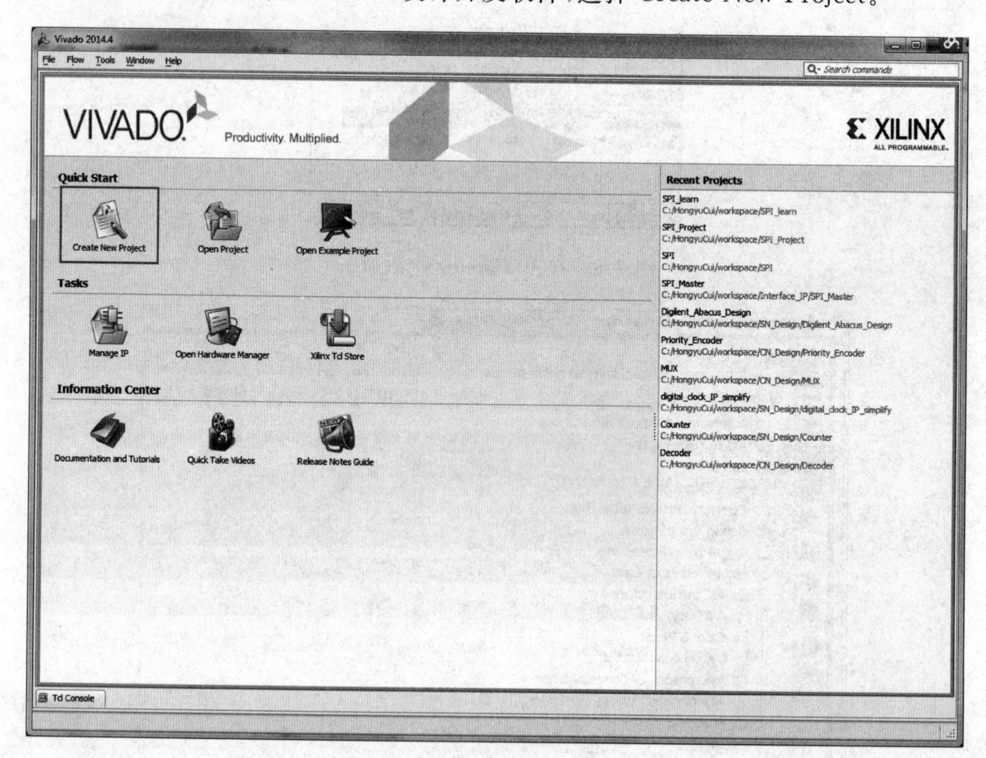

图 7.8 Vivado 欢迎界面

(2) 在弹出的创建新工程的界面中，单击 Next，开始创建新工程，如图 7.9 所示。

(3) 在 Project Name 界面中，将工程名称修改为 74LS00，并设置好工程存放路径。同时勾选创建工程子目录的选项。这样，整个工程文件都将存放在创建的 74LS00 子目录中，单击 Next，如图 7.10 所示。

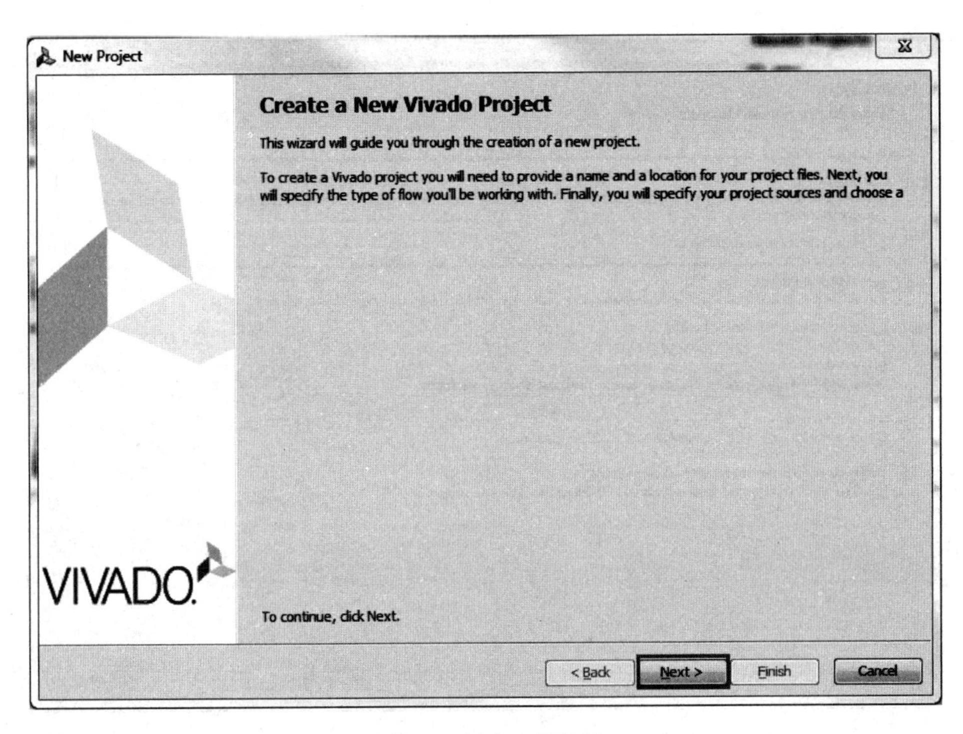

图 7.9 创建工程界面

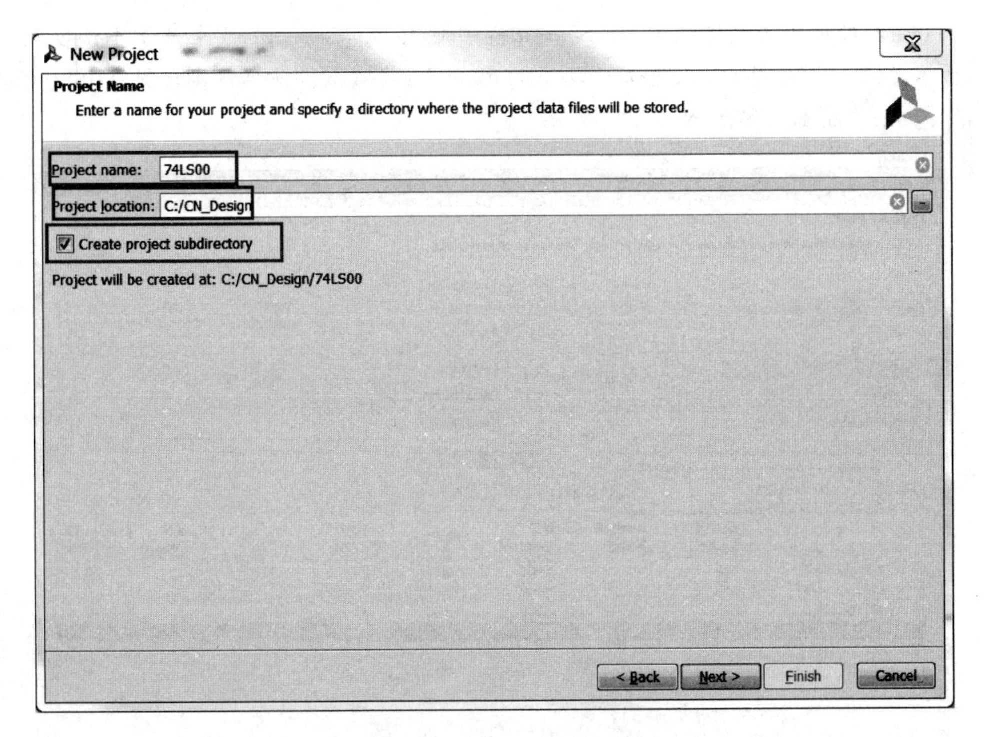

图 7.10 工程名称及路径设置

(4) 在选择工程类型的界面中，选择 RTL 工程。由于本工程无需创建源文件，故将 Do not specify sources at this time(不指定添加源文件)勾选上，如图 7.11 所示。单击 Next。

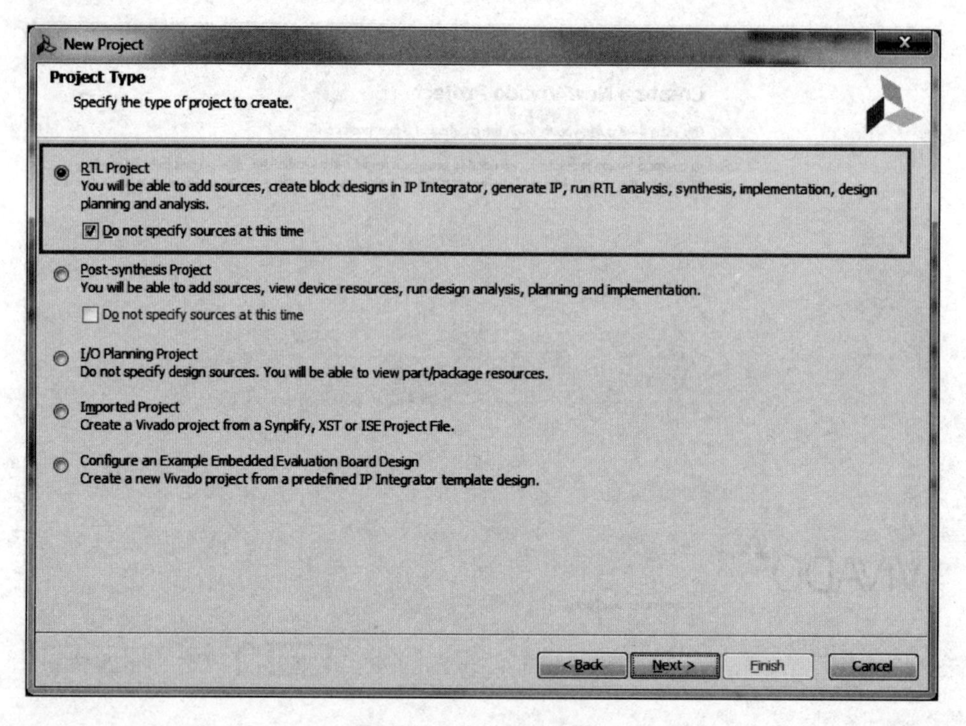

图 7.11　RTL 工程选项

（5）在器件板卡选型界面中，在 Search 栏中输入 xc7a35tcpg236 来搜索本次实验所使用的板卡上的 FPGA 芯片，并选择 xc7a35tcpg236-1 器件（器件命名规则详见 Xilinx 官方文档），如图 7.12 所示。单击 Next。

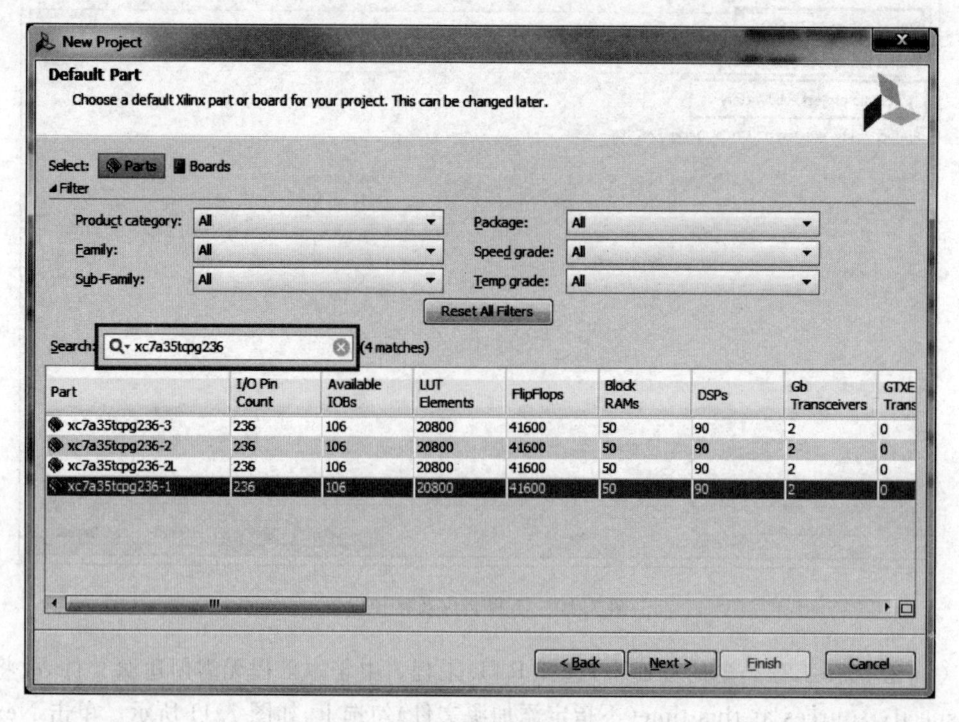

图 7.12　器件选择

(6) 在新工程总结中,检查工程创建是否有误。若没有问题,则单击 Finish,完成新工程的创建,如图 7.13 所示。

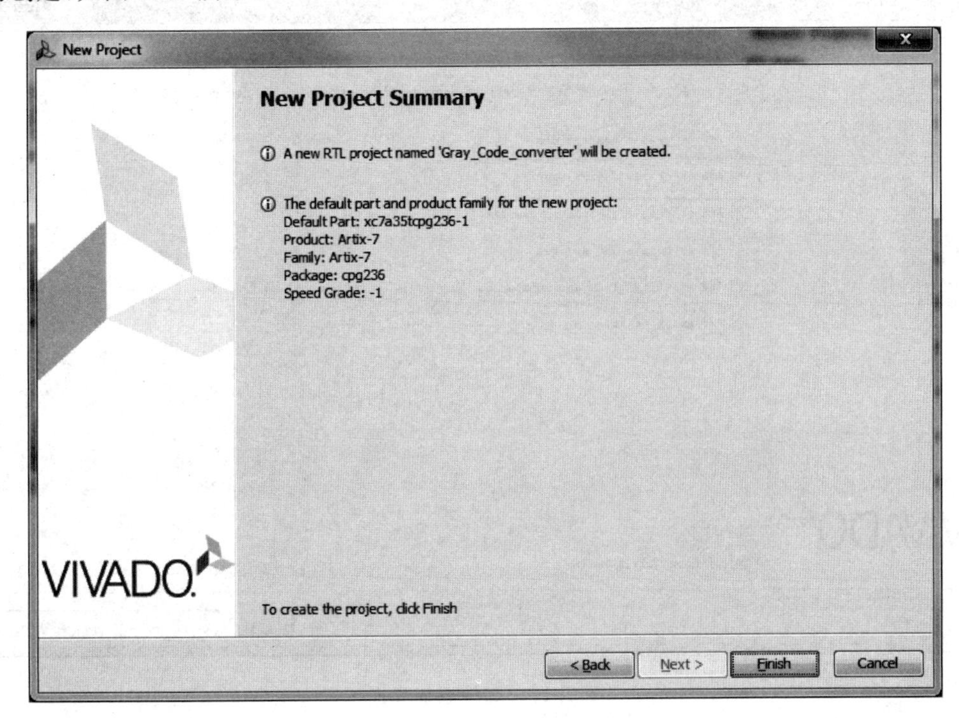

图 7.13 创建工程完成

2. 添加设计文件

(1) 在辅助设计向导 Flow Navigator 中,单击 Project Manager 下的 Add Sources,如图 7.14 所示。

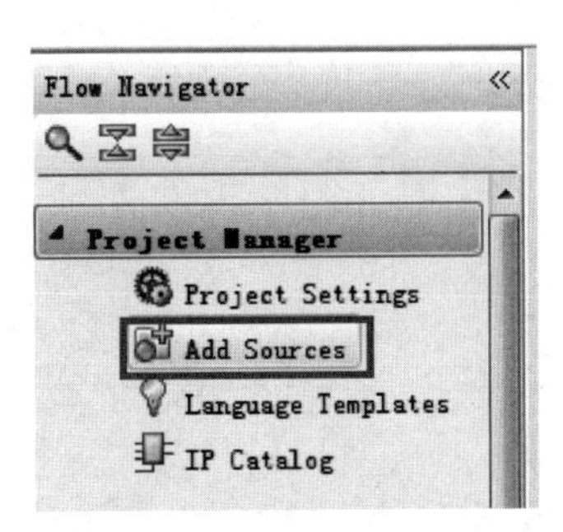

图 7.14 Add Sources 选项

(2) 在弹出的添加文件界面中选择添加设计文件,单击 Next,如图 7.15 所示。

如果设计文件已经存在,可以选择 Add Files 添加已有文件。此处以没有设计文件为例,单击 Create Files 创建新的设计文件,如图 7.16 所示。

填写设计文件名称,单击 OK 按钮,完成文件创建,如图 7.17 所示。

完成文件创建和添加后单击 Finish,如图 7.18 所示。

在弹出的定义模块的界面中,直接单击 OK 按钮,如图 7.19 所示。

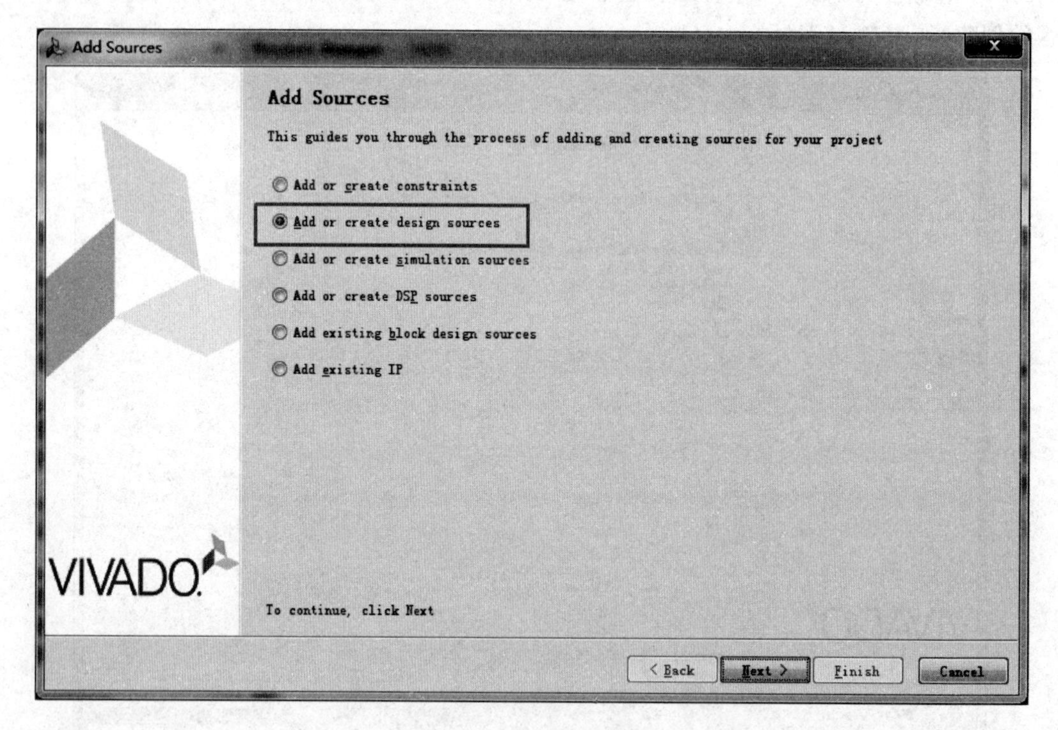

图 7.15　文件添加界面

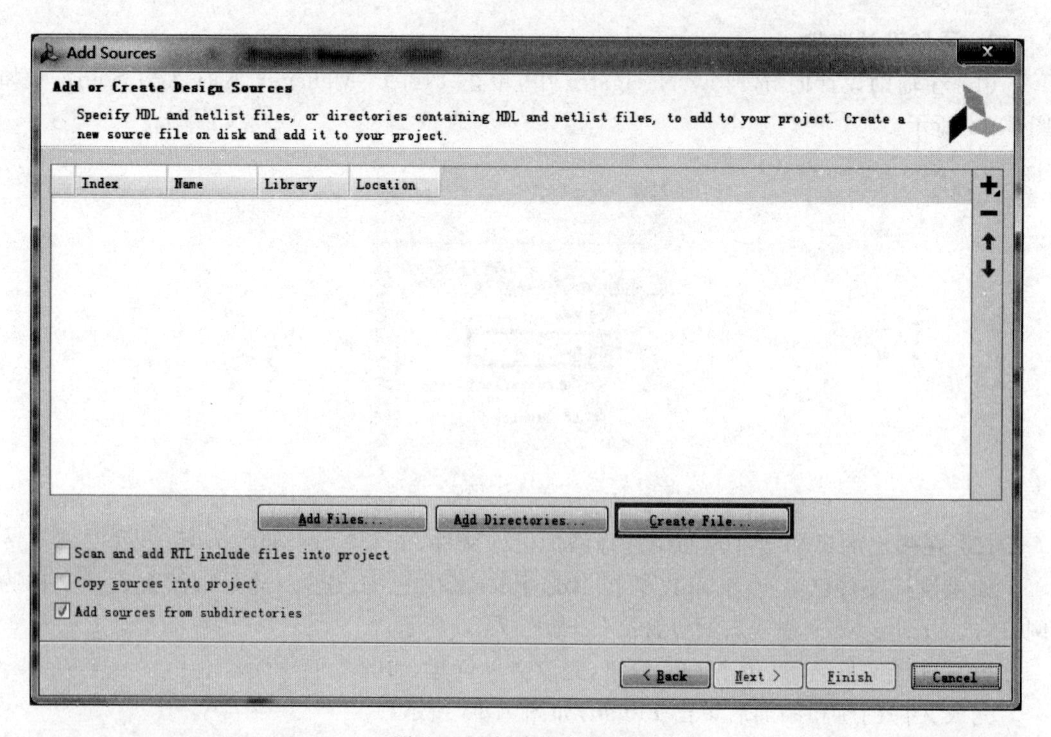

图 7.16　创建新文件选项

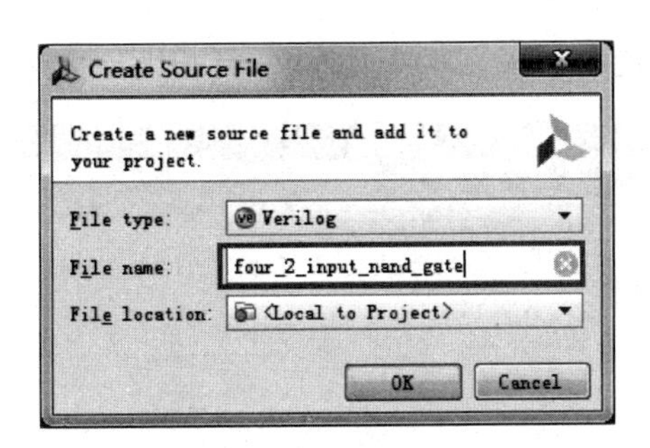

图 7.17　创建设计源文件

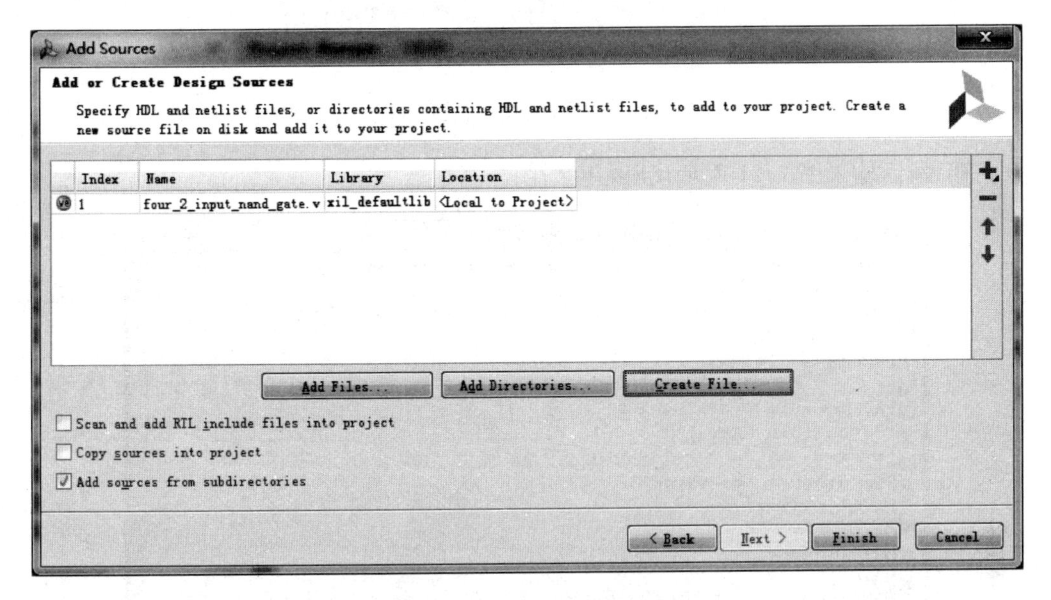

图 7.18　设计文件添加完成

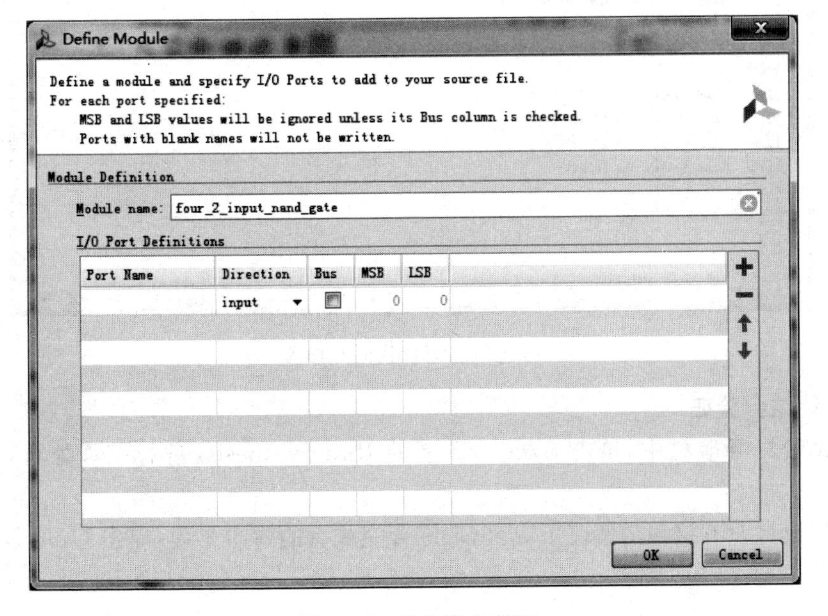

图 7.19　模块定义界面

完成文件创建后进行代码编写。双击文件名，打开设计文件，如图 7.20 所示。

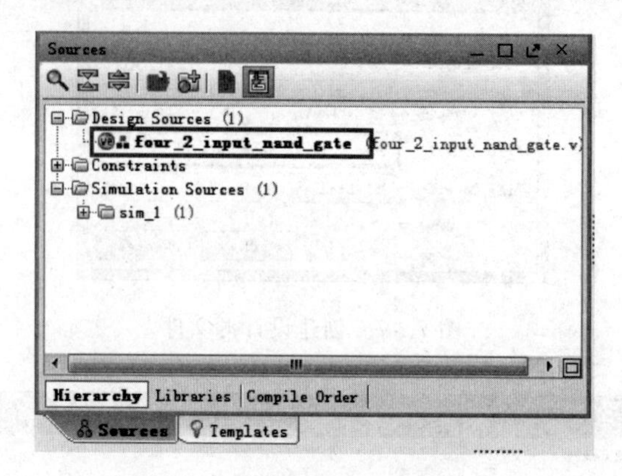

图 7.20 工程 Sources 窗口

代码设计，输入图 7.21 所示代码，并保存。

Project Summary × four_2_input_nand_gate.v ×

E:/xilinx_workspace/74LS00/74LS00.srcs/sources_1/new/four_2_input_nand_gate.v

```
1  `timescale 1ns / 1ps
2  //////////////////////////////////////////////////////////////////////////////////
3  // Company: Xilinx
4  // Engineer: Cui Hongu
5  //
6  // Create Date: 2014/09/15 21:55:21
7  // Design Name: 74LS00
8  // Module Name: four_2_input_nand_gate
9  // Project Name: digital_base_IP
10 // Target Devices: basys3
11 // Tool Versions:
12 // Description:
13 //
14 //////////////////////////////////////////////////////////////////////////////////
15 module four_2_input_nand_gate #(parameter Delay = 0)(
16     input wire A1, B1, A2, B2, A3, B3, A4, B4,
17     output wire Y1, Y2, Y3, Y4
18     );
19
20     nand #Delay (Y1, A1, B1);
21     nand #Delay (Y2, A2, B2);
22     nand #Delay (Y3, A3, B3);
23     nand #Delay (Y4, A4, B4);
24
25 endmodule
26
```

图 7.21 设计代码并输入

3. 设计综合验证

在辅助设计导航栏中，单击 Synthesis 下的 Run Synthesis，进行工程综合，如图 7.22 所示。

在代码设计没有错误的情况下，会出现综合完成后的弹出界面，单击 Cancel，如图 7.23 所示。

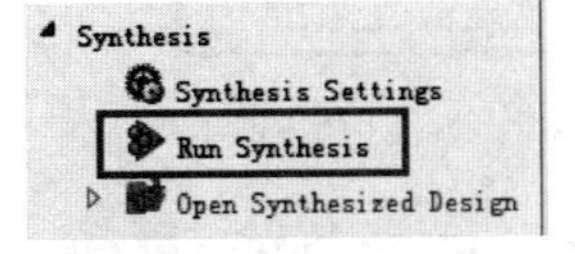

图 7.22　综合选项

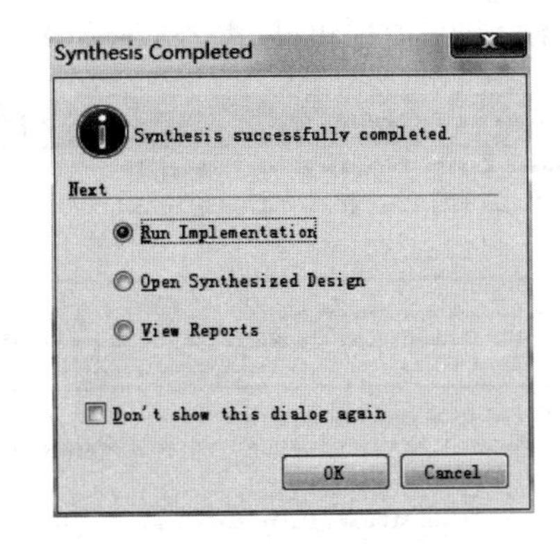

图 7.23　综合验证成功

4. 创建和封装 IP

(1) 在菜单栏中,单击 Tools 中 Create and Package IP,开始创建和封装 74LS00 芯片的 IP,如图 7.24 所示。

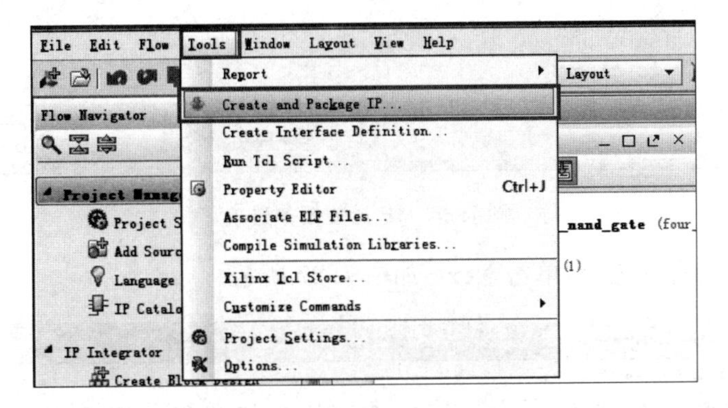

图 7.24　创建封装 IP 选项

(2) 在创建和封装 IP 的界面中,单击 Next,开始创建 IP,如图 7.25 所示。

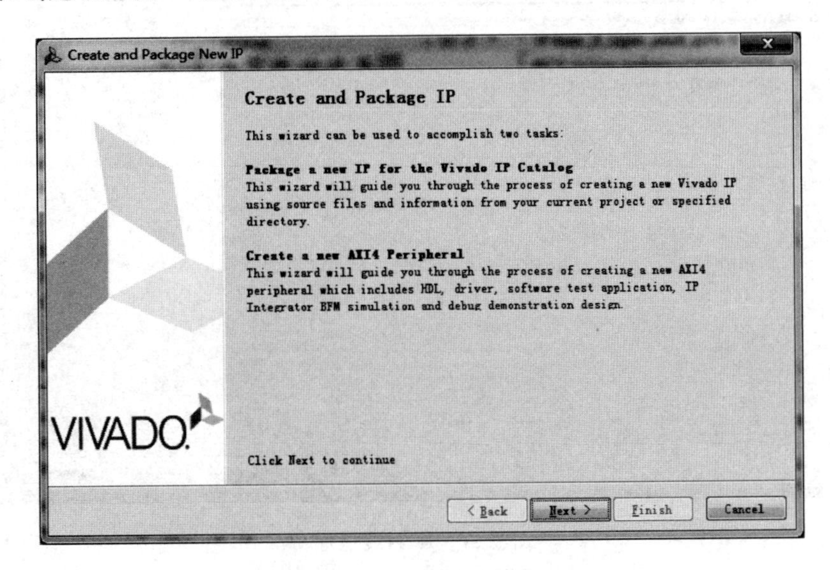

图 7.25　IP 创建与封装界面

（3）选择封装当前工程，单击 Next，如图 7.26 所示。

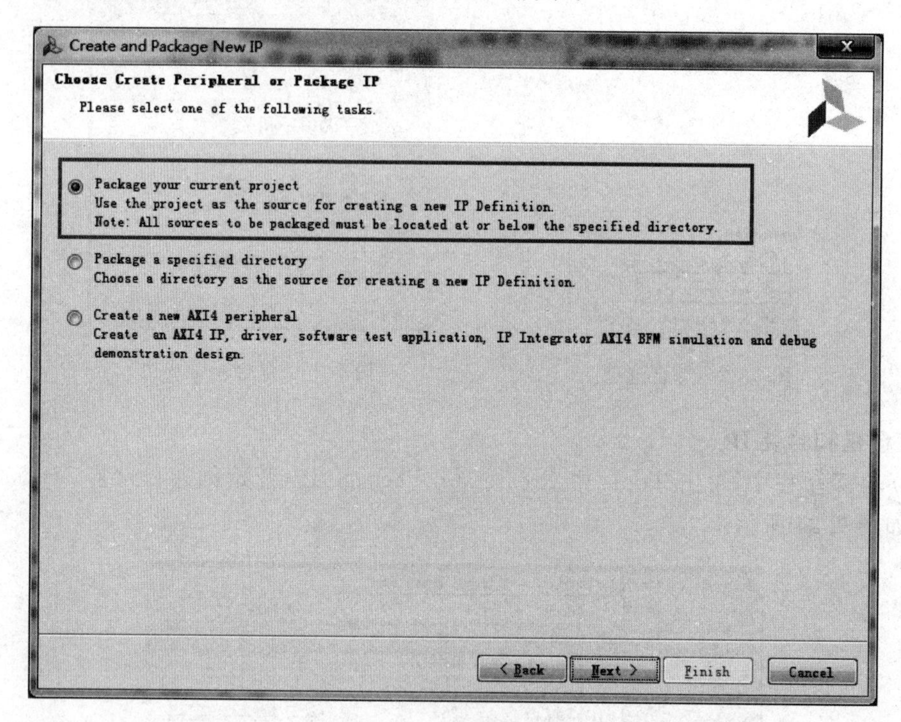

图 7.26　IP 封装任务选项

（4）修改 IP 的存放路径，单击 Next，如图 7.27 所示。

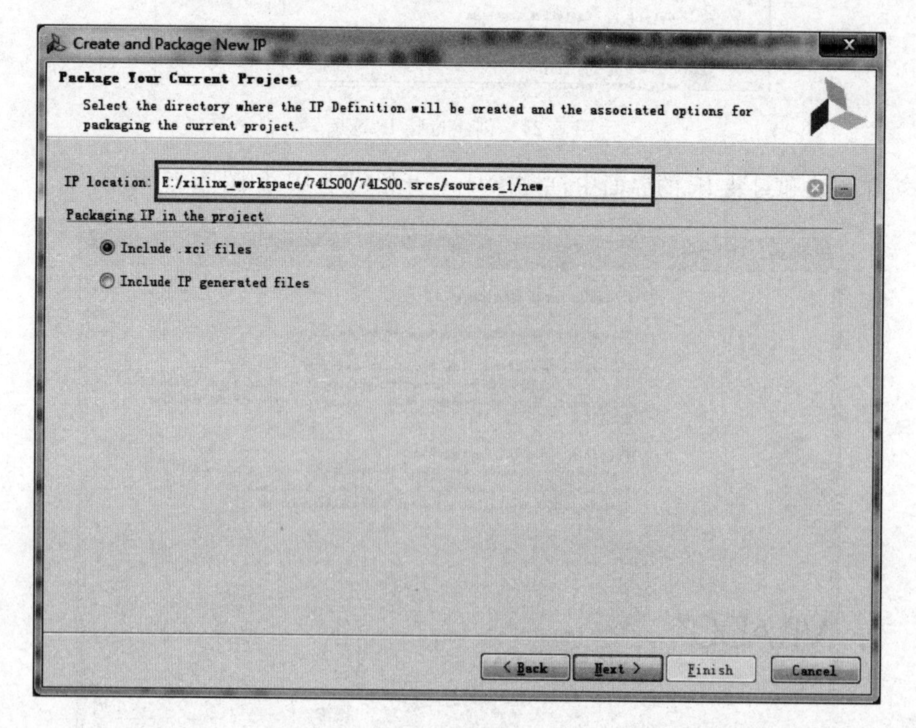

图 7.27　IP 封装地址

(5) 单击 Finish 完成创建和封装 IP,如图 7.28 所示。

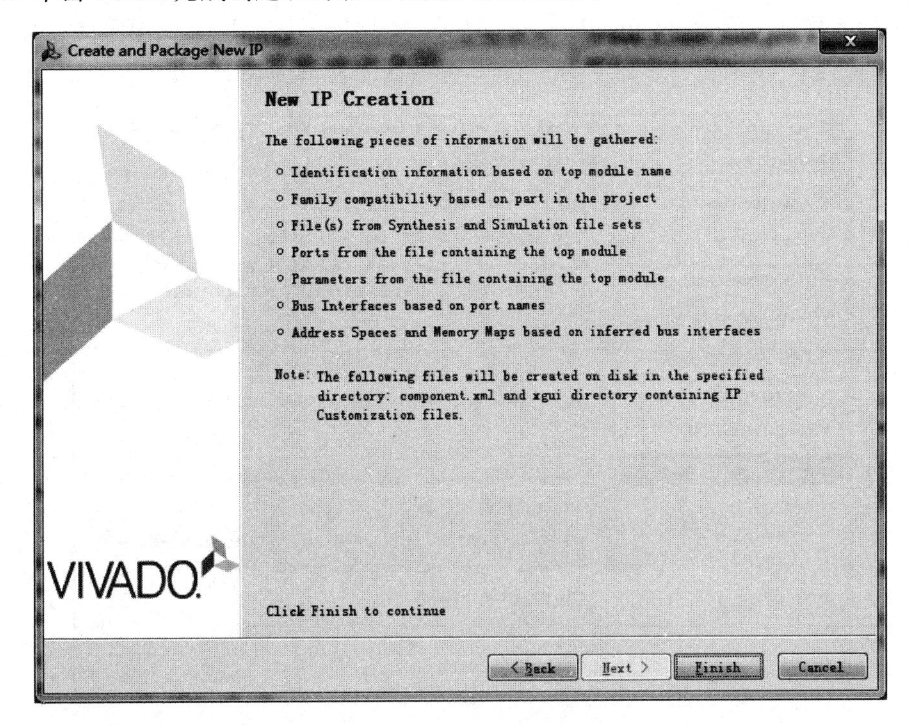

图 7.28 完成 IP 创建

(6) 创建成功后,Vivado 会打开配置 IP 的界面,如图 7.29 所示。

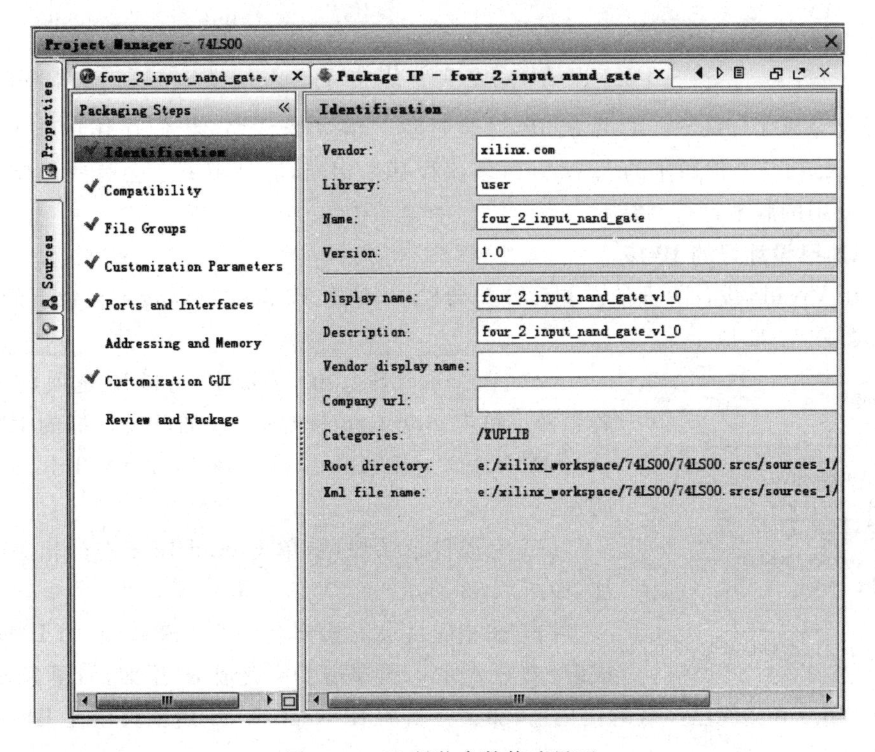

图 7.29 IP 封装参数修改界面

依次完成 IP 的配置：其中 Name 为 IP 的名称；Display name 为 IP 在 Block Design 中显示的下标名称。在 Review and Package 界面中单击 Package IP，完成 IP 封装，如图 7.30 所示，可以看到 IP 压缩包被放在了 IP root directory 地址目录下。

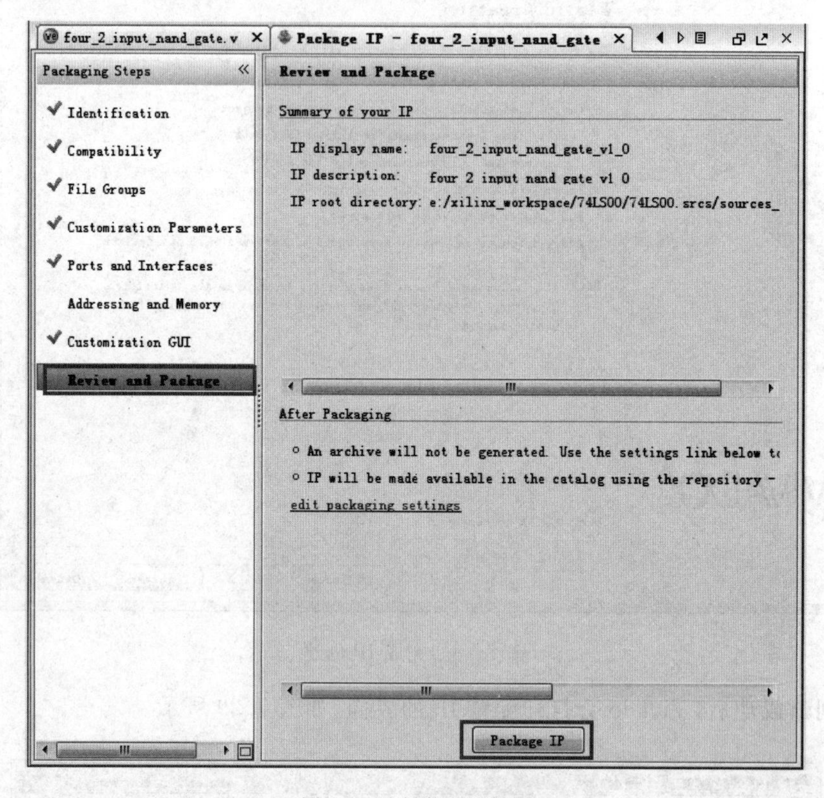

图 7.30　封装 IP 选项

这样就完成了 74LS00 芯片的 IP 封装过程。请大家注意，我们使用的工具版本为 Vivado 2014.4，与其他版本的 Vivado 封装流程基本相同，但是细节上会有些许差异，需要读者根据使用的版本自行调整。

5. 添加已设计好的 IP 核。

(1) 在 Vivado 设计界面的左侧设计向导栏中，单击 Project Manager 目录下的 Project Settings，如图 7.31 所示。

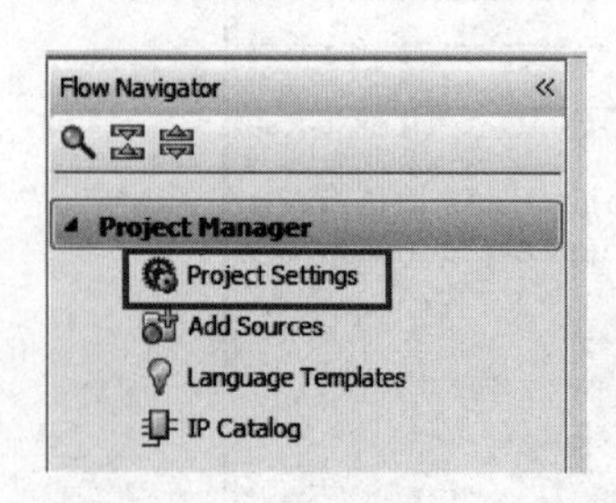

图 7.31　工程设置

(2) 在 Project Settings 界面中，选择 IP 选项，进入 IP 设置界面。单击 Add Repository...添加已设计好的 IP 所在目录，例如 C:\B3_Git\Library(TB)\74LSXX_Lib，如图 7.32 所示。

(3) 完成目录添加后，单击 Add IP…进行相关 IP 的添加，如图 7.33 所示。

(4) 在相应目录下找到名为 74LS86.zip 的 IP。添加完成后，单击 Apply，再单击 OK 完成 IP 添加，如图 7.34 所示。如果 74LS86.zip 文件已经被解压出来，那么在添加 IP Repository 后就可以在 IP 一栏直接看到 74LS86。

图 7.32 添加 IP 路径

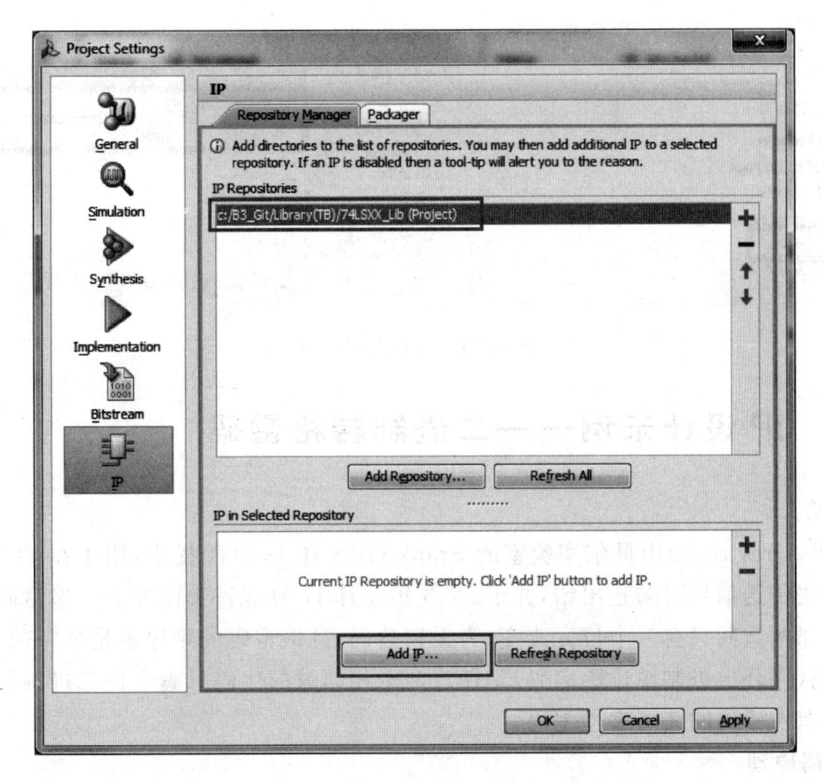

图 7.33 添加 IP

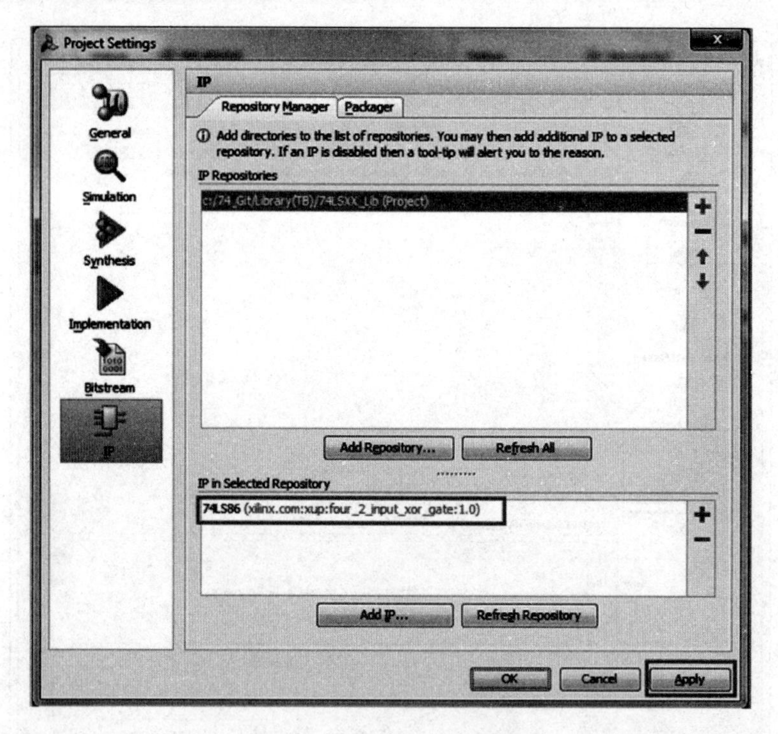

图 7.34　IP 添加完成界面

(5) 单击 IP Catalog，在弹出的 IP 菜单中输入 74ls86，就可以找到刚才添加的 IP 核，如图 7.35 所示。

图 7.35　搜索添加的 IP

7.3　IP 设计示例——二进制转格雷码

1. 简介

格雷码(Gray code)由贝尔实验室的 Frank Gray 在 1940 年提出，用于在 PCM(脉冲编码调变)方法传送信号时防止出错，并于 1953 年 3 月 17 日取得美国专利。格雷码是一个数列集合，相邻两数间只有一个位元改变，为无权数码，且格雷码的顺序不是唯一的。

格雷码(循环二进制单位距离码)是任意两个相邻数的代码只有一位二进制数不同的编码，它与奇偶校验码同属可靠性编码。

2. 编码原理

二进制码转格雷码(编码)的原理为从对应的 n 位二进制码字中直接得到 n 位格雷码码

字，步骤如下：

（1）对 n 位二进制的码字，从右到左，以 0 到 $n-1$ 编号；

（2）如果二进制码字的第 i 位和 $i+1$ 位相同，则对应的格雷码的第 i 位为 0，否则为 1（当 $i+1=n$ 时，二进制码字的第 n 位被认为是 0，即第 $n-1$ 位不变）。

公式表示为

$$G_i = B_i \oplus B_{i+1} (n-1 \geqslant i \geqslant 0)$$

其中，G 为格雷码；B 为二进制码。

3. 实验步骤

创建名为 Gray_Code_converter 的新工程。创建原理图，添加 IP，进行原理图设计。

（1）在 Flow Navigator 下的 IP Integrator 目录下，单击 Create Block Design，创建原理图，如图 7.36 所示。

（2）在弹出的创建原理图界面中，将设计命名为 bin2gray，单击 OK 完成创建，如图 7.37 所示。

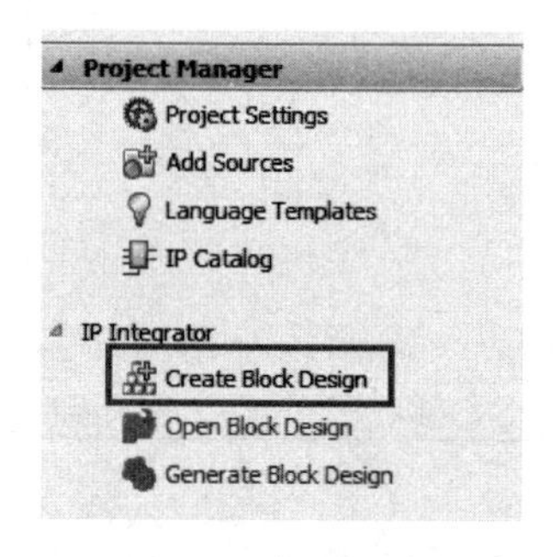

图 7.36 创建原理图

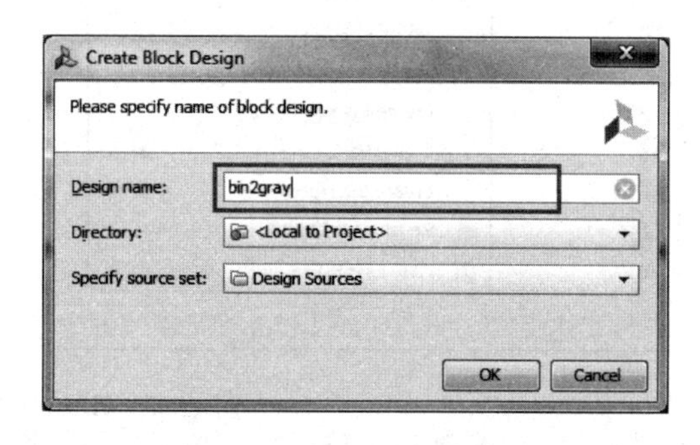

图 7.37 原理图名称设置

（3）添加 74 系列库，单击菜单中的 Project Manager 下的 Project Settings，找到 IP，选择 Add Repository 添加 74 系列的 IP 库，如图 7.38 所示。

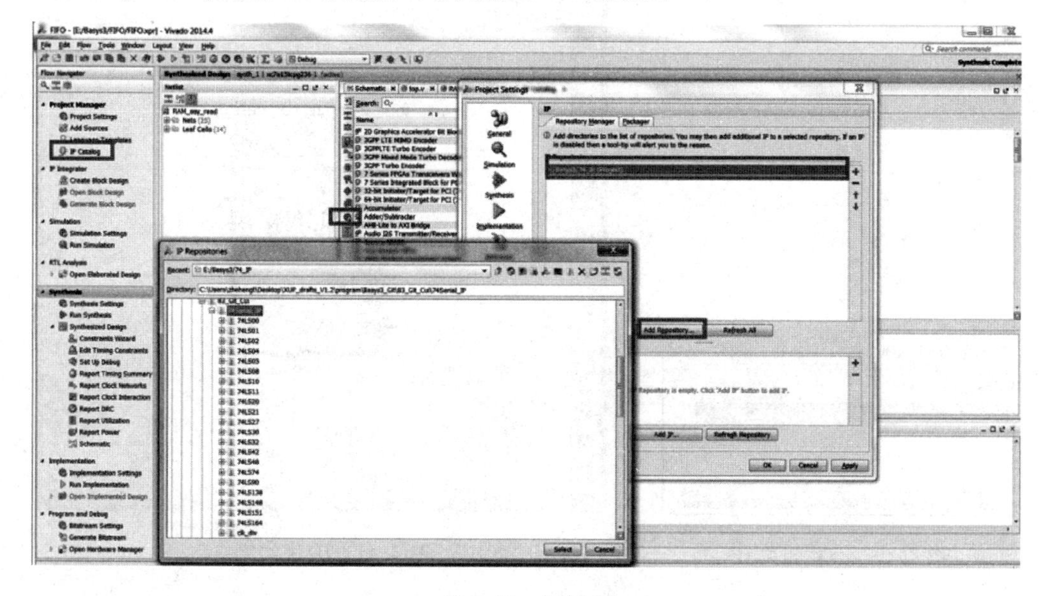

图 7.38 添加 IP

（4）在原理图设计界面中，添加 IP 的方式有 3 种，如图 7.39 所示。①在设计刚开始时，原理图界面的最上方有相关提示，可以单击 Add IP，进行添加 IP；②在原理图设计界面的左侧，有相应快捷键 ；③在原理图界面中，右击选择 Add IP。

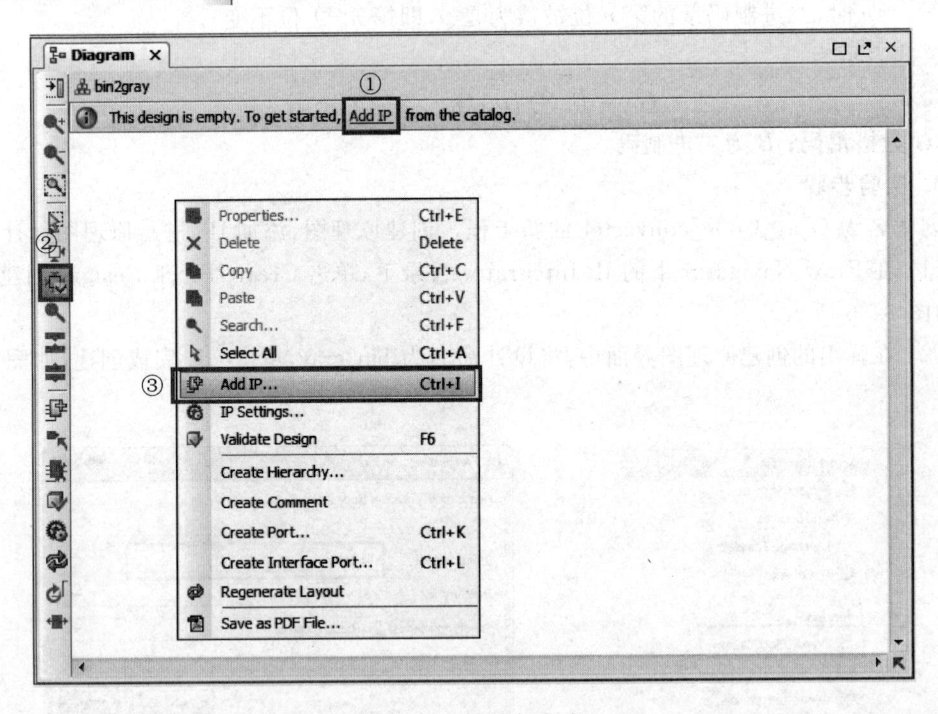

图 7.39　IP 添加方式

（5）在 IP 选择框中，输入 74LS86 搜索本实验所需要的 IP，如图 7.40 所示。

（6）按 Enter 键，或者双击该 IP，可以完成添加，如图 7.41 所示。

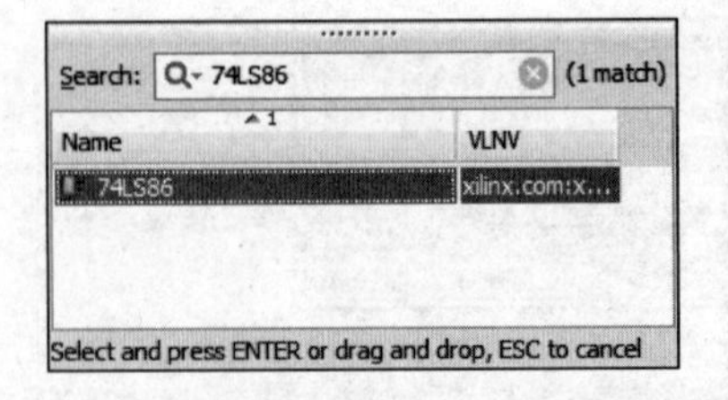

图 7.40　查找相关 IP

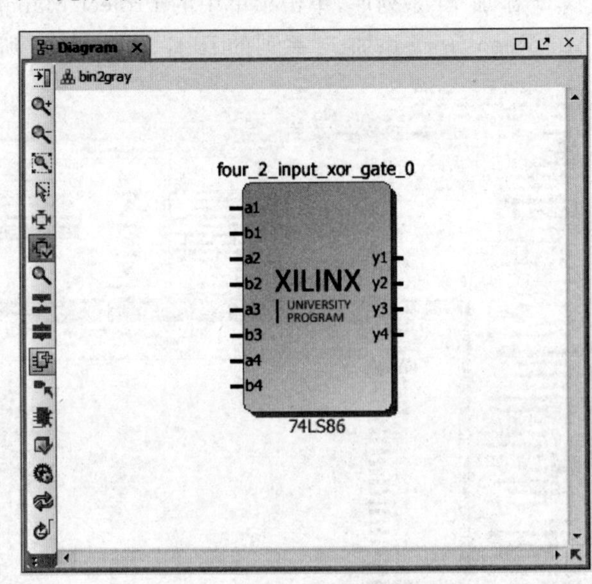

图 7.41　IP 添加完成

(7) 添加完 IP 后，进行端口设置和连线操作。连线时，将鼠标移至 IP 引脚附近，鼠标图案变成铅笔状。此时，单击进行拖曳。

(8) 创建端口有两种方式。

第一种方法：当需要创建与外界相连的端口时，可以右击选择 Create Port...，设置端口名称、方向及类型，如图 7.42 所示。

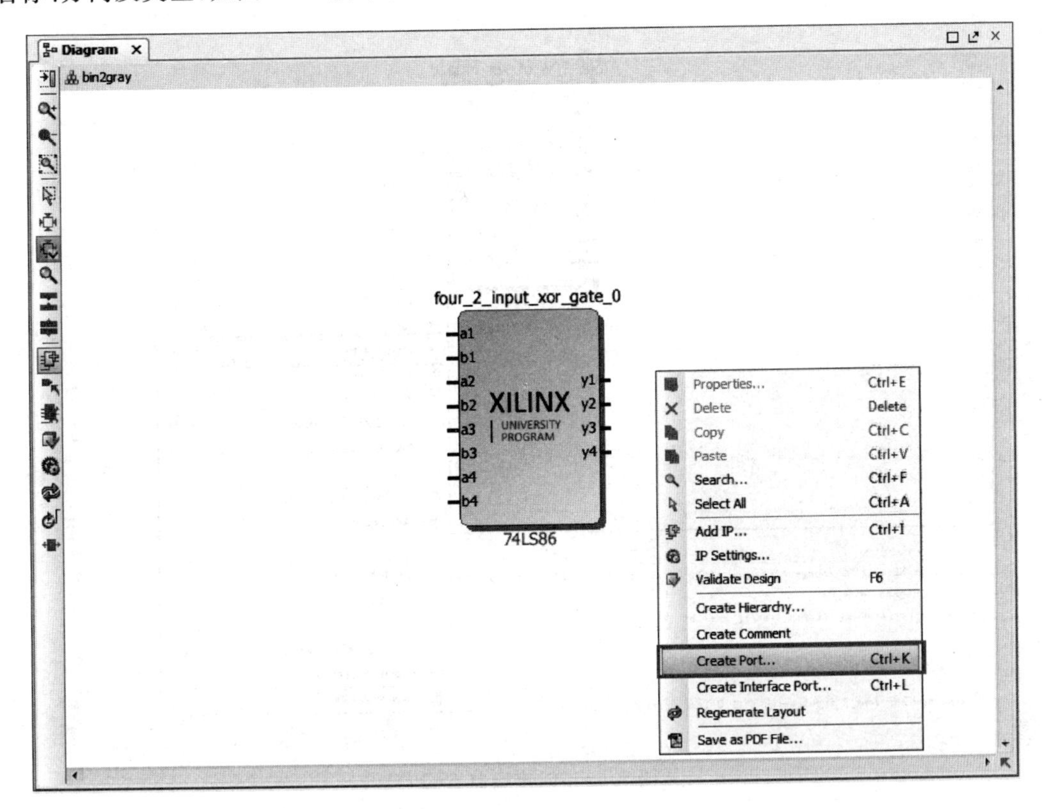

图 7.42 创建端口方式一

第二种方法：单击选中 IP 的某一引脚，右击选择 Make External，可以自动创建与引脚同名、同方向的端口，如图 7.43 所示。

(9) 根据二进制到格雷码的转换规则设计，最终原理图设计如图 7.44 所示。

(10) 完成原理图设计后，生成顶层文件。

在 Sources 界面中右击 bin2gray，选择 Generate Output Products...，如图 7.45 所示。

在生成输出文件的界面中单击 Generate，如图 7.46 所示。

生成完输出文件后，再次右击 bin2gray，选择 Create HDL Wrapper...，创建 HDL 代码文件，如图 7.47 所示。对原理图文件进行实例化。

在创建 HDL 文件的界面中，保持默认选项，单击 OK 按钮，完成 HDL 文件的创建，如图 7.48 所示。

(11) 至此，原理图设计已经完成。

之后的工程综合、实现和生成编译文件与第 1 章 1.4 节方法相同。

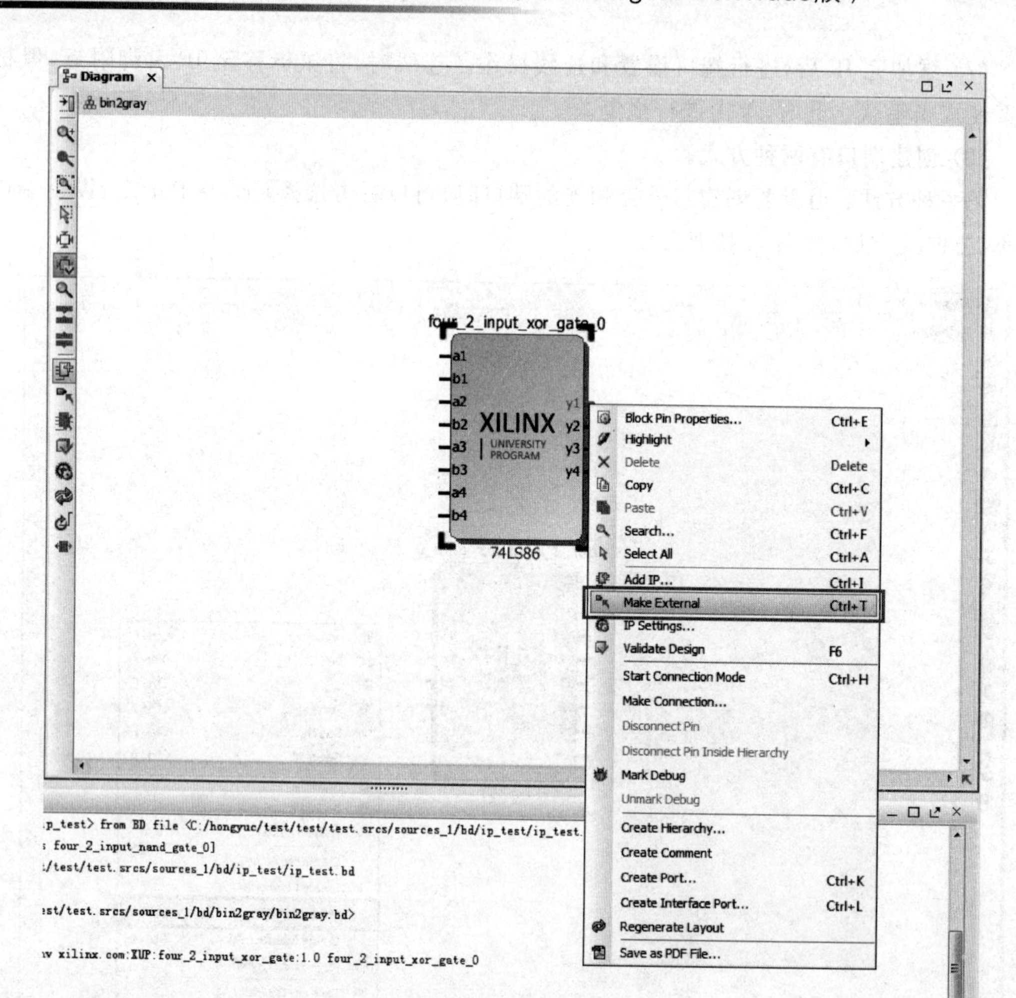

图 7.43　创建端口方式二

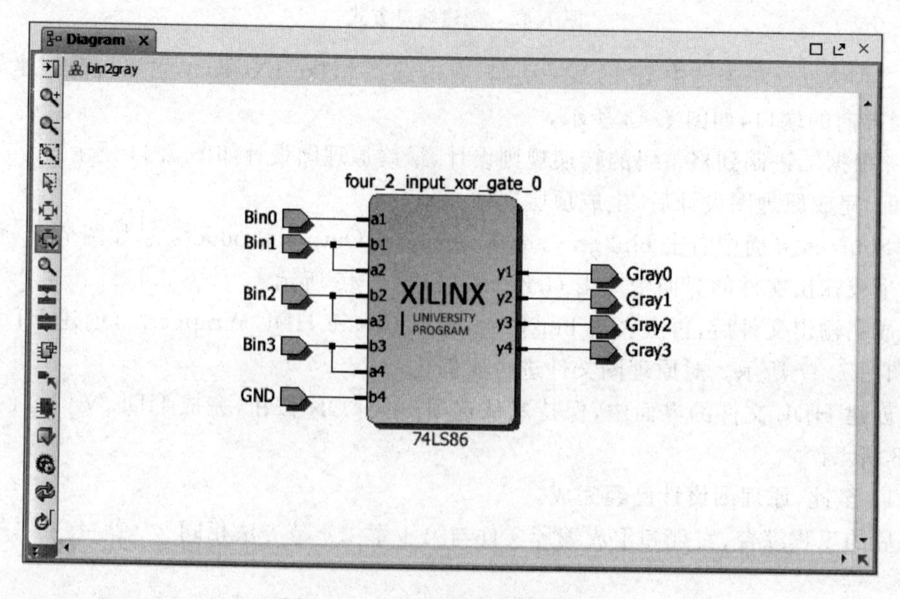

图 7.44　二进制转格雷码原理图

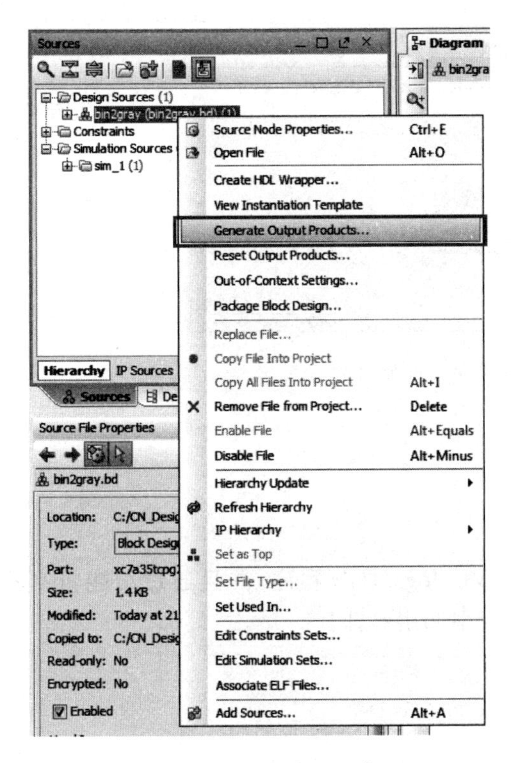

图 7.45 生成输出文件

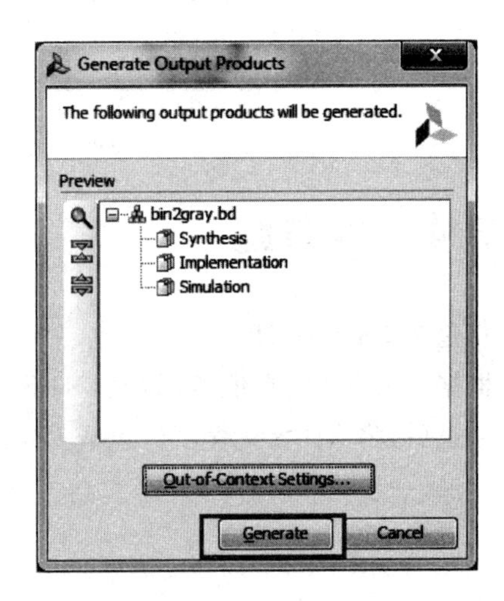

图 7.46 Generate Output Products

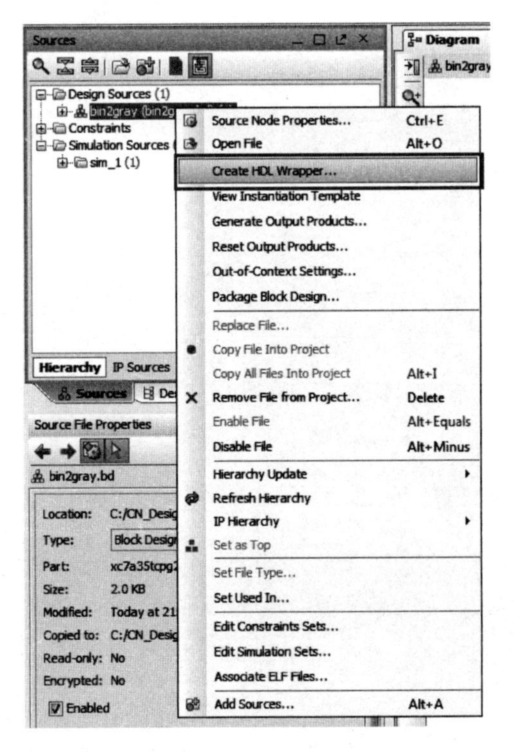

图 7.47 生成顶层文件

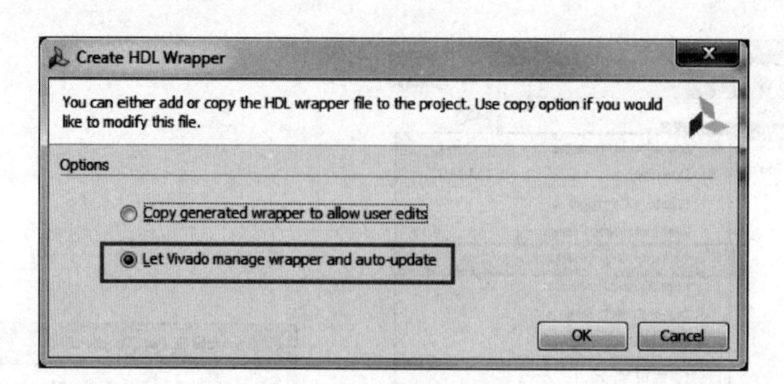

图 7.48 创建顶层文件弹出框

7.4 练习题

打包 74LS90 的 IP

根据 74LS90 的真值表，编写 74LS90 的 Verilog HDL 程序，并且通过功能仿真验证。验证通过后，将 74LS90 程序打包成 IP，在工程中调用验证。

第8章 串行通信接口控制器

CHAPTER 8

本章学习导言

目前，常用的通信协议有两类：异步协议和同步协议。同步串口通信要求传输数据的时候发送方和接收方要首先定义一个相同的时钟用于实现数据的接收与发送，而异步串口通信则不需要。本章列举 UART、PS/2、SPI 以及 I2C 四种通信协议，并分析其原理和源码。

8.1 UART 串口通信协议及控制器设计

8.1.1 UART 协议介绍

UART 是一种通用串行数据总线，用于异步通信。UART 能实现双向通信，在嵌入式设计中，它常用于主机与辅助设备通信。UART 包括 RS232、RS449、RS423、RS422 和 RS485 等接口标准规范和总线标准规范，即 UART 是异步串行通信口的总称。而 RS232、RS449、RS423、RS422 和 RS485 等是对应各种异步串行通信口的接口标准和总线标准，它规定了通信口的电气特性、传输速率、连接特性和接口的机械特性等内容，实际上是属于通信网络中的物理层（最底层）的概念，与通信协议没有直接关系。

UART 传输中，相关名词解释如下：

（1）波特率：衡量通信速率的参数，表示每秒钟传送的位的个数。

（2）起始位：先发出一个逻辑 0 的信号，表示传输数据的开始。

（3）数据位：衡量通信中实际数据位的参数。标准的数据位可以是 5、7、8 位，从最低位开始传输。

（4）奇偶校验位：UART 发送时，检查发送数据中'1'的个数，自动在奇偶校验位上添上 1 或者 0，用于发送数据的校验。

（5）停止位：它是一个数据的结束标志，可以为 1 位、1.5 位、2 位的高电平。

（6）空闲位：处于逻辑 1 状态，表示当前线路上无数据传输。

UART 传输时序如图 8.1 所示。

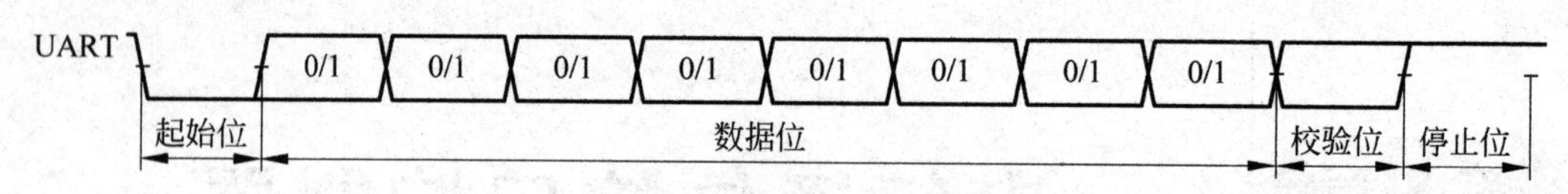

图 8.1 UART 传输时序

发送数据过程：空闲状态，线路处于高电平，当收到发送数据指令后，拉低电平一个数据位的时间（如图 8.1 起始位的时间），接着数据按低位到高位依次发送，数据发送完毕，接着发送奇偶校验位和停止位（停止位为高电平），一帧数据发送结束。

接收数据过程：空闲状态，线路处于高电平，当检测到线路的下降沿，说明线路有数据传输，按照约定的波特率从低位到高位接收数据，数据接收完毕，接着接收并比较奇偶校验位是否正确，如果正确，则通知接收端设备准备接收数据或存入缓存。

由于 UART 是异步传输，没有同步传输时钟。为了能保证数据传输正确性，UART 采用 16 倍数据波特率的时钟进行采样。每个数据有 16 个时钟采样，取中间的采样值，以保证不会滑码或误码。一般 UART 一帧数据位数为 8，这样即使每个数据有一个时钟的误差，接收端也能正确地采样到数据。

8.1.2 UART 协议实例

本小节提供一个 UART 的回环实例。整个程序框图如图 8.2 所示，分为顶层 uart_top、发送模块 uart_tx、接收模块 uart_rx，以及时钟产生模块 clk_div。uart_rx 将收到的包解析出 8 位的数据，再传送给 uart_tx 发出，形成回环。参考时钟频率为 100MHz，波特率设定为 9600bps。在这个例子中，使用最简单的串口设置，没有校验位。

1. uart_top 模块

模块提供了顶层接口，包括对外数据通路 rx、tx，以及外部的时钟输入。模块 Verilog HDL 代码如下：

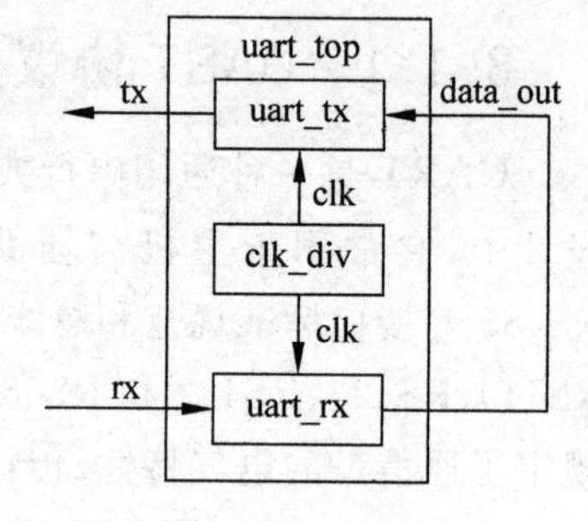

图 8.2 UART 框图

```
module uart_top
(
    output txd,
    input rxd,
    input clk
);
wire clk_9600;
wire receive_ack;
wire [7:0]data;
//串口发送模块
uart_tx uart_tx
(
    .clk(clk_9600),
    .txd (txd),
    .rst (1),
    .data_o(data),
    .receive_ack (receive_ack)
);
//串口接收模块
```

```
uart_rx uart_rx
(
    .clk(clk_9600),
    .rxd (rxd),
    .data_i (data),
    .receive_ack(receive_ack)
);
//时钟模块
clk_div clk_div
(
    .clk (clk),
    .clk_out (clk_9600)
);
endmodule
```

2. uart_rx 模块

uart_rx 模块代码如下：

```
module uart_rx(
   input rxd,
   input clk,
   output receive_ack,
   output reg [7:0]data_i
    );
    //串口接收状态机分为三个状态：等待、接收、接收完成
    localparam IDLE = 0,
              RECEIVE = 1,
              RECEIVE_END = 2;

    reg [3:0]cur_st,nxt_st;              //状态机变量
    reg [4:0]count;
    reg [7:0]data_o_tmp;

    always@(posedge clk)
        cur_st <= nxt_st;

     always@( * )
     begin
        nxt_st = cur_st;
        case(cur_st)
           IDLE: if(!rxd) nxt_st = RECEIVE;                  //接收到开始信号,开始接收数据
           RECEIVE: if(count == 7) nxt_st = RECEIVE_END; //八位数据接收计数
           RECEIVE_END: nxt_st = IDLE;                       //接收完成
           default: nxt_st = IDLE;
        endcase
      end

      always@(posedge clk)
          if(cur_st == RECEIVE)
             count <= count + 1;                             //接收数据计数
          else if(cur_st == IDLE|cur_st == RECEIVE_END)
```

```
            count <= 0;

    always@(posedge clk)
        if(cur_st == RECEIVE)                              //从高到低发送数据
        begin
            data_i[6:0]<= data_i[7:1];
            data_i[7]<= rxd;
        end

    assign receive_ack = (cur_st == RECEIVE_END)?1:0;    //接收完成时回复信号
endmodule
```

3. uart_tx 模块

uart_tx 模块代码如下：

```
module uart_tx(
   input [7:0]data_o,
   output reg txd,
   input clk,
   input rst,
   input receive_ack
    );
    //发送状态机分为四个状态：等待、发送起始位、发送数据、发送结束
    localparam IDLE = 0,
               SEND_START = 1,
               SEND_DATA = 2,
               SEND_END = 3;

    reg [3:0]cur_st,nxt_st;
    reg [4:0]count;
    reg [7:0]data_o_tmp;

    always@(posedge clk)
        cur_st <= nxt_st;

    always@(*)
     begin
      nxt_st = cur_st;
      case(cur_st)
         IDLE:if(receive_ack) nxt_st = SEND_START;          //接收完成时开始发送数据
         SEND_START: nxt_st = SEND_DATA;                    //发送起始位
         SEND_DATA: if(count == 7) nxt_st = SEND_END;       //发送八位数据
         SEND_END: if(receive_ack) nxt_st = SEND_START;     //发送结束
         default: nxt_st = IDLE;
      endcase
     end

      always@(posedge clk)
          if(cur_st == SEND_DATA)
             count <= count + 1;
          else if(cur_st == IDLE|cur_st == SEND_END)
```

```
            count <= 0;

    always@(posedge clk)                                //发送低位到高位
        if(cur_st == SEND_START)
            data_o_tmp <= data_o;                       //将发送数据导入变量
        else if(cur_st == SEND_DATA)
            data_o_tmp[6:0]<= data_o_tmp[7:1];      //每发送一位数据后将 data_o_tmp 右移一
                                                    //位,便于下一个数据的发送


    always@(posedge clk)
        if(cur_st == SEND_START)
            txd <= 0;
        else if(cur_st == SEND_DATA)
            txd <= data_o_tmp[0];                   //由于每次发送后右移,所以每次发送最低位
        else if(cur_st == SEND_END)
            txd <= 1;
endmodule
```

4. clk_div 模块

可以看到程序中参数 Baud_Rate 就是波特率为 9600,修改这个参数可以修改串口的波特率。模块代码如下:

```
module clk_div(
    input clk,
    output reg clk_out
    );

    localparam Baud_Rate = 9600;                        //波特率
    localparam div_num = 'd100_000_000/Baud_Rate;       //分频数为时钟速率除以波特率

    reg [15:0]num;

    always@(posedge clk)
        if(num == div_num) begin
            num <= 0;
            clk_out <= 1;
        end
        else begin
            num <= num + 1;
            clk_out <= 0;
        end
endmodule
```

5. 调试

将程序下载到 Artix-7 FPGA 上,芯片型号为 xc7a35tcpg236-1。另外使用一个 UART 转 USB 的转换板。

如图 8.3 所示,在电脑上可以看到接收与发送的字符相同,说明串口接收成功。

图 8.3　串口调试

8.2　PS/2 协议及实例设计

8.2.1　PS/2 协议介绍

1987 年，IBM 推出了 PS/2 键盘接口标准。PS/2 接口是一种 6 针的连接口，但只有四个引脚是有意义的。它们分别是 Clock（时钟脚）、Data（数据脚）、电源脚和电源地。其中，Clock 和 Data 两个引脚为双向。PS/2 接口一般用于连接某些输入设备，例如键盘和鼠标。

PS/2 通信协议是一种双向同步串行通信协议。通信的两端通过 Clock（时钟脚）同步，并通过 Data（数据脚）交换数据。任何一方如果想抑制另外一方通信时，只需要把时钟脚拉到低电平。如果是 PC 和 PS/2 键盘间的通信，则 PC 必须做主机，也就是说，PC 可以抑制 PS/2 键盘发送数据，而 PS/2 键盘则不会抑制 PC 发送数据。大多数 PS/2 设备工作在 10～20kHz。

PS/2 的每一个数据帧都包含 11～12 位，具体含义如表 8.1 所示。

表 8.1　PS/2 数据帧格式说明

数据位名称	说　明
1 个起始位	总是逻辑 0
8 个数据位	低位在前
1 个奇偶校验位	奇校验
1 个停止位	总是逻辑 1
1 个应答位	仅用在主机对设备的通信中

表 8.1 中，如果数据位中 1 的个数为偶数，校验位就为 1；如果数据位中 1 的个数为奇数，校验位就为 0。总之，数据位中 1 的个数加上校验位中 1 的个数总是奇数，因此进行的是奇校验。

图 8.4 给出了设备与主机 PS/2 通信方式的时序。

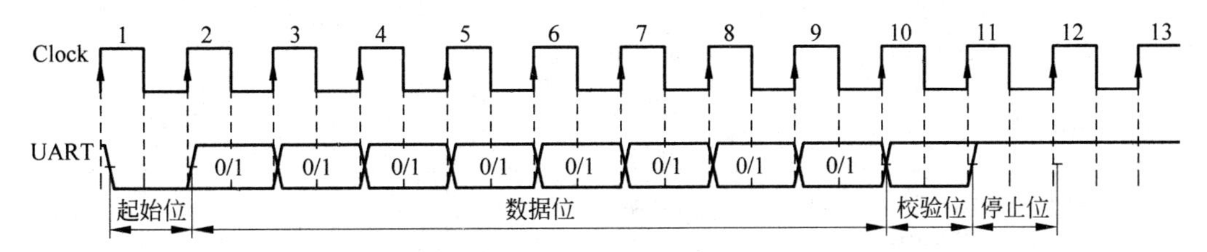

图 8.4 设备与主机 PS/2 时序

设备产生时钟和数据，主机根据时钟来读取数据。以 FPGA 和 PS/2 键盘为例，键盘产生 PS/2 的 Clock 与 Data，FPGA 只需读数据。当 Clock 为下降沿时，FPGA 记录 Data 的信号。

8.2.2 PS/2 设计实例

本小节为读者提供一个 PS/2 键盘与主机通信的 Verilog 实例。其中，主机为 FPGA，根据 PS/2 的时序，得到键盘的按键值。注意，虽然在时序图中，是在 Clock 的下降沿读取 Data 的值，但实际中 Clock 和 Data 信号线存在噪声，为了排除噪声干扰，需要在 FPGA 端对 PS/2 的两个信号进行滤波。

ps2_keyboard.v 模块代码如下：

```
module ps2_keyboard(
input clk25,
input clr,
input PS2C,//PS2 clock in
input PS2D,//PS2 data in
output [15:0]xkey
    );
reg PS2Cf,PS2Df;
reg [7:0] ps2c_filter,ps2d_filter;
reg [10:0] shift1,shift2;
assign xkey = { shift2[8:1], shift1[8:1] };
always@(posedge clk25 or posedge clr)begin
    if(clr == 1)begin
        ps2c_filter <= 11'b0;
        ps2d_filter <= 11'b0;
        PS2Cf <= 1;
        PS2Df <= 1;
    end
    else begin
        ps2c_filter[7]<= PS2C;
        ps2c_filter[6:0]<= ps2c_filter[7:1];
        ps2d_filter[7]<= PS2D;
        ps2d_filter[6:0]<= ps2d_filter[7:1];
```

```
            if (ps2c_filter == 8'b11111111 )
            PS2Cf <= 1;                                    //去时钟毛刺
            else if (ps2c_filter == 8'b00000000)
            PS2Cf <= 0;
            if (ps2d_filter == 8'b11111111 )
            PS2Df <= 1;                                    //去数据毛刺
            else if (ps2d_filter == 8'b00000000)
            PS2Df <= 0;
        end
    end
    always@(negedge PS2Cf or posedge clr )begin
        if(clr == 1)begin
            shift1 <= 11'b0;
            shift2 <= 11'b0;
        end
        else begin
            shift1 <= { PS2Df,shift1[10:1]};               //右移接受数据
            shift2 <= {shift1[0],shift2[10:1]};
        end
    end
    endmodule
```

8.3 SPI 同步串行总线协议及控制器设计

8.3.1 SPI 协议介绍

SPI(serial peripheral interface)是一种同步串行通信协议,由一个主设备和一个或多个从设备组成,主设备启动与从设备的同步通信,从而完成数据的交换。SPI 是一种高速全双工同步通信总线,标准的 SPI 仅仅使用 4 个引脚,常用于主设备和外设(如 EEPROM、FLASH、实时时钟和数字信号处理器等器件)的通信。SPI 基于主从方式通信,标准的 SPI 的 4 根线分别是 SSEL(片选,也写作 SCS)、SCK(时钟)、MOSI(主机输出从机输入)和 MISO(主机输入从机输出)。这 4 个信号的具体说明如下:

(1) SSEL:从设备片选使能信号。如果从设备是低电平使能,那么拉低这个引脚,从设备将会被选中,主机和这个被选中的从机进行通信。

(2) SCK:时钟信号,由主机产生。

(3) MOSI:主机给从机发送指令或者数据的通道。

(4) MISO:主机读取从机的状态或者数据的通道。

SPI 通信的主机在读写数据时序的过程中,有 4 种模式。要了解这 4 种模式,需要先学习两个名词:

(1) CPOL:clock polarity,时钟的极性。通信整个过程分为空闲时刻和通信时刻,SCK 在数据发送前后的空闲状态是高电平,那么 CPOL 为 1,否则为 0。

(2) CPHA:clock phase,时钟的相位。

主从机通信涉及一个问题,就是主机何时输出数据到 MOSI 信号线而从机在何时采样这个数据,或者从机何时输出数据到 MISO 信号线而主机何时采样这个数据。如果 CPHA

为 1,就表示数据输出在第一个时钟周期的第一个沿(CPOL 为 1,这个时钟沿为下降沿,反之为上升沿),数据采样是在第二个沿；如果 CPHA 为 0,就表示数据采样是在第一个时钟周期的第一个沿(CPOL 为 1,这个时钟沿为下降沿,反之为上升沿),数据输出是在第二个沿。对于 CPHA 为 0 的情况,读者朋友也许会有疑问：当一帧数据开始传输第一位时,在第一个时钟沿就采样了,那么这个数据是何时输出的呢？有两种情况：一是 SSEL 使能的边沿,二是上一帧数据的最后一个时钟沿。SPI 的 4 种模式分别为：模式 0(CPOL＝0,CPHA＝0)、模式 1(CPOL＝0,CPHA＝1)、模式 2(CPOL＝1,CPHA＝0)和模式 3(CPOL＝1,CPHA＝1)。4 种模式时序图如图 8.5～图 8.8 所示。

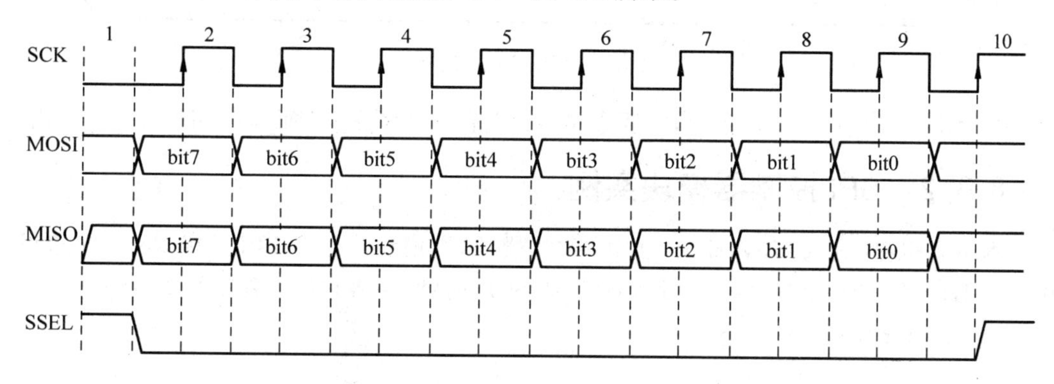

图 8.5　SPI 模式 0 时序

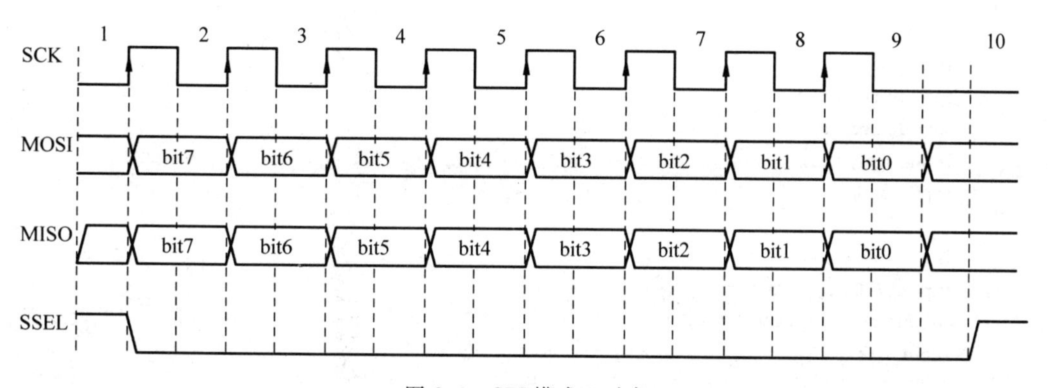

图 8.6　SPI 模式 1 时序

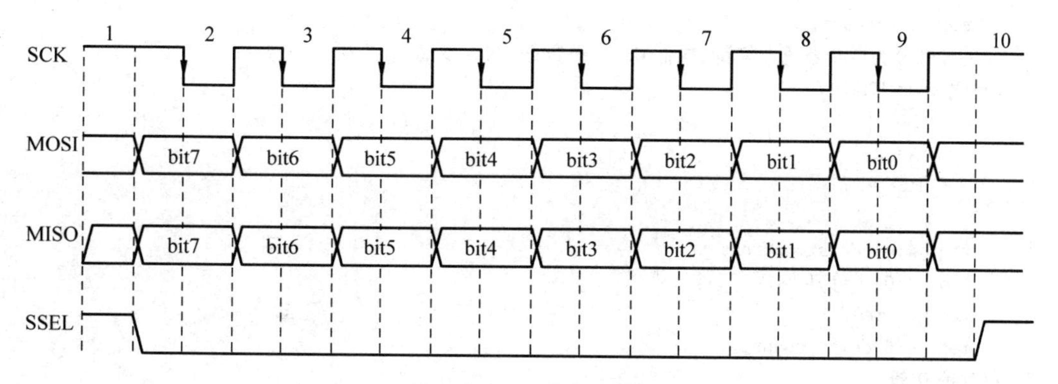

图 8.7　SPI 模式 2 时序

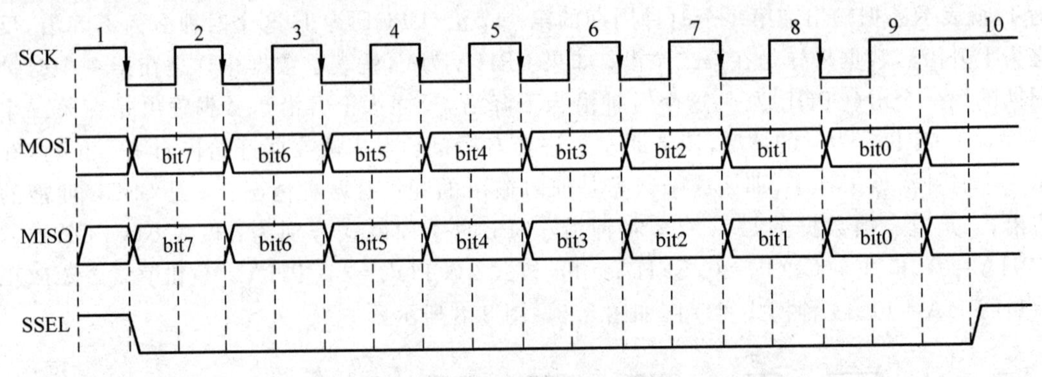

图 8.8　SPI 模式 3 时序

当使用 SPI 接口的从设备时,需要参考从设备的技术手册,从而确定 SPI 的工作模式。

8.3.2　SPI 控制器模块实例

本小节实现一个基于 Verilog 的 SPI 主机模块,该模块工作在 SPI 的模式 0。在这里,用 100MHz 的时钟分频产生了一个 1MHz 的 SCK 时钟,并将它作为程序的主时钟。

spi_master 模块程序如下:

```
module spi_master
(
    output reg sck,                                        //1MHz clk
    input mosi,
    output reg miso,
    output reg cs,
    input busy,
    input rst,

    input spi_send,
    input[7:0] spi_data_out,
    output reg spi_send_done,
    input clk
);

   reg [3:0]count;
//状态机分为四个状态: 等待、拉低 CS、发送数据、结束发送
localparam IDLE = 0,
     CS_L = 1,
     DATA = 2,
     FINISH = 3;

   reg [4:0]cur_st,nxt_st;
   reg [7:0] reg_data;
   reg sck_reg;
   reg [8:0]delay_count;
//时钟分频
   always@(posedge clk)
   if(~rst)
```

```
        delay_count <= 0;
    else if(delay_count == 49)
        delay_count <= 0;
    else delay_count <= delay_count + 1;
//产生一个 1MHz 的时钟
    always@(posedge clk)
    if(~rst)
        sck_reg <= 0;
    else if(delay_count == 50)
        sck_reg <= !sck_reg;
//SCK 只有在 CS 拉低时才变化,其他时都为高
    always@( * )
    if(cs) sck = 1;
    else if(cur_st == FINISH) sck = 1;
    else if(!cs) sck = sck_reg;
    else sck = 1;

    always@(posedge sck_reg)
    if(~rst)
      cur_st <= 0;
    else cur_st <= nxt_st;

    always@( * )
    begin
      nxt_st = cur_st;
      case(cur_st)
          IDLE:if(spi_send) nxt_st = CS_L;
          CS_L:nxt_st = DATA;
          DATA:if(count == 7) nxt_st = FINISH;
          FINISH:if(busy) nxt_st = IDLE;
      default:nxt_st = IDLE;
      endcase
    end
//产生发送结束标志
    always@( * )
    if(~rst)
       spi_send_done = 0;
    else if(cur_st == FINISH)
       spi_send_done = 1;
    else spi_send_done = 0;
//产生 CS
    always@(posedge sck_reg)
     if(~rst) cs <= 1;
     else if(cur_st == CS_L) cs <= 0;
     else if(cur_st == DATA) cs <= 0;
     else cs <= 1;

    //发送数据计数
    always@(posedge sck_reg)
     if(~rst)
        count <= 0;
```

```
    else if(cur_st == DATA)
        count <= count + 1;
    else if(cur_st == IDLE|cur_st == FINISH)
        count <= 0;
  //MISO 数据
  always@(negedge sck_reg or negedge rst)
      if(~rst)
      miso <= 0;
      else if(cur_st == DATA)
      begin
      reg_data[7:1]<= reg_data[6:0];
      miso <= reg_data[7];
      end
      else if(spi_send)
      reg_data <= spi_data_out;
endmodule
```

在实际应用中，SPI 仿真波形如图 8.9 所示。

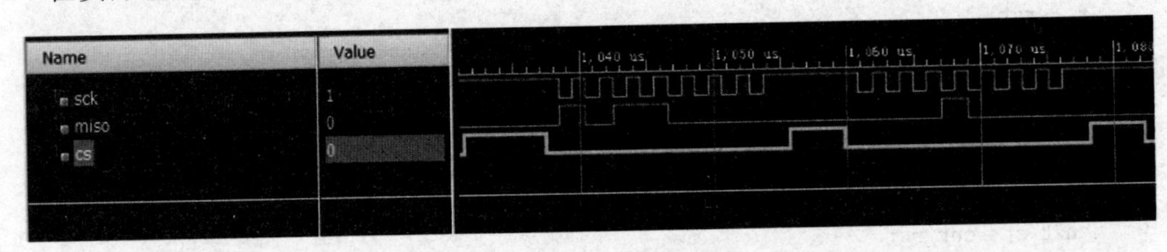

图 8.9　SPI 仿真波形

8.4　I2C 两线式串行总线协议及控制器设计

8.4.1　I2C 协议介绍

I2C(inter-integrated circuit)总线是一种由 PHILIPS 公司开发的两线式串行总线，用于连接微控制器及其外围设备。I2C 总线产生于 20 世纪 80 年代，如今成为微电子、通信和控制领域广泛采用的一种总线标准，具有接口线少、控制简单、器件封装形式小、通信速率较高等优点。I2C 只要求两条线路：串行数据线 SDA 与串行时钟线 SCL。每个连接到总线的器件都有唯一的地址，主控制器发出的控制信息分为地址码和控制量两部分，地址码用来选择需要控制的 I2C 设备，控制量包含类别（比如亮度、模式等）及该类别下的控制值。I2C 总线在传送数据过程中一共有三种类型的信号，分别为开始信号、结束信号及应答信号。以下为三种信号的说明：

（1）开始信号：SCL 为高电平时，SDA 由高电平向低电平跳变，开始传送数据。

（2）结束信号：SCL 为高电平时，SDA 由低电平向高电平跳变，结束数据的传送。

（3）应答信号：接收数据的从设备在收到 8 位数据后，向发送数据的主机发出特定的低电平脉冲，表示已经收到数据。主机收到应答信号后，根据实际情况决定是否继续传送数据。如果未收到应答信号，则说明受控设备出现故障。

启动时序：在时钟线 SCL 保持为高电平期间，数据线 SDA 上的电平被拉低，定义为 I2C 总线的启动信号，标志着一次数据传输的开始。启动信号是一个电平跳变时序信号而非一个电平信号。

停止时序：在时钟线 SCL 保持为高电平期间，数据线 SDA 被释放，使得 SDA 返回高电平(即正跳变)，称为 I2C 总线的停止信号，标志着一次数据传输的终止。停止信号也是一个电平跳变时序信号而非一个电平信号。

启动和停止的时序如图 8.10 所示。

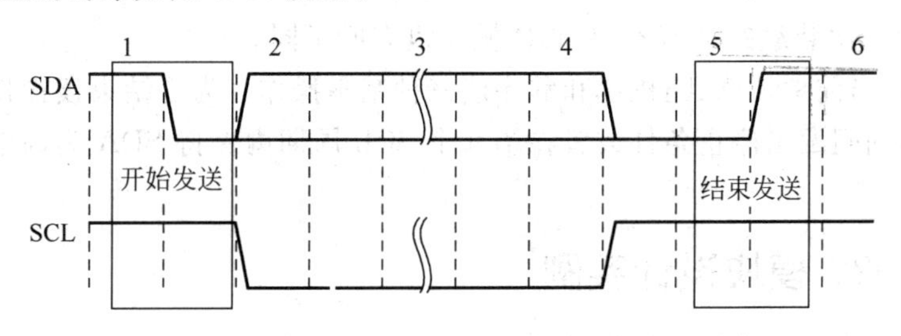

图 8.10 I2C 启动和停止时序

数据位传送时序：在 I2C 总线上传送的每一位数据都有一个时钟脉冲相对应。进行数据传送时，在 SCL 高电平期间，SDA 上的电平必须保持稳定，低电平数据为 0，高电平数据为 1。只有 SCL 为低电平期间，才允许 SDA 上的电平改变状态。数据位的传输是 SCL 的边沿触发。I2C 的数据位传送时序如图 8.11 所示。

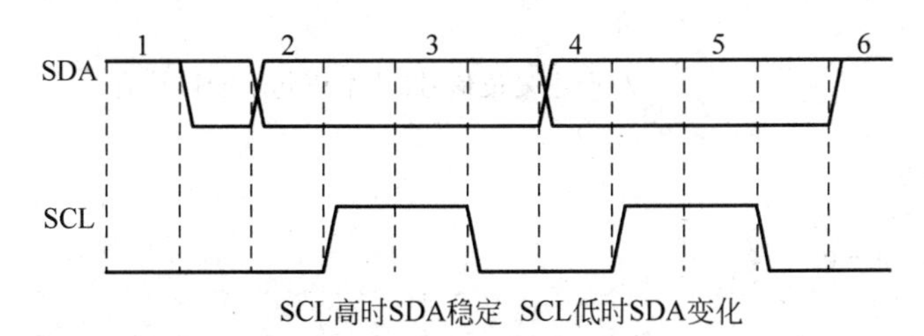

图 8.11 I2C 数据位传送时序

应答时序：I2C 总线传送 8 位的数据时，发送端每次发送一个 8 位的数据，就在第 9 个 SCL 期间释放数据线，由接收端反馈一个应答信号。当这个应答信号为低电平时，规定为有效应答位(ACK)，表示接收端已经成功接收了该数据；若应答信号为高电平时，规定为非应答位，表示接收端未成功接收该数据。对于有效应答位的要求是，接收器在第 9 个时钟脉冲之前的低电平期间将 SDA 线拉低，并且确保在该时钟的高电平期间为稳定的低电平，这表示该设备给出了一个 ACK。应答时序如图 8.12 所示。

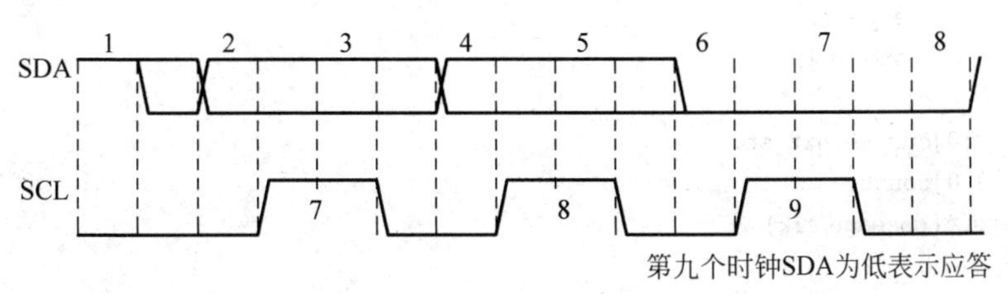

图 8.12 I2C 应答时序

I2C 总线必须由主器件(通常为微控制器)控制，主器件产生串行时钟(SCL)控制总线的传输方向，并产生起始和停止条件。

控制字节：在起始条件之后，必须是器件的控制字节，其中高四位为器件类型识别符（不同的芯片类型有不同的定义，以EEPROM为例，一般应为1010），接着三位为片选，最后一位为读写位，当为1时进行读操作，为0时进行写操作。

写操作：分为字节写和页面写两种操作。对于单字节的写操作，步骤为：发送起始位→发送控制字节＋写bit→发送待写入寄存器的地址→发送1字节的数据→发送停止位。对于页面写，芯片一次装载的字节不同，具体操作也有所不同。

读操作：有当前地址读、随机读和顺序读三种基本操作。为了结束读操作，主机必须在第9个SCL周期间发出停止条件或者在第9个SCL周期内保持SDA为高电平，然后发出停止条件。

8.4.2 I2C模块设计实例

本小节实现了一个I2C的发送程序。这是一个testbench仿真文件，以便用来直接仿真，如果需要加在程序内，则要注意仅在仿真文件有用的语句是不能被综合的。由于只是示例，所以程序中只发送一次I2C，如下：

```
module tb(
    );

    reg rst;
    initial                         //产生复位信号,这个语句不能被综合
    begin
        rst = 0;
        #40 rst = 1;
        #40 rst = 0;
    end

    reg clk;                        //自定义时钟
    reg scl,sda;                    //I2C信号

    initial clk = 0;
    always #20 clk = ~clk;

    localparam idle = 0,
               start = 1,
               data = 2,
               eop = 3,
               stop = 4;

    reg [2:0]cur_st,nxt_st;
    reg [3:0]count;
    always@(posedge clk)
        if(rst)
            cur_st <= 0;
        else cur_st <= nxt_st;

    always@(*)
    begin
```

```
        nxt_st = cur_st;
        case(cur_st)
            idle:nxt_st = start;
            start:nxt_st = data;
            data:if(count == 7) nxt_st = eop;      //发送数据计数
            eop:nxt_st = stop;
            stop:nxt_st = stop;
            default:nxt_st = idle;
        endcase
    end
    //产生 SDA
    always@(negedge clk)
        if(cur_st == idle)
            sda <= 1;
        else if(cur_st == start)
            sda <= 0;
        else if(cur_st == data)
            sda <= ! sda;
        else if(cur_st == eop)
            sda <= 0;
        else if(cur_st == stop)
            sda <= 1;
    //产生 SCL
    always@( * )
        if(rst)
            scl = 1;
        else if(cur_st == data)
            scl = clk;
        else scl = 1;

    always@(posedge clk)
        if(rst)
            count <= 0;
        else if(cur_st == data)
            count <= count + 1;

endmodule
```

仿真波形如图 8.13 所示，可以看到 SDA 在 SCL 为高电平时被拉低，表示传输开始。在传输了 8 个数据后，SCL 拉高，表示传输结束。

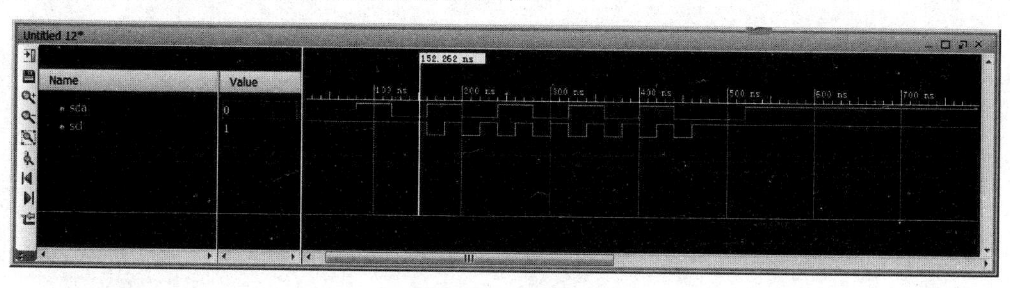

图 8.13 I2C 仿真波形

8.5 练习题

1. 板间 UART 串口通信

拿两块板卡，将串口接口通过线或者转接板连接起来。模仿示例写一段程序实现两块板卡间的 UART 通信，利用 Hardware Manager 观察波形。

2. PS/2 键盘

利用 PS/2 键盘向板卡输入指令，并通过 UART 串口连接电脑后，显示在电脑的串口通信端。

3. SPI 板间通信

将两块板卡的 SPI 端口通过线或者转接板连接起来，使用 Hardware Manager 提取出 SPI 的发送和接收信号，进行验证。

4. I2C 板间通信

将两块板卡的 I2C 端口通过线或者转接板连接起来，使用 Hardware Manager 提取出 SCL 和 SDA 信号，进行验证。

第9章 RAM接口控制器

CHAPTER 9

本章学习导言

RAM(random access memory)又称“随机存储器”，存储单元的内容按需要随意取出或者存入，速度很快，但断电时将丢失数据，所以一般被作为临时数据的存储媒介，在各类逻辑系统中应用广泛。本章分别介绍FPGA内部存储器和外部存储器的使用。

9.1 内部存储器

目前，大多数FPGA器件都包含专用的嵌入式存储器单元。虽然这些嵌入式存储器的容量不大，但是在小型应用设计中，使用起来十分方便，同时可以简化单板设计，节约PCB空间，降低研发成本。另外随着EDA工具的不断创新，FPGA内部存储资源使用起来越来越方便，不仅可以根据需求来定制RAM、ROM或者FIFO，而且所定制的存储器容量、位宽等参数都是可编程的。

由于不同的外部存储器接口的差异性，在使用外部存储器时不可能写一个通用的接口控制器程序对外部存储器操作，而使用内部存储器则没有这种问题。使用Vivado软件可以很方便地使用HDL语言或者IPI工具定制所需要的存储器单元，而且具有很好的平台移植性。本节将重点介绍FPGA内部RAM控制器的设计方法。

9.1.1 FIFO

1. FIFO介绍

FIFO(first in first out)是一个先入先出的存储队列。一般在程序中的作用是作为数据的队列通道，让数据暂时缓存，以等待读取。和其他RAM不同的是FIFO没有地址，先入先出。

在现场可编程逻辑器件的设计过程中，不同模块之间的数据接口，尤其是不同时钟系统的各个模块之间的数据接口是系统设计的一个关键。用异步FIFO模块来实现接口，接口双方都在自己时钟的同步下进行工作，它们之间不需要互相握手，只需要跟接口FIFO模块进行交互即可向接口FIFO模块中写入数据或从FIFO模块中读出数据。用这样一个缓冲

FIFO 模块实现 FPGA 内部不同时钟系统之间的数据接口使设计变得非常容易。

2. FIFO 框图与信号功能

FIFO 的框图和信号功能分别如图 9.1 表 9.1 表示。

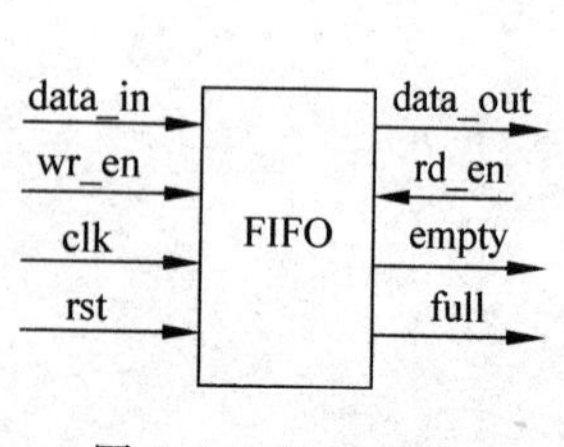

图 9.1　FIFO 框图

表 9.1　FIFO 信号功能

信　　号	功　　能
data_in	数据输入
data_out	数据输出
wr_en	写使能
rd_en	读使能
clk	FIFO 时钟
rst	FIFO reset
empty	表示 FIFO 空
full	表示 FIFO 满

3. FIFO 建立

本节所用的 FIFO 接口是 Xilinx 公司提供的 IP 核，经过充分测试和优化，系统运行稳定且占用的 FPGA 内部资源非常少。

主要步骤如下：

(1) 在 Vivado 主界面左侧的 Flow Navigator 窗口下，展开 Project Manager，双击 IP Catalog，如图 9.2 所示。

(2) 在 IP Catalog 窗口下，输入 FIFO 进行 IP 查找，如图 9.3 所示。

(3) 双击 FIFO Generator 选项，在 Customize IP 的弹窗中进行 IP 定制化。端口类型有三个选择，这里我们选择 Native，就是不用总线形式。也可以选择用 AXI Stream 总线，如图 9.4 所示。

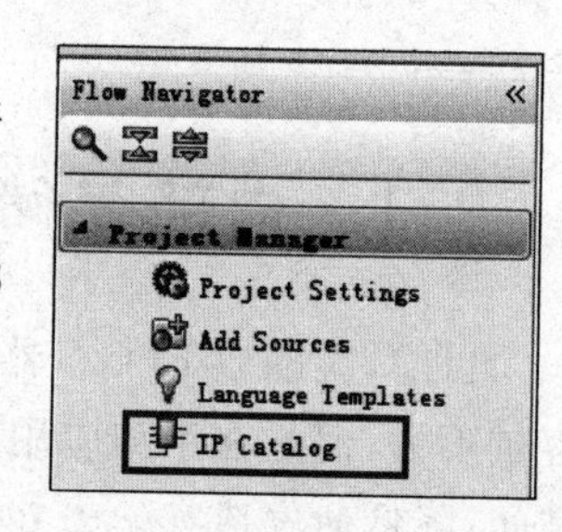

图 9.2　IP Catalog 选项

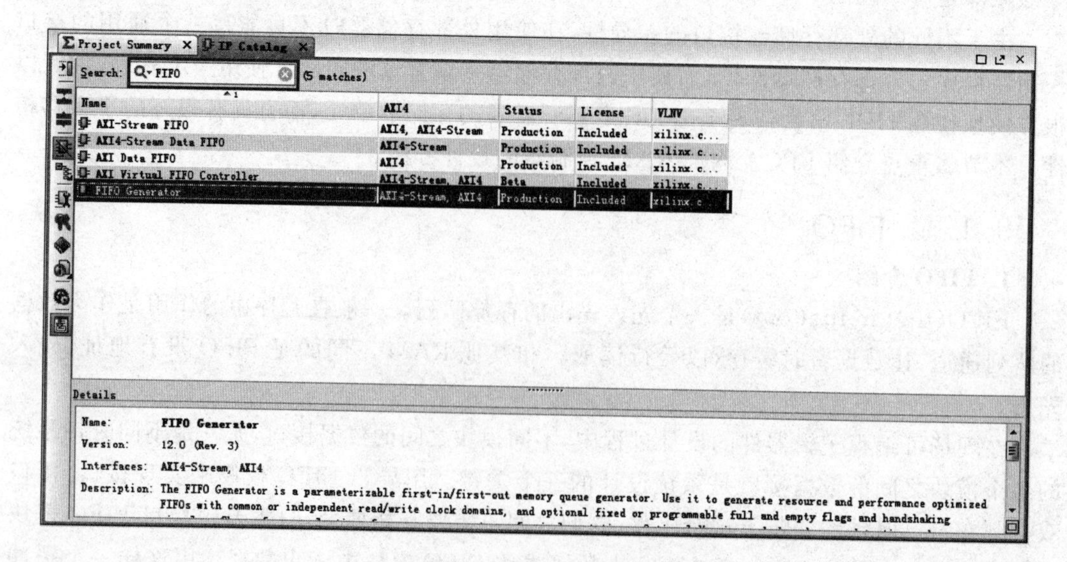

图 9.3　FIFO IP 查找

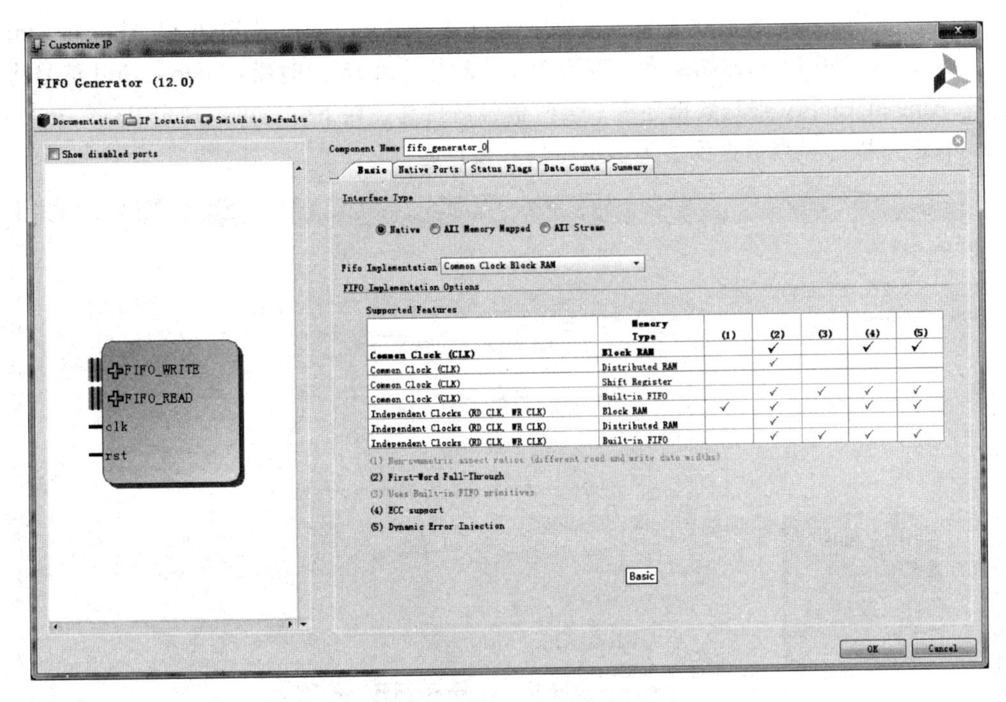

图 9.4 FIFO IP 修改配置

如图 9.5 所示界面，在 Native Ports 页面选择 Standard FIFO。Write Width 是数据的宽度，Write Depth 是数据的深度。这里规定了写宽度和写深度，读宽度和读深度也确定了下来。

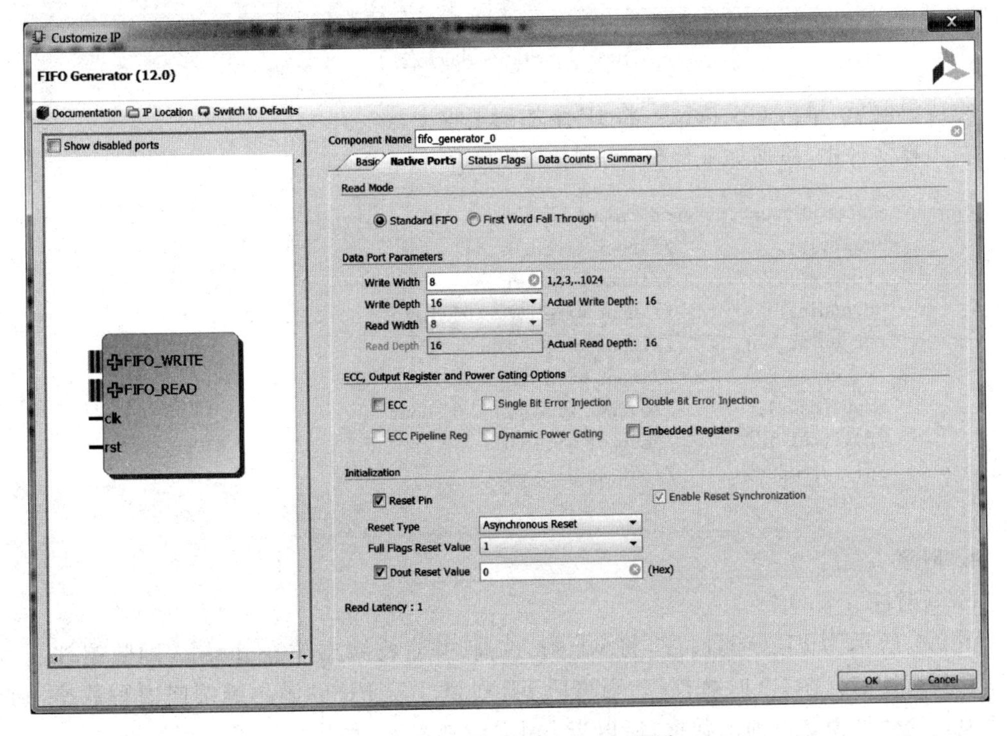

图 9.5 FIFO Native Ports 选项

如图 9.6 所示，在 Status Flags 页面下可以选择 Almost Full Flag 和 Almost Empty Flag。Almost Full Flag 即如果满深度为 16，那么当写到 15 的时候，Almost Full 信号将被拉高。Almost Empty 则是数据还有 1 个时信号被拉高。在下方还可以规定 Programmable Flags，自己可以选择当数据深度为多少时信号被拉起。

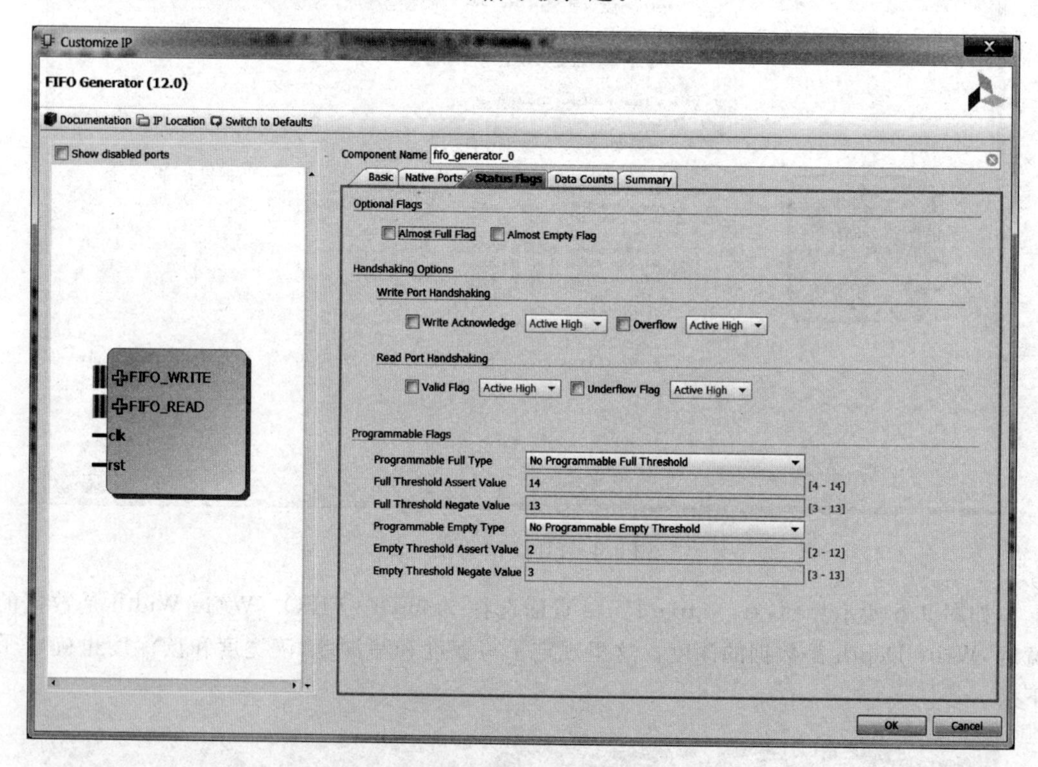

图 9.6　Status flags 选项

完成定制后，单击 OK 按钮。将 IP 添加到工程中。

在工程文件中，添加如下代码，实例化 FIFO IP 核。

```
fifo_generator_0 your_instance_name (
        .clk(clk),              //input wire clk
        .rst(rst),              //input wire rst
        .din(din),              //input wire [17 : 0] din
        .wr_en(wr_en),          //input wire wr_en
        .rd_en(rd_en),          //input wire rd_en
        .dout(dout),            //output wire [17 : 0] dout
        .full(full),            //output wire full
        .empty(empty)           //output wire empty
);
```

4. 时序

1）写时序

图 9.7 所示为 FIFO 写时序，将 wr_en 拉高，并且将数据放在 din 上，则数据被写入。可以看到 full 信号在 D3 时被拉高，则表明 FIFO 满。若 FIFO 满再继续向内写数据，则会导致现在的数据覆盖以前的数据，所以当 full 信号被拉高时，应立即停止写数据。

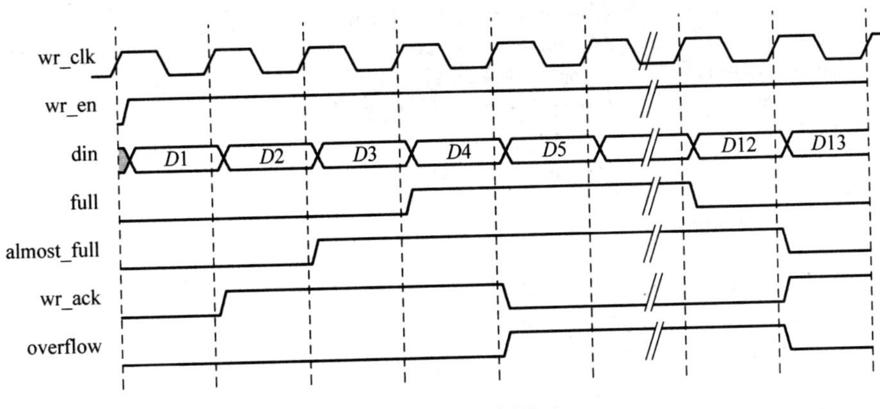

图 9.7 写时序图

2）读时序

图 9.8 所示为 FIFO 读时序，将 rd_en 拉高，则在下一个周期数据被放在 dout 上。图中可以看到，当所有数据读完后，empty 被拉高，若 empty 被拉高后继续读，则会导致读的数据为以前写入的数据，所以当 empty 被拉高时，应立即停止读数据。

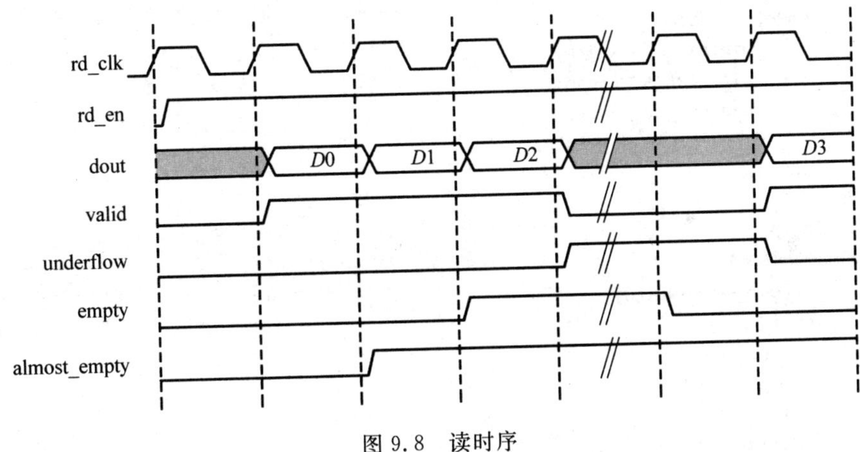

图 9.8 读时序

5. FIFO 使用例程

1）顶层文件

顶层文件代码如下：

```
module top(
input clk,
input reset
    );
    reg wr_en;
    reg rd_en;

    reg [7:0]din;
    wire [7:0]dout;
    fifo_generator_0 your_instance_name (
      .clk(clk),              //input wire clk
      .rst(reset),            //input wire rst
```

```
        .din(din),                //input wire [17 : 0] din
        .wr_en(wr_en),            //input wire wr_en
        .rd_en(rd_en),            //input wire rd_en
        .dout(dout),              //output wire [17 : 0] dout
        .full(full),              //output wire full
        .empty(empty)             //output wire empty
    );
  reg [2:0]cur_st,nxt_st;
  localparam idle = 0,
              write = 1,  //写 FIFO
              read = 2;   //读 FIFO


    always@(posedge clk or posedge reset)
        if(reset)
            cur_st <= 0;
        else cur_st <= nxt_st;

    always@(*)
    begin
        nxt_st = cur_st;
        case(cur_st)
            idle:nxt_st = write;
            write:nxt_st = read;
            read:nxt_st = idle;
            default:nxt_st = idle;
        endcase
    end
    //写时序
    always@(*)
        if(cur_st == write)
        begin
            wr_en = 1;
            din = 10;
        end
        else wr_en = 0;
    //读时序
    always@(*)
        if(cur_st == read)
            rd_en = 1;
        else rd_en = 0;
    endmodule
```

2）仿真文件

仿真文件代码如下：

```
module tb(
    );
    reg reset,clk;
    initial                        //初始化复位
    begin reset = 0;
        #20 reset = 1;
        #20 reset = 0;
```

```
    end
    //初始化时钟
    initial    clk = 1;
    always
    begin
        #20 clk = ~clk;
    end

    top top
    (
    .clk(clk),
    .reset(reset)

    )
endmodule
```

由图 9.9 的仿真波形可以看到,empty 信号在数据写入时变为低电平,读取数据后变为高电平。数据写入和读出都为 10,表明读数据正确。

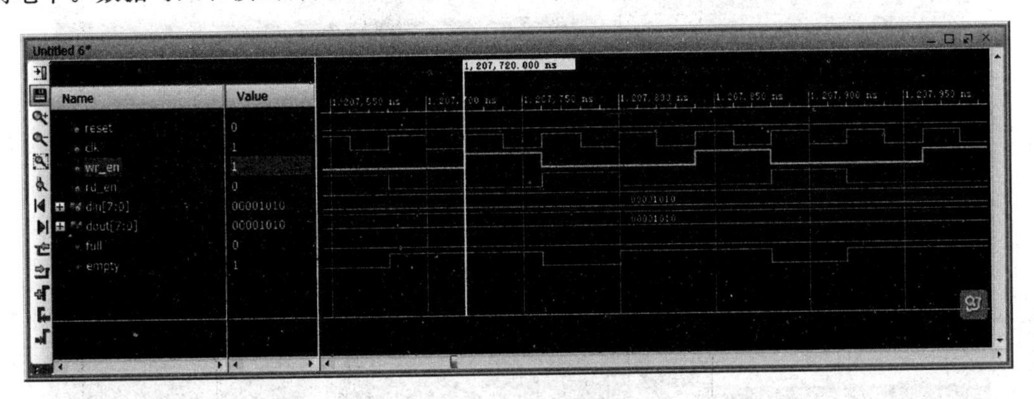

图 9.9 FIFO 仿真

9.1.2 单端口 RAM 设计

RAM 存储器是一种可以暂时存储数据或信号的常用器件,它通常由锁存器阵列构成。在时钟上升沿,采集地址、输入数据、执行相关控制信息。如果写使能有效,则执行一次写操作。其同步与异步设计仅针对读操作:对于异步 RAM 而言,读操作为异步,即地址信号有效时,控制器直接读取 RAM 阵列;对于同步 RAM 而言,地址信号在时钟上升沿被采样并保存在寄存器中,然后使用该地址信号读取 RAM 阵列,单端口 RAM 框图如图 9.10 所示。

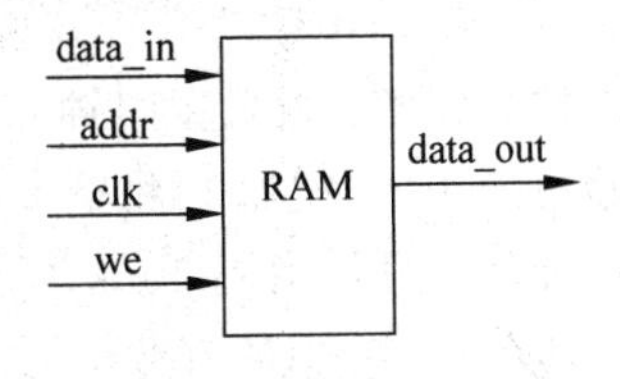

图 9.10 单端口 RAM 框图

1) 单端口 RAM 带异步读

代码如下:

```
module xilinx_one_port_ram_async #(parameter Addr_Width = 8,Data_Width = 1) (
    input wire clk, we,
```

```
        input wire [Addr_Width - 1:0] addr,
        input wire [Data_Width - 1:0] din,
        output wire [Data_Width - 1:0] dout
        );

        reg [Data_Width - 1:0] ram [2 ** Addr_Width - 1:0];

        always@(posedge clk)
            if(we)
                ram[addr]<= din;

        //读操作
        assign dout = ram[addr];

endmodule
```

带异步读仿真时序如图 9.11 和图 9.12 所示。

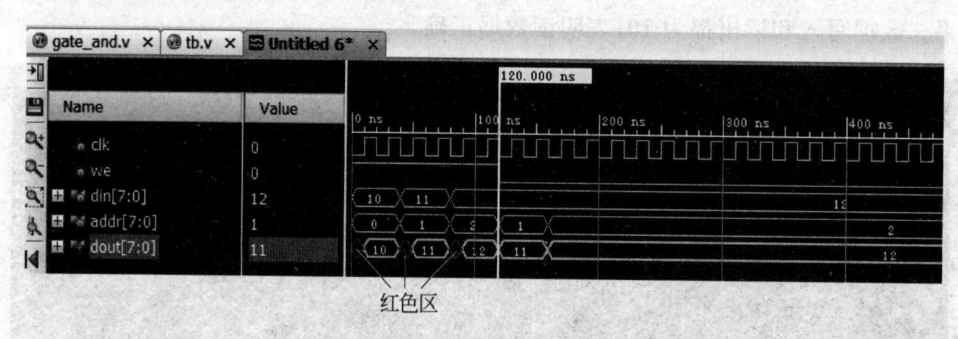

图 9.11　单端口 RAM 带异步读仿真时序

图 9.12　单端口 RAM 带异步读仿真时序局部放大图

仿真图解：设置主时钟 clk 周期为 20ns。在 0～120ns 期间，写使能 we 为 1，地址从 0 开始每隔 40ns 增加 1，将输入的 din 存入相应地址中；在 120～200ns 期间，写使能 we 置为 0，地址从 1 开始每隔 40ns 增加 1，将存放于相应地址的数据输出到 dout。注意到输出数据有一段为红色，那是因为在仿真时没有给 RAM 赋予初始值，所以当输出端口读取数据时，没有输入的情况下，RAM 为空。

2）单端口 RAM 带同步读

代码如下：

```
module xilinx_one_port_ram_sync #(parameter Addr_Width = 12, Data_Width = 8) (
    input wire clk, we,
    input wire [Addr_Width - 1:0]addr,
    input wire [Data_Width - 1:0]din,
```

```
    output wire [Data_Width - 1:0]dout
    );

    reg [Data_Width - 1:0] ram[2 ** Addr_Width - 1:0];
    reg [Addr_Width - 1:0] addr_reg;

    always@(posedge clk) begin
      if(we)
          ram[addr]<= din;
          addr_reg <= addr
    end

    assign dout = ram[addr_reg];

endmodule
```

带同步读仿真时序如图 9.13 和图 9.14 所示。

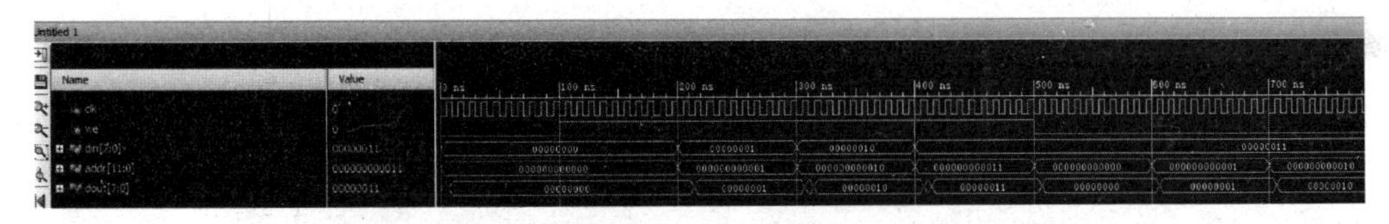

图 9.13　单端口 RAM 带同步读仿真时序

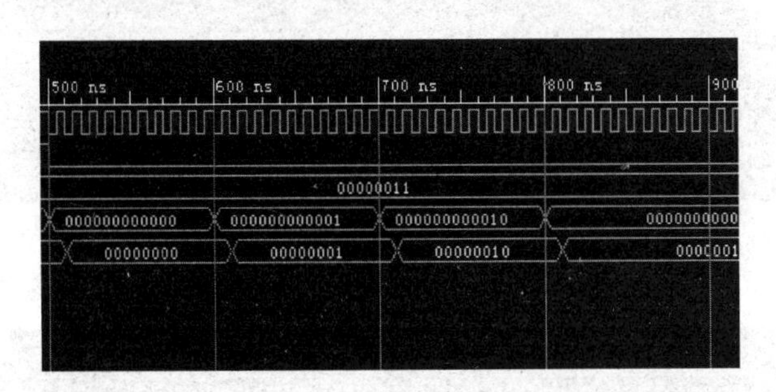

图 9.14　单端口 RAM 带同步读仿真时序局部放大图

仿真图解：设置主时钟 clk 周期为 10ns。在 100～500ns 期间，写使能 we 为 1，地址从 0 开始每隔 100ns 增加 1，将输入的 din 存入相应地址中；在 500～900ns 期间，写使能 we 置为 0，地址从 0 开始每隔 100ns 增加 1，将存放于相应地址的数据输出到 dout。由于是同步读取，因此在读取数据时，地址改变后，是在时钟的边沿将数据输出。

9.1.3　双端口 RAM 设计

相对于单端口 RAM 而言，双端口 RAM 与其的区别在于双端口 RAM 存在另外一个存储器存取端口，并且这个存取端口可以独立地进行读写操作，并具备自己的地址、数据输入/输出端口以及控制信号。双端口 RAM 常用于视频/图像处理设计中。

addr_a 作为输入端的地址，addr_b 作为输出端的地址，其框图如图 9.15 所示。

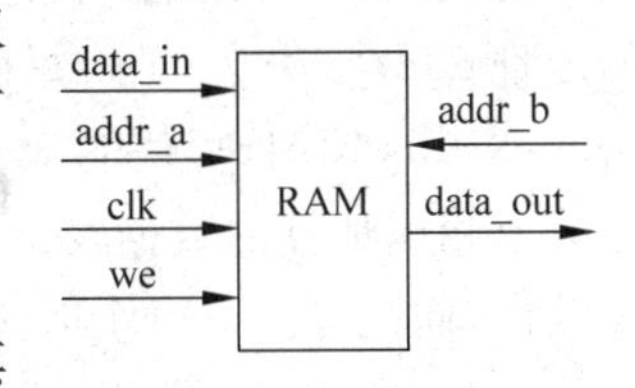

图 9.15　双端口 RAM 框图

1) 双端口 RAM 带异步读

代码如下：

```
module xilinx_dual_port_ram_async #(parameter Addr_Width = 6,Data_Width = 8) (
    input wire clk,we,
    input wire [Addr_Width - 1:0] addr_a,addr_b,
    input wire [Data_Width - 1:0] din_a,
    output wire [Data_Width - 1:0] dout_a,dout_b
    );

    reg [Data_Width - 1:0] ram [2 ** Addr_Width - 1:0];

    always@(posedge clk)
      if(we)
          ram[addr_a]<= din_a;

    assign dout_a = ram[addr_a];
    assign dout_b = ram[addr_b];

endmodule
```

带异步读仿真时序如图 9.16 和图 9.17 所示。

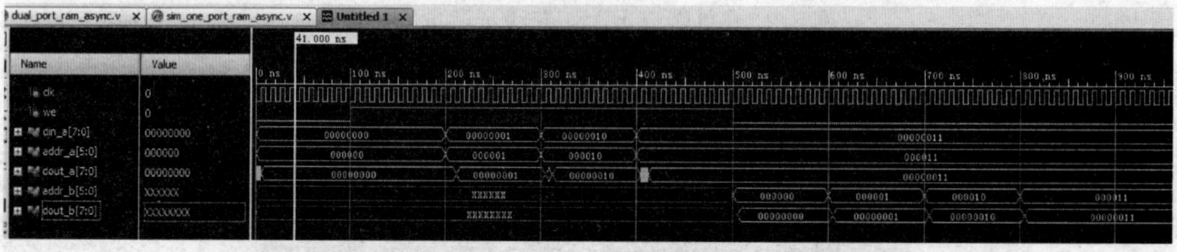

图 9.16 双端口 RAM 带异步读仿真时序

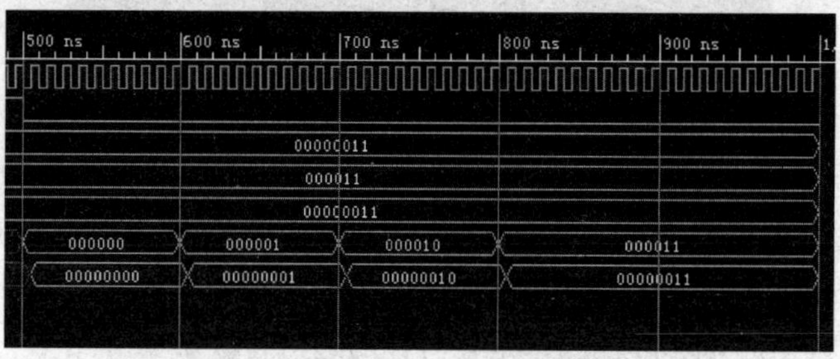

图 9.17 双端口 RAM 带异步读仿真时序局部放大图

仿真图解：设置主时钟 clk 周期为 10ns。在 100～500ns 期间，写使能 we 为 1，端口 A 的地址 addr_a 从 0 开始每隔 100ns 增加 1，将输入的 din_a 存入 RAM 相应地址中；在 500～900ns 期间，写使能 we 置为 0，端口 B 的地址 addr_b 从 0 开始每隔 100ns 增加 1，将存放于相应地址的数据输出到 dout_b。注意到，在读取数据时，数据没有在地址改变后立即输出，而是等到下一个时钟的上升沿才将数据输出。这是为了节约资源，Vivado 工具自动将 RAM 综合成了 Block RAM 块，节省了逻辑资源。读取 RAM 数据相当于从 Block

RAM 中读取数据，需要上升沿触发。

2）双端口 RAM 带同步读

代码如下：

```
module xilinx_dual_port_ram_sync #(parameter Addr_Width = 6,Data_Width = 8) (
    input wire clk,we,
    input wire [Addr_Width - 1:0] addr_a,addr_b,
    input wire [Data_Width - 1:0] din_a,
    output wire [Data_Width - 1:0] dout_a,dout_b
    );

    reg [Data_Width - 1:0] ram[2 ** Addr_Width - 1:0];
    reg [Addr_Width - 1:0]addr_a_reg,addr_b_reg;

    always@(posedge clk) begin
      if(we)
          ram[addr_a]<= din_a;
      addr_a_reg <= addr_a;
      addr_b_reg <= addr_b;
    end

    //两次读操作
    assign dout_a = ram[addr_a_reg];
    assign dout_b = ram[addr_b_reg];

endmodule
```

带同步读仿真时序如图 9.18 和图 9.19 所示。

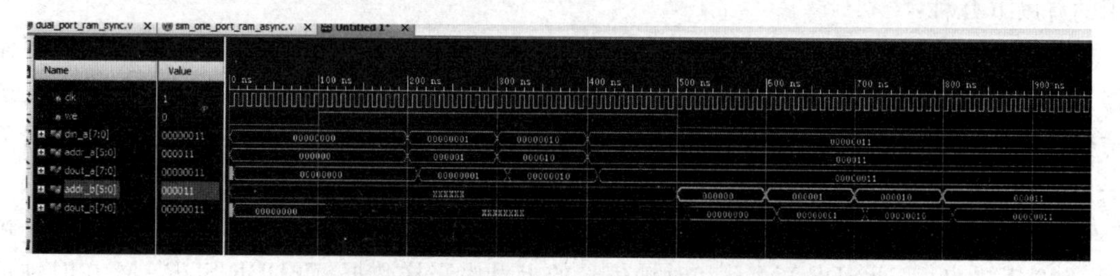

图 9.18　双端口 RAM 带同步读仿真时序

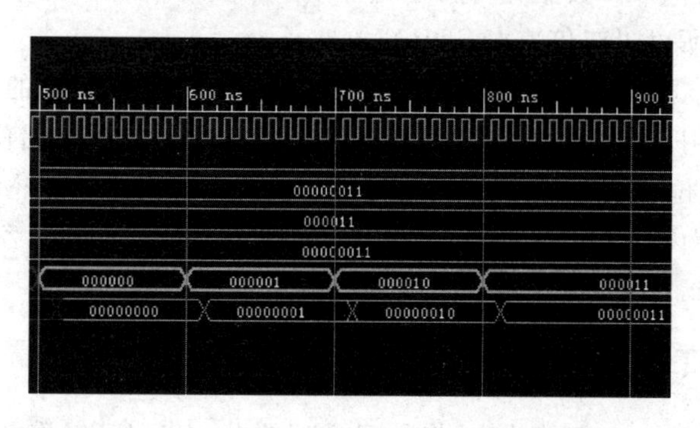

图 9.19　双端口 RAM 带同步读仿真时序局部放大图

仿真图解：设置主时钟 clk 周期为 10ns。在 100～500ns 期间，写使能 we 为 1，端口 A 的地址 addr_a 从 0 开始每隔 100ns 增加 1，将输入的 din_a 存入 RAM 相应地址中；在 500～900ns 期间，写使能 we 置为 0，端口 B 的地址 addr_b 从 0 开始每隔 100ns 增加 1，将存放于相应地址的数据输出到 dout_b。由于是同步读取，因此在地址改变后，是在时钟的边沿将数据输出。

9.2 外部存储器

FPGA 的片内存储资源有限，往往不能满足较大数据存储空间的应用需求，所以很多逻辑系统设计中考虑在 FPGA 片外添加存储器芯片，由 FPGA 实现数据存储控制。一般的外部随机存储器分为静态存储器 SRAM 和动态存储器 DRAM，其常见分类如图 9.20 所示。

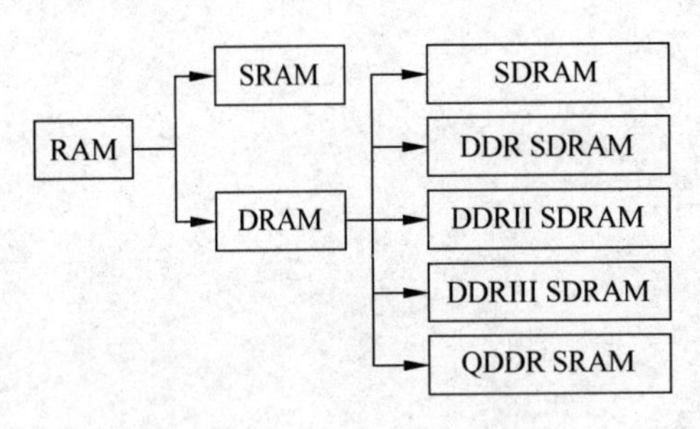

图 9.20 常用 RAM 分类

静态存储器芯片读写速度快，且控制简单，但一般容量密度比动态存储器低，成本也比动态存储器高。静态存储器的控制信号和控制时序要求与之前的片内存储器中单端口 RAM 相近，这里不再详细介绍。DRAM 控制时序复杂，以下详细说明。

9.2.1 DRAM 介绍

DRAM 即 dynamic RAM，是动态随机存取存储器的意思。DRAM 的种类有很多，常用的有以下几种：

(1) SDRAM：synchronous dynamic random access memory，即同步动态随机存取存储器。"同步"是指其时钟频率与 CPU 前端总线的系统时钟频率相同，并且内部命令的发送与数据的传输都以此频率为基准；"动态"是指存储阵列需要不断刷新来保证所存储数据不丢失；"随机"是指数据不是线性一次存储，而是自由指定地址进行数据的读写。

(2) DDR SDRAM：double data rate SDRAM，即双倍速率 SDRAM。最早由三星公司于 1996 年提出，普通 SDRAM 只在时钟信号的上升沿采样数据，而 DDR SDRAM 在时钟信号的上升沿和下降沿都采样数据，这样，在时钟频率不变的情况下，DDR SDRAM 的数据存取速度提高了一倍，所以叫双倍速率 SDRAM。

(3) RDRAM：rambus DRAM，是美国的 RAMBUS 公司开发的一种内存。与 DDR SDRAM 不同，它采用了串行的数据传输模式。RDRAM 的数据存储位宽是 16 位，远低于 DDR SDRAM 的 64 位，但在频率方面则远远高于前者，可以达到 400MHz 乃至更高。同样也是在一个时钟周期内传输两次数据，能够在时钟的上升沿和下降沿各传输一次数据，内存带宽能达到 1.6GB/s。

9.2.2 DDR SDRAM 原理

SDRAM 内部就是一个存储阵列，将数据"填"进去。我们可以将它想象成一张表格，指定了行地址与列地址，就可以找到对应的数据，这就是内存寻址的基本原理，如表 9.2 所示。

表 9.2 SDRAM 存储阵列

Bank	列地址		
行地址		0	1
	0	数据	数据
	1	数据	数据

DDR SDRAM 的主要信号端口如表 9.3 所示。

表 9.3 DDR SDRAM 信号功能

端口	端口类型	功能
ADDR	input	行地址
BA	input	列地址
CLK,CLK#	input	差分时钟信号
CKE	input	时钟使能
CS#	input	片选信号
ODT	input	内部阻抗使能
RAS#	input	行地址选通
CAS#	input	列地址选通
WE#	input	数据输入选通
DQ	I/O	数据输入/输出
DQS,DQS#	I/O	数据同步信号

(1) CLK：DDR SDRAM 有两个时钟信号 CLK# 与 CLK。CLK# 与正常 CLK 时钟相位相反，形成差分时钟信号。而数据的传输在 CLK 与 CLK# 的交叉点进行，可见在 CLK 的上升沿(此时正好是 CLK# 的下降沿)与下降沿(此时正好是 CLK# 的上升沿)都有数据被触发，从而实现 DDR。

(2) DQS：DQS 是 DDR SDRAM 中的重要功能，它的功能主要用来在一个时钟周期内准确的区分出每个传输周期，并便于接收方准确接收数据。每一个芯片都有一个 DQS 信号线，它是双向的：在写入时，它用来传送由北桥发来的 DQS 信号；读取时，则由芯片生成 DQS 向北桥发送。完全可以说，它就是数据的同步信号。

(3) 写入延迟：在发出写入命令后，DQS 与写入数据要等一段时间才会送达。这个周期被称为 DQS 相对于写入命令的延迟时间(tDQSS, WRITE Command to the first corresponding rising edge of DQS)。

(4) 突发：在实际工作时，发出行地址以及 Bank 地址(我们称之为“行激活”)之后，发送列地址以及具体的读写命令。从行激活到读写指令发出之间的间隔就被称为 tRCD，即 RAS 到 CAS 的 Delay。

在进行突发写传输时，只需要给出首位的地址，而后存储器将自动将数据存入依次的地址中，避免了延迟的产生；而突发读传输时，给出首位地址，存储器将自动依次从地址中读出数据。

(5) 时序：在这里给出一张 DDR SDRAM 读时序参考图，见图 9.21。具体的时序图大家可以查看使用的 DDR SDRAM 技术手册。

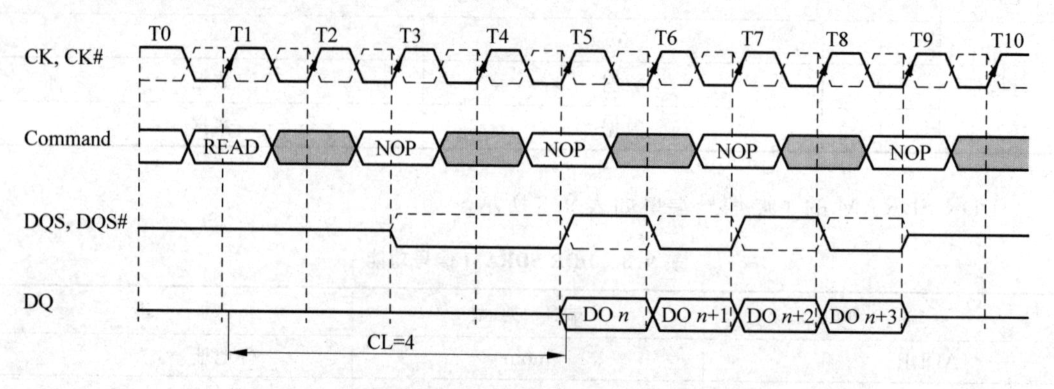

图 9.21 DDR SDRAM 读时序

9.2.3 DDR SDRAM 控制器原理

1. DDR SDRAM 控制器 IP 核概述

由于 DDR SDRAM 的速度非常高，对于逻辑时序控制的精度要求非常大，给我们的设计造成了诸多困难。因此 Xilinx 提供了存储器控制器的 IP 核供快速使用存储器。

memory interface generator，简称 MIG，就是本次介绍的存储器控制 IP 核。框图如图 9.22 所示，控制器包括 3 个部分：用户接口（user interface block）、内存控制器（memory controller）和物理接口（physical layer）。ECC 功能可选。

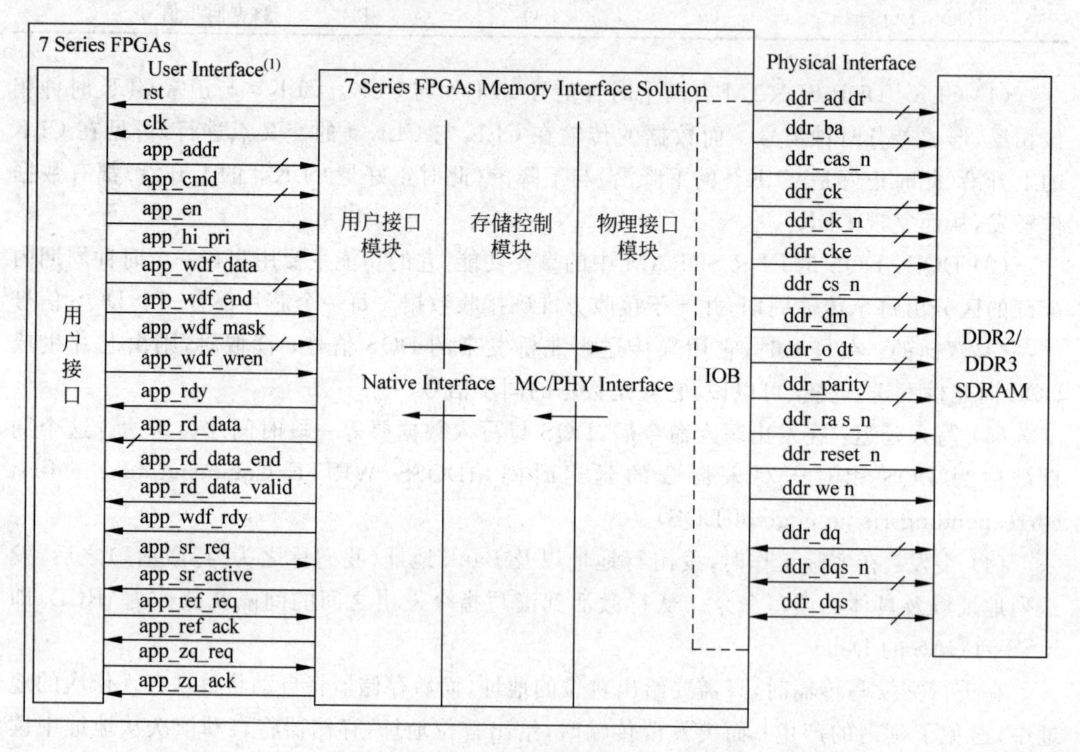

图 9.22 MIG 框图

用户接口使用一套简单的类似 FIFO 的接口，接收用户逻辑发来的命令和数据并输出数据给用户逻辑。有关用户接口的定义参考 ug586_7Series_MIS。除了这套用户逻辑，MIG 控制器还可以选择标准 AXI4 总线接口、Native 接口(可以提供更短的延时)或者直接使用物理接口，配合第三方控制器，可以完成某些特殊应用。

2. 时序分析

1) 写时序逻辑

当 app_cmd 为 0 时，为写操作，这时需要将 aap_wdf_wren 和 app_wdf_end 以及 app_en 拉高，并且给出 app_addr 地址，就会将 app_wdf_data 中的数据写进对应的地址中。需要注意的是在这个期间 app_wdf_rdy 和 app_rdy 如果被拉低，则需要将现在的操作保持到这两个信号被重新拉高。

图 9.23 给出的时序是 4∶1 速率下的时序，如果是 2∶1 时序，则 app_wdf_end 在每次第二个数据被拉高就可以。

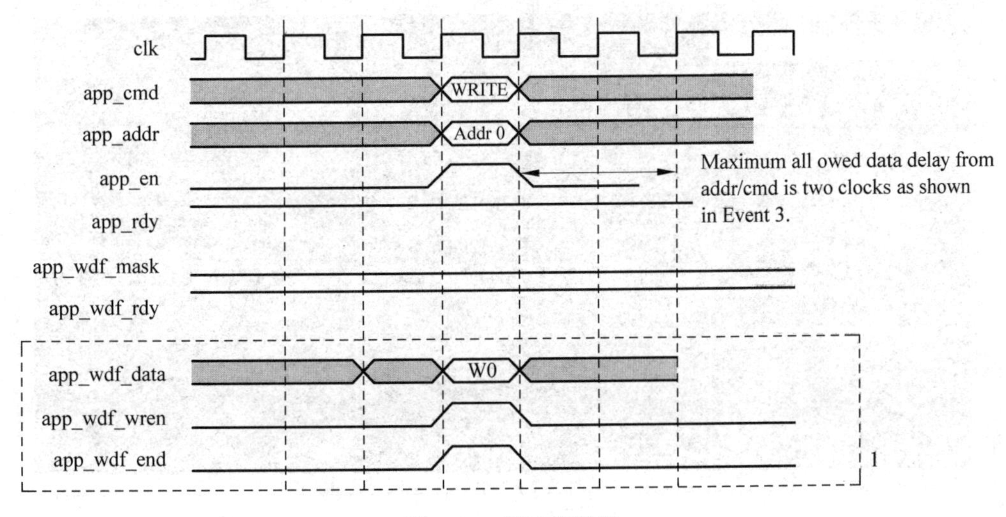

图 9.23　写时序逻辑

2) 读时序逻辑

当 app_cmd 为 1 时，为读操作。以 BL=8 举例，将 app_en 置为 1 并且给出对应的地址，则开始进行读操作。app_rd_data_valid 被拉高时表示当前的 app_rd_data 有效。有效信号并不一定在读操作指令后立即给出，如图 9.24 所示。

PHASER_IN 在读数据时需要两次动态调整。为了保证 PHASER_IN 一直能调整并且为读数据做好准备，我们需要周期性读行为。当总线闲置或者在写数据时，MIG 7 series 控制器每 1μs 进行一次周期性读操作。如果正当控制器读数据，则周期性读操作不触发。

动态调整是硬逻辑，即不属于编程范畴。但是周期性读指令数据是由 MIG 7 series 控制的数字逻辑。

当发生周期性读操作的时候，app_rdy 被拉低。从图 9.25 可以看到，即使没有任何操作，app_rdy 仍然被周期性拉低。

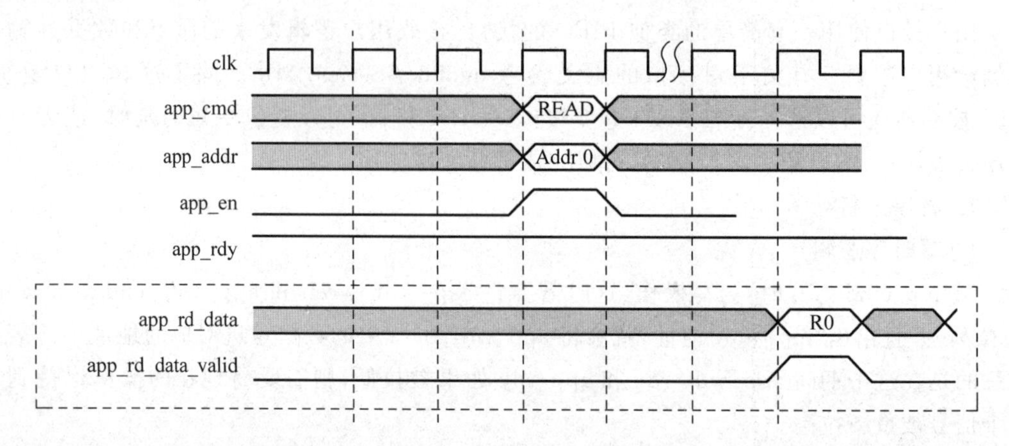

图 9.24 读时序逻辑

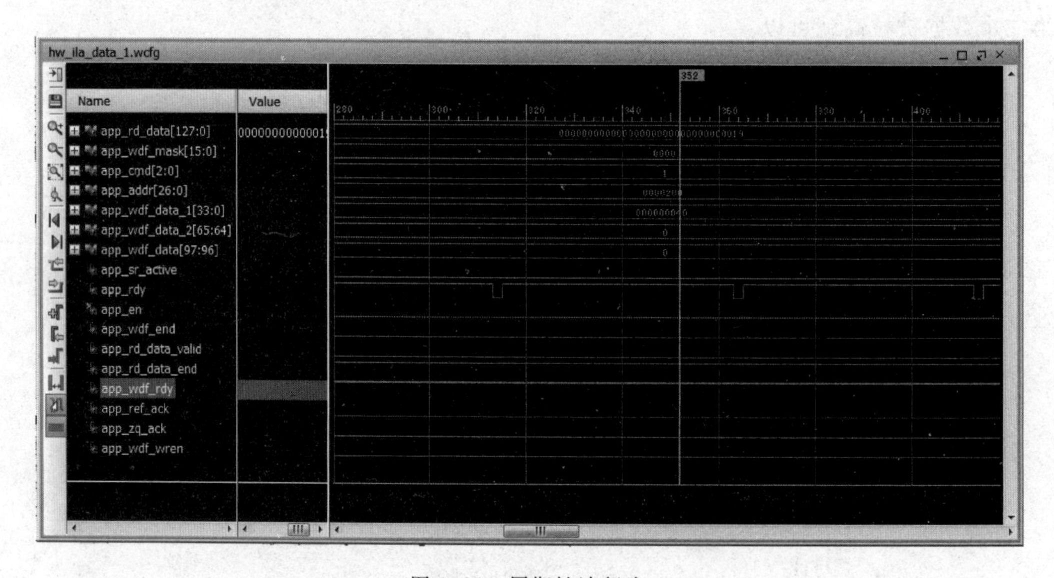

图 9.25 周期性读行为

3. DDR SDRAM 高速接口介绍

由于 DDR SDRAM 的速度非常高，因此在端口处，Xilinx 使用了硬核 IOB 来达到高速的时序要求，如图 9.26 所示。

IOB 逻辑资源包含 Master 和 Slave 两个模块，每个模块包括 ILOGIC/ISERDES、OLOGIC/OSERDES、IDELAY 和 ODELAY 组件，如图 9.27 所示。

（1）ILOGIC：HP bank 中命名为 ILOGIC2，HR bank 中命名为 ILOGIC3。可直接输入或通过 IDELAY 模块输入，直接输出或通过 IDDR 模块输出。

（2）OLOGIC：HP bank 中命名为 OLOGIC2，HR bank 中命名为 OLOGIC3。可直接输出或通过 ODELAY 模块输出。

（3）ISERDES：输入串并转换器，可实现 2、3、4、5、6、7、8 位 SDR 数据的转化或 4、6、8 位 DDR 数据的转化，如需实现更宽的数据位转换，可将 Master 和 Slave 级联，最高实现 14 位的数据转化。

（4）OSERDES：输出并串转换器，可实现 2、3、4、5、6、7、8 位 SDR 数据的转化或 4、6、8

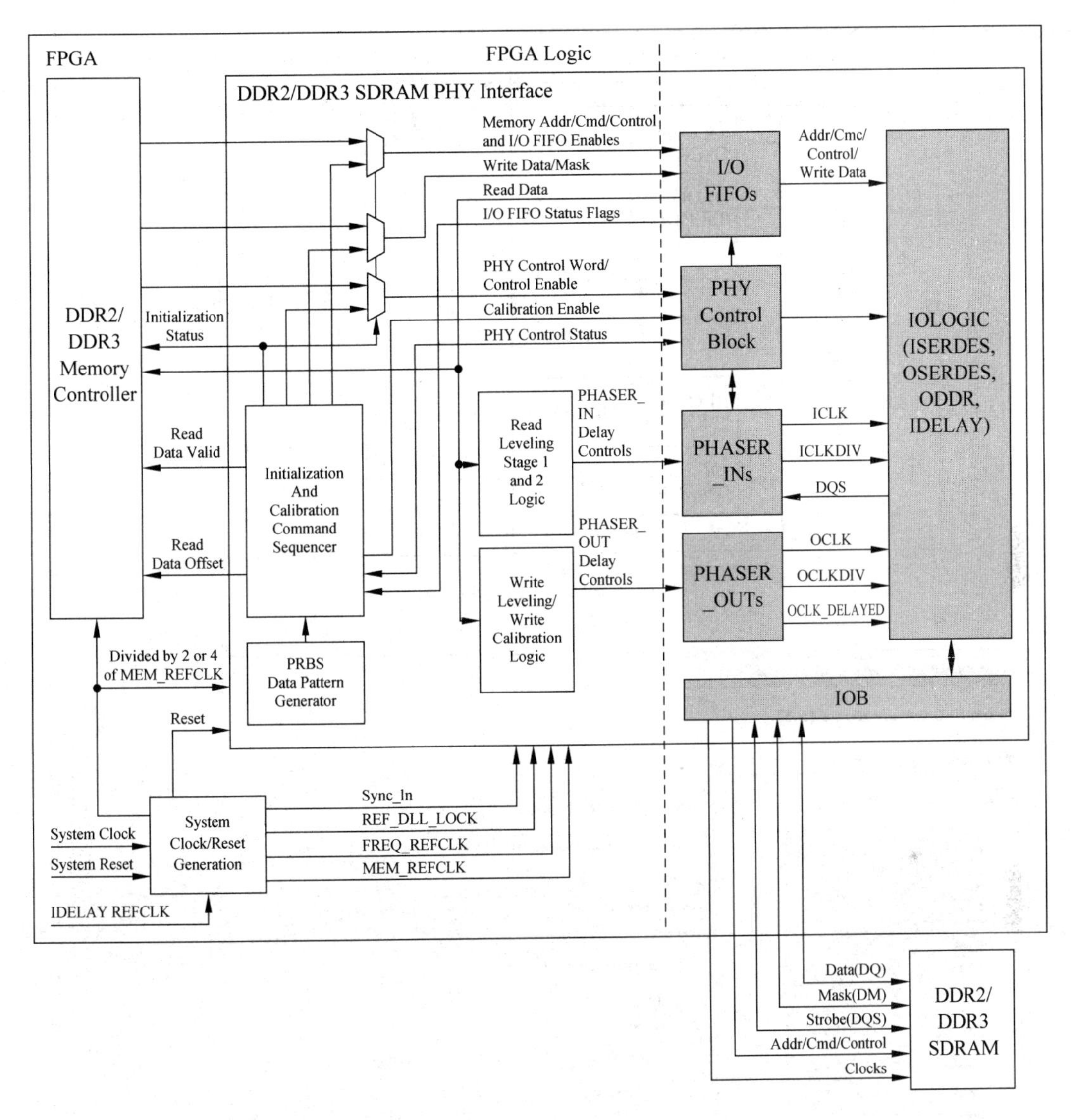

图 9.26 DDR SDRAM 控制器逻辑框图

位 DDR 数据的转化，如需实现更宽的数据位转换，可将 Master 和 Slave 级联，最高实现 14 位的数据转化。当使用 3 态模式的数据转换，数据和 3 态数据位宽必须为 4，此时时钟是共享的。

(5) IDELAY：在 HR 和 HP bank 中都有。只要使用 IDELAY，就必须有 IDELAYCTRL。根据 FPGA 器件的不同，IDELAYCTRL 使用了 200MHz、300MHz 或 400MHz 的时钟。若设置了 IDELAY_GROUP，FPGA 就会将 IDELAYCTRLs 复制到每个 IDELAY 存在的模块内。

(6) ODELAY：只存在于 HP bank 中。

IOB 的延迟是通过 IDELAYCTRL 模块来控制实现，共分为 32tap，每个 tap 的延迟是 78ps(200Mhz)或 52ps(300Mhz)，用户可以设定延迟 tap 参数。

一般 IOB 的相关参数例如 ODDR、ISERDES 和 OSERDES，可以通过调用 IP 核来设定，可以使用 SelectIO Interface Wizard，如图 9.28 所示。

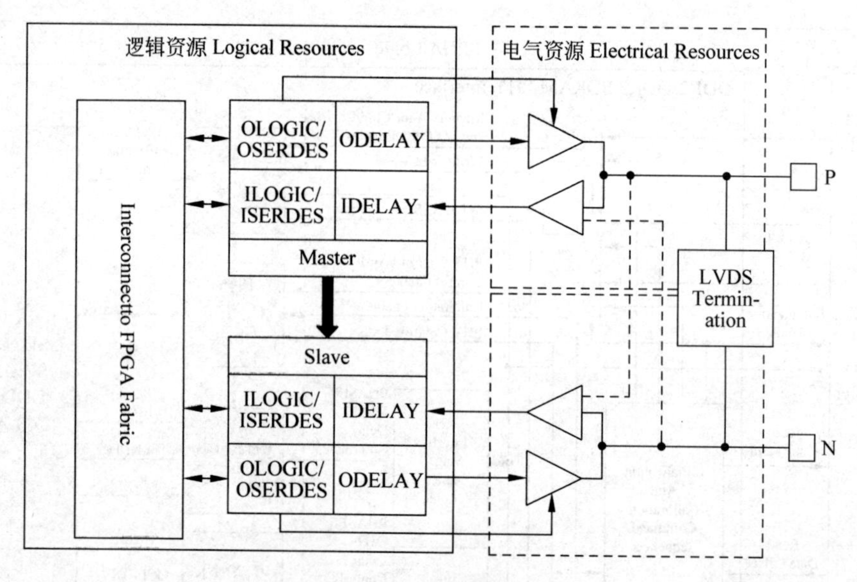

图 9.27 IOB 逻辑框图

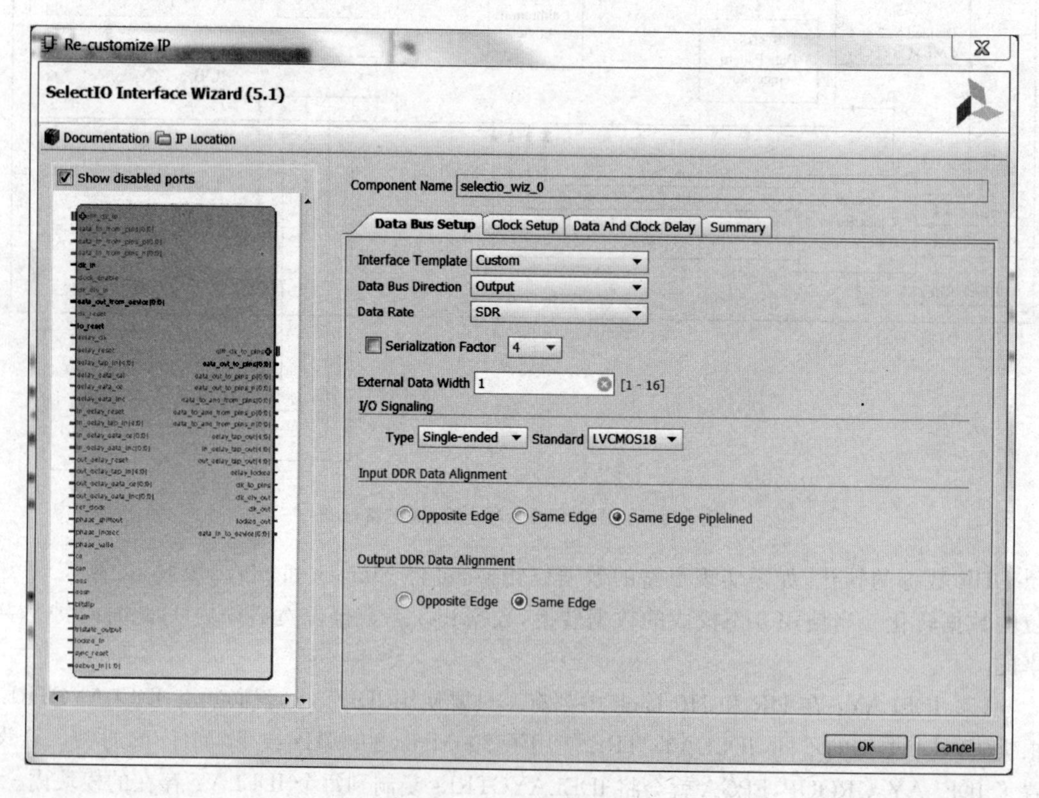

图 9.28 SelectIO 接口向导

IDELAYCTRL 与 IDELAY 的原语可以在 Vivado 的 Language Templates 中找到。

4. MIG IP 核建立

以 Micron 的 MT47H64M16HR-25E DDR2 SDRAM 芯片为例讲解如何在 FPGA 中添加 DDR MIG 核。MT47H64M16HR-25E 的性能如表 9.4 所示。

表 9.4　MT47H64M16HR-25E 性能

属　　性	值
最高时钟	3000ps(667Mbps 数据速率)
数据宽度	16
数据掩码	有
芯片选择引脚	有
RTT On-die termination	50ohms
内部参考电源	有
内部阻抗	50ohms

打开 Vivado,新建一个工程。

选择 IP Catalog,然后在 Search 一栏输入 mig,双击打开,如图 9.29 所示。

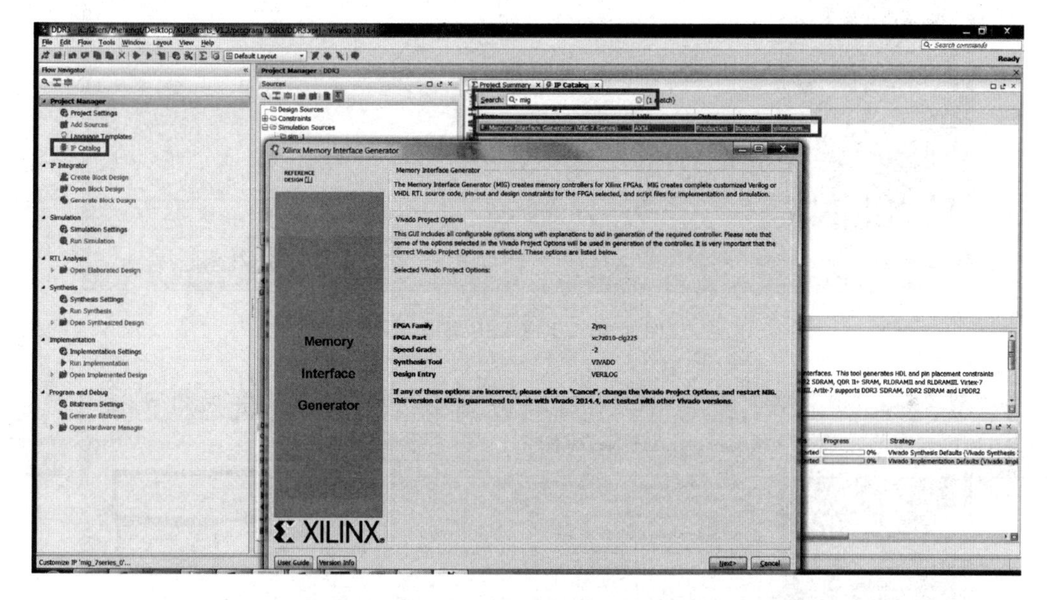

图 9.29　MIG 核查找

在图 9.30 界面选择 DDR2 SDRAM。

在 Controller Options 里,将器件选项改为 MT47H64M16HR-25E,Clock Period 改成 5000ps,即 200MHz,如图 9.31 所示。

(1) Clock Period: DDR2 SDRAM 运行速率,取决于芯片的型号以及级别,即－1、－2、－3。

(2) PHY to Controller Clock Ratio: 定义了控制与用户接口的物理层时钟速率。FPGA 内的存储器控制逻辑和校验部分时钟只要 1/2 或者 1/4 的存储器时钟就可以。

(3) Data Mask: 数据掩码的使能。

在 Memory Options 里,需要选择 PLL 的输入时钟(Input Clock Period)、内存映射地址。将 Input Clock Period 调整至 10 000ps(100MHz),RTT 调整至 50ohms,如图 9.32 所示。

Input Clock Period: 输入 DDR2 SDRAM 的时钟,DDR2 SDRAM 将根据输入时钟速率和运行速率来决定内部 PLL 的参数。

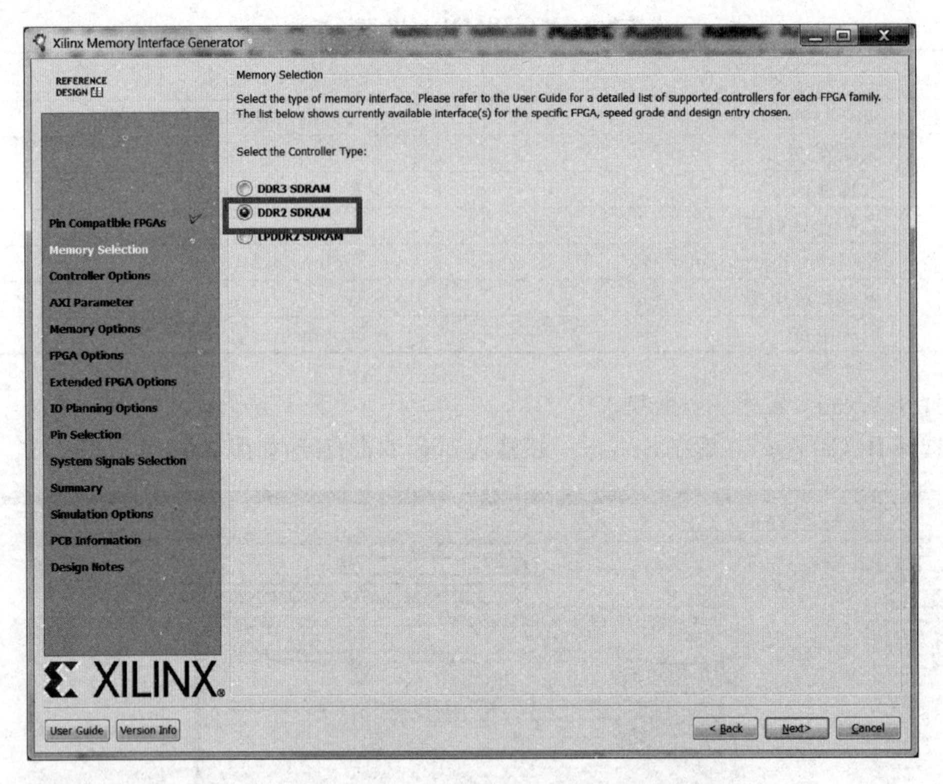

图 9.30　生成 MIG 核选项

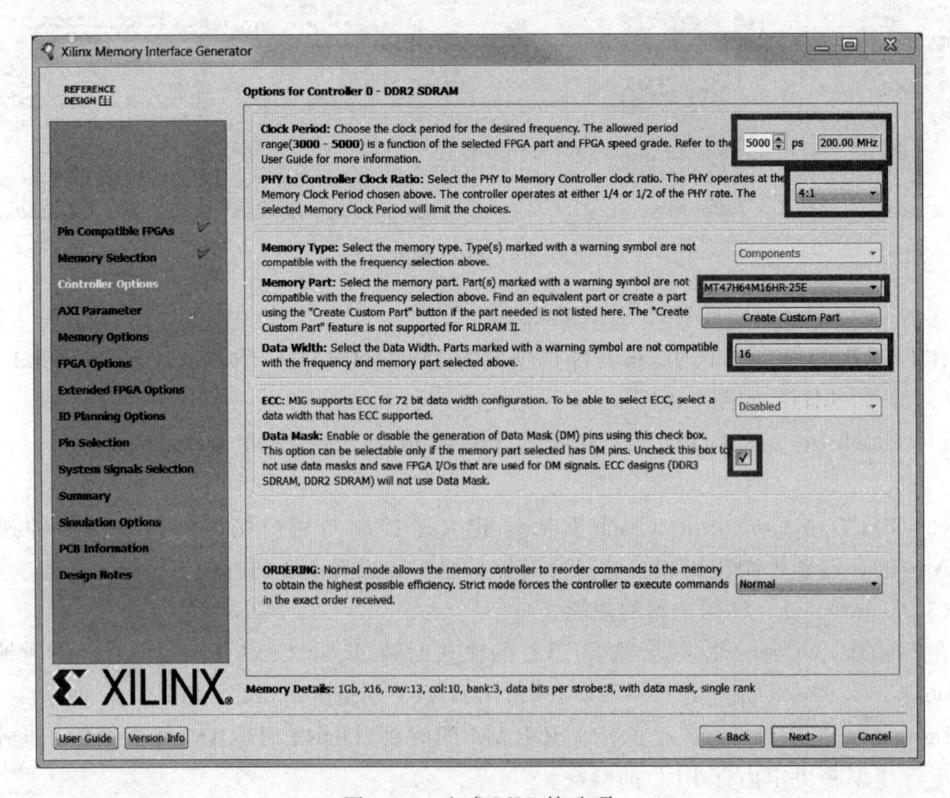

图 9.31　生成 MIG 核选项

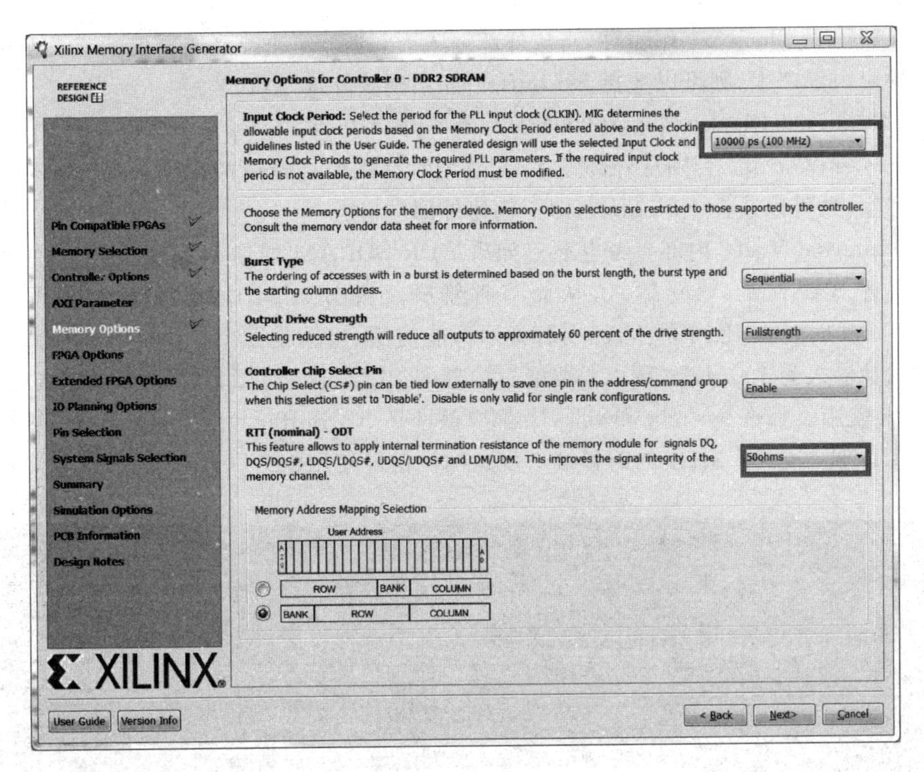

图 9.32 生成 MIG 核选项

在 FPGA Options 中选择 System Clock 和 Reference Clock 是单端还是双端，如图 9.33 所示。

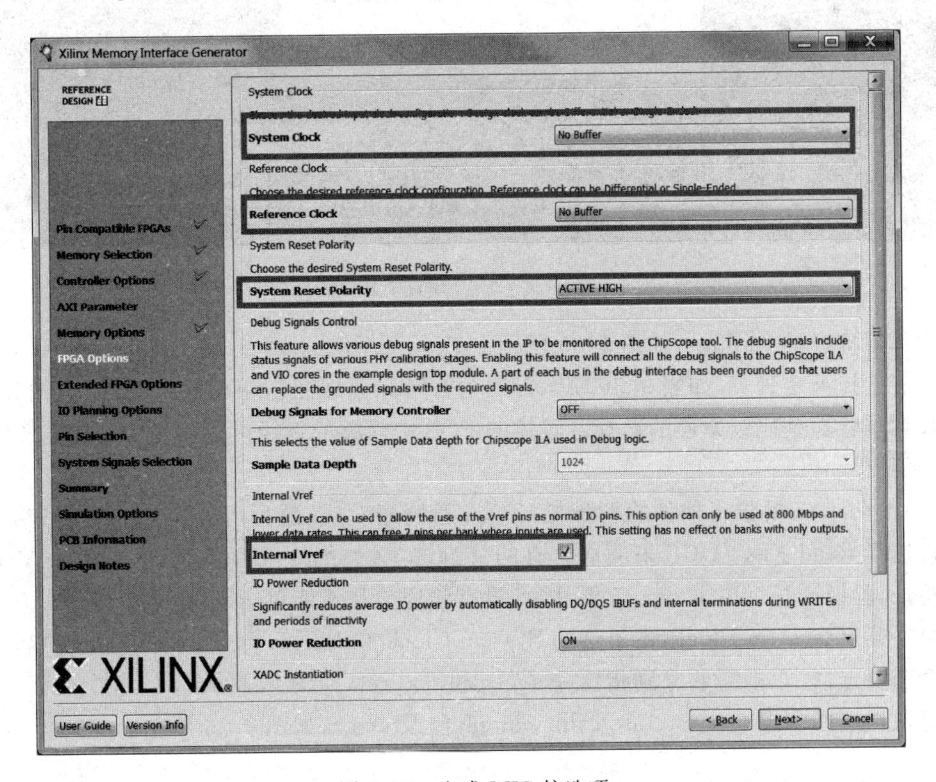

图 9.33 生成 MIG 核选项

(1) System Clock：工作时钟，当从外部输入时，这个时钟需要选择单端或者双端。若这个时钟由内部产生，则可以选择 No buffer，即不创建外部端口。

(2) Reference Clock：要求为 200MHz，当 Input Clock Period 选择 200MHz 时，可以选择 Use System Clock。否则从外部输入时，这个时钟需要选择单端或者双端。若这个时钟由内部产生，则可以选择 No buffer，即不创建外部端口。

(3) Internal Vref：内部参考电源。如果 DDR SDRAM 的速率不高，则可以使用内部电源来代替 BANK 的 Vref 输入，从而节省管脚。从图 9.34 中可以看到，当没有勾选 Internal Vref 时，BANK 中的 Vref 引脚提示不能使用，也就是图中框中的高亮引脚。由于板上的时钟输入为 100MHz，所以需要通过内部的 PLL 或者 MCMM 产生 200MHz 的时钟供 ref_clk 使用。那么 sys_clk 和 ref_clk 都应该选择 No Buffer，由 Clock Wizard 核生成一个 100MHz 和一个 200MHz 的时钟端口供这两个信号使用。

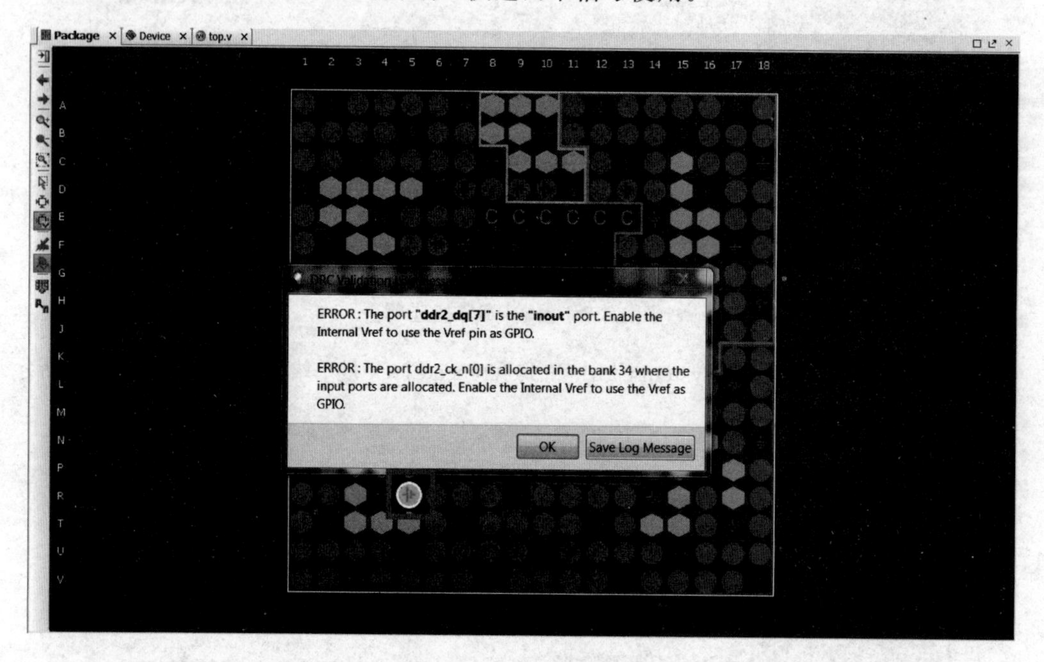

图 9.34 Vref 用作 GPIO

内部阻抗选择 50ohms，如图 9.35 所示。

接着选择绑定管脚，如图 9.36 所示。因为管脚和原理图密切相关，根据原理图和 PCB 的布线调整管脚是比较方便的选择。具体的 PCB 中管脚的走线可以参考 DDR SDRAM 的参考手册。

Pin Selection 要求将器件的管脚与 FPGA 管脚相对应，这里可以一个一个绑定管脚或者直接选择 Read XDC/UCF 来读取已有的管脚绑定，如图 9.37 所示。然后单击 Validate 进行验证，验证通过后单击 next。要注意，没有验证前是不能单击 next 的。

最后确定 System Clock，由于选的 System Clock 和 Reference Clock 一样，所以这里只有一个需要选择，否则需要分别指定 sys_clk 和 clk_ref，如图 9.38 所示。这个页面下拉能看到还可以选择绑定 sys_rst、init_calib_complete 及 error，如图 9.39 所示。

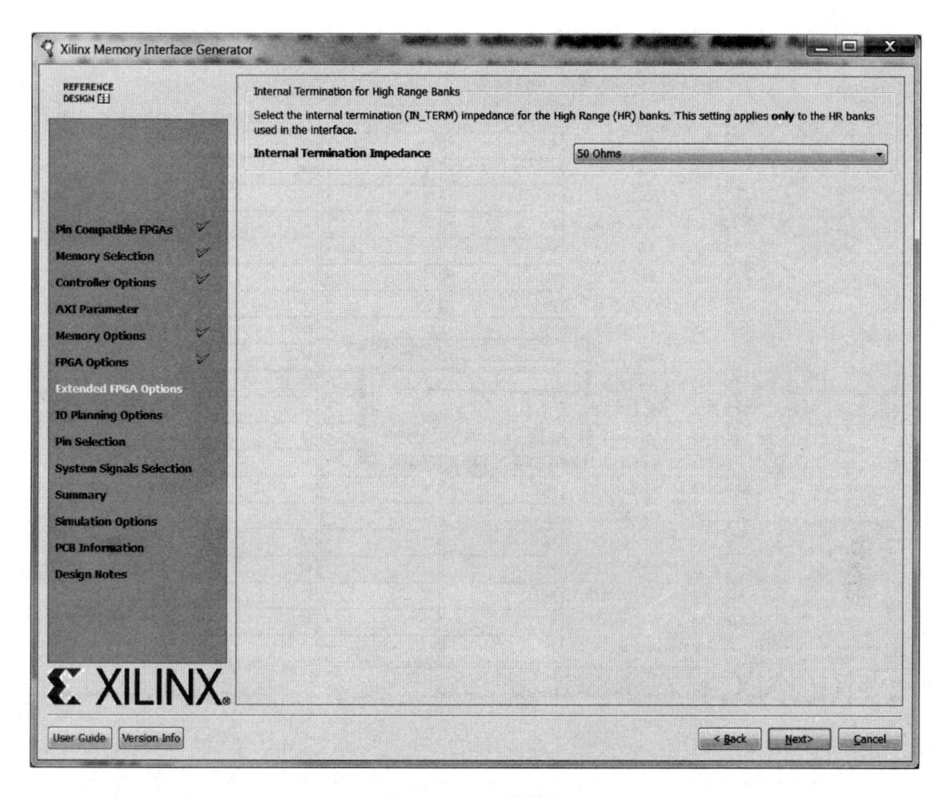

图 9.35　内部阻抗

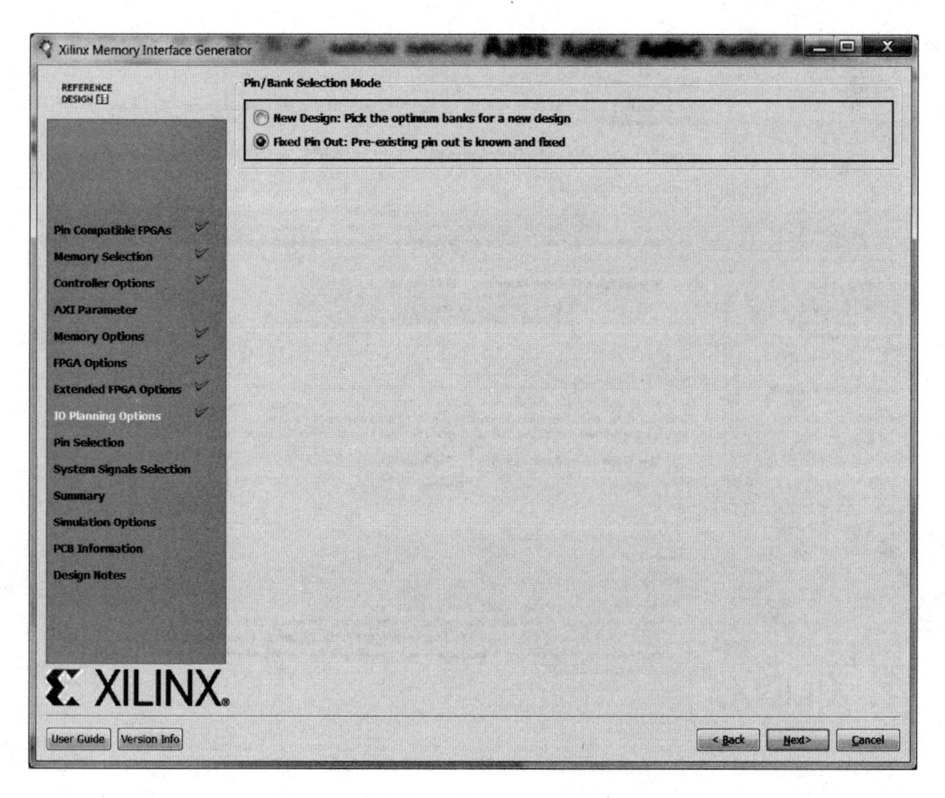

图 9.36　选择绑定管脚

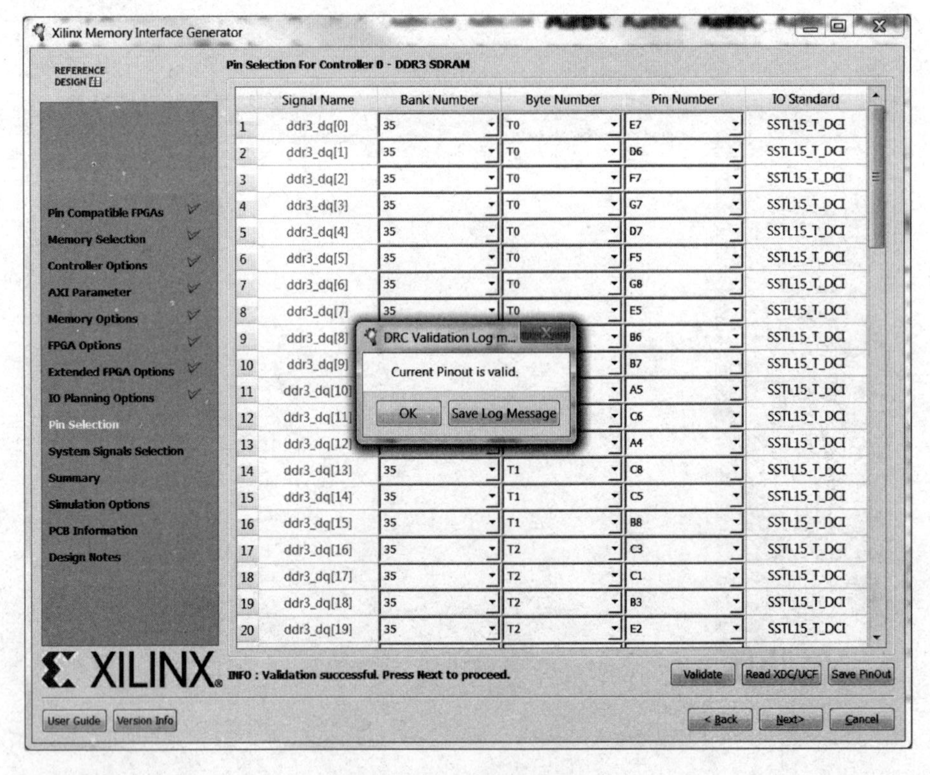

图 9.37　MIG 核分配管脚

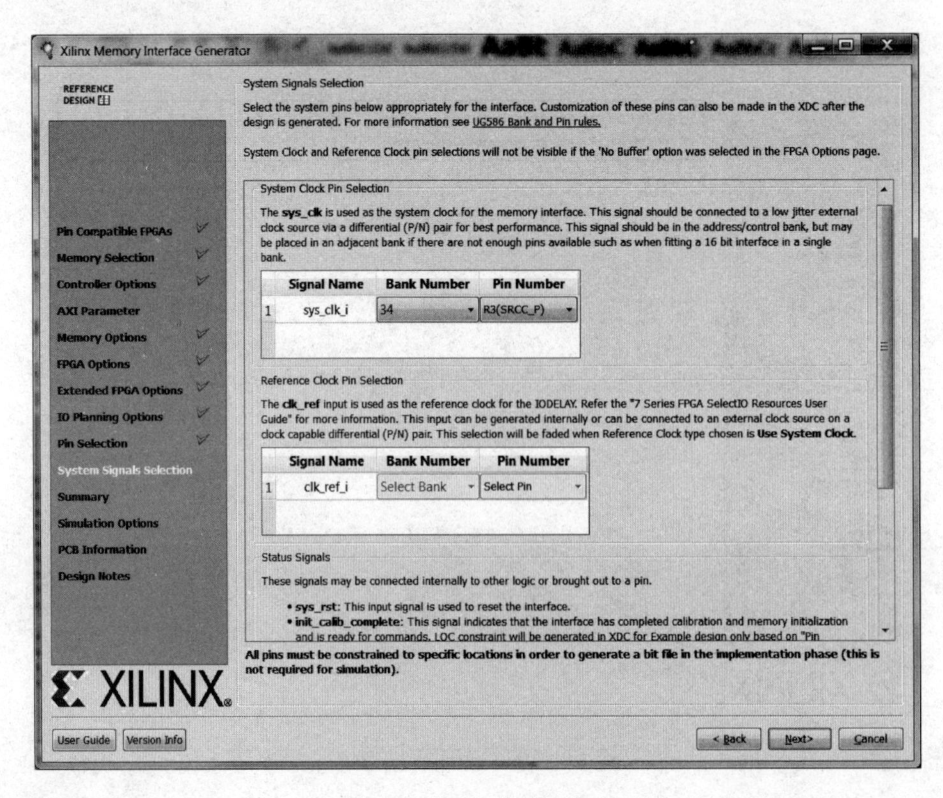

图 9.38　MIG 核时钟选项

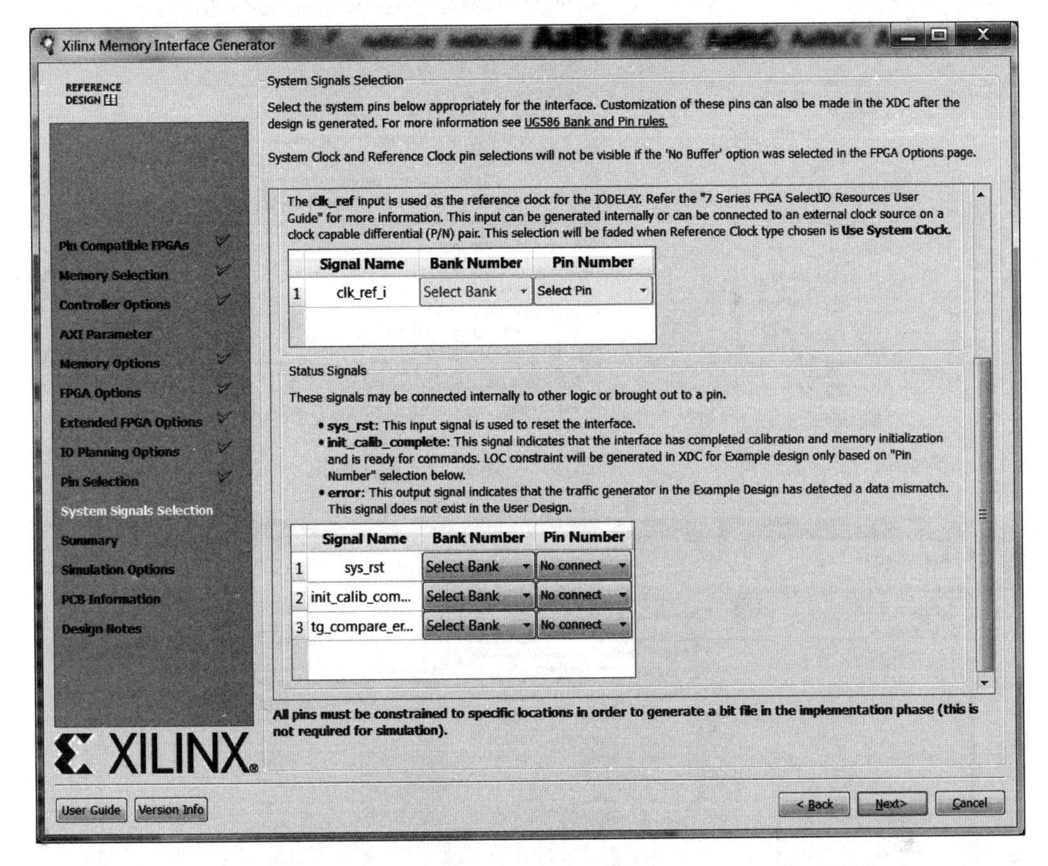

图 9.39　MIG 核时钟选项

(1) sys_rst：DDR SDRAM 核的复位信号。

(2) init_calib_complete：DDR SDRAM 核初始化完成信号。在调试过程中非常有用的信号，当这个信号置为高电平时，表示 DDR SDRAM 自检完成。否则 DDR SDRAM 初始化有问题，需要查看是否设计有误。

(3) error：表示示例工程中数据传送错误。这个信号不在用户接口信号列表里。

接着一直单击 Next，直到完成。

5. DDR2 SDRAM 范例工程建立与运行

当 Generate Output Product 完成后，用户可以到工程所在的目录下，在 proj. srcs\sources_1\ip\mig_7series_0\mig_7series_0\example_design\rtl 文件夹里找到 Vivado 生成的参考工程源文件，文件夹结构如图 9.40 所示，然后将所有文件添加至工程中，并且将 XDC 文件也一起添加进来，如图 9.41 所示。

添加 Clocking Wizard IP 核，两个输出时钟分别为 100MHz 和 200MHz，如图 9.42 所示。由于 PLL 会产生 BUFF，如果 MIG 核时钟也选择了 BUFF，则 Vivado 可能会报错。

修改顶层文件，将原来的 sys_clk 和 ref_clk 从输入中移出，改为 wire 类型。然后在顶层文件中添加如下代码，用来绑定产生的时钟到 MIG 核的管脚。

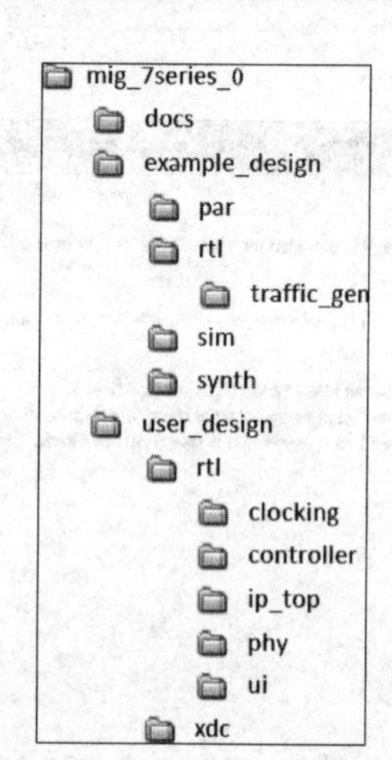

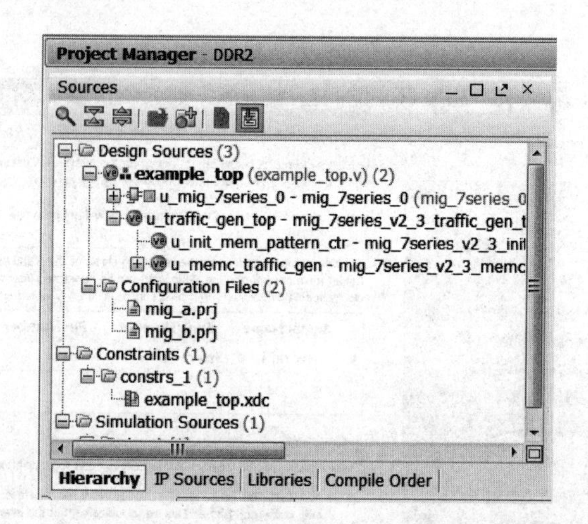

图 9.40　文件夹结构

图 9.41　添加 MIG 示例工程

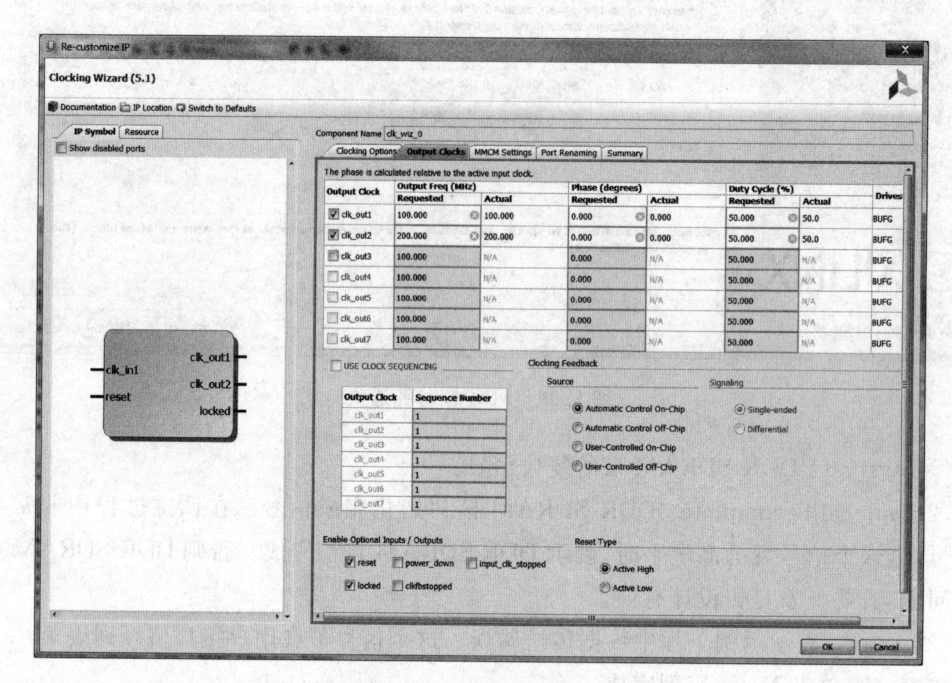

图 9.42　Clocking Wizard

```
clk_wiz_0 clk_wiz_0
   (
//Clock in ports
  .clk_in1(clk_in),
  //Clock out ports
  .clk_out1(sys_clk_i),
  .clk_out2(clk_ref_i),
  //Status and control signals
  .reset(sys_rst),
  .locked()
   );
```

添加 Debug 信号，将需要查看的信号添加至 Debug 列表中，如图 9.43 所示。如若有信号不出现，可以在声明信号定义时添加注释，如下：

```
/ * keep = "true" * /
wire [ADDR_WIDTH - 1:0]app_addr;
```

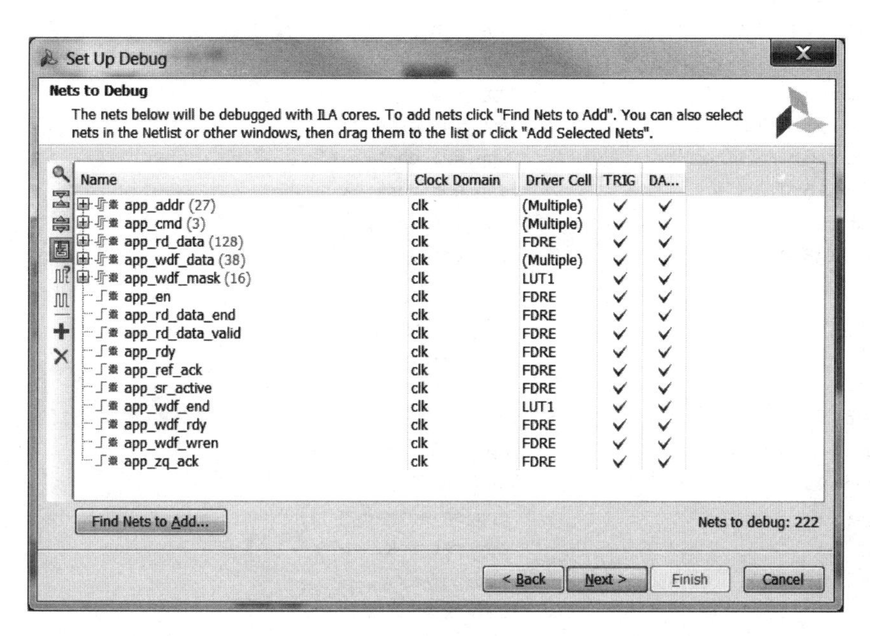

图 9.43 添加 Debug 信号

生成 bit 文件后，将 bit 文件下载至开发板。如若之前已经将 calib_done 信号绑定至 LED 灯上，应该可以看到 LED 灯亮起，表明 DDR SDRAM 自检完成。如果 calib_done 信号没有拉高，则证明生成的 IP 核有误。

例程中，Traffic gen 会自动向 DDR SDRAM 中写入数据，而后读取出来，循环往复。通过 Vivado 的 Hardware Manager，可以看到 Debug 信号的状态，从图 9.44 可以看到，数据正在从 DDR 被读取出来。

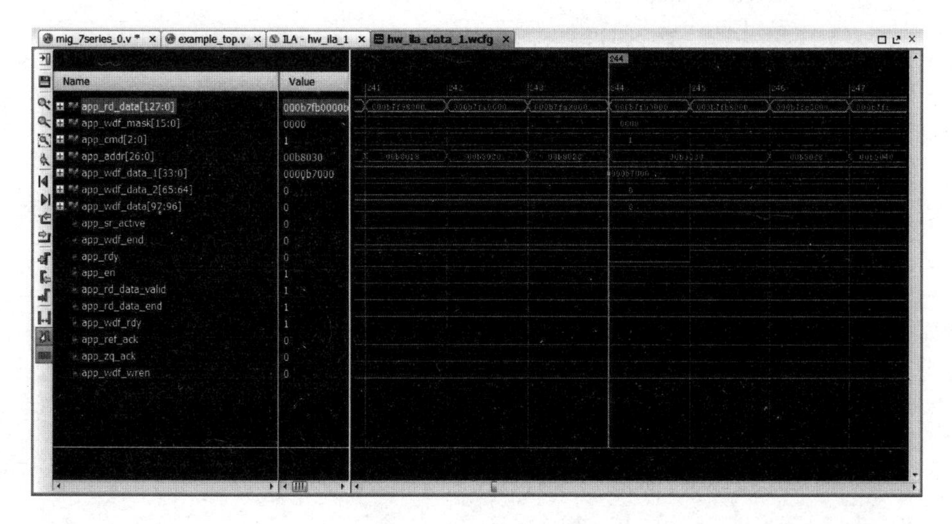

图 9.44 Debug 信号状态

6. 用户工程建立

建立用户逻辑如下：

```
module user_ddr(
output reg [26:0]                    app_addr,
output reg [2:0]                     app_cmd,
output reg                           app_en,
output reg [128:0]                   app_wdf_data,
output reg                           app_wdf_end,
output [15:0]                        app_wdf_mask,
output reg                           app_wdf_wren,
input [128:0]                        app_rd_data,
input                                app_rd_data_end,
input                                app_rd_data_valid,
input                                app_rdy,
input                                app_wdf_rdy,
output                               app_sr_req,
output                               app_ref_req,
output                               app_zq_req,
input                                app_sr_active,
input                                app_ref_ack,
input                                app_zq_ack,
input                                ui_clk,
input                                ui_clk_sync_rst,
input                                init_calib_complete
    );
    localparam write_cmd = 0,
               read_cmd = 1;

    localparam idle = 0,
               write_pre = 1,
               write = 2,
               write_idle = 3,
               read_pre = 4,
               read = 5;

    reg [31:0]delay_count;
    reg [26:0]addr;
    reg [127:0]data;
    reg [7:0]write_count;
    reg [7:0]read_count;
    reg [31:0]write_delay;

    reg [2:0]cur_st,nxt_st;
    always@(posedge ui_clk or posedge ui_clk_sync_rst)
        if(ui_clk_sync_rst)
            cur_st <= 0;
        else cur_st <= nxt_st;

    always@( * )
```

```
begin
    nxt_st = cur_st;
    case(cur_st)
        idle: if(delay_count == 100)                nxt_st = write_pre;
        write_pre: if(app_wdf_rdy && app_rdy)        nxt_st = write;
        write:if(write_count == 64)                  nxt_st = write_idle;
        write_idle: if(write_delay == 100)           nxt_st = read_pre;
        read_pre:                                    nxt_st = read;
        read: if(read_count == 64)                   nxt_st = idle;
        default:nxt_st = idle;
    endcase
end
//初始延迟
always@(posedge ui_clk or posedge ui_clk_sync_rst)
    if(ui_clk_sync_rst)
        delay_count <= 0;
    else if(cur_st == idle && init_calib_complete && app_wdf_rdy && app_rdy)
        delay_count <= delay_count + 1;
    else if(cur_st == read) delay_count <= 0;
//写延迟
always@(posedge ui_clk or posedge ui_clk_sync_rst)
    if(ui_clk_sync_rst)
        write_delay <= 0;
    else if(cur_st == write_idle)
        write_delay <= write_delay + 1;
    else if(cur_st == read) write_delay <= 0;
//读写地址数据操作
always@(posedge ui_clk or posedge ui_clk_sync_rst)
    if(ui_clk_sync_rst)
    begin
        addr <= 0;
        data <= 0;
        app_addr <= 0;
        app_wdf_data <= 0;
         write_count <= 0;
        read_count <= 0;
    end
    else if(cur_st == write_pre && app_wdf_rdy && app_rdy)
    begin
        addr <= addr + 8;
        data <= data + 1;
        app_addr <= addr;
        app_wdf_data <= data;
        write_count <= write_count + 1;
    end
    else if(cur_st == write && app_wdf_rdy && app_rdy)
    begin
        addr <= addr + 8;
        data <= data + 1;
        app_addr <= addr;
        app_wdf_data <= data;
```

```
                write_count <= write_count + 1;
              read_count <= 0;
         end
         else if(cur_st == write_idle)
                begin
                    addr <= 0;
                    data <= 0;
                    write_count <= 0;
                    read_count <= 0;
                end
        else if(cur_st == read_pre)
        begin
             app_addr <= addr;
             read_count <= read_count + 1;
             addr <= addr + 8;
        end
        else if(cur_st == read && app_rdy)
        begin
             addr <= addr + 8;
             read_count <= read_count + 1;
             app_addr <= addr;
        end
        else if(cur_st == idle)
        begin
                     addr <= 0;
                     read_count <= 0;
                     //app_en <= 0;
        End
   //读写操作
     always@(*)
     begin
       app_en = 0;
       app_cmd = 0;
       app_wdf_end = 0;
       app_wdf_wren = 0;
       if(cur_st == write && app_wdf_rdy && app_rdy)
       begin
            app_en = 1;
            app_cmd = 0;
            app_wdf_end = 1;
            app_wdf_wren = 1;
       end
       else if(cur_st == read && app_rdy)
       begin
            app_en = 1;
            app_cmd = 1;
       end
       end

endmodule
```

修改顶层文件中的信号接口，将例程中的 traffic_gen 去掉，然后加上这部分的用户逻辑接口，程序如下：

```
user_ddr user_ddr(
  .app_addr                  (app_addr),
      .app_cmd                  (app_cmd),
      .app_en                   (app_en),
      .app_wdf_data             (app_wdf_data),
      .app_wdf_end              (app_wdf_end),
      .app_wdf_wren             (app_wdf_wren),
      .app_rd_data              (app_rd_data),
      .app_rd_data_end          (app_rd_data_end),
      .app_rd_data_valid        (app_rd_data_valid),
      .app_rdy                  (app_rdy),
      .app_wdf_rdy              (app_wdf_rdy),
      .app_sr_req               (),
      .app_ref_req              (),
      .app_zq_req               (),
      .app_sr_active            (app_sr_active),
      .app_ref_ack              (app_ref_ack),
      .app_zq_ack               (app_zq_ack),
      .ui_clk                   (clk),
      .ui_clk_sync_rst          (sys_rst),

      .app_wdf_mask             (app_wdf_mask),
      .init_calib_complete      (init_calib_complete)
);
```

进行 Debug，可以看到读出 0～20 数据，与写入的数据相符合，如图 9.45 所示。

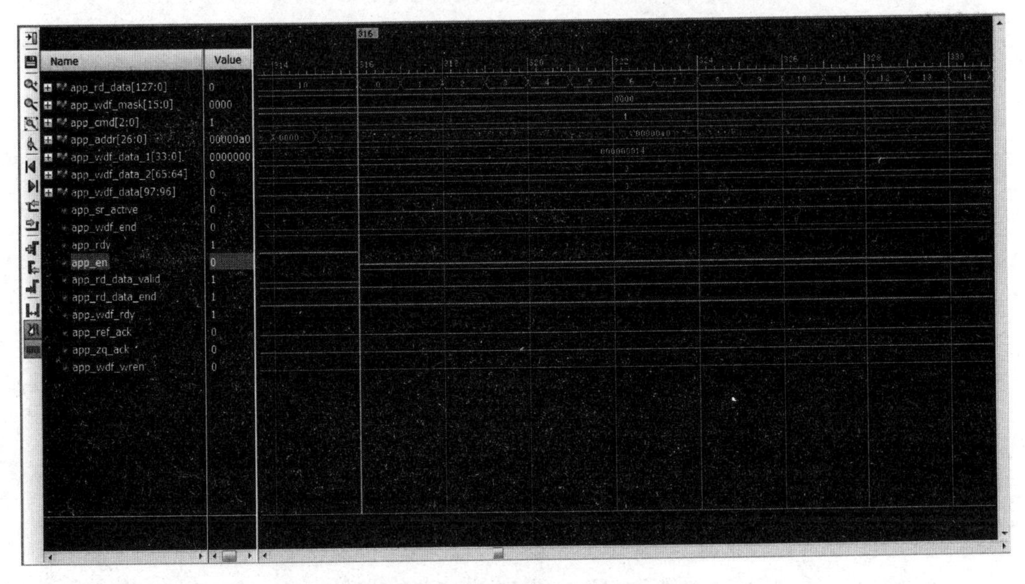

图 9.45　DDR SDRAM 读数据

9.3 练习题

1. 异步 FIFO

读者可自己尝试编写异步 FIFO 的程序，了解异步 FIFO 的难点。应用时序仿真对编写的程序进行验证、调整。最后使用写出的异步 FIFO 程序通过点亮 LED 的方式下载到板卡上进行验证。

2. DDR SDRAM 串口通信

将板卡的 UART 串口连接至电脑，将电脑上输入的数据存储到 DDR SDRAM 内，当存储到一定数量的时候，再由 DDR SDRAM 读取数据，从 UART 串口送出并显示在电脑上。

第10章 字符点阵显示模块接口控制器

CHAPTER 10

本章学习导言

LCD(liquid crystal display的简称),液晶显示器。由于LCD具有低工作电压、低功耗、全色显示、性能优良等特点,使得便携式LCD显示成为了趋势。OLED(organic light-emitting diode)即有机发光半导体显示技术,具有自发光、广视角、反应快等特点,这项技术正在高速发展。在理解原理的基础上,本章通过实例介绍如何驱动LCD与OLED。

10.1 字符型液晶控制器设计

10.1.1 LCD原理

LCD是利用液晶分子的物理结构和光学特性进行显示的一种技术。所谓液晶是指一种介于固体和液体之间的中间态,具有规则性的分子排列的有机化合物。其分子形状为细长棒状,大小为1～10nm。在不同电流电场作用下,液晶分子会做规则旋转90°排列,产生透光度或反光度的差别,依此原理控制每一个像素,便可构成所需图像。LCD显示屏通常由基片玻璃、液晶层、透明电极、TFT阵列、彩色滤色片、偏振片、背光源等构成。将液晶置于两片导电玻璃之间,靠两个电极间电场的驱动,引起液晶分子扭曲向列的电场效应,以控制光源透射或遮蔽功能,在电源开关之间产生明暗而将影响显示出来,加上彩色滤波片即可显示彩色图像。LCD是被动式显示器件,自己无法发光,只能通过光源的照射显示图像。LCD的显示原理如图10.1所示。

字符型LCD是专门用于显示数字0～9、大小写英文字符及符号的液晶显示器。字符型LCD显示模块由字符型液晶显示屏LCD、控制驱动电路IC、少量阻容元件、结构件等装配在PCB板上组合而成。字符型液晶显示模块目前在国际上已经规范化,无论显示屏规格如何变化,其电特性和接口形式都是统一的。只要设计出一种型号的接口电路,在指令设置上稍加改动即可使用于各种规格的字符型液晶显示模块。

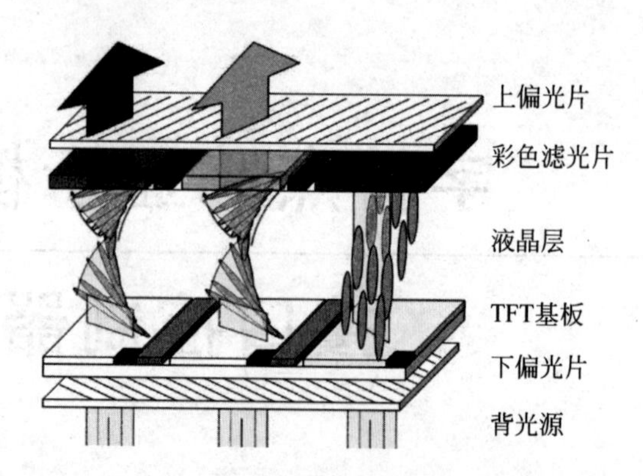

图 10.1　LCD 显示原理示意图

10.1.2　字符型 LCD1602 模块

本实验以字符型液晶模块 LCD1602 为例，通过 FPGA 编程，由 FPGA 提供时钟及其他必要的控制信号和数据信号，实现对 LCD1602 显示控制。

1602 液晶也叫 1602 字符型液晶，它是一种专门用来显示字母、数字及符号等的点阵型液晶模块，由若干个 5×7 或者 5×11 等点阵字符位组成，可显示 16×2 个字符，每个点阵字符位都可以显示一个字符。每位之间有一个点距的间隔，每行之间也有间隔，起到了字符间距和行间距的作用，正因为如此，其不能显示图形。LCD1602 分为带背光和不带背光两种，其控制器大部分为 HD44780，是否带背光在应用中并无差别。带背光为 16 引脚，不带背光的为 14 引脚。这里以带背光 LCD1602 为例，尺寸图如图 10.2 所示。

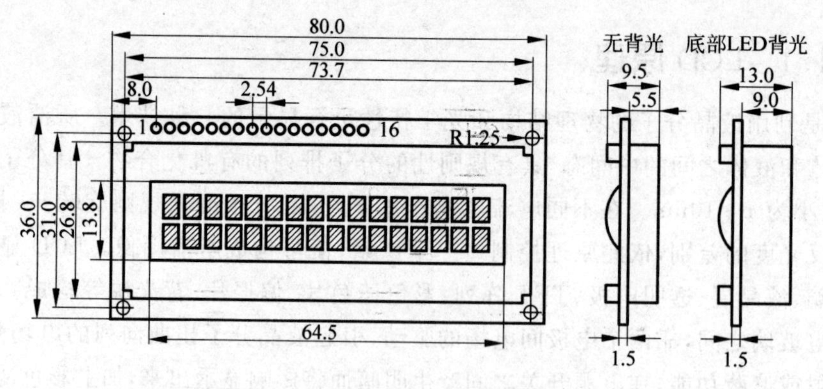

图 10.2　LCD1602 模块外形图

1. LCD1602 主要技术参数

(1) 显示容量：16×2 个字符(两行，每行 16 个字符)；

(2) 芯片工作电压：4.5～5.5V；

(3) 工作电流：2.0mA(5.0V)；

(4) 模块最佳工作电压：5.0V；

(5) 字符尺寸：2.95×4.35(W×H)mm；

LCD1602 引脚功能如表 10.1 所示，其信号真值表为表 10.2。

表 10.1　LCD1602 引脚功能

编号	符号	引脚功能	编号	符号	引脚功能
1	VSS	电源地	9	DB2	DataI/O
2	VDD	电源正极	10	DB3	DataI/O
3	VL	液晶显示偏压信号	11	DB4	DataI/O
4	RS	数据指令选择端	12	DB5	DataI/O
5	R/W	读/写选择端	13	DB6	DataI/O
6	E	使能信号	14	DB7	DataI/O
7	DB0	DataI/O	15	BLA	背光源正极
8	DB1	DataI/O	16	BLK	背光源负极

表 10.2　信号真值表

RS	R/W	E	功　能
0	0	下降沿	写指令代码
0	1	高电平	读状态和 AC 值
1	0	下降沿	写数据
1	1	高电平	读数据

其中控制线主要有 4 根：

(1) RS：数据指令选择端，当 RS=0，写指令；当 RS=1，写数据；

(2) R/W：读/写选择端，当 RW=0，写指令/数据；当 RW=1，读状态/数据；

(3) EN：使能端，下降沿使指令数据生效；

(4) DB[7:0]：8 个并行数据口。

2. LCD1602 操作时序图

(1) 读操作时序如图 10.3 所示。

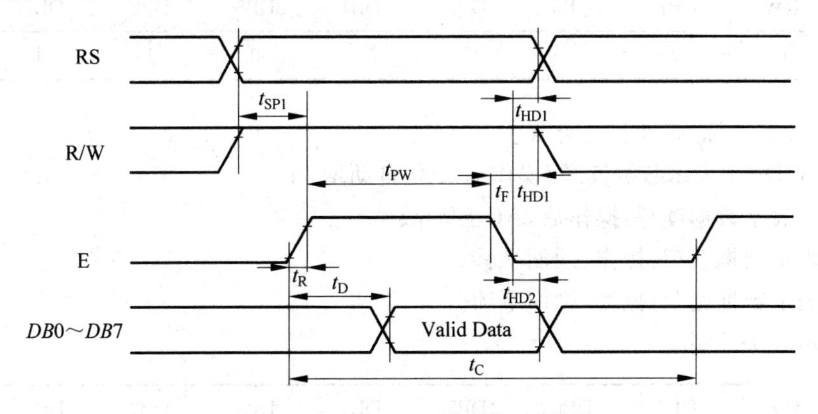

图 10.3　LCD1602 读操作时序图

(2) 写操作时序如图 10.4 所示。

3. LCD1602 控制指令系统

1) 清屏

RS	RW	DB7	DB6	DB5	DB4	DB3	DB2	DB1	DB0
0	0	0	0	0	0	0	0	0	1

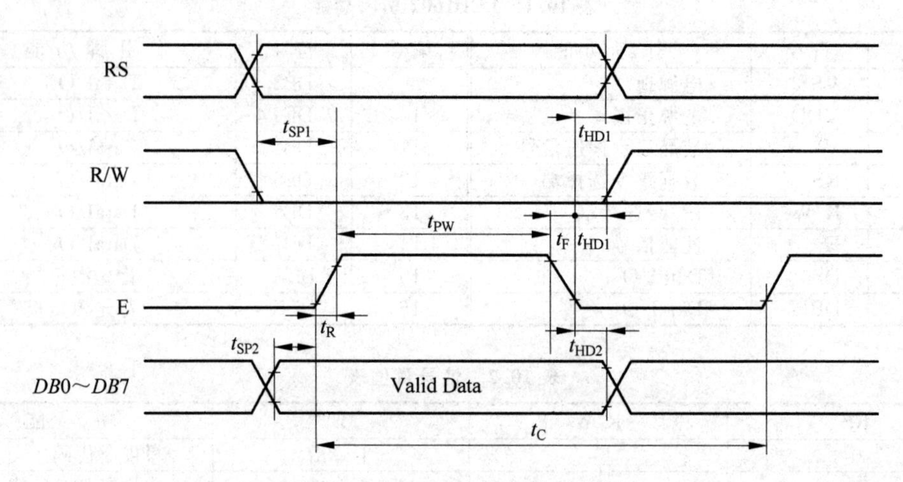

图 10.4 LCD1602 写操作时序图

功能：清除 DDRAM 和 AC 值。

2）归位

RS	RW	DB7	DB6	DB5	DB4	DB3	DB2	DB1	DB0
0	0	0	0	0	0	0	0	1	*

功能：AC=0，光标、画面回到 HOME 位。

3）输入方式设置

RS	RW	DB7	DB6	DB5	DB4	DB3	DB2	DB1	DB0
0	0	0	0	0	0	0	1	I/D	S

功能：设置光标、画面移动方式。

其中：I/D=1 表示数据读/写操作后，AC 自动增 1；

I/D=0 表示数据读/写操作后，AC 自动减 1；

S=1 表示数据读/写操作，画面平移；

S=0 表示数据读/写操作，画面不动。

4）显示开关控制

RS	RW	DB7	DB6	DB5	DB4	DB3	DB2	DB1	DB0
0	0	0	0	0	0	1	D	C	B

功能：设置显示、光标及闪烁的开关状态。

其中：D 表示显示开关，D=1 为开，D=0 为关；

C 表示光标开关，C=1 为开，C=0 为关；

B 表示闪烁开关，B=1 为开，B=0 为关。

5）光标画面位移

RS	RW	DB7	DB6	DB5	DB4	DB3	DB2	DB1	DB0
0	0	0	0	0	1	S/C	R/L	*	*

功能：光标画面移动，不影响DDRAM。

其中：S/C=1时，画面平移一个字符位；

S/C=0时，光标平移一个字符位；

R/L=1时，右移；

R/L=0时，左移。

6）功能设置

RS	RW	DB7	DB6	DB5	DB4	DB3	DB2	DB1	DB0
0	0	0	0	1	DL	N	F	*	*

功能：工作方式设置（初始化指令）。

其中：DL=1表示8位数据接口；

DL=0表示4位数据接口；

N=1表示两行显示；

N=0表示一行显示；

F=1表示5×10点阵字符；

F=0表示5×7点阵字符。

7）CGRAM地址设置

RS	RW	DB7	DB6	DB5	DB4	DB3	DB2	DB1	DB0
0	0	0	1	A5	A4	A3	A2	A1	A0

功能：设置CGRAM地址。A5～A0=0～3FH。

8）DDRAM地址设置

RS	RW	DB7	DB6	DB5	DB4	DB3	DB2	DB1	DB0
0	0	N	A6	A5	A4	A3	A2	A1	A0

功能：设置DDRAM地址。

其中：N=0表示一行显示A6～A0=0～4FH；

N=1表示两行显示，首行有效地址为A6～A0=00H～2FH，次行有效地址为A6～A0=40H～67H。

9）读BF及AC值

RS	RW	DB7	DB6	DB5	DB4	DB3	DB2	DB1	DB0
0	1	BF	AC6	AC5	AC4	AC3	AC2	AC1	AC0

功能：读 BF 值和地址计数器 AC 值。

其中：BF＝1 时表示忙；

BF＝0 表示已准备好。此时，AC 值为最近一次地址设置(CGRAM 或 DDRAM)。

10）写数据

RS	RW	DB7	DB6	DB5	DB4	DB3	DB2	DB1	DB0
1	0	数据							

功能：根据最近设置的地址性质，数据写入 DDRAM 或 CGRAM 内。

11）读数据

RS	RW	DB7	DB6	DB5	DB4	DB3	DB2	DB1	DB0
1	1	数据							

功能：根据最近设置的地址性质，从 DDRAM 或 CGRAM 中读出数据。

指令方面只讲解一下功能设置指令 0x38 与 0x31 的区别，即上述指令 6)。0x38：设置 8 位格式，两行显示，5×10 点阵字符；0x31：设置 8 位格式，两行显示，5×7 点阵字符。为什么要介绍 0x31 呢，一般单片机驱动 LCD1602 都是 0x38 的。由于一般的 LCD1602 都是 VDD = 5V 驱动的，而有些 FPGA 开发板上都是标准的 3.3V 电压供电的，这样会引起供电不足的问题。但经实验得知，当 VDD＝3.3V 时，功能设置指令写入 0x38 时，LCD1602 显示很暗，看不到显示内容，进而改为 0x31，只显示一行，就能正常显示了。这个需要引起注意，下面实验案例的代码就是只显示一行。其他详细指令请查看相关数据手册。

10.1.3 字符型液晶模块显示实例

1. FPGA 驱动 LCD1602

FPGA 驱动 LCD1602，主要是通过同步状态机模拟单片机的指令来驱动 LCD1602，由并行模拟单步执行，状态过程就是先初始化 LCD1602，然后写地址，最后写入显示数据。

(1) 首先，要时钟管理满足 LCD1602 模块的驱动时序。如果用 FPGA 外接的几十 MHz 时钟直接驱动液晶模块是不行的，要对 FPGA 时钟进行分频，或者计数延时降低信号频率后使能驱动。本实验采用的是计数延时使能驱动，代码中通过计数器定时得出 lcd_clk_en 信号驱动。要注意的是不同厂家生产的 LCD1602 的时序延时都不同，但大多数都是微秒级的，本实验采用的是间隔 500ns 使能驱动，最好延时长一些比较可靠，这个可以自行尝试修正。

(2) 对液晶模块进行初始化设置，主要是通过以下四条指令配置：

功能设置 Mode_Set：8'h31；

显示开关及光标设置 Cursor_Set：8'h0c；

显示地址设置 Address_Set：8'h06；

清屏设置 Clear_set：8'h01。

(3) 初始化完成后，还需要写入地址，第一行初始地址为 8'h80；第二行初始化地址为 8'h80＋8'h40＝8'hc0。这里 RS＝0，并且写完地址后，EN 下降沿使能。

(4) 写入地址后,就可以显示字符了。需要注意 LCD1602 写入设置地址指令8'h06 后,地址是随每写入一个数据后,默认自加 1 的。这个一定要明白,一定要把握实验数据是要显示哪个位置,而 LCD1602 写入地址后,默认地址会自动加 1。这里 RS=1,并且写完数据后,EN 下降沿使能。

2. 程序实例

以下实验例程运行在 7 系列 FPGA 芯片上,具体型号为 xc7a35tcpg236-1,该程序实现一个动态的计时显示。计时间隔为 1s,从 00~99 计时(注意 VCC 接 3.3V,VSS 接地,VL 接地)。

程序如下:

```
module LCD_1602(input clk, //50M
                input rst_n,
                output lcd_p,           //Backlight Source +
                output lcd_n,           //Backlight Source -
                output reglcd_rs,       //0:write order;1:write data
                output lcd_rw,          //0:write data;1:read data
                output reglcd_en,       //negedge
                output reg[7:0] lcd_data
    );
/***************************** LCD1602 order ***************************** /
        parameter Mode_Set = 8'h31,
                Cursor_Set = 8'h0c,
                Address_Set = 8'h06,
                Clear_Set = 8'h01;
/************************** LCD1602 Display Data ************************** /
        wire [7:0] data0,data1; //counter data
        wire [7:0] addr; //write address
/***************************** 1s counter ***************************** /
        reg [31:0] cnt1;
        reg [7:0] data_r0,data_r1;
        always@ (posedge clk or negedge rst_n)
        begin
            if (! rst_n)
                begin
                    cnt1 <= 1'b0;
                    data_r0 <= 1'b0;
                    data_r1 <= 1'b0;
                end
            else if(cnt1 == 32'd50000000)
            begin
                if(data_r0 == 8'd9)
                    begin
                        data_r0 <= 1'b0;
                        if(data_r1 == 8'd9)
                            data_r1 <= 1'b0;
                        else
                            data_r1 <= data_r1 + 1'b1;
                    end
```

```
                else
                    data_r0 <= data_r0 + 1'b1;
                    cnt1 <= 1'b0;
                end
                else
                    cnt1 <= cnt1 + 1'b1;
            end

        assign data0 = 8'h30 + data_r0;
        assign data1 = 8'h30 + data_r1;

        /**************************** address ****************************/
            assign addr = 8'h80;
        /**************************** LCD1602 Driver ****************************/
            //------------------------ lcd1602 clk_en ---------------------
            reg [31:0] cnt;
            reg lcd_clk_en;
            always @(posedge clk or negedge rst_n)
            begin
                if(!rst_n)
                    begin
                        cnt <= 1'b0;
                        lcd_clk_en <= 1'b0;
                    end
                else if(cnt == 32'h24999) //500μs
                    begin
                        lcd_clk_en <= 1'b1;
                        cnt <= 1'b0;
                    end
                else
                    begin
                        cnt <= cnt + 1'b1;
                        lcd_clk_en <= 1'b0;
                    end
            end

    //------------------ lcd1602 display state ----------------------------------
            reg [4:0] state;
            always@(posedge clk or negedge rst_n)
            begin
                if(!rst_n)
                    begin
                        state <= 1'b0;
                        lcd_rs <= 1'b0;
                        lcd_en <= 1'b0;
                        lcd_data <= 1'b0;
                    end
                else if(lcd_clk_en)
                    begin
                        case(state)
                        //------------------- init_state ---------------------
```

```
            5'd0: begin
                    lcd_rs <= 1'b0;
                    lcd_en <= 1'b1;
                    lcd_data <= Mode_Set;
                    state <= state + 1'b1;
            end
            5'd1: begin
                    lcd_en <= 1'b0;
                    state <= state + 1'b1;
            end
            5'd2: begin
                    lcd_rs <= 1'b0;
                    lcd_en <= 1'b1;
                    lcd_data <= Cursor_Set;
                    state <= state + 1'b1;
            end
            5'd3: begin
                    lcd_en <= 1'b0;
                    state <= state + 1'b1;
            end
            5'd4: begin
                    lcd_rs <= 1'b0;
                    lcd_en <= 1'b1;
                    lcd_data <= Address_Set;
                    state <= state + 1'b1;
            end
            5'd5: begin
                    lcd_en <= 1'b0;
                    state <= state + 1'b1;
            end
            5'd6: begin
                    lcd_rs <= 1'b0;
                    lcd_en <= 1'b1;
                    lcd_data <= Clear_Set;
                    state <= state + 1'b1;
            end
            5'd7: begin
                    lcd_en <= 1'b0;
                    state <= state + 1'b1;
            end
//--------------------- work state ---------------------
            5'd8: begin
                    lcd_rs <= 1'b0;
                    lcd_en <= 1'b1;
                    lcd_data <= addr; //write addr
                    state <= state + 1'b1;
            end
            5'd9: begin
                    lcd_en <= 1'b0;
                    state <= state + 1'b1;
            end
```

```
5'd10: begin
        lcd_rs <= 1'b1;
        lcd_en <= 1'b1;
        lcd_data <= "C"; //write data
        state <= state + 1'b1;
end
5'd11: begin
        lcd_en <= 1'b0;
        state <= state + 1'b1;
end
5'd12: begin
        lcd_rs <= 1'b1;
        lcd_en <= 1'b1;
        lcd_data <= "n"; //write data
        state <= state + 1'b1;
        end
5'd13: begin
        lcd_en <= 1'b0;
        state <= state + 1'b1;
end
5'd14: begin
        lcd_rs <= 1'b1;
        lcd_en <= 1'b1;
        lcd_data <= "t"; //write data
        state <= state + 1'b1;
end
5'd15: begin
        lcd_en <= 1'b0;
        state <= state + 1'b1;
end
5'd16: begin
        lcd_rs <= 1'b1;
        lcd_en <= 1'b1;
        lcd_data <= ":"; //write data
        state <= state + 1'b1;
end
5'd17: begin
        lcd_en <= 1'b0;
        state <= state + 1'b1;
end
5'd18: begin
        lcd_rs <= 1'b1;
        lcd_en <= 1'b1;
        lcd_data <= data1; //write data: tens digit
        state <= state + 1'b1;
end
5'd19: begin
        lcd_en <= 1'b0;
        state <= state + 1'b1;
end
5'd20: begin
```

```
                    lcd_rs <= 1'b1;
                    lcd_en <= 1'b1;
                    lcd_data <= data0; //write data: single digit
                    state <= state + 1'b1;
                end
                5'd21: begin
                lcd_en <= 1'b0;
                state <= 5'd8;

                end
                default: state <= 5'bxxxxx;
            endcase
        end
    end
assign lcd_rw = 1'b0; //only write
/ *************************** backlight driver *************************** /
assign lcd_n = 1'b0;
assign lcd_p = 1'b1;
endmodule
```

3. 实验结果

LCD1602 实验结果如图 10.5 所示。

图 10.5 LCD1602 实验结果图

10.2 点阵 OLED 控制器设计

10.2.1 OLED 原理

有机发光二极管(organic light-emitting diode,OLED)的基本结构是由一薄而透明且具有半导体特性的铟锡氧化物(ITO),与正极相连,再加上另一个金属阴极,包成像三明治的结构。整个结构层中包括:空穴传输层(HTL)、发光层(EL)与电子传输层(ETL)。当元件受到直流电所衍生的顺向偏压时,外加的电压能量将驱动电子与空穴分别由阴极与阳极注入到电子和空穴传输层,当两者在传导中相遇、结合,即形成所谓的电子一空穴复合(electron-hole capture)。而当化学分子受到外来能量激发后,若电子自旋(electron spin)和基态电子成对,则为单重态(singlet),其所释放的光为所谓的荧光(fluorescence)。OLED

结构原理图如图 10.6 所示。

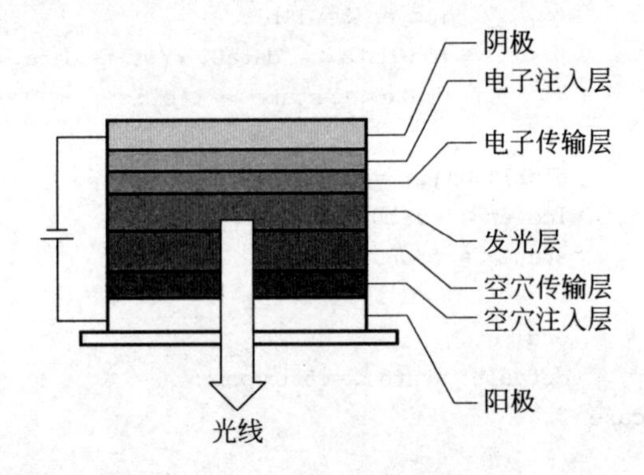

图 10.6 OLED 结构原理图

与 LCD 相比，OLED 具有主动发光、无视角问题、重量轻、厚度小、高亮度、高发光效率及回应速度快的优点，广泛地运用于手机、数码摄像机、DVD 机、个人数字助理(PDA)、笔记本电脑、汽车音响和电视等，被称为未来理想显示器。

10.2.2 OLED 驱动原理

驱动芯片为 SSD1603 OLED 驱动控制器。

引脚功能如表 10.3 所示。

表 10.3 SSD1603 引脚功能

名 称	功 能
VCC	电源
D0	SCL，SPI 的时钟
D1	SDA，SPI 的数据
D/C	数据/指令标志
RST	复位

SSD1603 启动时序如图 10.7 所示。

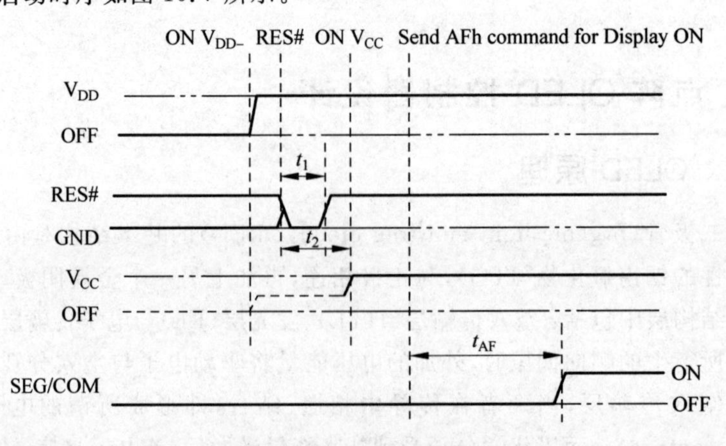

图 10.7 SSD1603 启动时序

注意：其中 t_1 至少为 $3\mu s$。

芯片可以使用 SPI 模式或者 8080 并行模式传输数据，这里使用四线 SPI 模式。其中 D/C 引脚用来表示传输的是数据还是指令，D/C 为高电平时，表示传输的是数据；D/C 为低电平时，表示传输的是指令。

SSD1603 数据和指令传输时序图如图 10.8 所示。

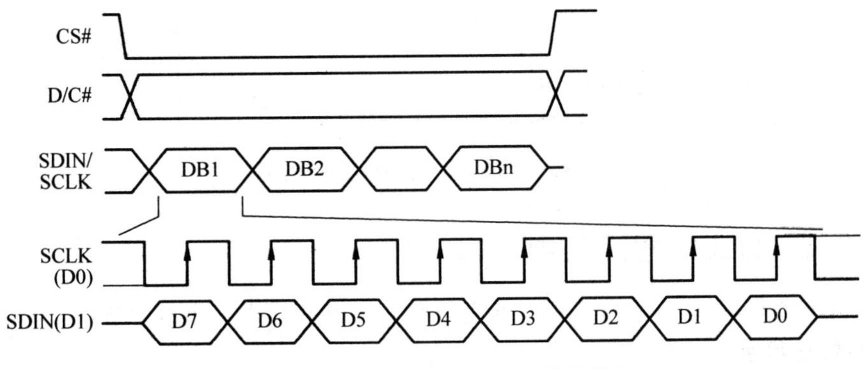

图 10.8　SSD1603 数据传输和指令传输

SSD1603 常见指令列表如表 10.4 所示。

表 10.4　SSD1603 常用指令列表

	Hex	D7-D0	
显示开关	AE/AF	1010_111A	A 为 0 时，表示显示关； A 为 1 时表示开
颜色反转	A6/A7	1010_010A	A 为 0 时，表示正常显示； A 为 1 时表示反转
设置显示时钟	D5 A[7:0]	1101_0101 A7-A0	A[3:0]设置了分频的比率；分频比率＝A[3: 0]＋1； A[7:4]设置了振荡器的时间
设置电泵	8D A[7:0]	1000_1101 ** 01_0A00	A 为 0 时关闭电泵； 为 1 时打开电泵
设置起始行地址	40-7F	01AA_AAAA	设置寄存器起始地址，0-63
设置存储器模式	20 A[1:0]	0010_0000 **** _ ** AA	AA 用于选择模式： 00 行模式 01 列模式 10 页模式 11 无效
设置页坐标	B0-B7	1011_0AAA	设置页起始地址 0-7
设置列坐标(高位)	10-1F	0001_AAAA	设置页模式的起始列地址高 4 位
设置列坐标(低位)	00-0F	0000_AAAA	设置页模式的起始列地址低 4 位

选择页模式进行写入数据，如图 10.9 所示。页模式下，128×64 被分为 128×8×8，即纵坐标一共只有 1 到 8，横坐标从 1 到 128，每次写入数据 8 位。

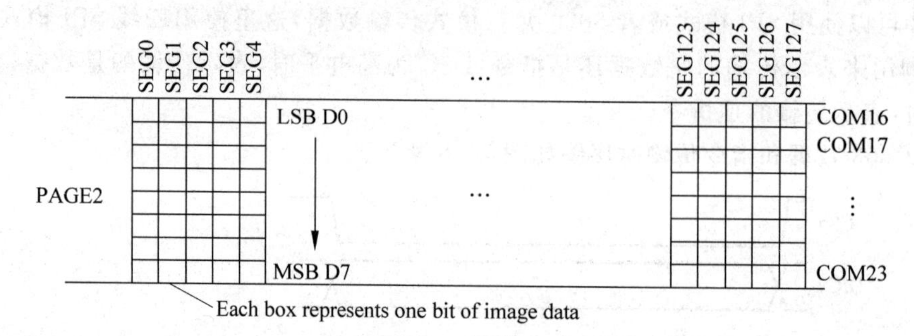

图 10.9　SSD1603 页模式数据存储

10.2.3　OLED 显示实例

本章由于篇幅限制，只给出了程序的主干部分，SPI 程序参考串口章节。

1. 初始化程序

程序如下：

```
assign dc = 0;
wire[7:0]  Display_on = 8'haf,              //显示开
           Display_off = 8'hae,             //显示关
           Set_display_clock_0 = 8'hd5,     //设置时钟
           Set_display_clock_1 = 8'h80,     //设置时钟
           Set_charge_pump_0 = 8'h8d,       //设置泵
           Set_charge_pump_1 = 8'h14,       //设置泵
           Set_contrast_0 = 8'h81,
           Set_contrast_1 = 8'hcf,
           Set_precharge_0 = 8'hd9,
           Set_inverse = 8'ha0,             //设置屏幕反转
           Set_precharge_1 = 8'hf1;
assign init_done = (cur_st == 11)?1:0;
assign spi_send = (cur_st!= 11)?1:0;

always@(posedge clk or posedge reset)
    if(reset)
        cur_st <= 0;
    else if(send_done)cur_st <= nxt_st;

always@( * )
begin
    spi_data = 0;
    nxt_st = cur_st;
    case(cur_st)
        0:begin spi_data = Display_off;          nxt_st = 1; end
        1:begin spi_data = Set_display_clock_0; nxt_st = 2; end
        2:begin spi_data = Set_display_clock_1; nxt_st = 3; end
        3:begin spi_data = Set_charge_pump_0;   nxt_st = 4 ; end
        4:begin spi_data = Set_charge_pump_1;   nxt_st = 5 ; end
        5:begin spi_data = Set_contrast_0;      nxt_st = 6 ; end
        6:begin spi_data = Set_contrast_1;      nxt_st = 7; end
```

```
        7:begin spi_data = Set_precharge_0;      nxt_st = 8; end
        8:begin spi_data = Set_precharge_1;      nxt_st = 9; end
        9:begin spi_data = Set_inverse;          nxt_st = 10; end
        10:begin spi_data = Display_on;          nxt_st = 11; end
        11:begin spi_data = 0;                   nxt_st = 11; end
        default:begin spi_data = 0;nxt_st = 0;end
    endcase
end
```

2. 写数据程序

写数据程序如下：

```
assign dc = (cur_st == 4)?1:0;
    assign write_done = (cur_st == 6)?1:0;

    reg [7:0]x_tmp,y_tmp;
    //设置位置坐标,分为3步
    wire [7:0]     Set_pos_0 = 8'hb0|y_tmp,
                   Set_pos_1 =  (x_tmp[7:4] & 4'hf)|8'h10,
                   Set_pos_2 =  (x_tmp[3:0] & 4'hf);
//每次完成后状态机再跳转
    always@(posedge clk or posedge reset)
        if(reset)
            cur_st <= 0;
        else if(cur_st == 1|cur_st == 2|cur_st == 3|cur_st == 4 )
            begin if(send_done) cur_st <= nxt_st; end
        else cur_st <= nxt_st;

    always@( * )
    begin
        nxt_st = cur_st;
        case(cur_st)
            0:begin if(write_start)         nxt_st = cur_st + 1; end
            1:begin                         nxt_st = cur_st + 1; end
            2:begin                         nxt_st = cur_st + 1; end
            3:begin                         nxt_st = cur_st + 1; end
            4:begin                         nxt_st = cur_st + 1; end
            5:if(count == 5) begin          nxt_st = 6;          end
              else begin                    nxt_st = 1;          end
            6:begin                         nxt_st = 0;          end
            default:begin                   nxt_st = 0;          end
        endcase
    end

    always@( * )
        if(reset)
        begin
            spi_data = 0;
            spi_send = 0;
        end
        else case(cur_st)
```

```
        0:begin spi_data  =  0;                        spi_send = 0;    end
        1:begin spi_data  =  Set_pos_0;                spi_send = 1;    end
        2:begin spi_data  =  Set_pos_1;                spi_send = 1;    end
        3:begin spi_data  =  Set_pos_2;                spi_send = 1;    end
        4:begin spi_data  =  write_data_tmp[47:40];    spi_send = 1;    end
        5:                                             spi_send = 0;
        endcase

    always@(posedge clk or posedge reset)
        if(reset)
        begin
            x_tmp <= 0;
            y_tmp <= 0;
            write_data_tmp <= 0;
            count <= 0;
        end
        else case(cur_st)
            0:begin
            x_tmp <= set_pos_x;
            y_tmp <= set_pos_y;
            write_data_tmp <= write_data;
            count <= 0;
        end
      5:begin
            //if(x_tmp > 122) y_tmp <= y_tmp + 1;
            x_tmp <= x_tmp + 1;
            write_data_tmp[47:8]<= write_data_tmp[39:0];
            count <= count + 1;
      end
endcase
```

3. 顶层文件

顶层文件程序如下：

```
always@(posedge clk)
    if(reset_count >= 30000)
        reset_count <= 30000;
    else reset_count <= reset_count + 1;
//引入一个全局复位,需要满足 OLED 的复位要求
always@(posedge clk)
    if(reset_count == 10)
    begin
        reset_oled <= 1;
        reset_n <= 1;
    end
    else if(reset_count == 10000)
    begin
        reset_oled <= 0;
        reset_n <= 0;
    end
    else if(reset_count == 20000)
```

```
        reset_oled<=1;
    else if(reset_count==30000)
        reset_n<=1;

spi_master spi_master                                   //SPI 主程序
(
    .sck (sck),                                         //1MHz clk
    .miso (miso),
    .cs (cs),
    .rst (1),
    .spi_send (spi_send),
    .spi_data_out (spi_data_out),
    .spi_send_done (spi_send_done),
    .clk (clk),
    .dc_in (dc_in),
    .dc_out (dc),
    .sck_reg (sck_reg)
);

    oled_init oled_init                                 //OLED 初始化
    (
        .send_done    (spi_send_done),
        .spi_send     (spi_send_init),
        .spi_data     (spi_data_init),
        .clk          (sck_reg),
        .init_done    (init_done),
        .dc           (dc_init),
        .reset        (reset)
    );
//OLED 写数据的主程序
    oled_write_data oled_write_data(
        .send_done    (spi_send_done),
        .spi_send     (spi_send_write),
        .spi_data     (spi_data_write),
        .clk          (sck_reg),
        .dc           (dc_write),
        .write_start  (write_start),
        .write_done   (write_done),
        .write_data   (write_data),
        .set_pos_x    (set_pos_x),
        .set_pos_y    (set_pos_y),
        .reset        (reset)
    );

    //OLED 清屏程序
    oled_clear oled_clear
    (
            .send_done    (spi_send_done),
            .spi_send     (spi_send_clear),
            .spi_data     (spi_data_clear),
            .clk          (sck_reg),
```

```
        .dc         (dc_clear),
        .clear_start(clear_start),
        .clear_done (clear_done),
        .reset      (reset)
);
//屏幕上显示 XILINX 的主程序
    localparam X = 48'h00_63_14_08_14_63,       //X
               I = 48'h00_00_41_7F_41_00,       //I
               L = 48'h00_7F_40_40_40_40,       //L
               N = 48'h00_7F_04_08_10_7F;       //N

reg [5:0]cur_st,nxt_st;
initial begin cur_st = 0;nxt_st = 0;end
always@(posedge sck_reg)
    if(reset) cur_st <= 0;
    else cur_st <= nxt_st;

always@( * )
begin
    nxt_st = cur_st;
    case(cur_st)
        0:if(init_done)     nxt_st = 1;
        1:if(clear_done)    nxt_st = nxt_st + 1;
        2:if(write_done)    nxt_st = nxt_st + 1;        //每次写完一个字再进入下一个状态
        3:if(write_done)    nxt_st = nxt_st + 1;
        4:if(write_done)    nxt_st = nxt_st + 1;
        5:if(write_done)    nxt_st = nxt_st + 1;
        6:if(write_done)    nxt_st = nxt_st + 1;
        7:if(write_done)    nxt_st = nxt_st + 1;
        8:nxt_st = 8;
    default:nxt_st = 0;
    endcase
end

always@( * )
    if(reset)
    begin
        set_pos_x = 0;
        set_pos_y = 0;
        write_data = 0;
        write_start = 0;
    end
    else case(cur_st)
        2:
        begin
            set_pos_x = 60;
            set_pos_y = 3;
            write_data = X;
            write_start = 1;
        end
        3:
```

```
            begin
                set_pos_x = 66;
                set_pos_y = 3;
                write_data = I;
            end
            4:
            begin
                set_pos_x = 72;
                set_pos_y = 3;
                write_data = L;
            end
            5:
            begin
                set_pos_x = 78;
                set_pos_y = 3;
                write_data = I;
            end
            6:
            begin
                set_pos_x = 84;
                set_pos_y = 3;
                write_data = N;
            end
            7:
            begin
                set_pos_x = 90;
                set_pos_y = 3;
                write_data = X;
            end
            default:
            begin
                set_pos_x <= 90;
                set_pos_y <= 3;
                write_data <= X;
                write_start <= 0;
            end
        endcase

        always@( * )
            if(reset) clear_start = 0;
            else if(cur_st == 1) clear_start = 1;
            else clear_start = 0;

        always@( * )
            if(reset)   dc_in = 0;
            else if(cur_st == 0)   dc_in = dc_init;
            else if(cur_st == 1)   dc_in = dc_clear;
            else if(cur_st == 7|cur_st == 2|cur_st == 3|cur_st == 4|cur_st == 5|cur_st == 6 ) dc_
in = dc_write;
            else if(cur_st == 8)   dc_in = 0;
            else dc_in = 0;
```

```
        always@(*)
            if(reset)  spi_data_out = 0;
            else if(cur_st == 0)   spi_data_out = spi_data_init;
            else if(cur_st == 1)   spi_data_out = spi_data_clear;
            else if(cur_st == 7 | cur_st == 2 | cur_st == 3 | cur_st == 4 | cur_st == 5 | cur_
st == 6) spi_data_out = spi_data_write;
            else if(cur_st == 8)  spi_data_out = 0;
            else spi_data_out = write_data;

        always@(*)
            if(reset) spi_send = 0;
            else if(cur_st == 0)  spi_send = spi_send_init;
            else if(cur_st == 1)  spi_send = spi_send_clear;
            else if(cur_st == 7 | cur_st == 2 | cur_st == 3 | cur_st == 4 | cur_st == 5 | cur_
st == 6) spi_send = spi_send_write;
            else if(cur_st == 8)  spi_send = 0;

endmodule
```

OLED 实验结果如图 10.10 所示。

图 10.10　OLED 实验结果

10.3　练习题

1. LCD 显示学号

将自己的学号显示在 LCD 上。在修改完程序后，将其下载至板卡上并运行。

2. 电脑 UART 串口控制 OLED 显示

将板卡 UART 串口连接电脑，从电脑上发送字母到 OLED 上进行显示。要求除了字母外还要有回车换行、退格指令及清屏指令。

第11章 VGA 接口控制器

CHAPTER 11

本章学习导言

VGA(video graphics array)即视频图形阵列，是 IBM 在 1987 年随 PS/2 机一起推出的一种视频传输标准，具有分辨率高、显示速率快、颜色丰富等优点，在彩色显示器领域得到了广泛的应用。本章在介绍 VGA 显示原理的基础上，通过实例讲解 VGA 驱动的使用方法。

11.1 CRT 显示器原理

CRT(cathode ray tube)就是阴极射线管，其基本结构包含显像管、控制电路和外壳三大部分。其中显像管是关键的部件，主要由后端的电子枪(加热显像管的阴极)、中部的偏转线圈和前端的荧光屏构成。工作时电子枪在控制电路的控制下发出电子束，经过加速电场和偏转磁场后撞击荧光屏，荧光屏内壁涂覆了磷光材料，被电子束轰击后便会暂时性发亮，形成一个像素亮点，其显示原理如图 11.1 所示。CRT 的扫描电路就这样控制电子束，在荧光屏上不断高速扫描，只要扫描速度足够快，就可以利用人眼的视觉暂留呈现出完整的图像。彩色 CRT 显示器的原理只是将电子枪由一支增加到三支(或由一支电子枪发出三束电子光束)，像素点则由红绿蓝三种不同颜色的磷光材料组合而成。通过调节电子枪的电压便能够调整三种颜色的强度，进而实现彩色显示。

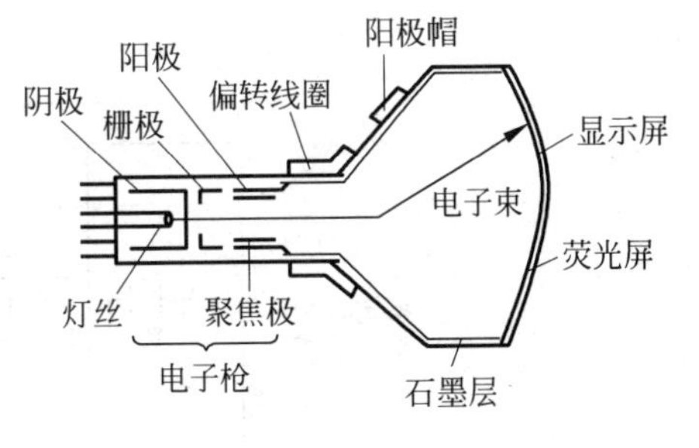

图 11.1 CRT 显示原理

11.2 VGA 控制器设计

11.2.1 VGA 视频接口的概念

VGA(video graphics array)视频图形阵列是 IBM 于 1987 年提出的一个使用模拟信号

的电脑显示接口标准。VGA 接口共有 15 针，分成 3 排，每排 5 个孔，是显卡上应用最为广泛的接口类型，绝大多数显卡都带有此种接口。它传输红、绿、蓝模拟信号以及同步信号（水平和垂直信号）。VGA 最早仅支持在 640×480 的分辨率下显示 16 种色彩或 256 种灰度，或者在 320×240 分辨率下显示 256 种颜色。肉眼对颜色的敏感度远大于分辨率，所以即使分辨率较低图像依然生动鲜明。VGA 由于良好的性能迅速开始流行，厂商们纷纷在 VGA 基础上加以扩充，例如提升显存使其支持更高分辨率像 800×600 或 1024×768 等，这些扩充的模式称之为 VESA（Video Electronics Standards Association，视频电子标准协会）的 Super VGA 模式，现在的显卡和显示器都支持 VESA 模式。这些模式仍采用与原先一致的接口接插件，即 15 针的梯形插头，传输模拟信号。VGA 视频接口当前仍是最常用的视频图像接口。

11.2.2 VGA 的接口信号

目前大多数计算机与外部显示设备之间都是通过模拟 VGA 接口连接，计算机内部以数字方式生成的显示图像信息，经显卡中的数字/模拟转换器转变为 R、G、B 三原色信号和行、场同步信号，这些信号通过 VGA 接口和电缆传输到显示设备中。以下程序实例面向的 VGA 接口是标准的 15 针接口，共有五个接口信号，如表 11.1 所示。

表 11.1 VGA 信号

HS	行同步信号
VS	场同步信号
R	红色信号
G	绿色信号
B	蓝色信号

11.2.3 行同步和场同步

硬件实现 VGA 接口控制器的主要思想是，利用像素时钟作为系统基准时钟，根据该基准时钟分别生成行同步信号和场同步信号。同时，输出水平坐标和垂直坐标。如图 11.2 所示。

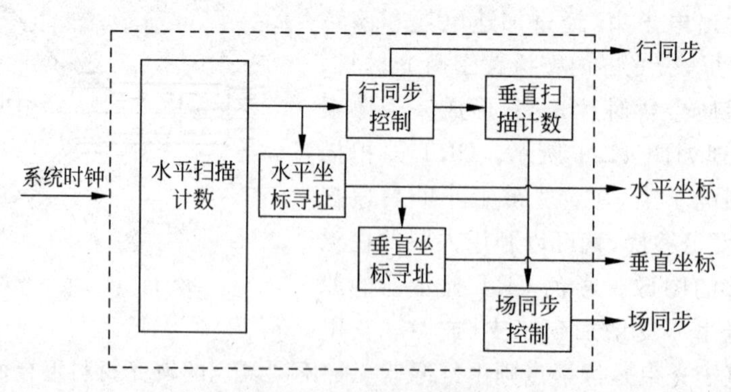

图 11.2 VGA 原理图

图 11.2 中的垂直扫描即场同步信号，负责每帧画面的同步。在场同步的“有效期”（除了同步和消隐期）内，插入 N 行（比如 640×480 的分辨率下，N 就是 480）水平扫描（行同步）信号，每路水平扫描信号负责屏幕上 M 个（对于 640×480 的分辨率，M 就是 640）点的显示，这样当扫描完 N 行 M 个点时，一帧画面就显示完成。具体可以参考图 11.3 和图 11.4 以及表 11.2。

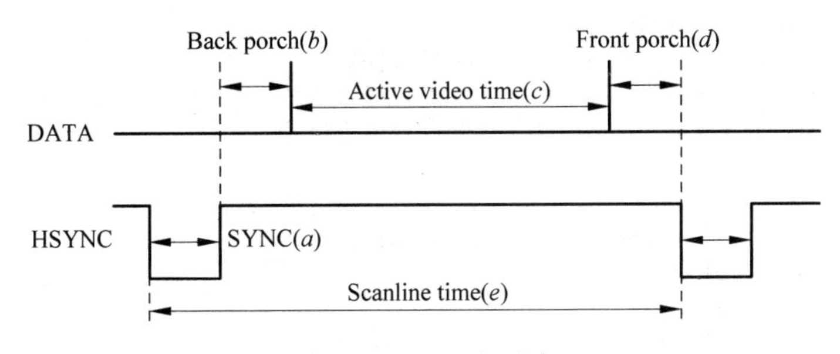

图 11.3 VGA 行时序

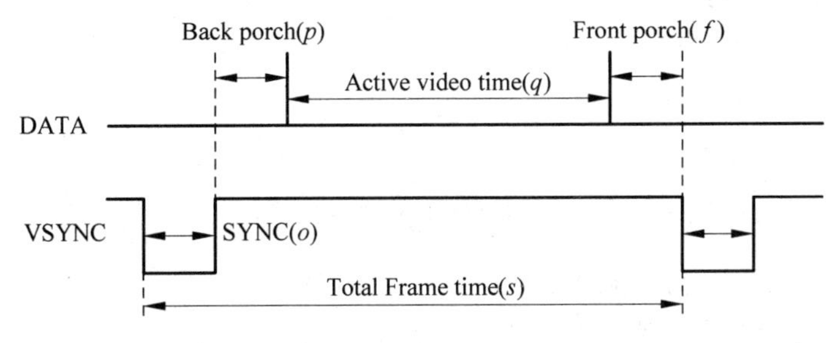

图 11.4 VGA 帧时序

表 11.2 VGA 常见频率时序参数表

显示模式	时钟(MHz)	行时序(像素数)					帧时序(行数)				
		a	*b*	*c*	*d*	*e*	*o*	*p*	*q*	*f*	*s*
640×480@60	25.175	96	48	640	16	800	2	33	480	10	525
800×600@60	40.0	118	88	800	40	1056	4	23	600	1	628
1024×768@60	65	136	160	1024	24	1344	6	29	768	3	806
显示模式	时钟(MHz)	行时序(μs)					帧时序(ms)				
		a	*b*	*c*	*d*	*e*	*o*	*p*	*q*	*f*	*s*
640×480@60	25.175	3.81	1.9	25.4	0.635	31.7	0.006	1.048	15.25	0.317	16.6
800×600@60	40.0	3.2	2.2	20	1	26.4	0.1	0.6	15.84	0.026	16.6
1024×768@60	65	2.09	2.46	15.7	0.37	20.6	0.11	0.599	15.87	0.062	16.6

a：行同步段；b：显示后沿段；c：显示有效段；d：显示前沿段；e：行周期($e=a+b+c+d$)；
o：帧同步段，p：显示后沿段；q：显示有效段；f：显示前沿段；s：帧周期($s=o+p+q+f$)。

红、绿、蓝三路信号为颜色分量信息，负责提供屏幕上对应点的颜色信息。

11.3 VGA 接口设计实例

11.3.1 VGA 显示条纹和棋盘格图像

本实验例程产生两种条纹和两种棋盘格图像，通过两个拨码开关控制具体显示图像。代码如下：

```
module vga( clock, switch, disp_RGB, hsync, vsync );

        input clock;                //系统输入时钟 100MHz
```

```
input [1:0]switch;
output [2:0]disp_RGB;     //VGA 数据输出
output hsync;             //VGA 行同步信号
output vsync;             //VGA 场同步信号

reg [9:0] hcount;         //VGA 行扫描计数器
reg [9:0] vcount;         //VGA 场扫描计数器
reg [2:0] data;
reg [2:0] h_dat;
reg [2:0] v_dat;
reg flag;
wire hcount_ov;
wire vcount_ov;
wire dat_act;
wire hsync;
wire vsync;
reg vga_clk = 0;
reg cnt_clk = 0;          //分频计数

//VGA 行、场扫描时序参数表
parameter hsync_end = 10'd95,
hdat_begin = 10'd143,
hdat_end = 10'd783,
hpixel_end = 10'd799,
vsync_end = 10'd1,
vdat_begin = 10'd34,
vdat_end = 10'd514,
vline_end = 10'd524;

always @(posedge clock)
begin
    if(cnt_clk == 1)begin
        vga_clk <= ~vga_clk;
        cnt_clk <= 0;
    end
  else
        cnt_clk <= cnt_clk +1;
end

//************************ VGA 驱动部分 ******************************
//行扫描
always @(posedge vga_clk)
begin
    if (hcount_ov)
        hcount <= 10'd0;
    else
        hcount <= hcount + 10'd1;
end
assign hcount_ov = (hcount == hpixel_end);

//场扫描
always @(posedge vga_clk)
begin
    if (hcount_ov)
```

```
    begin
        if (vcount_ov)
            vcount <= 10'd0;
        else
            vcount <= vcount + 10'd1;
    end
end
assign vcount_ov = (vcount == vline_end);

//数据、同步信号输
assign dat_act = ((hcount >= hdat_begin) && (hcount < hdat_end))
&& ((vcount >= vdat_begin) && (vcount < vdat_end));
assign hsync = (hcount > hsync_end);
assign vsync = (vcount > vsync_end);
assign disp_RGB = (dat_act) ? data : 3'h00;

always @(posedge vga_clk)
begin
    case(switch[1:0])
        2'd0: data <= h_dat;                //选择横彩条
        2'd1: data <= v_dat;                //选择竖彩条
        2'd2: data <= (v_dat ^ h_dat);      //产生棋盘格
        2'd3: data <= (v_dat ~^ h_dat);     //产生棋盘格
    endcase
end

always @(posedge vga_clk)                   //产生竖彩条
begin
    if(hcount < 223)
    v_dat <= 3'h7;
      else if(hcount < 303)
    v_dat <= 3'h6;
      else if(hcount < 383)
    v_dat <= 3'h5;
      else if(hcount < 463)
    v_dat <= 3'h4;
      else if(hcount < 543)
    v_dat <= 3'h3;
      else if(hcount < 623)
    v_dat <= 3'h2;
      else if(hcount < 703)
    v_dat <= 3'h1;
      else
    v_dat <= 3'h0;
end

always @(posedge vga_clk)                   //产生横彩条
begin
    if(vcount < 94)
    h_dat <= 3'h7;
      else if(vcount < 154)
    h_dat <= 3'h6;
      else if(vcount < 214)
```

```
                h_dat <= 3'h5;
                  else if(vcount < 274)
                h_dat <= 3'h4;
                  else if(vcount < 334)
                h_dat <= 3'h3;
                  else if(vcount < 394)
                h_dat <= 3'h2;
                  else if(vcount < 454)
                h_dat <= 3'h1;
                  else
                    h_dat <= 3'h0;
                end
            endmodule
```

VGA 显示条纹和棋盘格图像实验结果如图 11.5 所示。

图 11.5　VGA 显示条纹和棋盘格图像实验结果

11.3.2　VGA 图像显示实例(文字/图片显示或者数码相框)

本实验产生一个文字信息，通过 VGA 接口输出到显示屏上，这里显示“FPGA”四个字符。基本原理是：先利用一个字模软件生成一个所需要显示的文字，然后再将其像素点信息转换成所需的字库，该字库以十六进制编码的形式记录着每个像素点的亮灭信息，最后就是根据 VGA 显示原理，直接读取这些信息即可。

其程序如下：

```
module vga_char(
                clk,rst_n,
                hsync,vsync,vga_r,vga_g,vga_b                  //VGA 控制
            );

    input clk;                                                 //100MHz
    input rst_n;                                               //复位信号
    output hsync;                                              //行同步信号
    output vsync;                                              //场同步信号
```

```
output[3:0] vga_r;                                   //红色输出信号
output[3:0] vga_g;                                   //绿色输出信号
output[3:0] vga_b;                                   //蓝色输出信号

reg[9:0] x_cnt;                                      //行坐标
reg[9:0] y_cnt;                                      //列坐标
reg clk_vga = 0;                                     //vga时钟
reg clk_cnt = 0;                                     //分频计数

always @(posedge clk or negedge rst_n)begin
    if(!rst_n)
        clk_vga <= 1'b0;
    else if(clk_cnt == 1)begin
        clk_vga <= ~clk_vga;
        clk_cnt <= 0;
    end
    else
        clk_cnt <= clk_cnt + 1;
end


    reg valid_yr;                                    //行显示有效信号
  always @ (posedge clk_vga or negedge rst_n)begin   //480行
        if(!rst_n) valid_yr <= 1'b0;
        else if(y_cnt == 10'd32) valid_yr <= 1'b1;
        else if(y_cnt == 10'd511) valid_yr <= 1'b0;
end

wire valid_y = valid_yr;

reg valid_r;
always @ (posedge clk_vga or negedge rst_n)begin     //640列
    if(!rst_n) valid_r <= 1'b0;
    else if((x_cnt == 10'd141) &&valid_y) valid_r <= 1'b1;
    else if((x_cnt == 10'd781) &&valid_y) valid_r <= 1'b0;
end
wire valid = valid_r;

always @ (posedge clk_vga or negedge rst_n)begin
    if(!rst_n) x_cnt <= 10'd0;
    else if(x_cnt == 10'd799) x_cnt <= 10'd0;
    else x_cnt <= x_cnt + 1'b1;
end

always @ (posedge clk_vga or negedge rst_n)begin
    if(!rst_n) y_cnt <= 10'd0;
    else if(y_cnt == 10'd524) y_cnt <= 10'd0;
    else if(x_cnt == 10'd799) y_cnt <= y_cnt + 1'b1;
end

//VGA场同步,行同步信号
```

```
    reg hsync_r,vsync_r;

    always @ (posedge clk_vga or negedge rst_n)begin
        if(!rst_n) hsync_r <= 1'b1;
        else if(x_cnt == 10'd0) hsync_r <= 1'b0;          //产生 hsync 信号
        else if(x_cnt == 10'd96) hsync_r <= 1'b1;
    end

    always @ (posedge clk_vga or negedge rst_n)begin
        if(!rst_n) vsync_r <= 1'b1;
        else if(y_cnt == 10'd0) vsync_r <= 1'b0;          //产生 vsync 信号
        else if(y_cnt == 10'd2) vsync_r <= 1'b1;
    end

    assign hsync = hsync_r;
    assign vsync = vsync_r;
    //分辨率 640 * 480
    wire[9:0] x_dis;                    //横坐标显示有效区域相对坐标值 0 - 639
    wire[9:0] y_dis;                    //竖坐标显示有效区域相对坐标值 0 - 479

    //减去消隐区,转换成易于理解的 640 * 480
    assign x_dis = x_cnt - 10'd142;
assign y_dis = y_cnt - 10'd33;
    parameter       //"FPGA"四个字符的字库
                    char_line00 = 128'hFFFFFFC07FFC00001FFF0000007C0000,
                    char_line01 = 128'hFFFFFFC07FFE00003FFF800000FE0000,
                    char_line02 = 128'hFFFFFFC07FFF00007FFFC00001CF0000,
                    char_line03 = 128'hFFFFFFC0783F8000FE0FE00001CF0000,
                    char_line04 = 128'hFFFFFFC0780FC001FC07F00003CF8000,
                    char_line05 = 128'hF80000007807E003F803F00003878000,
                    char_line06 = 128'hF80000007803F007F001F0000787C000,
                    char_line07 = 128'hF80000007801F007F00000000703C000,
                    char_line08 = 128'hF80000007800F007E00000000F03E000,
                    char_line09 = 128'hF80000007800F007C00000000E01E000,
                    char_line0a = 128'hF80000007800F00780000001E01F000,
                    char_line0b = 128'hF80000007801F0078FFFFF001C00F000,
                    char_line0c = 128'hF80000007803F0078FFFFF003C00F800,
                    char_line0d = 128'hF80000007807F0078FFFFF0038007800,
                    char_line0e = 128'hF8000000780FE0078FFFFF0078007C00,
                    char_line0f = 128'hFFFFE000781FC0078007C0007FFFFC00,
                    char_line10 = 128'hFFFFE000783F80078007C000FFFFFE00,
                    char_line11 = 128'hFFFFE0007FFF00078007C000FFFFFE00,
                    char_line12 = 128'hF80000007FFE00078007C001F8003F00,
                    char_line13 = 128'hF80000007FFC00078007C001F8003F00,
                    char_line14 = 128'hF800000780000078007C003F8003F80,
                    char_line15 = 128'hF800000780000078007C003F0001F80,
                    char_line16 = 128'hF80000078000007C00FC003E0000F80,
                    char_line17 = 128'hF80000078000007E01FC003C0000780,
                    char_line18 = 128'hF80000078000007F03FC003C0000780,
                    char_line19 = 128'hF80000078000007F87FC003C0000780,
                    char_line1a = 128'hF80000078000003FFFFC003C0000780,
```

```
                char_line1b = 128'hF80000007800000 1FFFFC003C0000780,
                char_line1c = 128'hF80000007800000 0FFFFC003C0000780,
                char_line1d = 128'hF800000078000000 7FFF8003C0000780,
                char_line1e = 128'hF800000078000000 3FFF0003C0000780,
                char_line1f = 128'hF8000000780000001FFE0007F0001FC0;

reg[6:0] char_bit;
always @(posedge clk_vga or negedge rst_n) //在 640 * 480 阵列中选取位置显示字符"FPGA"
    if(!rst_n) char_bit <= 7'h7f;
    else if(x_cnt == 10'd400) char_bit <= 7'd128;        //先显示高位,yi 次递减
    else if(x_cnt > 10'd400 &&x_cnt < 10'd528) char_bit <= char_bit - 1'b1;

reg[11:0] vga_rgb;
always @ (posedge clk_vga) begin                          //输出每一行的信号,
    if(!valid) vga_rgb <= 11'b0000_0000_0000;
    else if(x_cnt > 10'd400 &&x_cnt < 10'd528) begin
        case(y_dis)
            10'd200: if(char_line00[char_bit]) vga_rgb <= 11'b1111_1111_1111;
                                                          //白色字体,可自行设定
                    else vga_rgb <= 11'b000_0000_0000;
            10'd201: if(char_line01[char_bit]) vga_rgb <= 11'b1111_1111_1111;
                    else vga_rgb <= 11'b000_0000_0000;
            10'd202: if(char_line02[char_bit]) vga_rgb <= 11'b1111_1111_1111;
                    else vga_rgb <= 11'b000_0000_0000;
            10'd203: if(char_line03[char_bit]) vga_rgb <= 11'b1111_1111_1111;
                    else vga_rgb <= 11'b000_0000_0000;
            10'd204: if(char_line04[char_bit]) vga_rgb <= 11'b1111_1111_1111;
                    else vga_rgb <= 11'b000_0000_0000;
            10'd205: if(char_line05[char_bit]) vga_rgb <= 11'b1111_1111_1111;
                    else vga_rgb <= 11'b000_0000_0000;
            10'd206: if(char_line06[char_bit]) vga_rgb <= 11'b1111_1111_1111;
                    else vga_rgb <= 11'b000_0000_0000;
            10'd207: if(char_line07[char_bit]) vga_rgb <= 11'b111_1111_1111;
                    else vga_rgb <= 11'b000_0000_00;
            10'd208: if(char_line08[char_bit])vga_rgb <= 11'b1111_1111_1111;
                    else vga_rgb <= 11'b000_0000_0000;
            10'd209: if(char_line09[char_bit]) vga_rgb <= 11'b1111_1111_1111;
                    else vga_rgb <= 11'b000_0000_0000;
            10'd210: if(char_line0a[char_bit]) vga_rgb <= 11'b1111_1111_1111;
                    else vga_rgb <= 11'b000_0000_0000;
            10'd211: if(char_line0b[char_bit]) vga_rgb <= 11'b1111_1111_1111;
                    else vga_rgb <= 11'b000_0000_0000;
            10'd212: if(char_line0c[char_bit]) vga_rgb <= 11'b1111_1111_1111;
                    else vga_rgb <= 11'b000_0000_0000;
            10'd213: if(char_line0d[char_bit]) vga_rgb <= 11'b1111_1111_1111;
                    else vga_rgb <= 11'b000_0000_0000;
            10'd214: if(char_line0e[char_bit]) vga_rgb <= 11'b1111_1111_1111;
                    else vga_rgb <= 11'b000_0000_0000;
            10'd215: if(char_line0f[char_bit]) vga_rgb <= 11'b1111_1111_1111;
                    else vga_rgb <= 11'b000_0000_0000;
            10'd216: if(char_line10[char_bit]) vga_rgb <= 11'b1111_1111_1111;
                    else vga_rgb <= 11'b000_0000_0000;
            10'd217: if(char_line11[char_bit]) vga_rgb <= 11'b1111_1111_1111;
```

```
                        else vga_rgb <= 11'b000_0000_0000;
                10'd218: if(char_line11[char_bit]) vga_rgb <= 11'b1111_1111_1111;
                        else vga_rgb <= 11'b000_0000_0000;
                10'd219: if(char_line13[char_bit])vga_rgb <= 11'b1111_1111_1111;
                        else vga_rgb <= 11'b000_0000_0000;
                10'd220: if(char_line14[char_bit]) vga_rgb <= 11'b1111_1111_1111;
                        else vga_rgb <= 11'b000_0000_0000;
                10'd221: if(char_line15[char_bit])vga_rgb <= 11'b1111_1111_1111;
                        else vga_rgb <= 11'b000_0000_0000;
                10'd222: if(char_line16[char_bit])vga_rgb <= 11'b1111_1111_1111;
                        else vga_rgb <= 11'b000_0000_0000;
                10'd223: if(char_line17[char_bit]) vga_rgb <= 11'b1111_1111_1111;
                        else vga_rgb <= 11'b000_0000_0000;
                10'd224: if(char_line18[char_bit]) vga_rgb <= 11'b1111_1111_1111;
                        else vga_rgb <= 11'b000_0000_0000;
                10'd225: if(char_line19[char_bit])vga_rgb <= 11'b1111_1111_1111;
                        else vga_rgb <= 11'b000_0000_0000;
                10'd226: if(char_line1a[char_bit]) vga_rgb <= 11'b1111_1111_1111;
                        else vga_rgb <= 11'b000_0000_0000;
                10'd227: if(char_line1b[char_bit]) vga_rgb <= 11'b1111_1111_1111;
                        else vga_rgb <= 11'b000_0000_0000;
                10'd228: if(char_line1c[char_bit]) vga_rgb <= 11'b1111_1111_1111;
                        else vga_rgb <= 11'b000_0000_0000;
                10'd229: if(char_line1d[char_bit]) vga_rgb <= 11'b1111_1111_1111;
                        else vga_rgb <= 11'b000_0000_0000;
                10'd230: if(char_line1e[char_bit]) vga_rgb <= 11'b1111_1111_1111;
                        else vga_rgb <= 11'b000_0000_0000;
                10'd231: if(char_line1f[char_bit]) vga_rgb <= 11'b1111_1111_1111;
                        else vga_rgb <= 11'b000_0000_0000;
            default: vga_rgb <= 11'h000;
            endcase
        end
        else vga_rgb <= 11'h000;
    end
    //basys3上单个颜色有四位控制信号,可以自行选择控制位数
    assign vga_r = vga_rgb[11:8];
    assign vga_g = vga_rgb[7:4];
    assign vga_b = vga_rgb[3:0];
endmodule
```

VGA 文字显示实验结果如图 11.6 所示。

图 11.6　VGA 文字显示实验结果

11.3.3　VGA IP 的使用

从 11.2.3 节的 VGA 时序图可以知道，VGA 接口控制中主要有以下几个必不可少的信号：vga_pclk（vga 时钟），vga_rst（复位信号），vga_hsync（行同步信号），vga_vsync（场同步信号），vga_valid（有效显示信号）。这些信号在编写 VGA 显示程序的时候必不可少，将这部分程序封装成一个 IP 核，将方便以后程序的开发与

使用。前面章节已经介绍过了 IP 核的封装，这里不再赘述。下面介绍封装好的 VGA IP 的使用方法。以 11.3.1 节中的 VGA 显示条纹和棋盘格图像实验为例进行讲述。

在 Vivado 里新建一个程序后，添加顶层文件，然后就是需要添加封装好的 VGA IP 核。假设封装好的程序放在 VGA_IP 这个文件夹中，分以下几个步骤实现 IP 的添加：

(1) 将 VGA_IP 这个文件夹放入本工程文件夹下(VGA_IP\VGA_IP. srcs\sources_1)，若使用的是 VGA_IP. zip 压缩包则需要先解压。

(2) 在 Vivado 设计界面的左侧设计向导栏中，单击 Project Manager 目录下的 Project Settings，如图 11.7 所示。

图 11.7 Project Manager

(3) 在 Project Settings 界面中，选择 IP 选项，进入 IP 设置界面，单击 Add Repository 添加本工程目录下的 VGA_IP 目录，如图 11.8 所示。

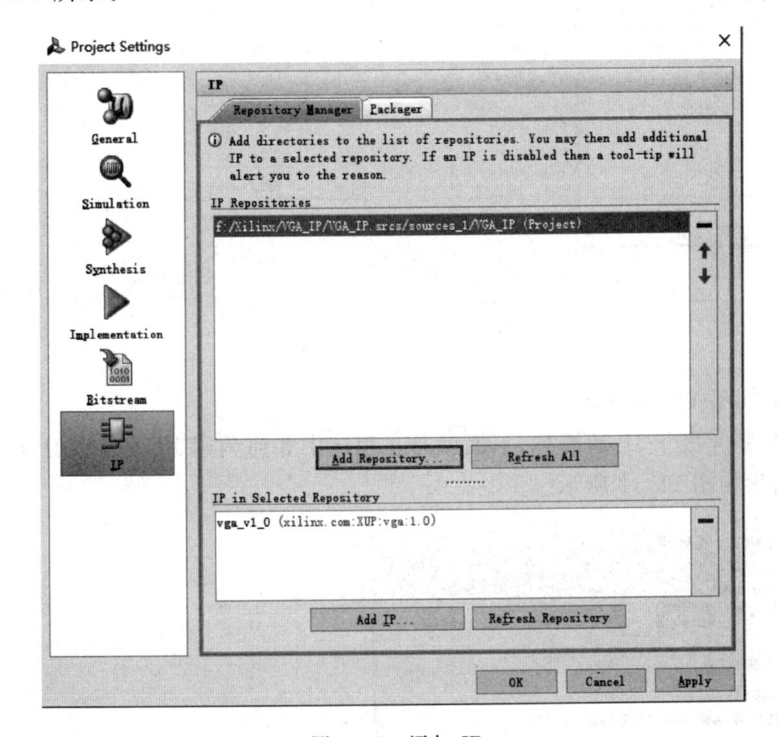

图 11.8 添加 IP

(4) 完成目录添加后，可以看到所需 IP 已经自动添加。单击 OK 完成 IP 添加。

(5) 上述步骤的目的是完成目录添加，接下来需要在本工程中添加 IP 核。在 Flow Navigator 下的 Project Manager 目录下，单击 IP Catalog 选项，如图 11.9 所示。

图 11.9 IP Catalog

(6) 在 IP Catalog 搜索 vga 能看到添加的 VGA_IP 核。双击打开配置界面，这里需要按照本章 VGA 常见频率时序表进行设置，结果如图 11.10 所示。可自行设置所需分辨率、同步段、后沿及前沿等大小。完成之后单击 OK，最后就生成所需的 IP 了。

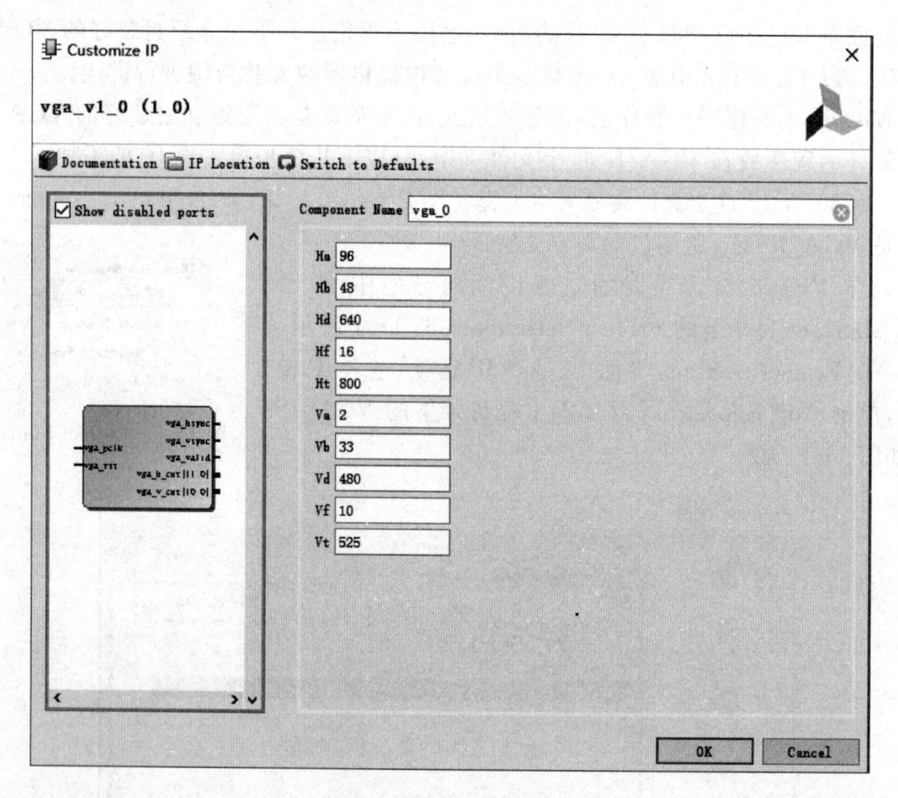

图 11.10　VGA IP 设置

（7）结果如图 11.11 所示。

上面的步骤完成了 IP 的添加，下面就是在程序中如何调用 IP 了。该 IP 核中一共有七个信号，实例化如图 11.12 所示。

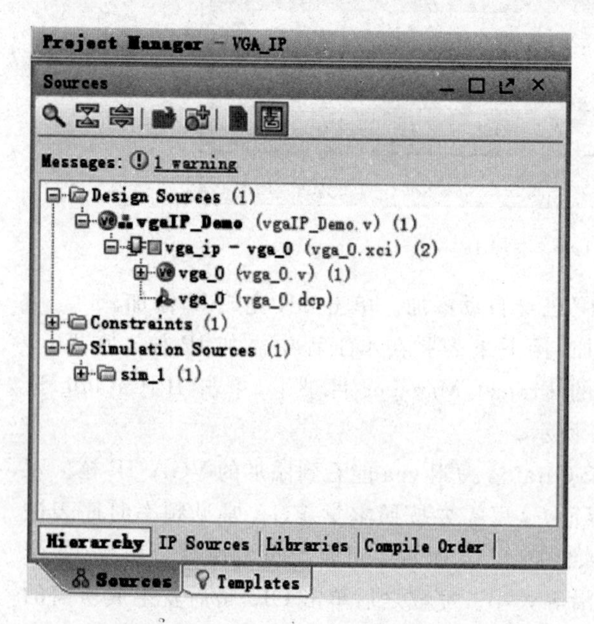

图 11.11　VGA IP 添加完成

```
vga_0 vga_ip (
  .vga_pclk(vga_clk),        // input wire vga_pclk
  .vga_rst(vga_rst),          // input wire vga_rst
  .vga_hsync(vga_hsync),      // output wire vga_hsync
  .vga_vsync(vga_vsync),      // output wire vga_vsync
  .vga_valid(vga_valid),      // output wire vga_valid
  .vga_h_cnt(vga_h_cnt),      // output wire [11 : 0] vga_h_cnt
  .vga_v_cnt(vga_v_cnt)       // output wire [10 : 0] vga_v_cnt
);
```

图 11.12　VGA 实例化

从这里可以看出 IP 核可以产生所需的行同步信号、场同步信号、有效显示信号，以及行、场计数信号。在顶层文件中对其进行实例化即可实现调用。下面是实验 11.3.1 用该 IP 核编写的程序：

```
module vgaIP_Demo(clk,vga_rst,disp_RGB,switch,vga_hsync,vga_vsync);

    input clk;                              //basys3 100M 时钟
    input vga_rst;                          //复位信号
    input [1:0]switch;                      //选择显示图像

   output [2:0]disp_RGB;                    //输出颜色
   output vga_hsync;                        //行同步
   output vga_vsync;                        //场同步

   reg vga_clk = 0;
   reg clk_cnt  = 0;
   reg [2:0] data;
   reg [2:0] h_dat;
   reg [2:0] v_dat;

   wire vga_pclk;                           //vga 时钟
   wire vga_valid;                          //有效显示信号
   wire [11:0] vga_h_cnt;                   //列计数
   wire [10:0] vga_v_cnt;                   //行计数

   always @(posedge clk)                    //分频产生 VGA 时钟信号
   begin
       if(clk_cnt == 1)begin
           vga_clk <= ~vga_clk;
           clk_cnt <= 0;
       end
       else
           clk_cnt <= clk_cnt + 1;
   end

   assign vga_pclk = vga_clk;

   always @(posedge vga_pclk)                    //产生竖彩条
   begin
       if(vga_h_cnt < 80)
           v_dat <= 3'h7;
       else if(vga_h_cnt < 160)
           v_dat <= 3'h6;
       else if(vga_h_cnt < 240)
           v_dat <= 3'h5;
       else if(vga_h_cnt < 320)
           v_dat <= 3'h4;
       else if(vga_h_cnt < 400)
           v_dat <= 3'h3;
       else if(vga_h_cnt < 480)
```

```
                v_dat <= 3'h2;
            else if(vga_h_cnt < 560)
                v_dat <= 3'h1;
            else
                v_dat <= 3'h0;
        end

        always @(posedge vga_pclk)              //产生横彩条
        begin
            if(vga_v_cnt < 60)
                h_dat <= 3'h7;
            else if(vga_v_cnt < 110)
                h_dat <= 3'h6;
            else if(vga_v_cnt < 180)
                h_dat <= 3'h5;
            else if(vga_v_cnt < 240)
                h_dat <= 3'h4;
            else if(vga_v_cnt < 300)
                h_dat <= 3'h3;
            else if(vga_v_cnt < 360)
                h_dat <= 3'h2;
            else if(vga_v_cnt < 420)
                h_dat <= 3'h1;
            else
                h_dat <= 3'h0;
        end

        always @(posedge vga_pclk)
          begin
            case(switch[1:0])
                2'd0: data <= h_dat;                //选择横彩条
                2'd1: data <= v_dat;                //选择竖彩条
                2'd2: data <= (v_dat ^ h_dat);      //产生棋盘格
                2'd3: data <= (v_dat ~^ h_dat);     //产生棋盘格
            endcase
        end

        assign disp_RGB = (vga_valid) ? data : 3'h0;


    //IP核的实例化
        vga_0 vga_ip (
          .vga_pclk(vga_pclk),                      //input wire vga_pclk
          .vga_rst(vga_rst),                        //input wire vga_rst
          .vga_hsync(vga_hsync),                    //output wire vga_hsync
          .vga_vsync(vga_vsync),                    //output wire vga_vsync
          .vga_valid(vga_valid),                    //output wire vga_valid
          .vga_h_cnt(vga_h_cnt),                    //output wire [11 : 0] vga_h_cnt
          .vga_v_cnt(vga_v_cnt)                     //output wire [10 : 0] vga_v_cnt
        );
    endmodule
```

这样我们就完成了实验 11.3.1 的 IP 核的添加，利用 VGA IP 核实现了与该实验相同的结果。

11.4 练习题

1. VGA 弹球游戏

在 VGA 上显示一个黄色的小球，并且在屏幕的四周显示一圈蓝色的方框。小球以 45 度角匀速运动，若碰撞方框便改变方向弹起。写好程序，下载至板卡上并显示在 VGA 上。

2. 视力表

(出自东南大学 FPGA 竞赛题)在 VGA 上显示视力表的上下左右标识，测试人员可以通过开发板的按键或者连接键盘输入自己看到的方向。经过几轮测试最终能在 VGA 上显示出最终测试的结果。

第12章 数字图像采集

CHAPTER 12

本章学习导言

从本章开始，我们将调用之前封装的 IP 并且将之应用到实际的项目中。本书中所有的工程都基于 Artix-7 FPGA，读者需先核对使用的芯片以及绑定的管脚再下载到板卡上使用。

图像采集部分是图像处理系统的重要组成部分，它通过图像传感器将外部的图像信息采集进来，转换为数字信号存储到系统的帧存储器中。本章以 OV7725 和 Artix-7 FPGA 作为硬件，设计一个摄像头采集图像并显示在 VGA 上的实例。

12.1 数字图像采集概述

目前在工业图像采集领域，人们常用的两种图像传感器为 CCD 和 CMOS 图像传感器。CCD 一般输出为带制式的模拟信号，需要经过视频解码器得到数字信号才能传入控制器中；而 CMOS 图像传感器直接输出数字信号，可以直接与控制器连接。随着集成电路设计技术和工艺水平的提高，CMOS 图像传感器像素单元的数量和采集速度都不断增大。由于 CMOS 器件的高速性，近年来，越来越多的高速图像采集系统采用 CMOS 图像传感器作为图像采集器件。常用 CMOS 传感器品牌有 Sony、Aptina、OmniVision 等。

12.2 系统设计原理

12.2.1 系统架构

该数字图像采集平台架构如图 12.1 所示。系统通过 CMOS 传感器 OV7725 对图像高速采集，并存储到片上 BRAM，然后通过 VGA 控制模块将行列值换算成 BRAM 地址，从 BRAM 里读取图像的 RGB 信息，最终将图像显示出来。

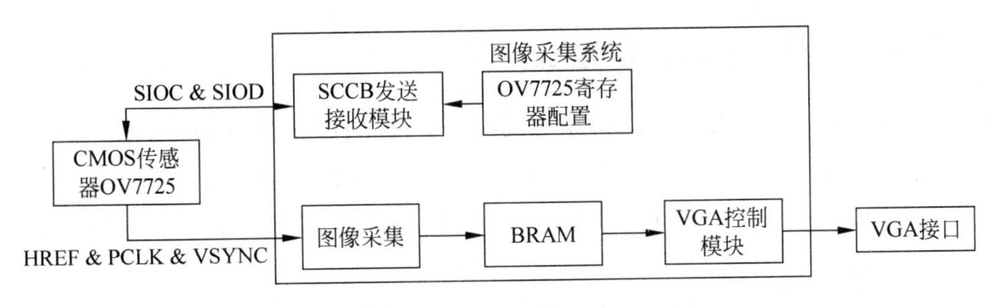

图 12.1　系统框图

12.2.2　OV7725 芯片介绍

OV7725 是一款低压 CMOS 图像传感器。如图 12.2 所示，芯片内置图像处理单元，速度可达 60fps。通过 SCCB 接口，可以控制芯片的内置功能，包括曝光调整、gamma 调整、白平衡、色彩饱和度调整等。OV7725 内 G、B 和 R 通道共用一个 10 位 AD，工作频率为 12MHz。

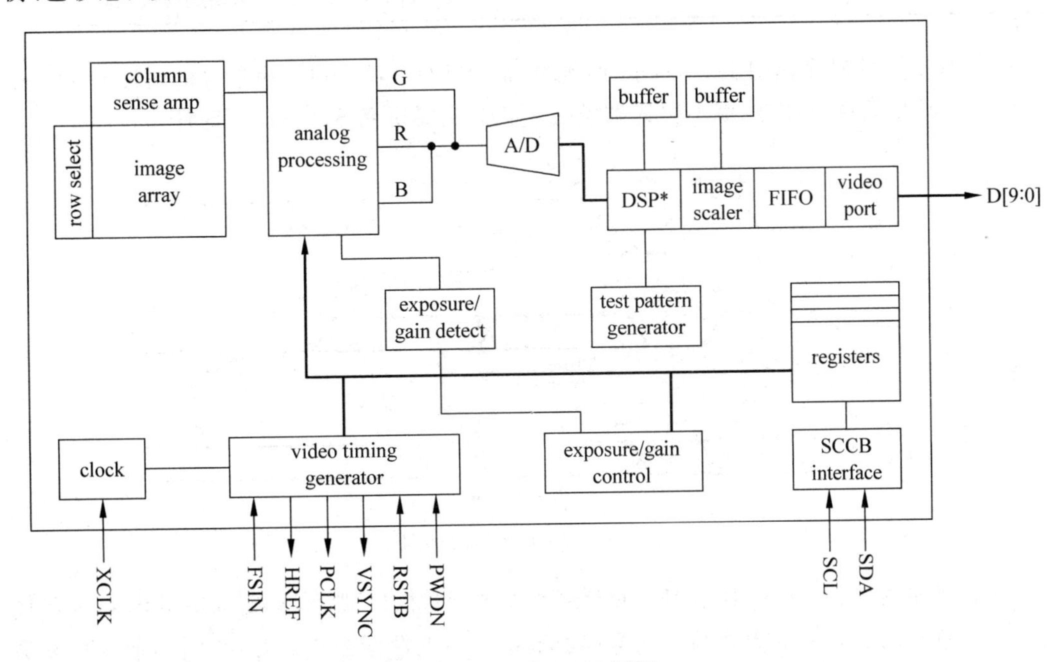

图 12.2　OV7725 框图

除此之外，OV7725 利用自己的技术处理图像，减少了图像的噪声，并且提供了对多种颜色格式的支持以及图像大小的支持。

OV7725 工作特性如下：

(1) 像素：640×480；

(2) 电压：1.8V DC；

(3) 输出格式(8 位)：YUY/YCbCr 4：2：2；
RGB565/555/444；
RGB 4：2：2；
Raw RGB Data。

12.2.3 OV7725 SCCB 协议

SCCB(serial camera control bus)协议是一个三线的串行协议，可用来控制大部分的 OmniVision 的摄像芯片。在一些芯片里，SCCB 也支持两线串行模式。OmniVision 芯片需要作为 SCCB 的 Slave 部分。SCCB 协议和 I2C 协议有很多相似之处，这里不详细展开，读者可以自行查阅相关资料。

这里运用的是两线模式，两线模式相比于三线模式区别是只能接一个从机。信号定义如表 12.1 所示。

表 12.1 SCCB 接口

信号名称	信号类型	说明
SIO_C	Input	Serial I/O Signal 1 Input
SIO_D	I/O	Serial I/O Signal 0 Input and Outpout

SCCB 整体的时序如图 12.3 所示，时钟最高 400kHz，开始和结束信号的时序和 I2C 相同，可以参考相关章节，在此就不再详细说明。我们主要研究 SCCB 的写时序。

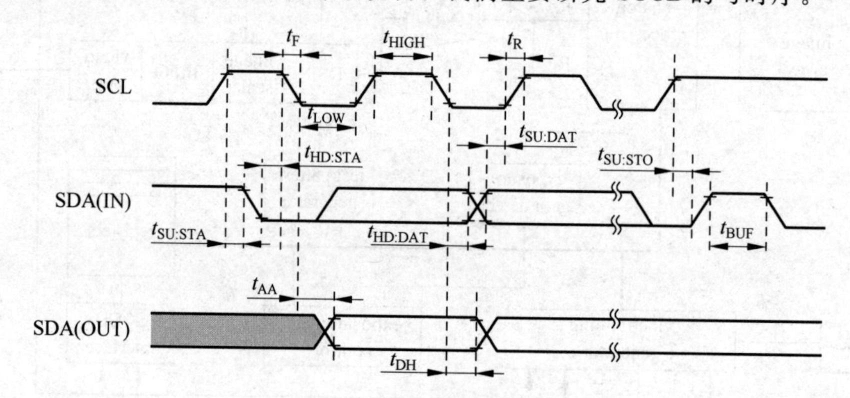

图 12.3 SCCB 整体时序图

写时序如图 12.4 所示，其中 IP address 如果进行写操作则为 0x42，sub-address 是具体的寄存器地址，write data 为要写入的寄存器数据。写入数据格式为每组 9 位，前 8 位是数据，最后“X”是从设备的回应。

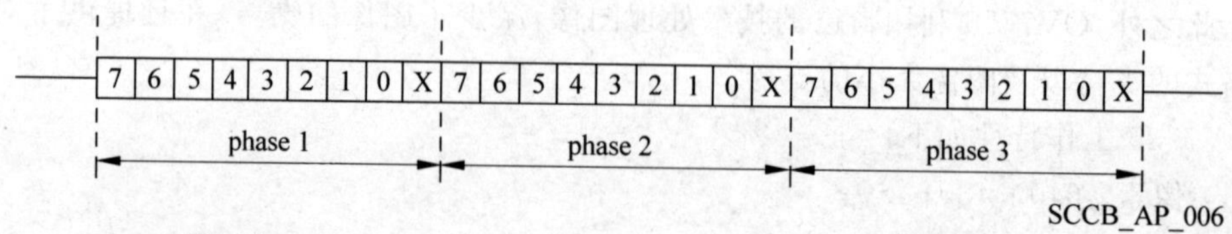

phase 1: IP address
phase 2: sub-address/read data
phase 3: write data

图 12.4 SCCB 写时序图

12.2.4　OV7725 配置寄存器

首先，我们需要将寄存器的模式调整为 QVGA 模式 RGB565 格式。根据数据手册，如表 12.2 所示需要配置两个寄存器，即使用 RGB565 模式和时钟分频。这样，OV7725 输出的时钟就为输入时钟频率的 2 倍。

表 12.2　配置寄存器

寄存器名称	地址(Hex)	数据(Hex)	说　明
CLKRC	11	00	内部时钟预分频器 finternal clock＝finput clock×PLL multiplier/[(CLKRC[5:0]＋1)×2]
COM7	12	46	RGB 输出格式 控制:RGB565 输出模式：QVGA

配置 OV7725 寄存器程序如下：

```
module ov7725_regData(
    input           [7:0]     LUT_INDEX,
    output  reg     [15:0]    LUT_DATA,
    output [7:0] Slave_Addr);

assign Slave_Addr = 8'h42;

parameter Read_DATA   =   0;
parameter SET_OV7725   =   2;

always@( * )
begin
    case(LUT_INDEX)
        SET_OV7725 + 0     :LUT_DATA = 16'h1280;        //重置寄存器
        SET_OV7725 + 1     :LUT_DATA = 16'h0cd0;        //设置图像输出格式
        SET_OV7725 + 2     :LUT_DATA = 16'h1100;        //设置时钟
        SET_OV7725 + 3     :LUT_DATA = 16'h1246;        //设置 QVGA 模式
        default            :LUT_DATA = 0;
    endcase
end
endmodule
```

12.2.5　OV7725 图像采集

为了将 OV7725 的信号采集下来转换为 RGB 图像，我们先来看看用到的引脚定义，如表 12.3 所示。

表 12.3 OV7725 模块部分引脚

引　　脚	引脚类型	说　　明
*D*0～*D*9	Output	CMOS 输出的 10 位数据口,本实例只用到 *D*2～*D*9
PCLK	Output	CMOS 输出的像素时钟
XCLK	Input	CMOS 输入的时钟信号
HREF	Output	CMOS 输出的行同步信号
VSYNC	Output	CMOS 输出的帧同步信号

转换为 RGB565 的时序图如图 12.5 所示。

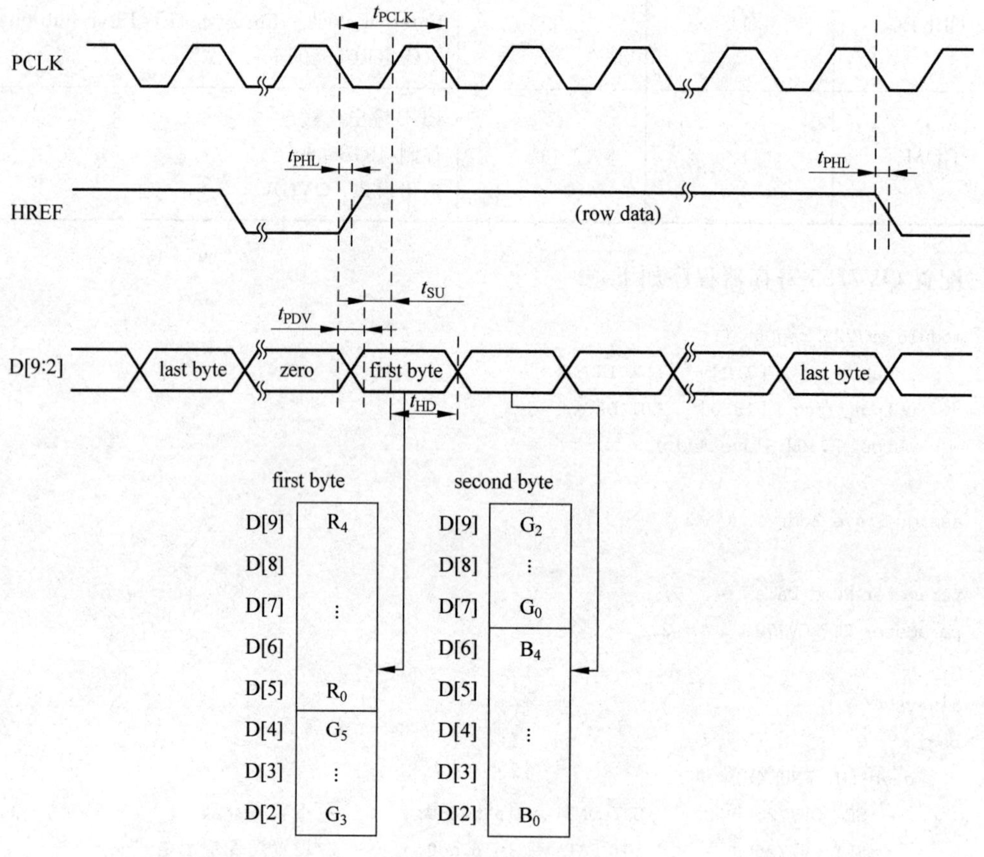

图 12.5 RGB565 时序

当帧同步信号 VSYNC 出现有效边沿之后,在 HREF 为高电平时,第一个 PCLK 上升沿读取第一个字节数据(*D*7～*D*0)。此时要注意,这个字节并不代表第一个像素,而是第一个像素的 R[4:0]以及 G[5:3],第二个 PCLK 上升沿读取的字节则是第一个像素的 G[2:0]以及 B[4:0]。当第二个 PCLK 上升沿到来时,将这两个字节组合成一个完整的像素,就得到了第一个像素。以此类推,采集一行数据(320×2 个),就得到 320 个像素值。当采集完 240 行的时候,就完成了一帧数据的采集。图 12.6 所示为 OV7725 的 QVGA 时序图。

由 OV7725 的 QVGA 时序可知,每一行有效时间为 320×2 个 PCLK,无效时间为 256×2 个 PCLK,每一行花费时间为 576×2 个 PCLK 时钟;而每一帧总行数是 278(有效行数是

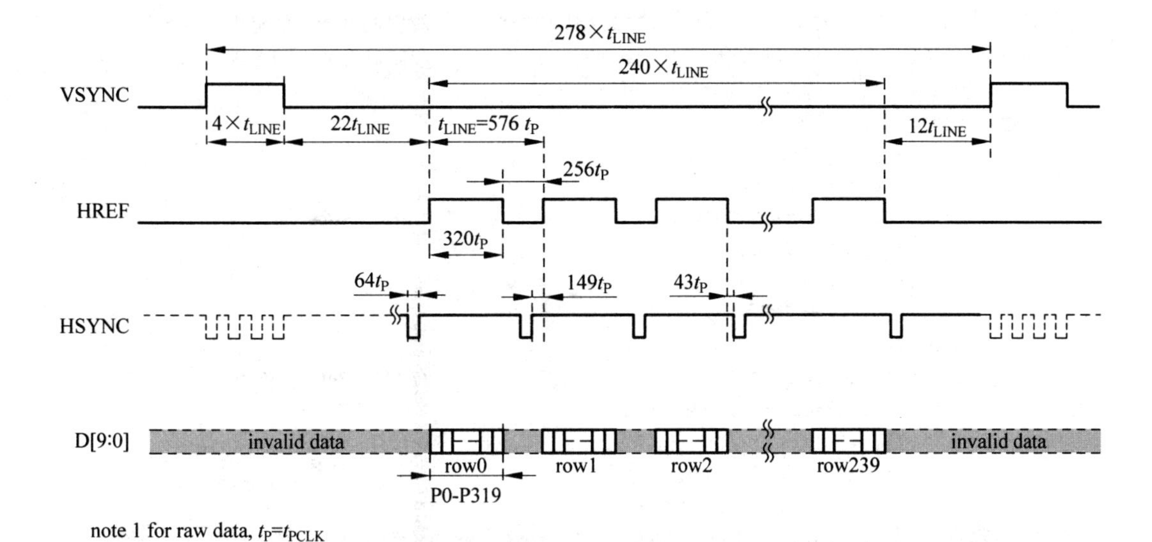

图 12.6　OV7725 的 QVGA 时序

240)；因此采集一帧数据的时间是 576×278×2 个 PCLK 的时间。我们前面设置的时钟寄存器将 PCLK 定为 XCLK 的两倍频率，即采集一帧需要的时间就为 576×278 个 XCLK。如果想要达到 60Hz 的采样率，则一秒需要 576×278×60＝9 607 680 个 XCLK，即 XCLK 只需大于 10MHz 即可满足采样要求。

OV7725 采集程序如下：

```
module cam_ov7725(
input pclk,
input vsync,
input href,
input[7:0] d,
output [11:0]H_cnt,                  //输出图像行信号
output [10:0]V_cnt,                  //输出图像列信号
output[16:0] addr,
output reg[15:0] dout,               //输出图像数据
output reg we,
output wclk
    );
    reg [15:0] d_latch;
    reg [16:0] address;
    reg [16:0] address_next;
    reg [1:0] wr_hold;
    reg [1:0] cnt;

assign addr = address;
assign wclk = pclk;

reg[9:0]hcnt,vcnt,href_post;
```

```
    assign H_cnt = (hcnt/2>=0&&hcnt/2<320)?hcnt/2:0;      //限制 H_cnt 的范围
    assign V_cnt = (vcnt>=0&&vcnt<240)?vcnt:0;            //限制 V_cnt 的范围

    always@(posedge pclk)begin
            if(vsync == 1) begin
                address <= 17'b0;
                address_next <= 17'b0;
                wr_hold <= 2'b0;
                cnt <= 2'b0;
                end
            else begin
                if(address < 76800)                        //320 * 240 = 76800
                    address <= address_next;
                else
                    address <= 76800;
                    we     <= wr_hold[1];
                    wr_hold <= {wr_hold[0] , (href&&( ! wr_hold[0])) };
                    d_latch <= {d_latch[7:0] , d};
                    if (wr_hold[1] == 1 )begin
                      address_next <= address_next + 1;
                      dout[15:0] <= {d_latch[15:11] , d_latch[10:5], d_latch[4:0] };
                    end
                end;
        end

    always@(posedge pclk)begin
        if(vsync == 1) begin
        vcnt <= 0;
        hcnt <= 0;
        end
        else begin
            if ({href_post,href} == 2'b10 )begin
                vcnt <= vcnt + 1;
                hcnt <= 0;
            end
            if(href == 1 )begin
                hcnt <= hcnt + 1;
            end
        end
    end
    endmodule
```

12.2.6 Block RAM 存储单元

对比 OV7725 QVGA 时序以及 VGA 时序，会发现虽然 OV7725 的 QVGA 非常接近 VGA 时序，但还是有差距，因此不能将 OV7725 的信号直接连接到 VGA。若想用 VGA 显示，则需将 OV7725 采集的图形先存储下来，VGA 显示的时候从存储中将采集的图像信号读出来。

一次需要存储的数据共有 320×240=76 800 个，数据宽度为 16 位。VGA 根据当前显示的行列值，从 Block RAM 中读取相应行列的数据。采用双端口 BRAM 设计，方便存储的同时可以读取，以此达到最高的效率。

12.2.7　VGA 显示的实现

通过之前章节的学习，相信读者已经了解了 VGA 的时序原理，本实例对 VGA 的时序不再描述。VGA 能够产生 VGA 信号，还能产生像素的行列计数值。通过这两个计数值可以计算帧缓存的读地址。本实例中实现的 VGA 模块顶视图如图 12.7 所示。

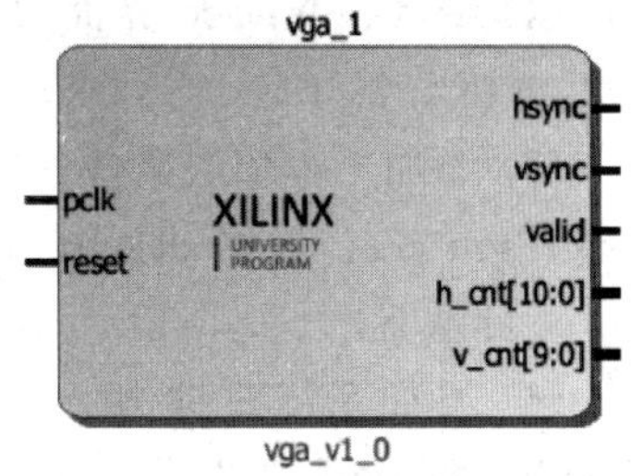

图 12.7　VGA 模块顶视图

12.3　模块搭建与综合实现

(1) 创建一个名为 Digital camera 的新工程，选用 xc7a35tcpg236-1 的 FPGA 器件。

(2) 创建完工程后，在工程的 IP 设置中，添加本设计所涉及的 IP 所在目录(IP 都位于 chapter_12 文件夹下的 files\HDL_source\IP_Catalog)，如图 12.8 所示。

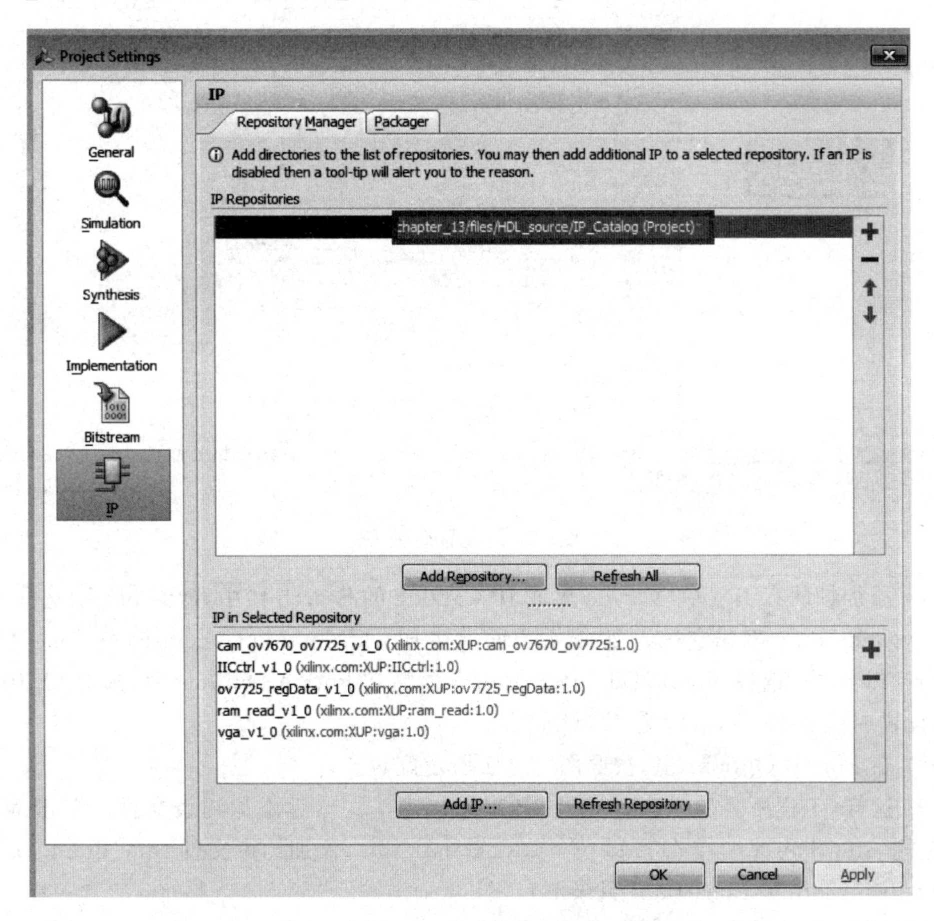

图 12.8　添加 IP 所在目录

(3) 可见添加路径结束后,相应 IP 已自动添加。

(4) 依次在 Vivado 界面 IP Catalog 的 Search 栏中,搜索 cam、ov7725、vga、IICctrl、ram_read,添加 5 个 IP。

(5) 添加工程顶层文件。在 Vivado 界面左侧,单击 Add Sources；单击 Add or create design sources。添加 design_1. v。这是本工程顶层文件,位于 chapter_12\files\HDL_source 目录下。

(6) 添加系统时钟 IP。在 Vivado 界面 IP Catalog 的 Search 栏中,搜索 clock,选择 Clocking Wizard,双击它进入 IP 配置界面。按照如图 12.9 配置 IP。输出一个 25MHz 的时钟,并去掉 reset 与 locked 前的勾选。

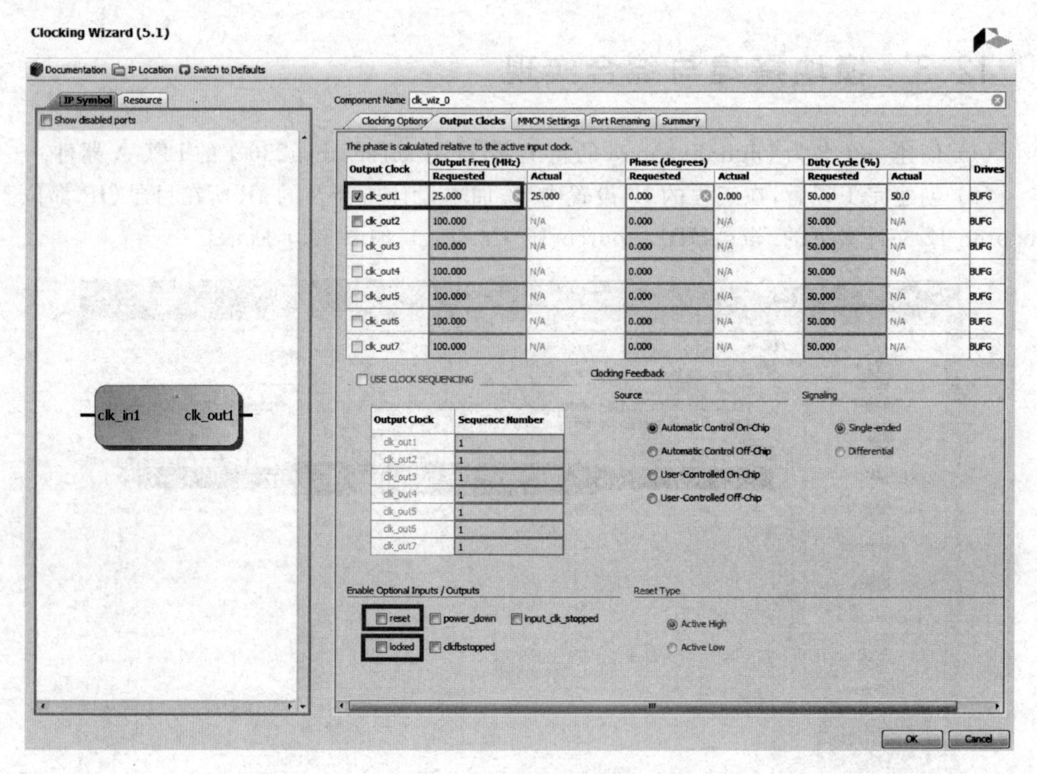

图 12.9　配置时钟 IP

(7) 添加帧缓存 IP。在 Vivado 界面 IP Catalog 的 Search 栏中,搜索 block,选择 Block Memory Generator,双击它进入 IP 配置界面。在 Block Memory Generator 的 Basic 界面的 Memory Type 中,选择 Simple Dual Port Ram。然后在 Port A Options 中,按图 12.10 所示配置,设置成位宽 16 位,深度为 76 800。

(8) 在 Port B Options 里,按照图 12.11 所示配置。

(9) 这样,工程所需的 v 文件以及 IP 都添加完毕。然后添加约束文件。单击 Vivado 界面左侧 Add Sources；单击 Add or create constraints,添加约束文件 cam_bram_vga. xdc (在 chapter_12\files\Constraint 目录下)。

(10) 依次单击综合、实现,生成 Bitstream。

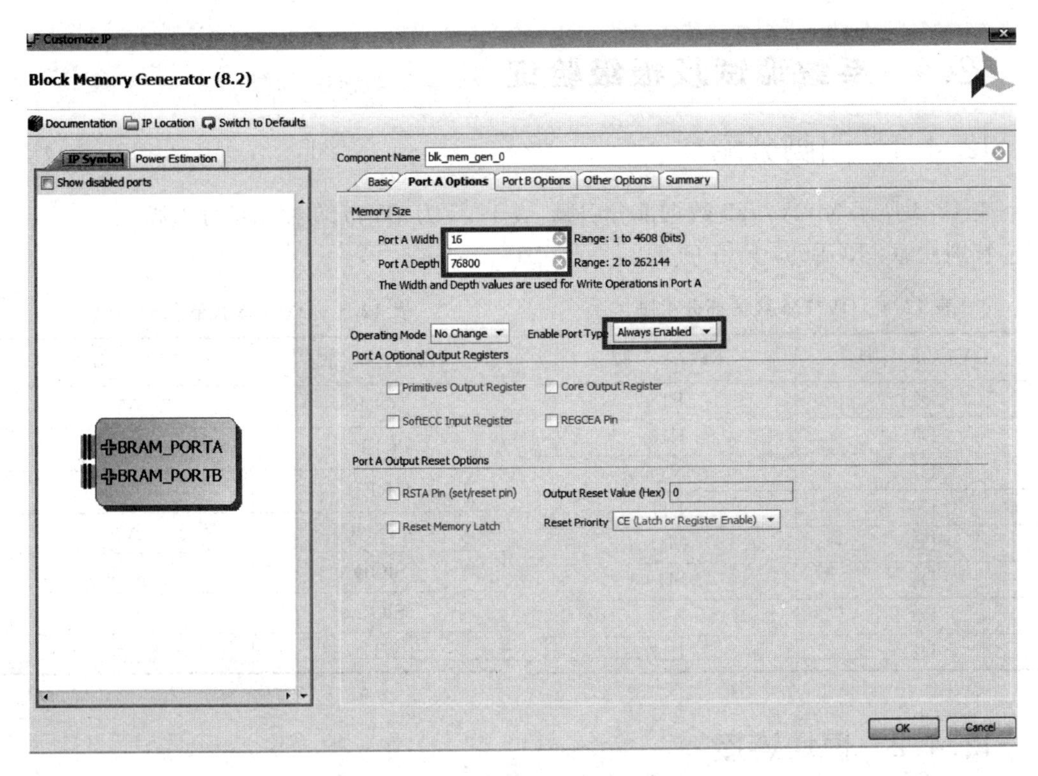

图 12.10　配置 BRAM 的 Port A

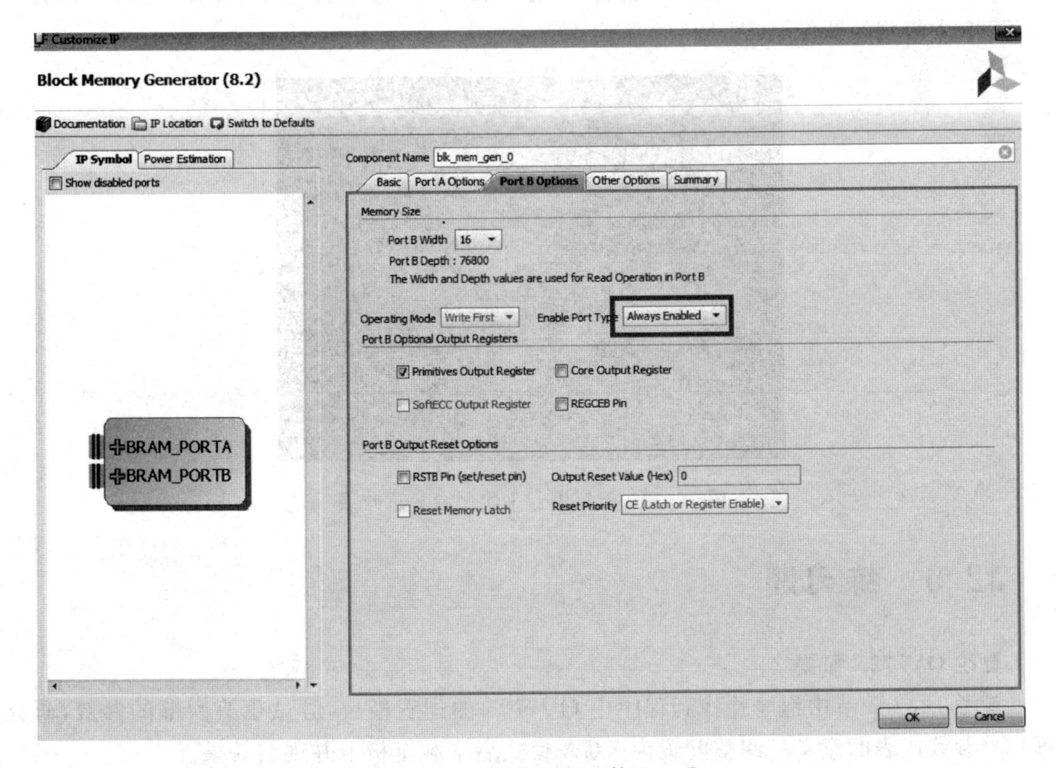

图 12.11　配置 BRAM 的 Port B

12.4 系统调试及板级验证

12.4.1 引脚分配

表 12.4 所示为 OV7725 数据部分引脚，表 12.5 为 OV7725 控制部分引脚。

特别注意：RGB565 只用 D[9:2]

表 12.4 OV7725 数据部分引脚

OV7725 引脚	FPGA 引脚
D9	P18
D8	R18
D7	N17
D6	P17
D5	M18
D4	M19
D3	K17
D2	L17

表 12.5 OV7725 控制部分引脚

OV7725 引脚	FPGA 引脚
XCLK	A15
PCLK	A14
HREF	A17
VSYNC	A16
SIOD	C15
SIOC	B15
PWDN	低电平

12.4.2 模块连接

将 OV7725 模块连接到板卡后上电，然后下载 bit 文件。通过 VGA 显示器，可以看到 OV7725 采集到的图像，如图 12.12 所示。

图 12.12 数字图像采集平台显示效果

12.5 练习题

更改 OV7725 配置

参考 12.2.5 节中程序并找到程序中 OV7725 的配置模块，尝试更改内部的参数，研究每一个参数代表的意义。调整配置为 VGA 模式后下载至板卡并观察效果。

第三部分

PART

逻辑系统设计案例

第 13 章　数字逻辑系统设计案例：数字钟
第 14 章　单周期处理器设计实例
第 15 章　数字信号处理实例：FIR 滤波器
第 16 章　数字图像处理设计案例
第 17 章　大学生 FPGA 设计案例
第 18 章　Xilinx 资源导读

第13章 CHAPTER 13 数字逻辑系统设计案例：数字钟

本章学习导言

本书第二部分的多个章节介绍了 Vivado 的 IP 设计方法和常用功能模块的设计示例，本章以常见的数字钟为例，在综合利用之前的模块设计技术基础上介绍逻辑系统的设计，并以此为例，介绍如何使用 Vivado 进行硬件调试。并且还将在本章介绍 FPGA 设计中非常重要的概念：约束的设计。

13.1 数字钟设计案例

13.1.1 实验原理

数字钟是一个将“时”、“分”和“秒”显示于人的视觉器官的计时装置。它的计时周期为 24 小时，显示满刻度为 23 时 59 分 59 秒，另外应有校时功能和报时功能。因此，一个基本的数字钟电路主要由译码显示器、“时”、“分”、“秒”计数器、校时电路、报时电路和振荡器组成。干电路系统由秒信号发生器、“时”、“分”、“秒”计数器、译码器、显示器、校时电路、整点报时电路组成。秒信号发生器是整个系统的时基信号，它直接决定计时系统的精度，一般用石英晶体振荡器加分频器来实现。将标准秒信号送入“秒”计数器，“秒”计数器采用 60 进制计数器，每累计 60 秒发出一个分脉冲信号，该信号作为“分”计数器的时钟脉冲。“分”计数器也采用 60 进制计数器，每累计 60 分钟，发出一个时脉冲信号，该信号被送到“时”计数器。“时”计数器采用 24 进制计数器，可实现对一天 24 小时的累计。译码显示电路将“时”“分”“秒”计数器的输出状态经七段显示译码器译码，通过六位 LED 七段显示器显示出来。

本实验仅设计了“分”“秒”计数器。

整个设计框架为：由分频电路产生 1s 时钟脉冲，经过秒钟电路（模 60 计数器），将秒钟的复位信号输出给分钟电路（模 60 计数器），再经过七段数码管显示电路显示时间。

利用 74LS90 芯片设计模 60 的计数器，其原理图如图 13.1 所示。

13.1.2 实验设计流程

（1）创建 Digital_Clock 新工程，选用 xc7a35tcpg236-1 的 FPGA 器件。创建完工程后，

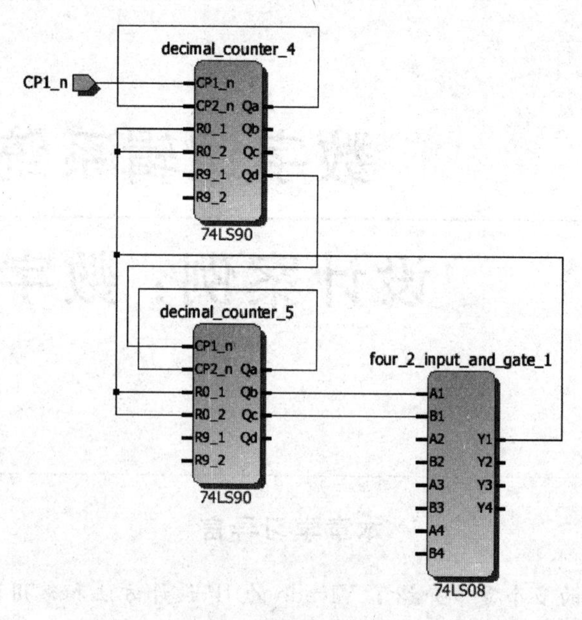

图 13.1 模 60 原理图

在工程设置中添加本设计所涉及的 IP 所在路径，并添加相应 IP。详细创建过程和添加 IP 过程请参考 Gray_Code_converter 设计文档。

(2) 创建名为 digital_clock 的原理图，添加相关 IP。

由于时钟电路和显示电路都需要时钟信号，本实验添加了 Vivado 自带时钟管理器 IP，Clocking Wizard。双击 IP，配置 IP。添加一个时钟输出端口，并取消 reset 和 locked 引脚。具体配置如图 13.2 所示。

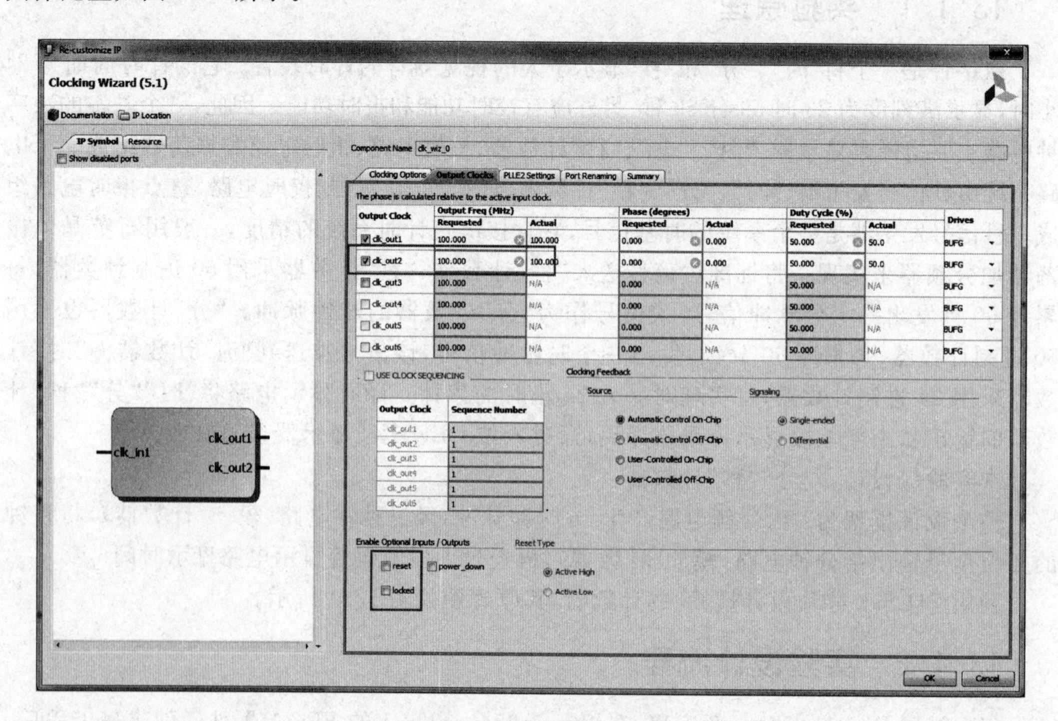

图 13.2 时钟分频 IP 设置

其中，由于七段数码管 IP 的数据输入端口为矢量形式，所以需要添加 Vivado 自带 IP Concat，将时钟电路的输出组合成矢量输出给数码管显示 IP。双击 Concat IP 进行配置。Concat 配置如图 13.3 所示。

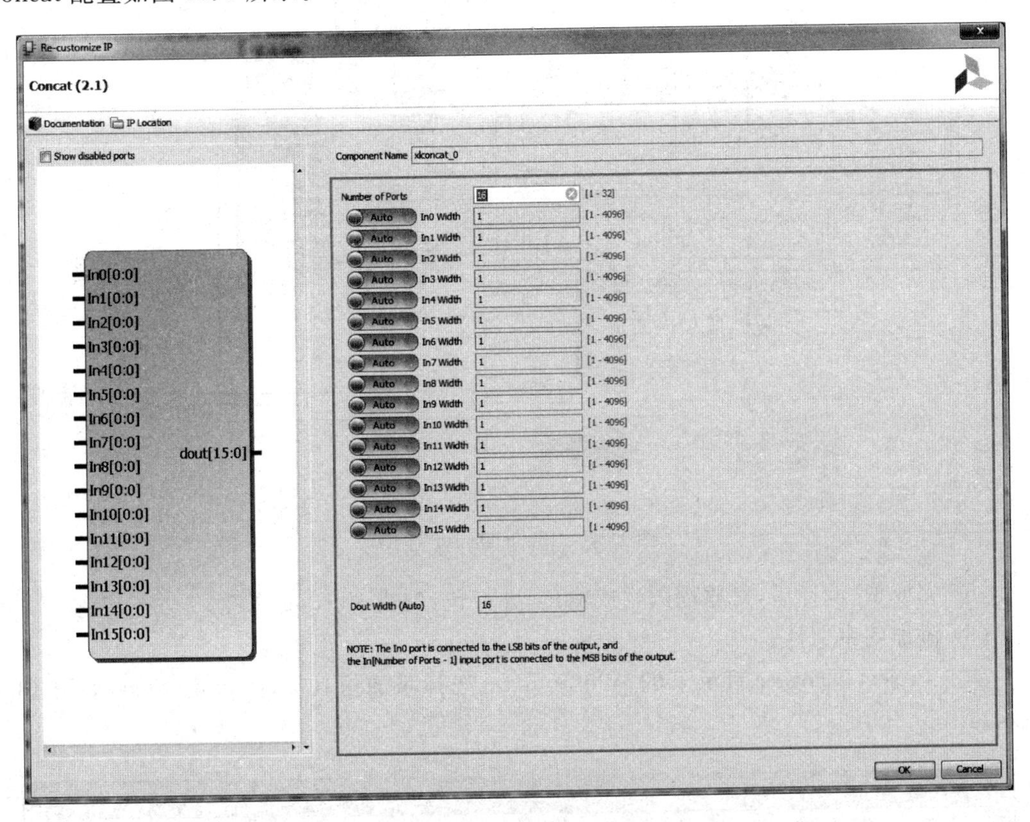

图 13.3　Concat IP 设置

(3) 所要添加的 IP 如图 13.4 所示。

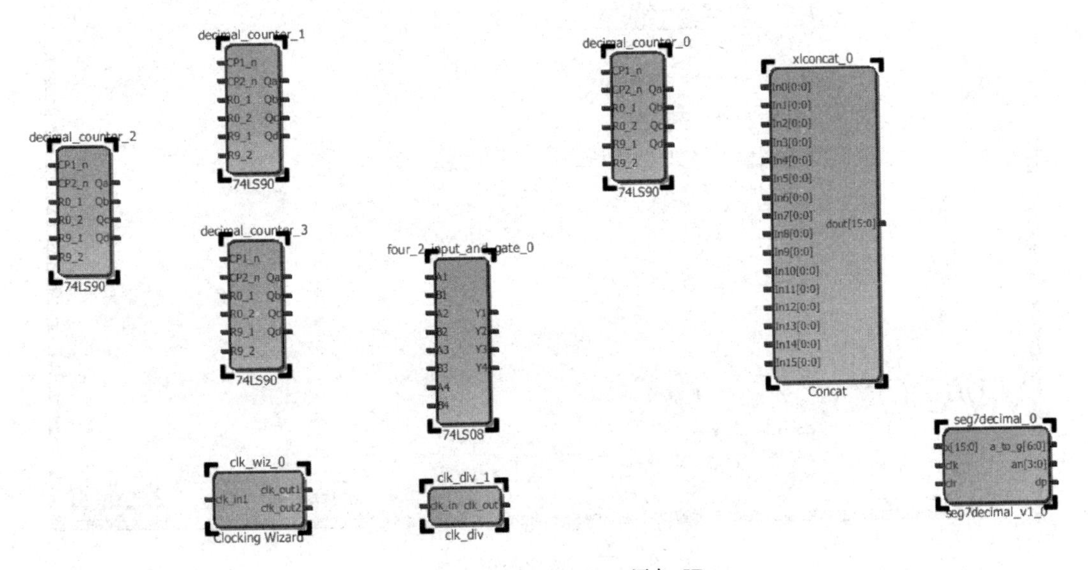

图 13.4　Block Design 添加 IP

（4）添加外部引脚，并连接各个IP，如图13.5所示。需要注意的是，在连线过程中，确保输入引脚均被连接上，否则Vivado会提示相关错误，导致无法继续设计。

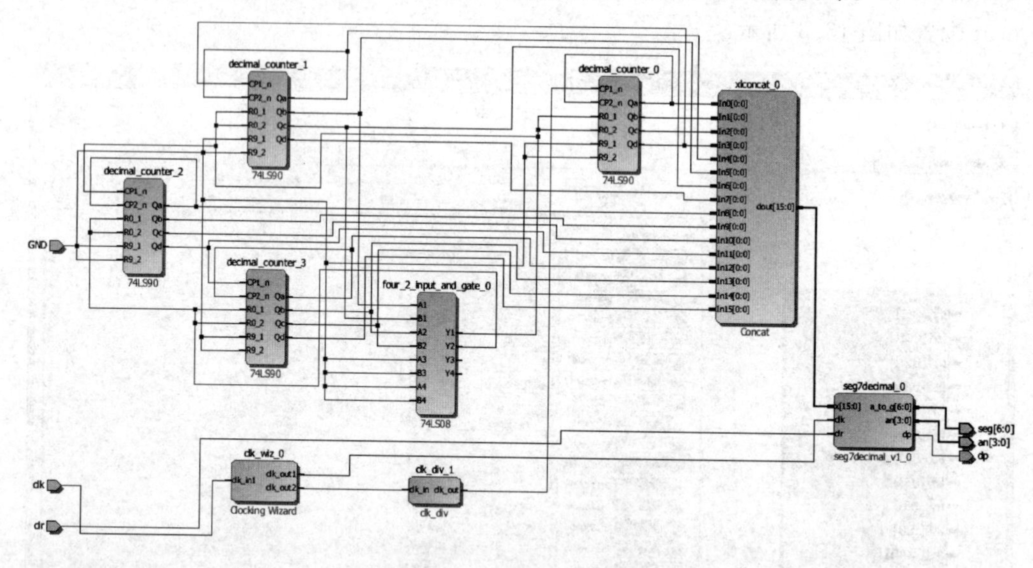

图13.5　Block Design连线

（5）完成IP设计后，对原理图生成输出，并打包，生成Verilog文件。

（6）添加约束文件。

单击Project Manager目录下的Add Sources，选择添加仿真文件，单击Next，如图13.6所示。

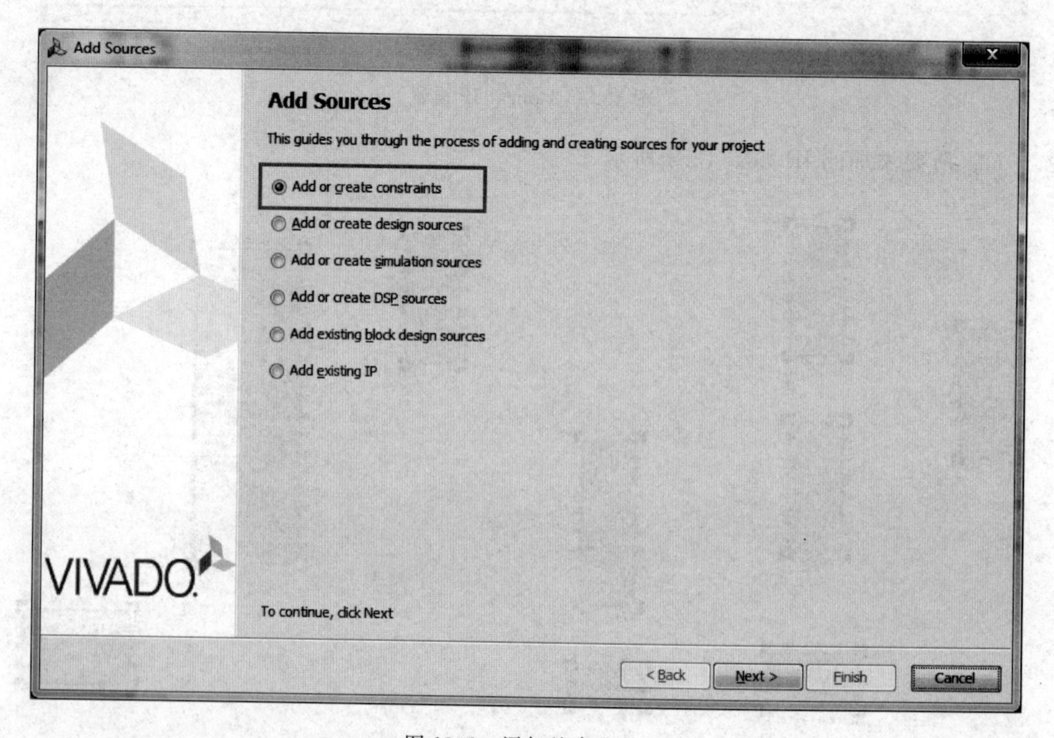

图13.6　添加约束文件

单击 Add Files，进行文件添加。找到约束文件所在路径，单击 OK 按钮进行添加，如图 13.7 所示。

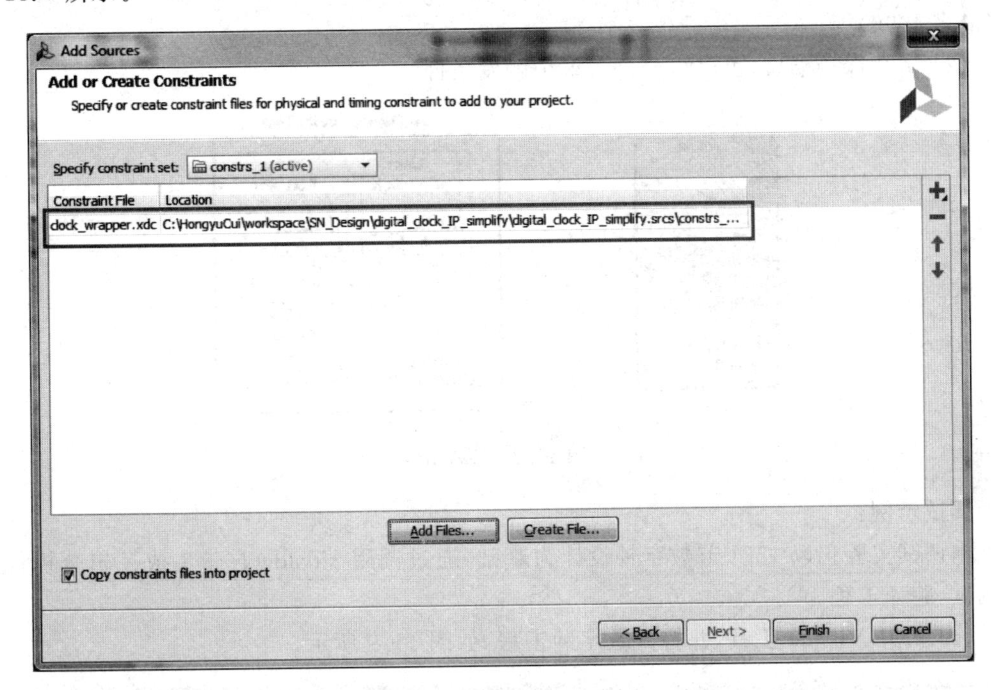

图 13.7 添加约束文件

单击 Finish，完成约束文件添加。

(7) 源文件和约束文件添加完成后，接下来就是综合、实现，以及生成编译文件。

(8) 下载 bitstream 文件，进行板级验证。

13.2 基于集成逻辑分析仪的调试

在实际项目的调试中，经常需要在工作状态下查看工程内部信号的实时变化。Vivado 设计套件能在设计中直接插入集成逻辑分析器(ILA)和虚拟 I/O(VIO)IP 核，方便查看任何内部信号或节点，包括嵌入式软硬件处理器等。系统以工作速度捕获信号，并通过编程接口输出，从而可大幅减少设计方案的引脚数。捕获到的信号可以通过 Vivado 逻辑分析仪工具进行显示和分析。Vivado 逻辑分析仪的主要特性：

(1) 集成于 Vivado 环境：包括 IDE 集成；IP Catalog 提供全部调试核和 IP 积分器，支持一键启用功能。

(2) 基于 HDL(VHDL、Verilog)的核实例化和基于 Synthesized 网表的核插入。

(3) 可分析所有内部 FPGA 信号，其中包括嵌入式处理器系统总线等。

(4) 有灵活探测功能的高级调试。

(5) 可通过网络连接进行远程调试。

可定制的集成逻辑分析仪(ILA)IP 核是一个逻辑分析仪，可以用来监测一个设计项目的内部可编程逻辑信号和端口，如图 13.8 所示。这个 ILA IP 核包含许多现代逻辑分析仪

的先进特性，包括布尔型触发方程和沿转换触发等。ILA 诊断核的关键特性为

（1）用户可选择元件名称、探针端口数目（最大 1024）、每个探针输入宽度和采样数据深度（最多 4096）等；

（2）多个探测端口，可以组合进入单个触发条件。

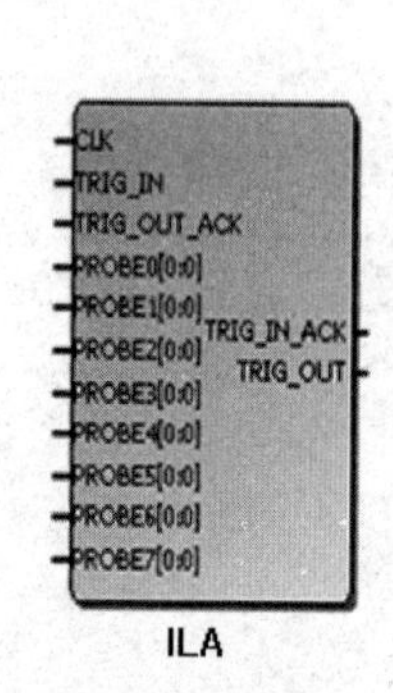

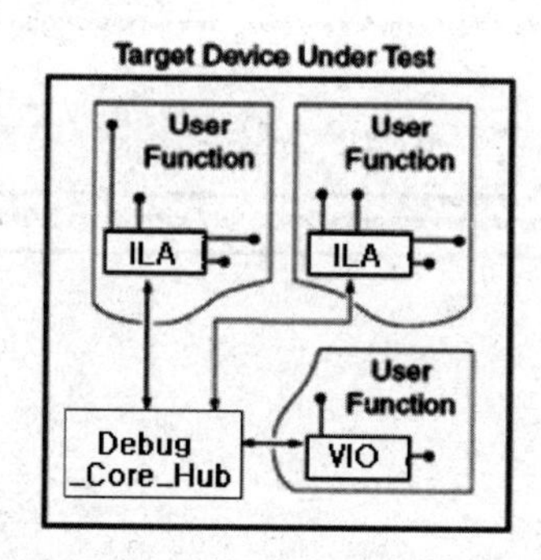

图 13.8　ILA IP

调试示例：

本调试实验仍以 13.1 节数字钟设计为基础，通过调用 Vivado 自带集成逻辑分析仪在线调试，验证工程。

（1）打开 Vivado 工具，并打开数字钟工程，如图 13.9 所示。

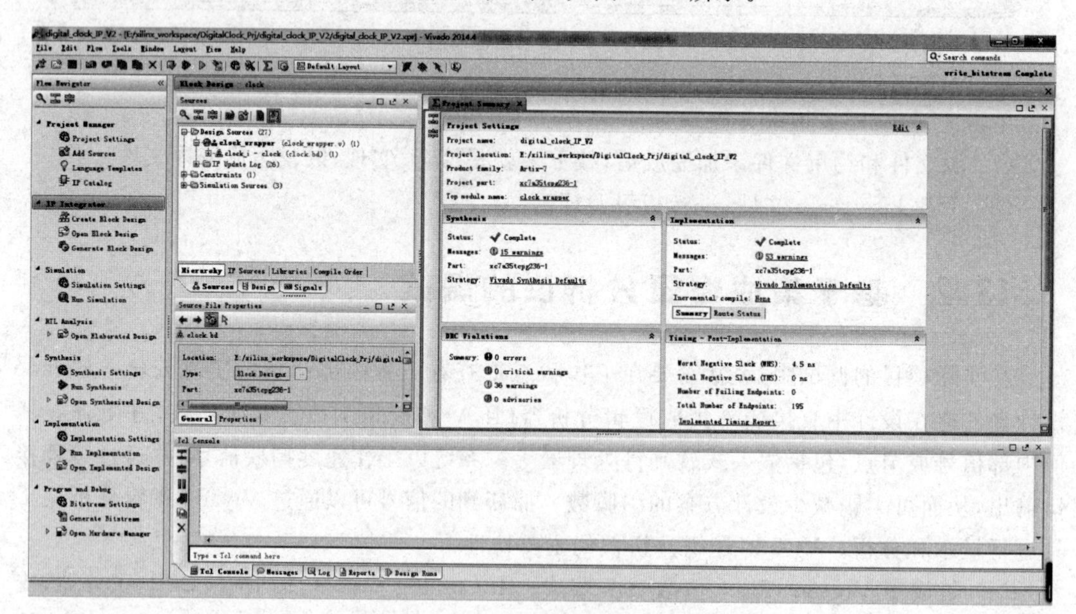

图 13.9　打开数字钟工程

（2）双击原理图设计文件，打开原理图，如图 13.10 所示。

（3）在原理图中添加名为 ILA 的 IP，添加 IP 的具体步骤参考 Gray_Code_Converter 实验指导，如图 13.11 所示。

（4）双击 ILA，进行 IP 配置，具体配置如图 13.12 所示。在 General Option 选项中选择 Native 监控类型，设置探针个数为 24；在 Probe_Ports 选项中将探针宽度设置为 1。

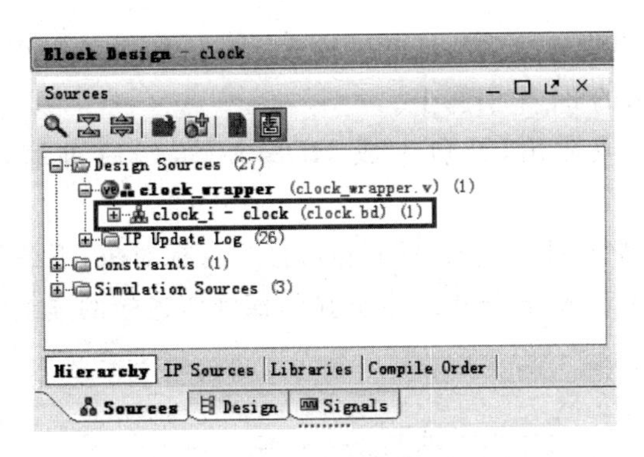

图 13.10 打开原理图

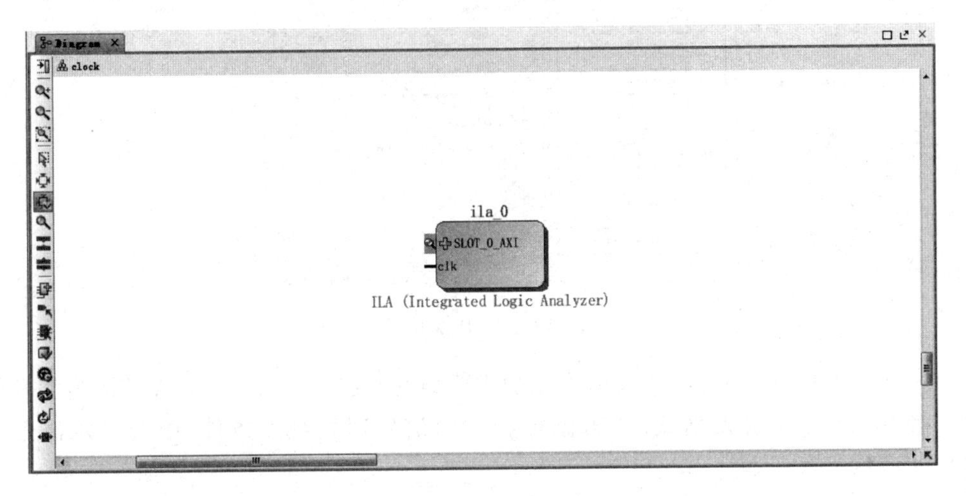

图 13.11 添加 ILA

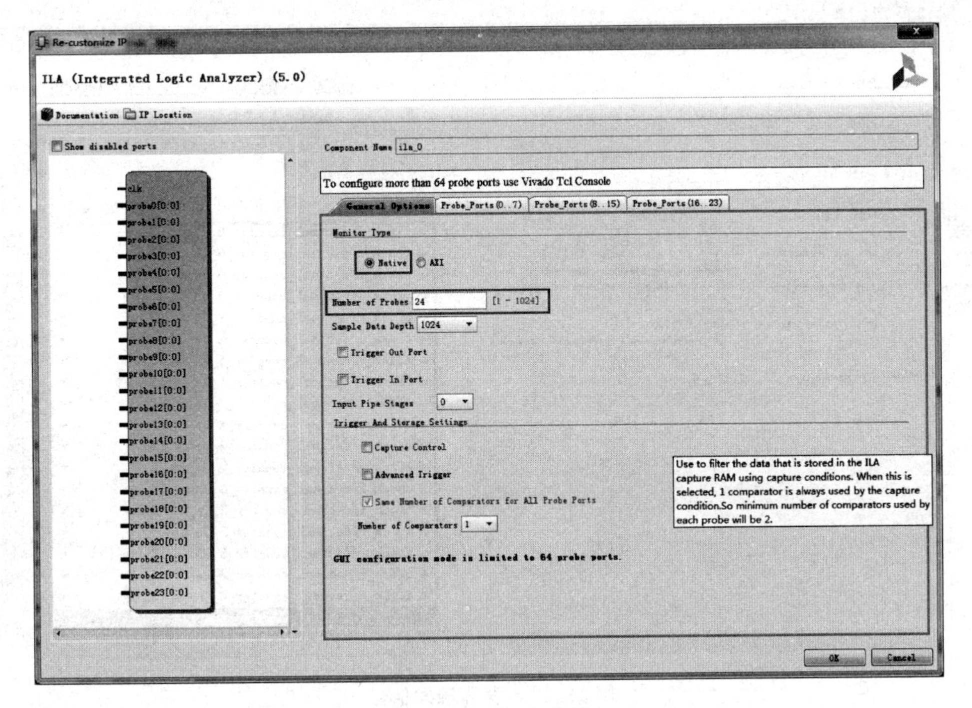

图 13.12 ILA 设置

（5）将 ILA 的 clk 引脚连接到系统时钟输入 clk 引脚，将探针引脚 probe0～probe23 分别连接到时钟 BCD 输出的 24 个引脚上。

（6）右击原理图生成输出，打包生成 HDL 文件，然后再综合、实现设计，生成 bit 文件。

（7）打开硬件管理器即 Hardware Manager，打开目标对象，下载配置 FPGA，如图 13.13 所示。当配置完成时，在 Debug Probes 中会显示探针所连接的连线或端口。

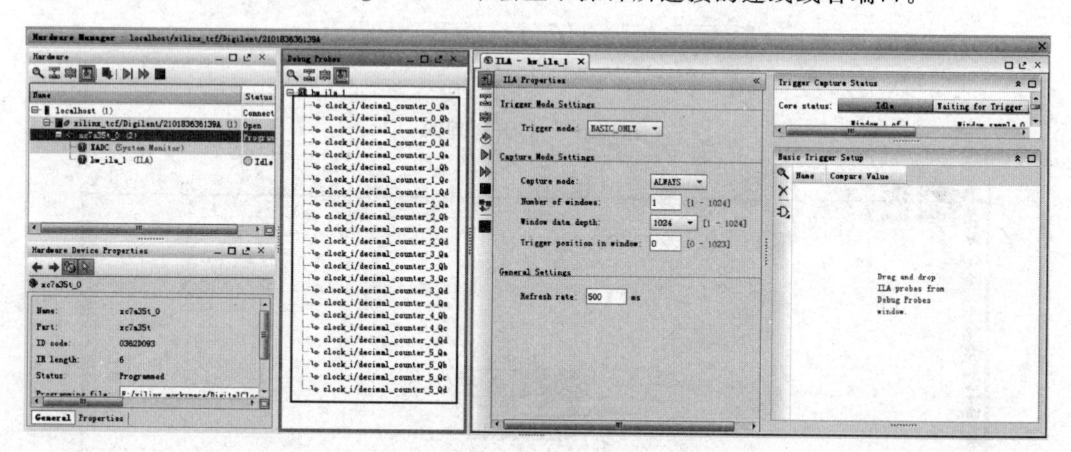

图 13.13 ILA 信号

（8）可以在 Basic Trigger Setup 中添加需要触发的信号。Compare_Value 为触发信号的值。使用 Trigger 触发模式时，若添加触发的信号达到触发条件，则会显示波形。如图 13.14 所示。

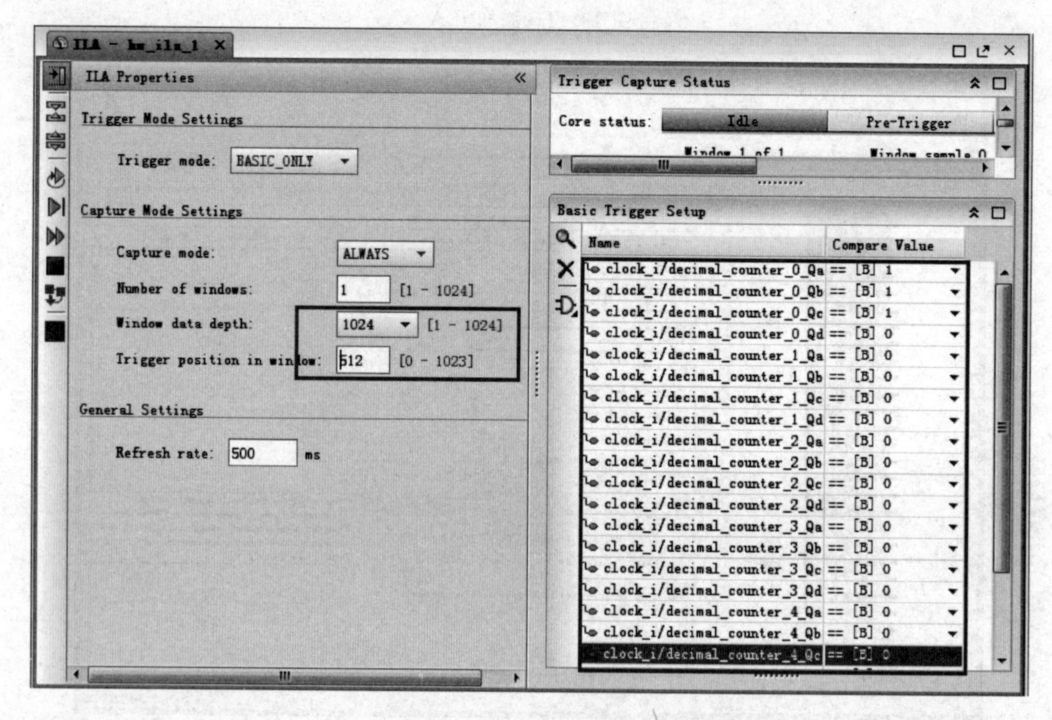

图 13.14 设置触发信号

(9) 单击 Run Trigger 按钮，进入触发等待，如图 13.15 所示。

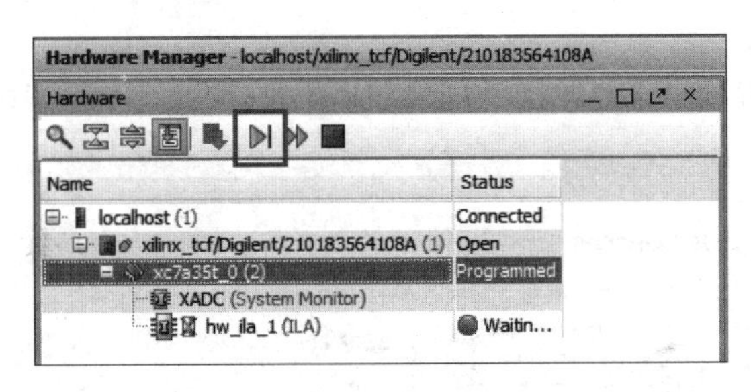

图 13.15 开始采样

(10) 当条件满足时，会自动弹出波形界面，如图 13.16 所示。

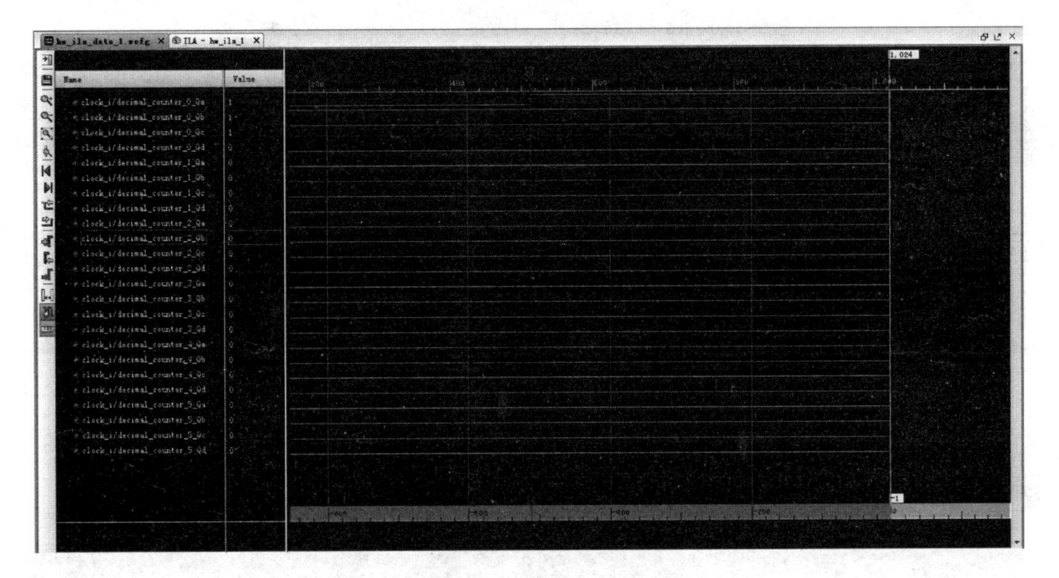

图 13.16 触发采样波形

13.3 约束设计

逻辑系统设计中的约束分为物理约束和时序约束。

13.3.1 物理约束

常用的物理约束为管脚约束，包括电平约束、引脚约束和驱动能力等。管脚约束有两种方式，分别为约束命令输入和图形化约束。

1) 约束命令输入方式

创建约束文件(后缀为 xdc)，输入约束命令，完成约束设计。

常用的约束命令有：

管脚约束：set_property PACKAGE_PIN 管脚号[get_ports {引脚名称}]

电平约束：set_property IOSTANDARD LVCMOS33 [get_ports {引脚名称}]

上拉约束：set_property PULLUP true [get_ports 引脚名称]

下拉约束：set_property PULLDOWN true [get_ports 引脚名称]

具体设计流程如下：

在添加源文件的界面中选择添加或创建约束文件，单击 Next，如图 13.17 所示。

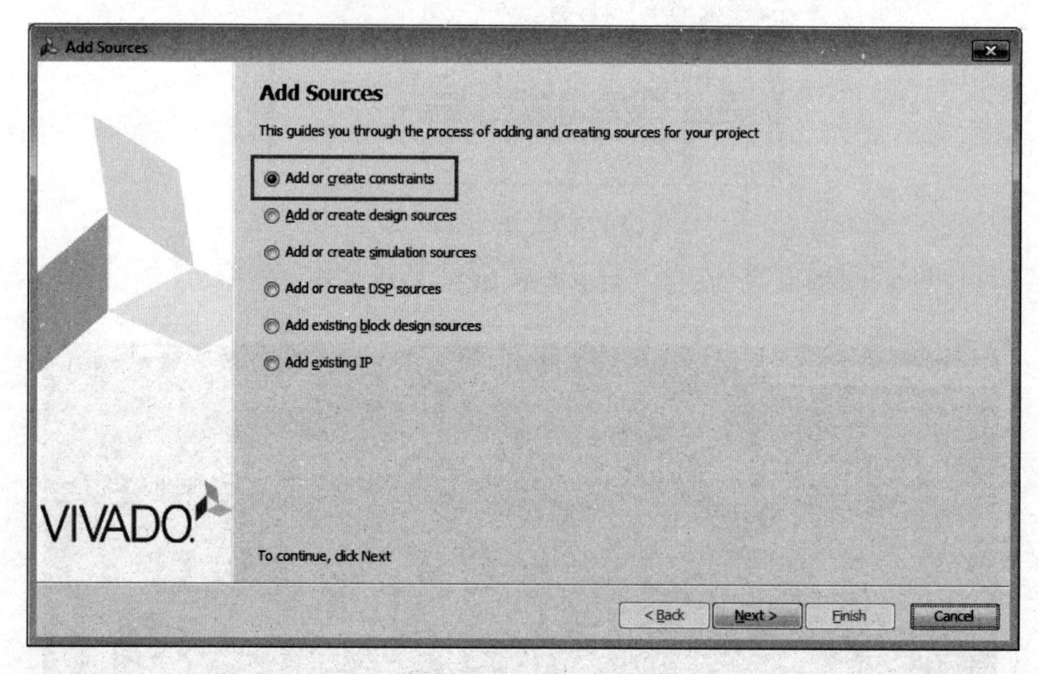

图 13.17　添加约束文件

在添加或创建新的约束文件的界面中，选择 Create File，进行约束文件创建，如图 13.18 所示。

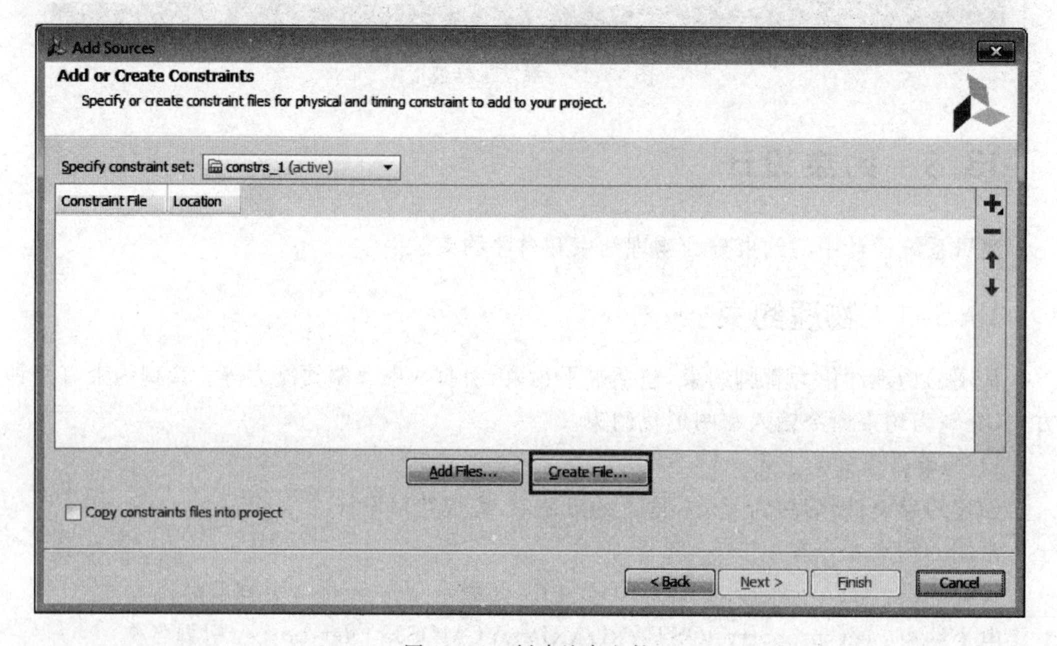

图 13.18　创建约束文件

在创建约束文件的弹出框中设置文件名称，单击 OK 按钮，完成创建，如图 13.19 所示。

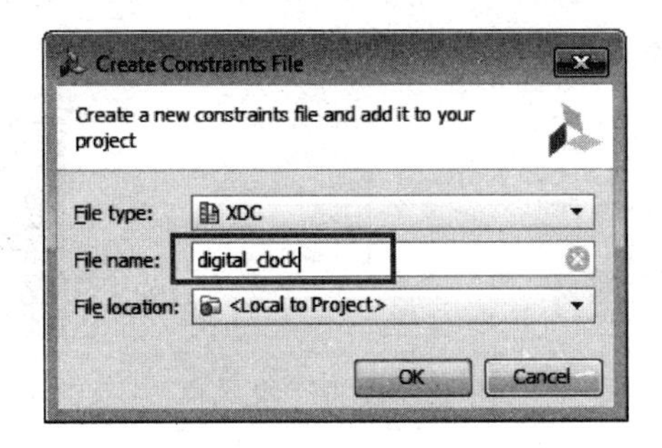

图 13.19 约束文件名

返回添加或创建约束文件界面，可以看到文件已经添加至工程，且文件路径为工程路径下，如图 13.20 所示。

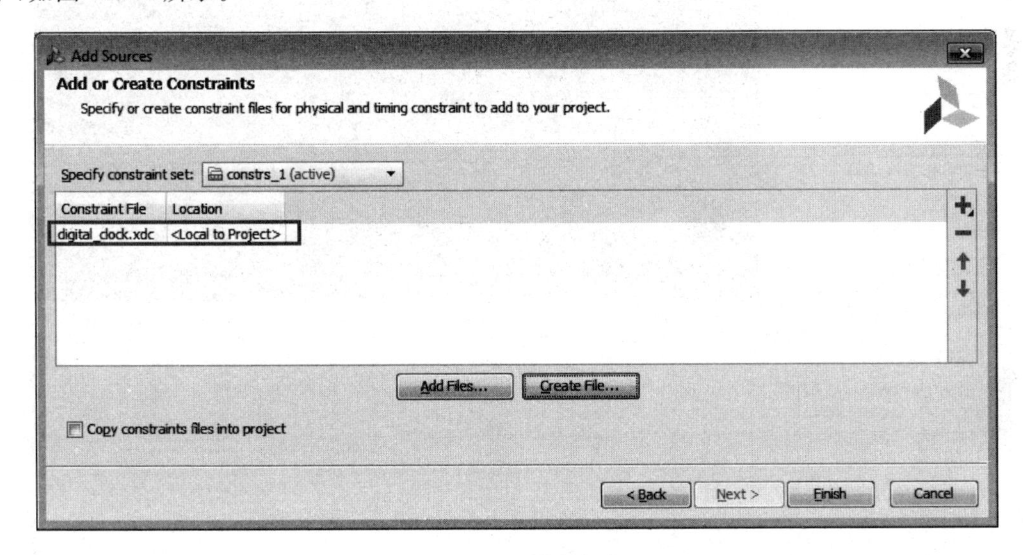

图 13.20 创建完成

在 Sources 面板中，展开 Constraints 文件夹，双击打开 digital_clock. xdc 文件，即工程约束文件，如图 13.21 所示。

开发人员可以在该文件中添加约束命令进行约束设计。

本工程约束示例文件如下：

```
set_property PACKAGE_PIN W5 [get_ports clk]
set_property IOSTANDARD LVCMOS33 [get_ports clk]
```

2）图形化约束方式

打开综合后的设计或者实现后的设计。在 Flow Navigator 中，单击 Open Synthesized Design 或者 Open Implemented Design。然后在快捷键菜单栏中单击下拉框，选择 I/O Planning，如图 13.22 所示。

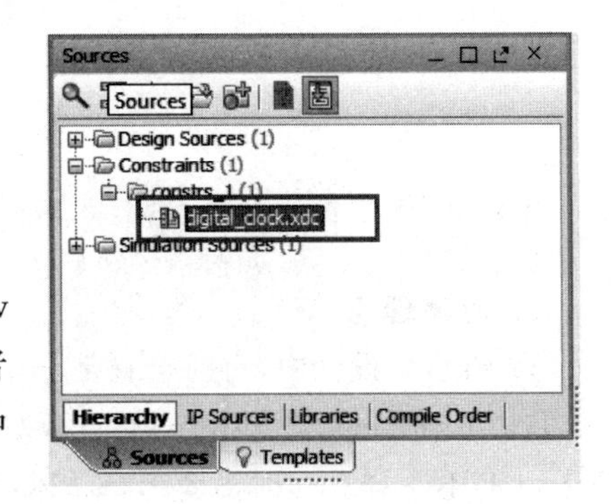

图 13.21 工程目录

在 Vivado 的新布局界面中，选中 I/O Ports 面

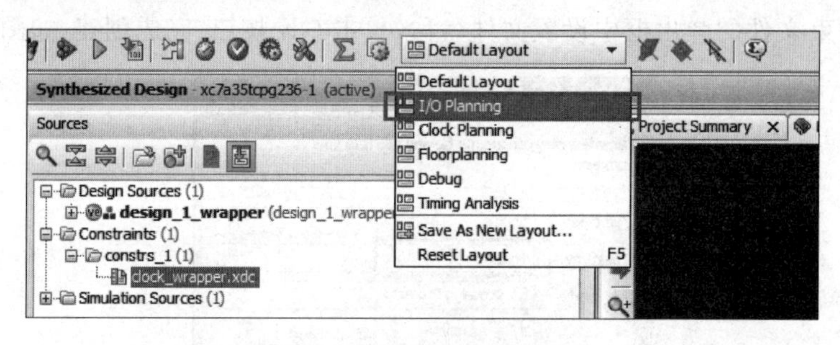

图 13.22　图形化约束

板，展开所有管脚，按照图 12.23 所示进行管脚约束。

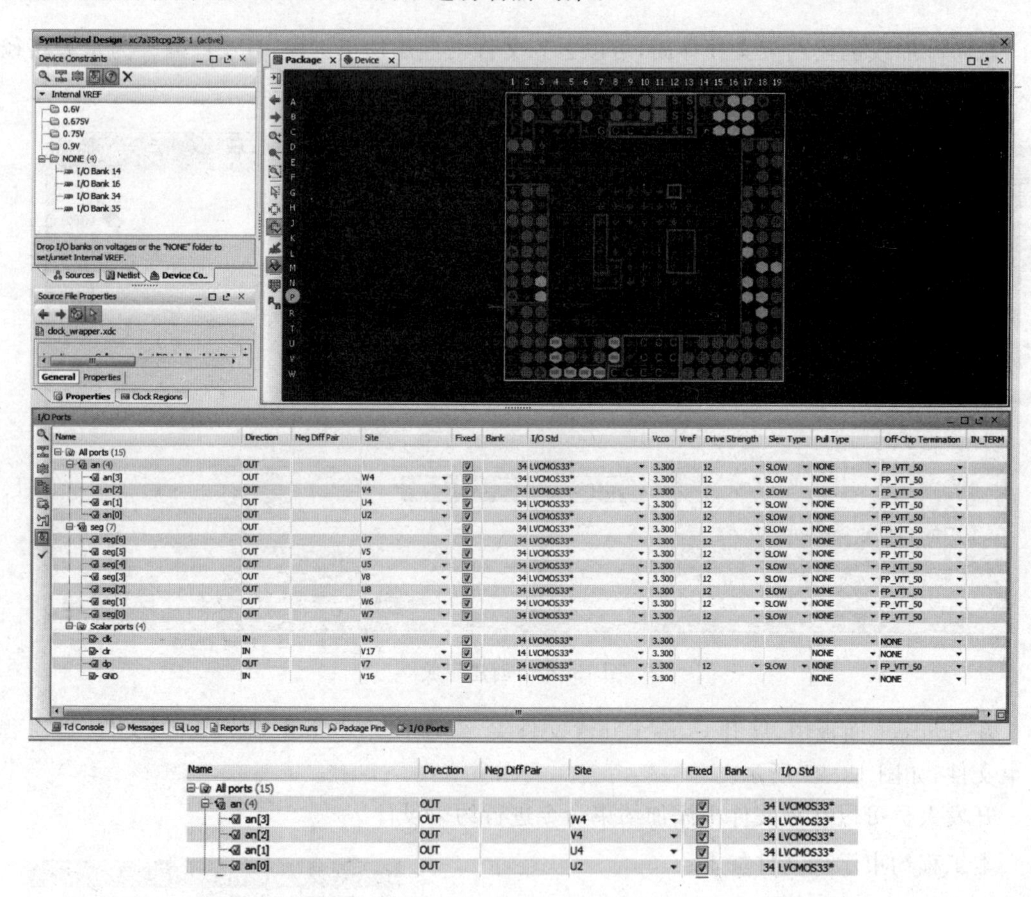

图 13.23　图形化管脚约束

13.3.2　时序约束

1. 时序理论

在 FPGA 设计中，有时会碰到这样的情况：FPGA 程序逻辑验证通过，管脚绑定也正确，但是下载到板卡上结果就是不对。甚至在插入 Debug 调试后，输出的结果和插入 Debug 前不一样。这时需要考虑 FPGA 是否在时序上出现了问题。

数据进入 FPGA 管脚后，经过多级触发器以及组合逻辑，最终从管脚输出。在 FPGA

内部，时序问题是由于从一个触发器到另一个触发器之间，数据的传输时间与时钟的要求不匹配导致的，如图 13.24 所示。理论上我们认为数据经过门电路，即 FPGA 的 LUT 查找表是瞬时的。但实际中数据无论是经过门电路，还是在 FPGA 内部走线都会有一个极小的延迟。当很多极小的延迟叠加，就产生了不能忽略的延迟时间。

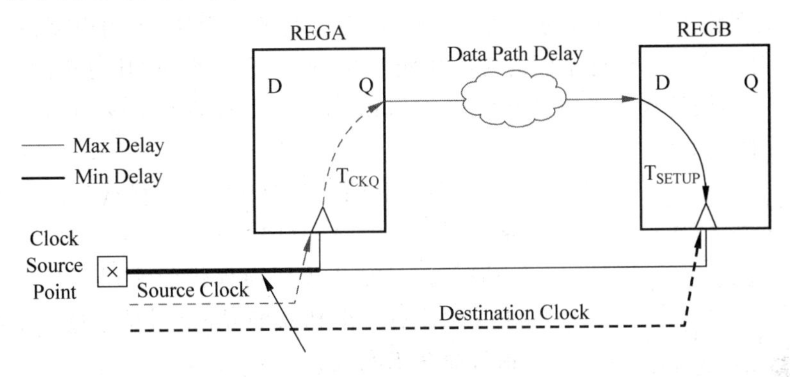

图 13.24 Report Timing Summary

图 13.25 为两级触发器波形图，时钟 1 为第一级触发器输入时钟，数据 1 为触发器数据输出波形，数据 2 为数据经过组合逻辑产生的延迟后的波形，数据 3 为再经过走线延迟，最终到达第二级触发器输入端的波形图。时钟 2 为第二级触发器的输入时钟，由于时钟并不是同时到达第一级触发器和第二级触发器的，所以时钟 1 和时钟 2 之间也会有时间差。如果前两级延迟非常大，导致进入第二级触发器输入端的波形图如数据 4，那么可以看到，在时钟上升沿到来时数据还没有变化，数据的建立时间要求无法满足，导致时序错误。这里我们给出更加详细的公式。时序需要满足：

$$T_{clk} \geqslant T_{ckq} + T_{logic} + T_{routing} + T_{setup} - T_{skew}$$

其中：T_{clk}——系统所能达到的最小时钟周期；

T_{ckq}——发端寄存器时钟到输出的时间；

T_{logic}——图 13.24 中 Data Path Delay，即数据经过组合逻辑产生的延迟；

$T_{routing}$——两级寄存器之间经过的走线延迟；

T_{setup}——建立时间要求；

T_{skew}——两级寄存器的时钟歪斜，其值等于时钟同一沿到达两个寄存器的时间差。

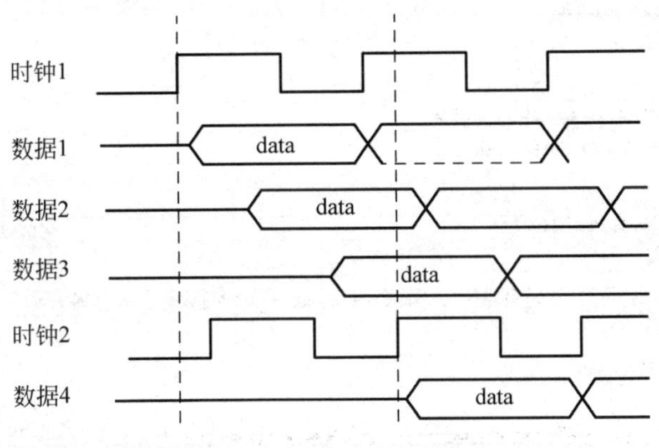

图 13.25 两级触发器波形图

2. 静态时序分析简述

静态时序分析(static timing analysis,STA),采用穷尽的分析方法来提取出整个电路存在的所有时序路径,计算信号在这些路径上的传播延时,检查信号的建立和保持时间是否满足时序要求,通过对最大路径延时和最小路径延时的分析,找出违背时序约束的错误并报告。

STA 不需要输入向量就能穷尽所有的路径,且运行速度很快,占用内存较少,覆盖率极高,不仅可以对芯片设计进行全面的时序功能检查,而且还可利用时序分析的结果来优化设计。所以 STA 不仅是数字集成电路设计 Timing Sign-off 的必备手段,也越来越多地被用到设计的验证调试工作中。

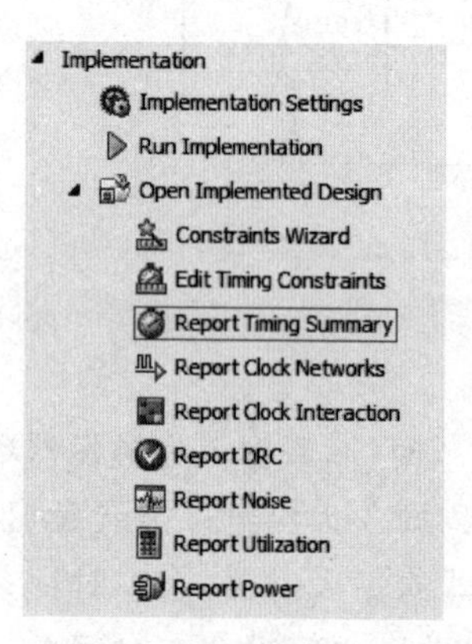

图 13.26 Report Timing Summary 选项

STA 在 FPGA 设计中也一样重要,但不同于一般数字集成电路的设计,FPGA 设计中的静态时序分析工具一般都整合在芯片厂商提供的实现工具中。在 Vivado 中甚至没有一个独立的界面,而是通过几个特定的时序报告命令来实现。

3. 时序命令与报告

在执行完综合或者布线后,单击 Open Implemented Design,会看到有 Report Timing Summary 选项,如图 13.26 所示。同样,在执行综合后,单击 Open Synthesized Design 同样能看到 Report Timing Summary。

在 Vivado IDE 中单击 Report Timing Summary 后可以改变报告的内容,例如每个时钟域报告的路径条数,setup 和 hold 是否全部报告等,如图 13.27 所示。每改变一个选项都可以看到窗口下方的 Command 一栏显示出对应的 Tcl 命令。修改完设置后可以直接按 OK 键确认执行,也可以复制 Command 栏显示的命令到 Tcl 脚本中稍后执行。

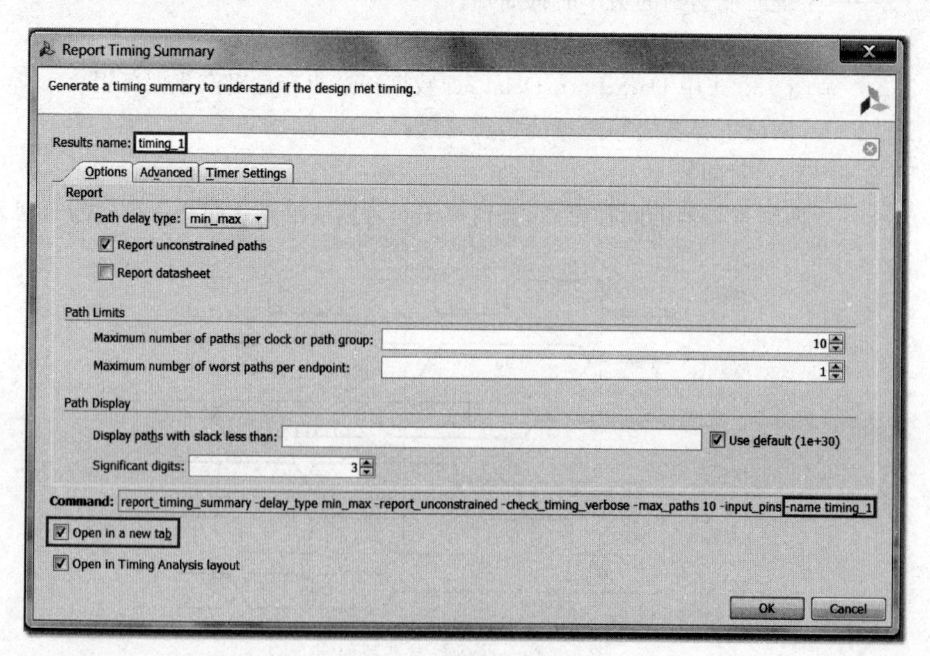

图 13.27 Report Timing Summary

这里有个小窍门，通过-name 指定一个名字，就可以在 Vivado IDE 中新开一个窗口显示这条命令的执行结果，这个窗口还可以用来跟其他诸如 Device View 或是 Schematic View 等窗口之间 cross probing。这一点也同样适用于包括 report_timing 在内的绝大部分 Vivado 中的 report 命令。

在设置窗口中还有 Timer Settings 一栏(report_timing 中也有)，可以用来改变报告时采用的具体 Corner、速度等级及计算布线延时的方式，如图 13.28 所示。很多时候可以借助 Timer 的设置来快速验证和调试设计需求。

图 13.28 Timer Settings

举例来说，若在实现后的报告中显示时序违例比较严重，可以直接在 Timer 设置中改变速度等级后重新报告时序，来验证若把当前这个已经布局布线完毕的设计切换到更快一档的芯片中是否可以满足时序要求。

另外，在布局布线后的设计上报告时序，往往不能更直观地发现那些扇出较大或是逻辑级数较高的路径。此时可以修改连线模型为 estimated，报告出布局后布线前的时序而无须另外打开对应阶段的 DCP 并重新运行时序报告命令来操作，这么做在节约时间的同时，也更容易找到那些高扇出路径以及由于布局不佳而导致的时序违例。也可以修改连线模型为 none，这样可以快速报告出那些逻辑延时较大以及逻辑级数较高的路径。以上这些改变 Timer 设置的方法可以帮助我们快速定位设计中可能存在的问题和缺陷。

report_timing_summary 包括了 report_timing、report_clocks、check_timing 以及部分的 report_clock_interaction 命令，所以我们最终看到的报告中也包含了这几部分的内容。自 Vivado 2013.3 版起，打开实现后的结果会直接打开一个预先生成的报告，如图 13.29 所示。

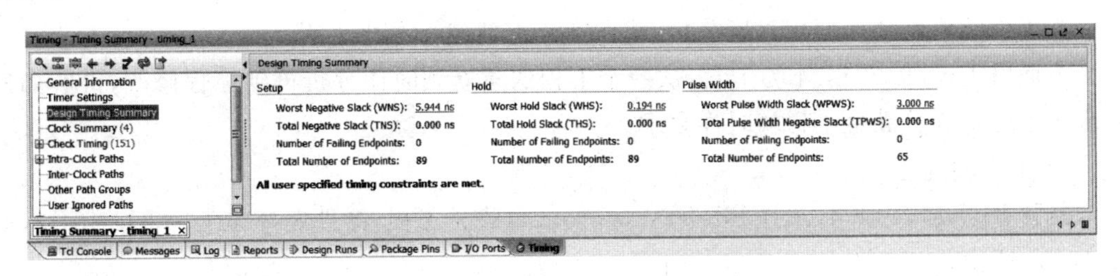

图 13.29 Timing Summary 时序报告概况

Timing Summary 报告把路径按照时钟域分类，默认设置下每个组别会报告 Setup、Hold 以及 Pulse Width 检查最差的各 10 条路径，还可以看到每条路径的具体延时报告，并支持与 Device View、Schematic View 等窗口之间的交互。

每条路径具体的报告分为 Summary、Source Clock Path、Data Path 和 Destination Clock Path 几部分，详细报告每部分的逻辑延时与连线延时。首先需要关注的就是 Summary 中的几部分内容，发现问题后再根据具体情况来检查详细的延时数据。

Summary 中内容如图 13.30 所示，如下：

(1) Slack：时序裕量，如果为正则表示时序满足要求，为负表示时序存在问题；

(2) Source：驱动时钟源；

(3) Destination：驱动时钟目的地；

(4) Path Group：路径组名；

(5) Path Type：路径分析类型；

(6) Requirement：时钟规定需要到达的时间；

(7) Data Path Delay：数据延迟；

(8) Logic Levels：组合逻辑类型；

(9) Clock Path Skew：时钟偏移；

(10) Clock Uncertainty：时钟不确定时间。

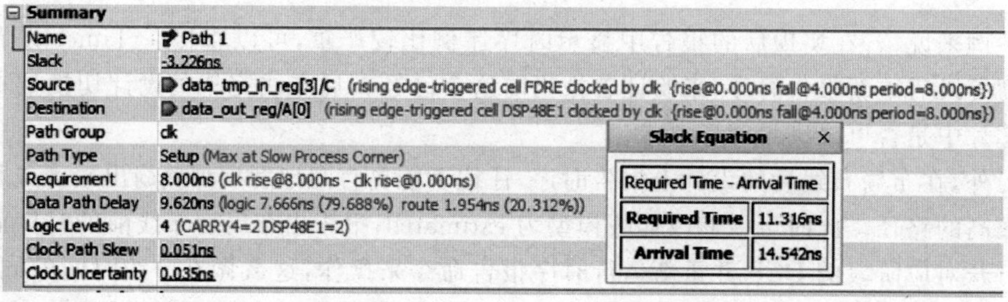

Summary

Name	Path 1
Slack	-3.226ns
Source	data_tmp_in_reg[3]/C (rising edge-triggered cell FDRE clocked by clk {rise@0.000ns fall@4.000ns period=8.000ns})
Destination	data_out_reg/A[0] (rising edge-triggered cell DSP48E1 clocked by clk {rise@0.000ns fall@4.000ns period=8.000ns})
Path Group	clk
Path Type	Setup (Max at Slow Process Corner)
Requirement	8.000ns (clk rise@8.000ns - clk rise@0.000ns)
Data Path Delay	9.620ns (logic 7.666ns (79.688%) route 1.954ns (20.312%))
Logic Levels	4 (CARRY4=2 DSP48E1=2)
Clock Path Skew	0.051ns
Clock Uncertainty	0.035ns

Slack Equation

Required Time - Arrival Time	
Required Time	11.316ns
Arrival Time	14.542ns

图 13.30 Timing Summary 详细内容

以图 13.30 这条路径来举例，通过 Summary 可以得到这样的信息：这是一条 clk 时钟域内的路径，这条路径有 3.226ns 的时序违例。违例的主要原因是逻辑级数较高导致的数据链路延时较大，但连线延时的比例也较高，所以可以仔细看看这条数据路径上有没有可能改进布局、降低扇出或者是减少逻辑级数的优化方向。

4. 实例分析

为了详细说明如何使用时序分析，我们需要重新建一个小工程。

下面以 Vivado 2014.4 为工具，从一个工程的建立到时序分析再到工程修改，讲解如何一步步去分析并且满足工程的时序要求。

1) 工程的建立

打开 Vivado 2014.4，选择 File→New project，建立工程，器件选择 xc7z020clg-484-2，如图 13.31 所示。

2) 添加 Verilog 文件

单击左边 Project Manager 菜单栏的 Add Sources，选择 Add or create design sources，

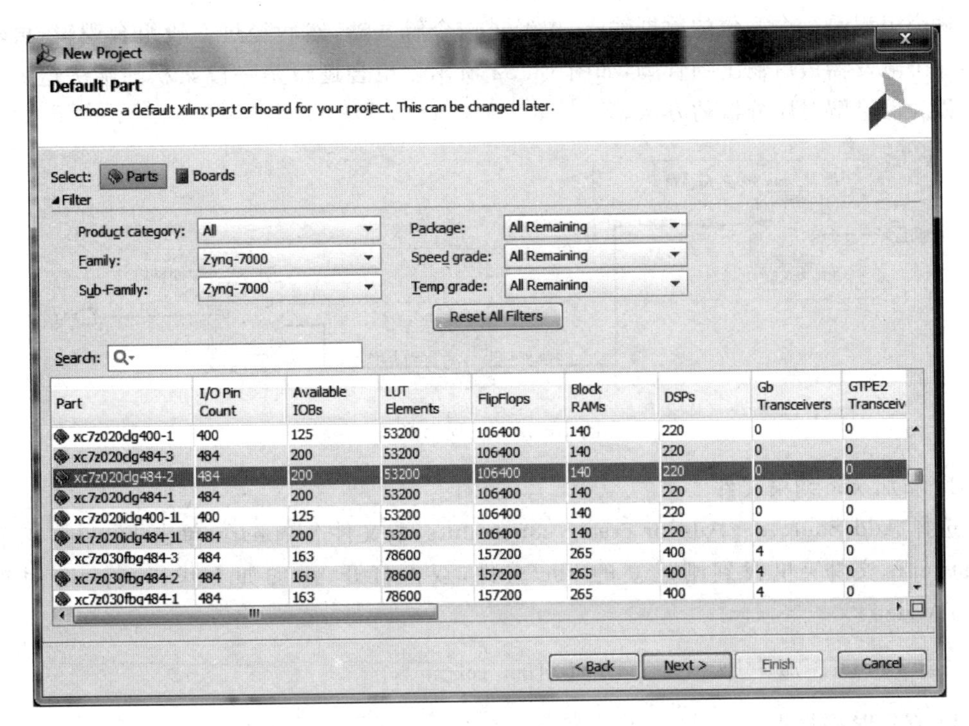

图 13.31　器件选择

然后选择 Create File，取文件名 timing_anaylze，然后单击 Finish，创建文件。这里先建立头文件，添加代码如下：

```
module timing_analyze(
    input [4:0]data_in,
    output reg [4:0]data_out,
    input clk,
    input reset
    );
    reg [4:0]data_tmp_in;
    wire [4:0]data_tmp_out;
    wire [4:0]data_tmp2,data_tmp3,data_tmp4,data_tmp5,data_cal_out;
    always@(posedge clk)
        if(reset)
            data_tmp_in<=0;
        else data_tmp_in<=data_in;
//为了增加经过逻辑门的数量,我们做连续的乘法
    assign data_tmp2 = data_tmp_in * 3;
    assign data_tmp3 = data_tmp2 * data_tmp_in;
    assign data_tmp4 = data_tmp3 * data_tmp2;
    assign data_tmp5 = data_tmp4 * data_tmp3;
    assign data_cal_out = data_tmp5;
    always@(posedge clk)
        if(reset)
            data_out<=0;
        else data_out<= data_cal_out;
endmodule
```

这个工程是一个5位的数据输入,先经过一个触发器,然后经过一段组合逻辑,再输出到第二个触发器最后输出到管脚,如图13.32所示。组合逻辑是一段累积的乘法运算。以此工程为例讲解时序分析的方法。

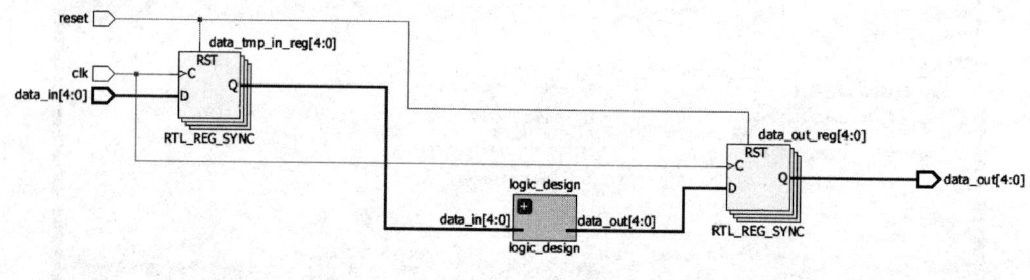

图13.32 工程示意图

3) 添加xdc约束文件

选择Add Sources→Add or create constraints,取文件名constr,单击Finish。然后在Constraints文件夹里找到刚建立的xdc文件,双击打开,添加如下代码,将clk时钟定在200MHz。

```
create_clock -name clk -period 5.000 [get_ports clk]
```

4) 查看时序报告

进行综合和布线,单击Run Synthesis,等待完成后,单击Run Implementation,等待完成。可以在Design Runs状态栏里,看到impl_1前面有一个感叹号,这就表示布线的时序不通过,如图13.33所示。

Design Runs

Name	Constraints	WNS	TNS	WHS	THS	TPWS	Failed Routes	LUT	FF	BRAM	DSP	Start	Elapsed
synth_1	constrs_1							0.16	0.02	0.00	0.00	11/4/16 4:22 PM	00:00:2
impl_1	constrs_1	-3.32	-8.36	0.78	0.00	0.00	0	0.14	0.02	0.00	0.00	11/4/16 4:24 PM	00:00:4

Tcl Console | Messages | Log | Reports | Timing | Design Runs | Debug

图13.33 状态栏

然后单击菜单栏的Open Implementation Design,单击Report Timing Summary,通过时序报告查看产生时序问题的原因,如图13.34所示。在弹出的对话框中,可以修改Maximum number of paths per clock or path group来调整每个时钟能显示的问题数量。修改到适合的值后单击OK按钮。

这时在生成的时序报告里看到Design Timing Summary和Intra-Clock Paths是红色的,表示时序不合格的部分就在这里。点开Intra-Clock Paths,继续点开clk,可以看到时序不合格的地方是clk时钟下面的Setup时间不能达到要求。在右边有显示出不能达到要求的路径,如图13.35所示。

5) 时序分析

双击Path 1,打开时序报告的界面,如图13.36所示。在第二行看到Slack为-3.322ns,表示和5ns的建立时间要求相比,这条线路还差3.322ns。单击-3.322ns,弹出一个对话框,可以看到这条线需要数据在9.645ns内到达第二个触发器的输入,但实际却消耗了12.967ns,

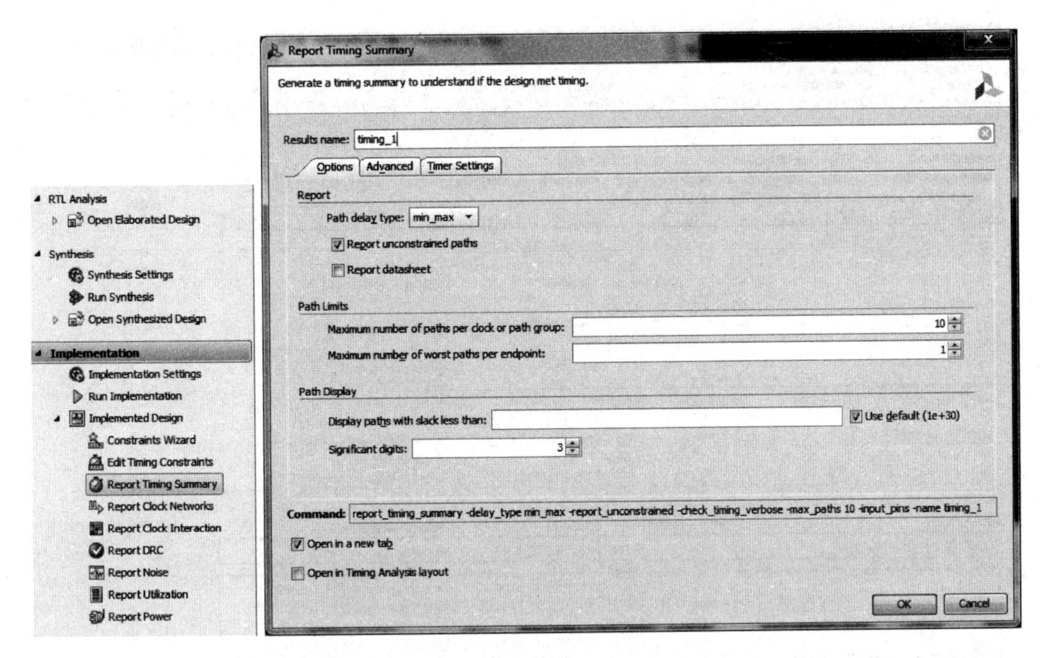

图 13.34 产生 Timing Summary

图 13.35 Timing Summary 不合格路径

导致建立时间不够。

其中 Source Clock Path 为时钟到第一级触发器的时间，Data Path 为数据经过组合逻辑产生的延迟，Source Clock Path + Data Path 算出的是数据延迟的总和，为 12.967ns。而 Destination Clock Path 算出的是 Clock 延迟的总和，为 9.645ns。

那么对应前文提到的公式，$T_{clk}+T_{skew}+T_{setup}$ 为 Destination Clock Path - Source Clock Path，注意到时序报告里给出的 Setup Time 除了数据在时钟上升沿之前的时间段外，还有触发器时钟输入端到数据输入端的时延。所以这里 T_{setup} 并不是我们理解的一定为负值。T_{ckq} 为 0.456ns，$T_{logic}+T_{routing}+T_{ckq}+$ Source Clock Path 为 12.967ns。经过简单的推导与计算我们可以得出时序不满足。

通过单击 Path 1，在原理图 13.37 中可以看到其经过的逻辑电路(高亮)，并且在 Device 界面里可以看到在 FPGA 内部的实际走线，如图 13.38 所示。原理图中可以看到，最左边和最右边的器件是触发器，两级触发器之间的电路则是经过的逻辑器件。

6) 时序优化

既然已经找到了时序不通过的原因，可以采取三种解决方法，当然推荐第二种方法。

(1) 简化逻辑

通过减少器件的数目，来减少逻辑延迟，使之能符合时序要求。

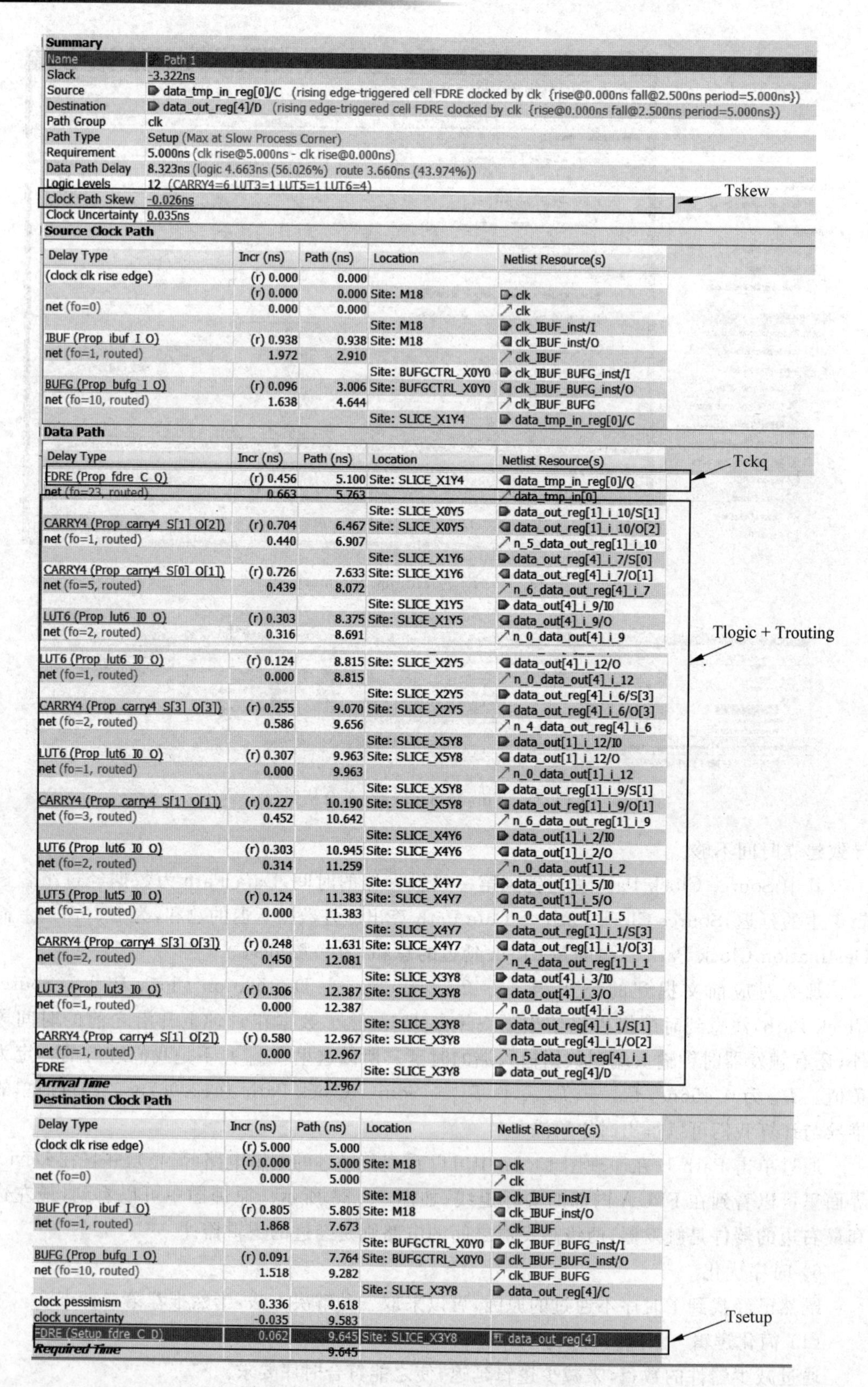

Summary

Name	Path 1
Slack	-3.322ns
Source	data_tmp_in_reg[0]/C (rising edge-triggered cell FDRE clocked by clk {rise@0.000ns fall@2.500ns period=5.000ns})
Destination	data_out_reg[4]/D (rising edge-triggered cell FDRE clocked by clk {rise@0.000ns fall@2.500ns period=5.000ns})
Path Group	clk
Path Type	Setup (Max at Slow Process Corner)
Requirement	5.000ns (clk rise@5.000ns - clk rise@0.000ns)
Data Path Delay	8.323ns (logic 4.663ns (56.026%) route 3.660ns (43.974%))
Logic Levels	12 (CARRY4=6 LUT3=1 LUT5=1 LUT6=4)
Clock Path Skew	-0.026ns
Clock Uncertainty	0.035ns

Source Clock Path

Delay Type	Incr (ns)	Path (ns)	Location	Netlist Resource(s)
(clock clk rise edge)	(r) 0.000	0.000		
	(r) 0.000	0.000	Site: M18	clk
net (fo=0)	0.000	0.000		clk
			Site: M18	clk_IBUF_inst/I
IBUF (Prop_ibuf_I_O)	(r) 0.938	0.938	Site: M18	clk_IBUF_inst/O
net (fo=1, routed)	1.972	2.910		clk_IBUF
			Site: BUFGCTRL_X0Y0	clk_IBUF_BUFG_inst/I
BUFG (Prop_bufg_I_O)	(r) 0.096	3.006	Site: BUFGCTRL_X0Y0	clk_IBUF_BUFG_inst/O
net (fo=10, routed)	1.638	4.644		clk_IBUF_BUFG
			Site: SLICE_X1Y4	data_tmp_in_reg[0]/C

Data Path

Delay Type	Incr (ns)	Path (ns)	Location	Netlist Resource(s)
FDRE (Prop_fdre_C_Q)	(r) 0.456	5.100	Site: SLICE_X1Y4	data_tmp_in_reg[0]/Q
net (fo=23, routed)	0.663	5.763		data_tmp_in[0]
			Site: SLICE_X0Y5	data_out_reg[1]_i_10/S[1]
CARRY4 (Prop_carry4_S[1]_O[2])	(r) 0.704	6.467	Site: SLICE_X0Y5	data_out_reg[1]_i_10/O[2]
net (fo=1, routed)	0.440	6.907		n_5_data_out_reg[1]_i_10
			Site: SLICE_X1Y6	data_out_reg[4]_i_7/S[0]
CARRY4 (Prop_carry4_S[0]_O[1])	(r) 0.726	7.633	Site: SLICE_X1Y6	data_out_reg[4]_i_7/O[1]
net (fo=5, routed)	0.439	8.072		n_6_data_out_reg[4]_i_7
			Site: SLICE_X1Y5	data_out[4]_i_9/I0
LUT6 (Prop_lut6_I0_O)	(r) 0.303	8.375	Site: SLICE_X1Y5	data_out[4]_i_9/O
net (fo=2, routed)	0.316	8.691		n_0_data_out[4]_i_9
LUT6 (Prop_lut6_I0_O)	(r) 0.124	8.815	Site: SLICE_X2Y5	data_out[4]_i_12/O
net (fo=1, routed)	0.000	8.815		n_0_data_out[4]_i_12
			Site: SLICE_X2Y5	data_out_reg[4]_i_6/S[3]
CARRY4 (Prop_carry4_S[3]_O[3])	(r) 0.255	9.070	Site: SLICE_X2Y5	data_out_reg[4]_i_6/O[3]
net (fo=2, routed)	0.586	9.656		n_4_data_out_reg[4]_i_6
			Site: SLICE_X5Y8	data_out[1]_i_12/I0
LUT6 (Prop_lut6_I0_O)	(r) 0.307	9.963	Site: SLICE_X5Y8	data_out[1]_i_12/O
net (fo=1, routed)	0.000	9.963		n_0_data_out[1]_i_12
			Site: SLICE_X5Y8	data_out_reg[1]_i_9/S[1]
CARRY4 (Prop_carry4_S[1]_O[1])	(r) 0.227	10.190	Site: SLICE_X5Y8	data_out_reg[1]_i_9/O[1]
net (fo=3, routed)	0.452	10.642		n_6_data_out_reg[1]_i_9
			Site: SLICE_X4Y6	data_out[1]_i_2/I0
LUT6 (Prop_lut6_I0_O)	(r) 0.303	10.945	Site: SLICE_X4Y6	data_out[1]_i_2/O
net (fo=2, routed)	0.314	11.259		n_0_data_out[1]_i_2
			Site: SLICE_X4Y7	data_out[1]_i_5/I0
LUT5 (Prop_lut5_I0_O)	(r) 0.124	11.383	Site: SLICE_X4Y7	data_out[1]_i_5/O
net (fo=1, routed)	0.000	11.383		n_0_data_out[1]_i_5
			Site: SLICE_X4Y7	data_out_reg[1]_i_1/S[3]
CARRY4 (Prop_carry4_S[3]_O[3])	(r) 0.248	11.631	Site: SLICE_X4Y7	data_out_reg[1]_i_1/O[3]
net (fo=2, routed)	0.450	12.081		n_4_data_out_reg[1]_i_1
			Site: SLICE_X3Y8	data_out[4]_i_3/I0
LUT3 (Prop_lut3_I0_O)	(r) 0.306	12.387	Site: SLICE_X3Y8	data_out[4]_i_3/O
net (fo=1, routed)	0.000	12.387		n_0_data_out[4]_i_3
			Site: SLICE_X3Y8	data_out_reg[4]_i_1/S[1]
CARRY4 (Prop_carry4_S[1]_O[2])	(r) 0.580	12.967	Site: SLICE_X3Y8	data_out_reg[4]_i_1/O[2]
net (fo=1, routed)	0.000	12.967		n_5_data_out_reg[4]_i_1
FDRE			Site: SLICE_X3Y8	data_out_reg[4]/D
Arrival Time		12.967		

Destination Clock Path

Delay Type	Incr (ns)	Path (ns)	Location	Netlist Resource(s)
(clock clk rise edge)	(r) 5.000	5.000		
	(r) 0.000	5.000	Site: M18	clk
net (fo=0)	0.000	5.000		clk
			Site: M18	clk_IBUF_inst/I
IBUF (Prop_ibuf_I_O)	(r) 0.805	5.805	Site: M18	clk_IBUF_inst/O
net (fo=1, routed)	1.868	7.673		clk_IBUF
			Site: BUFGCTRL_X0Y0	clk_IBUF_BUFG_inst/I
BUFG (Prop_bufg_I_O)	(r) 0.091	7.764	Site: BUFGCTRL_X0Y0	clk_IBUF_BUFG_inst/O
net (fo=10, routed)	1.518	9.282		clk_IBUF_BUFG
			Site: SLICE_X3Y8	data_out_reg[4]/C
clock pessimism	0.336	9.618		
clock uncertainty	-0.035	9.583		
FDRE (Setup_fdre_C_D)	0.062	9.645	Site: SLICE_X3Y8	data_out_reg[4]
Required Time		9.645		

图 13.36　Timing Summary Path 1 具体报告

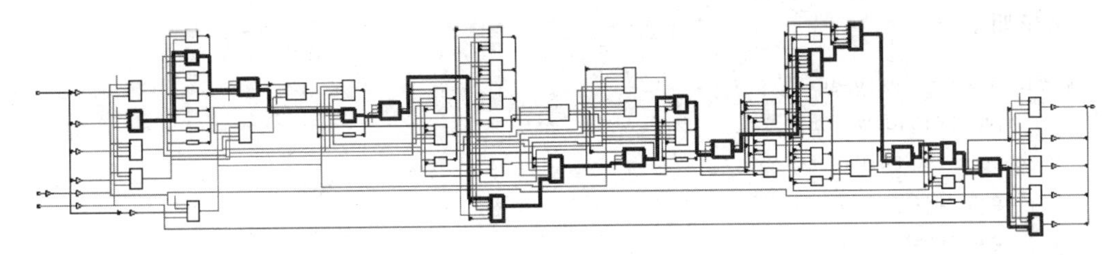

图 13.37　Path 1 原理图经过的逻辑电路

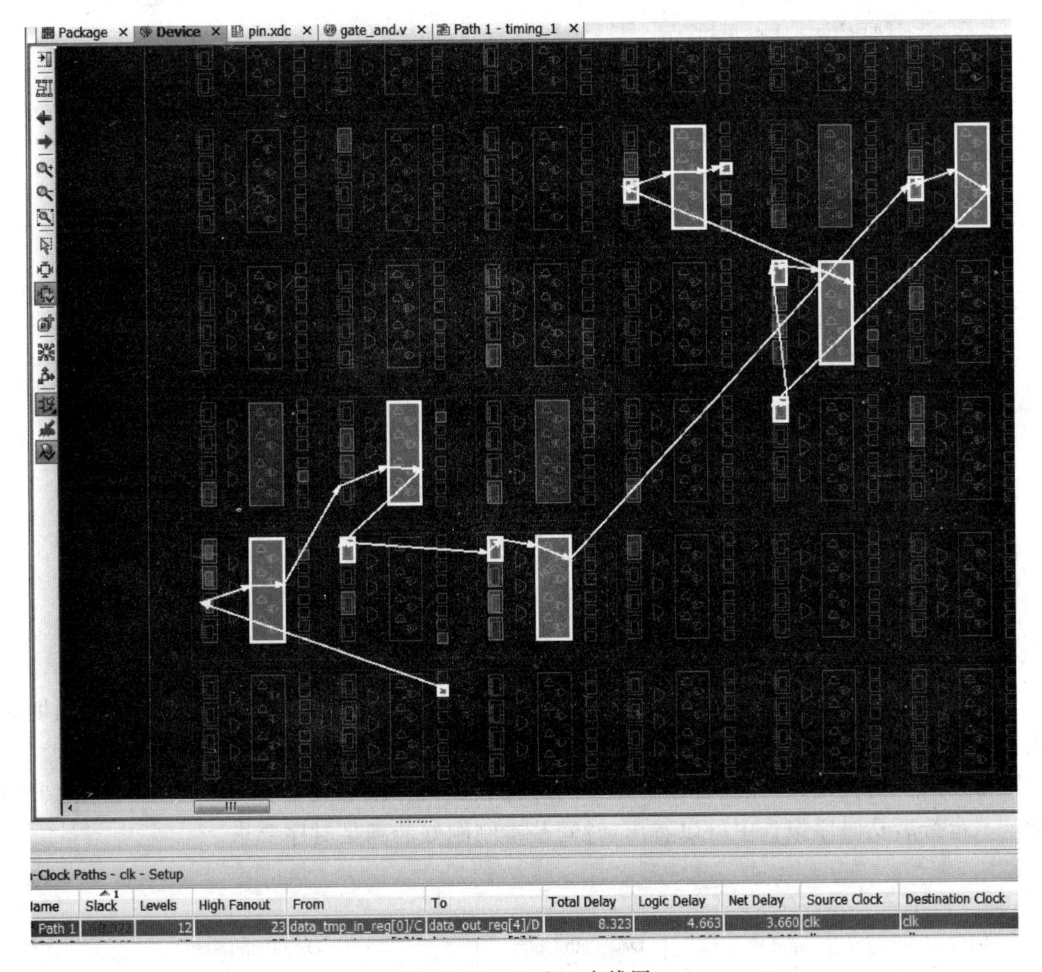

图 13.38　Path 1 走线图

修改例程的组合逻辑，去掉中间三行，再运行一遍，可以看到时序直接就通过了，如图 13.39 所示。

Timing - Timing Summary - timing_1

- latch_loops (0)
- Intra-Clock Paths
  - clk
    - Setup 3.535 ns (5)
    - Hold 0.225 ns (5)
    - Pulse Width 2.000 ns (30)

Intra-Clock Paths - clk - Setup

Name	Slack	Levels	High Fanout	From	To	Total Delay	Logic Delay	Net Delay	Source Clock	Destination Clock	Exception
Path 1	3.535	1	4	data_tmp_in_reg[1]/C	data_out_reg[1]/D	1.437	0.580	0.857	clk	clk	
Path 2	3.553	1	4	data_tmp_in_reg[1]/C	data_out_reg[2]/D	1.465	0.608	0.857	clk	clk	
Path 3	3.604	1	1	data_tmp_in_reg[4]/C	data_out_reg[4]/D	1.411	0.608	0.803	clk	clk	
Path 4	3.715	1	3	data_tmp_in_reg[2]/C	data_out_reg[3]/D	1.258	0.580	0.678	clk	clk	
Path 5	3.851	0	5	data_tmp_in_reg[0]/C	data_out_reg[0]/D	1.047	0.456	0.591	clk	clk	

图 13.39　简化逻辑后的 Timing Summary

程序如下：

```
module timing_analyze(
    input [4:0]data_in,
    output reg [4:0]data_out,
    input clk,
    input reset
    );
    reg [4:0]data_tmp_in;
    wire [4:0]data_tmp_out;
    wire [4:0]data_tmp2,data_tmp3,data_tmp4,data_tmp5,data_cal_out;
    always@(posedge clk)
        if(reset)
            data_tmp_in<=0;
        else data_tmp_in<=data_in;
    assign data_tmp2 = data_tmp_in * 3;
//注释掉中间三行逻辑
    /* assign data_tmp3 = data_tmp2 * data_tmp_in;
    assign data_tmp4 = data_tmp3 * data_tmp2;
    assign data_tmp5 = data_tmp4 * data_tmp3; */
    assign data_cal_out = data_tmp2;                    //将输出关联到 data_tmp2
    always@(posedge clk)
        if(reset)
            data_out<=0;
        else data_out<= data_cal_out;
endmodule
```

（2）插入触发器

通过在组合逻辑中间插入触发器，将原本需要一个周期完成的逻辑转换为两个周期完成，分散了时序的压力，从而使时序达到要求。当然，这会使数据多出一个周期的延迟。

修改例程组合逻辑，在组合逻辑靠中间的位置加入一级触发器，如图 13.40 和图 13.41 所示。运行后从时序报告中可以看出，时间基本刚刚好能满足时序要求。

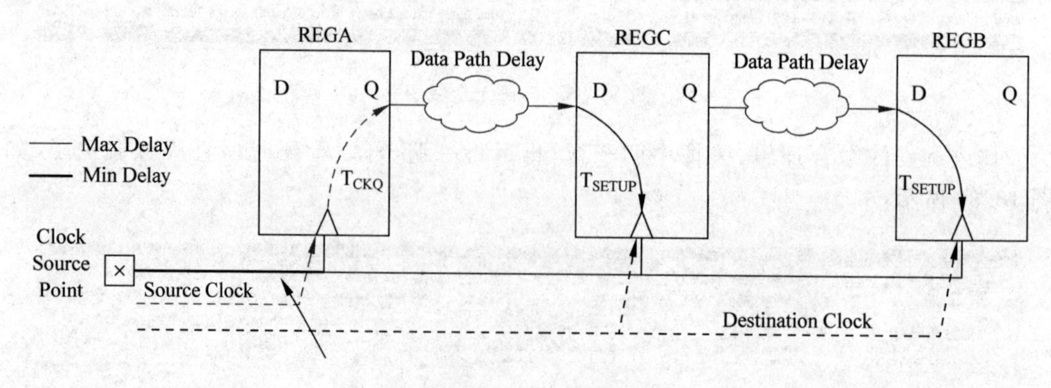

图 13.40　插入一级触发器

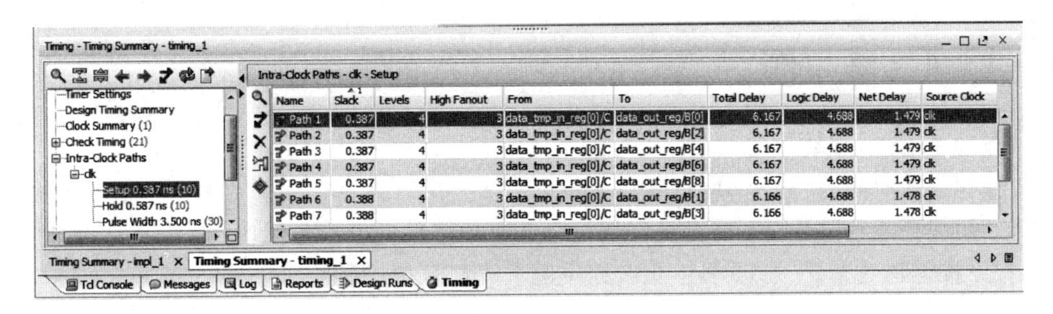

Name	Slack	Levels	High Fanout	From	To	Total Delay	Logic Delay	Net Delay	Source Clock
Path 1	0.387	4	3	data_tmp_in_reg[0]/C	data_out_reg/B[0]	6.167	4.688	1.479	clk
Path 2	0.387	4	3	data_tmp_in_reg[0]/C	data_out_reg/B[2]	6.167	4.688	1.479	clk
Path 3	0.387	4	3	data_tmp_in_reg[0]/C	data_out_reg/B[4]	6.167	4.688	1.479	clk
Path 4	0.387	4	3	data_tmp_in_reg[0]/C	data_out_reg/B[6]	6.167	4.688	1.479	clk
Path 5	0.387	4	3	data_tmp_in_reg[0]/C	data_out_reg/B[8]	6.167	4.688	1.479	clk
Path 6	0.388	4	3	data_tmp_in_reg[0]/C	data_out_reg/B[1]	6.166	4.688	1.478	clk
Path 7	0.388	4	3	data_tmp_in_reg[0]/C	data_out_reg/B[3]	6.166	4.688	1.478	clk

图 13.41　插入触发器的 Timing Summary

程序如下：

```
module combinational_logic(
    input clk,
    input reset,
    input [4:0]data_cal_in,
    output [4:0]data_cal_out
    );
    wire [4:0]data_tmp2,data_tmp3,data_tmp5;
    reg [4:0]data_tmp4;
    assign data_tmp2 = data_cal_in * 3;
    assign data_tmp3 = data_tmp2 * data_cal_in;
//在 data_tmp3 之后插入一级寄存器
    always@(posedge clk)
        if(reset)
            data_tmp4 <= 0;
        else
            data_tmp4 <= data_tmp3 * data_tmp2;
    assign data_tmp5 = data_tmp4 * data_tmp3;
    assign data_cal_out = data_tmp5;
endmodule
```

(3) 用低频时钟

将约束文件改成

```
create_clock -name clk -period 40.000 [get_ports clk]
```

可以看到时序分析通过了，如图 13.42 所示。

Timing - Timing Summary - timing_1

Intra-Clock Paths - clk - Setup

partial_output_delay (0)
unexpandable_clocks (0)
latch_loops (0)
Intra-Clock Paths
clk
Setup 30.445 ns (5)
Hold 0.670 ns (5)
Pulse Width 19.500 ns (30)

Name	Slack	Levels	High Fanout	From	To	Total Delay	Logic Delay	Net Delay	Source Clock	Destination Clock
Path 1	30.445	14	18	data_tmp_in_reg[1]/C	data_out_reg[4]/D	9.542	4.621	4.921	clk	clk
Path 2	31.250	14	18	data_tmp_in_reg[1]/C	data_out_reg[3]/D	8.737	4.262	4.475	clk	clk
Path 3	32.600	12	23	data_tmp_in_reg[0]/C	data_out_reg[2]/D	7.387	4.128	3.259	clk	clk
Path 4	35.811	6	23	data_tmp_in_reg[0]/C	data_out_reg[1]/D	4.176	2.281	1.895	clk	clk
Path 5	36.783	6	23	data_tmp_in_reg[0]/C	data_out_reg[0]/D	3.204	2.122	1.082	clk	clk

Timing Summary - timing_1

Tcl Console | Messages | Log | Reports | Timing | Design Runs | Debug

图 13.42　更改时钟频率的 Timing Summary

13.4 练习题

添加 74LS90 模块

添加表示时间的“时”模块，即可以显示出 23 时 59 分 59 秒。并且在板卡上取一个按键按下后可以更改数码管显示的部分。比如一共有 4 个数码管来显示时间，显示为 23 时 59 分，按下按键则变为 59 分 59 秒。更改程序后下载至板卡上验证。

第14章 单周期处理器设计实例

CHAPTER 14

本章学习导言

处理器的设计及制造技术是计算机技术的核心之一。相对于多周期处理器，单周期处理器指的是一条指令的执行在一个时钟周期内完成。本章中使用MIPS架构设计单周期处理器。MIPS是目前流行的精简指令系统计算结构(RISC)处理器的一种。与复杂指令系统计算结构(CISC)相比，RISC具有设计更简单、设计周期更短等优点，并可以应用更多先进的技术，开发更快的下一代处理器。本章在介绍单周期处理器体系结构的基础之上，采用已设计完成验证的模块搭建单周期处理器，并进行设计验证。

14.1 单周期处理器体系架构简介

14.1.1 单周期处理器指令集简介

处理器的指令集体系结构(ISA)由指令集和一系列相应的寄存器约定构成。基于相同指令集体系结构编写的程序，都能够在对应指令集体系结构的处理器上运行。在设计理念上单周期处理器强调软硬件协同提高性能，同时简化硬件设计。本节介绍单周期处理器指令及其特点，理解单周期处理器体系结构，进而完成对单周期处理器的设计。

1. 单周期处理器指令集总体特点

单周期处理器指令集具有以下特点：①简单的LOAD/STORE结构，所有的计算类型的指令均从寄存器堆中读取数据并把结果写入寄存器堆中，只有LOAD和STORE指令访问存储器；②易于流水线CPU的设计，单周期处理器32™指令集的指令格式非常规整，所有的指令均为32位，而且指令操作码在固定的位置上；③易于编译器的开发，单周期处理器指令的寻址方式非常简单，每条指令的操作也非常简单。

2. 单周期处理器指令集的寄存器设置

单周期处理器32™有32个通用寄存器，编号为0～31，其中寄存器0的内容总是0，这些通用寄存器称为寄存器堆(register file)。单周期处理器32™还定义了32个浮点寄存器，另外还有一些通用寄存器，PC(program counter)就是其中的一个，CPU使用它从存储器中取指令。

3. 单周期处理器指令集支持的数据类型

单周期处理器 32™支持的数据类型有整数和浮点数。整数包括 8 位字节、16 位半字、32 位字和 64 位双字；浮点数包括 32 位单精度和 64 位双精度。

4. 单周期处理器指令集的指令格式

单周期处理器 32™的指令格式有 3 种，如图 14.1 所示。R(register)类型的指令从寄存器堆中读取两个源操作数，计算结果写回寄存器堆；I(immediate)类型的指令使用一个 16 位的立即数作为源操作数；J(jump)类型的指令使用一个 26 位立即数作为跳转的目标地址(target address)。

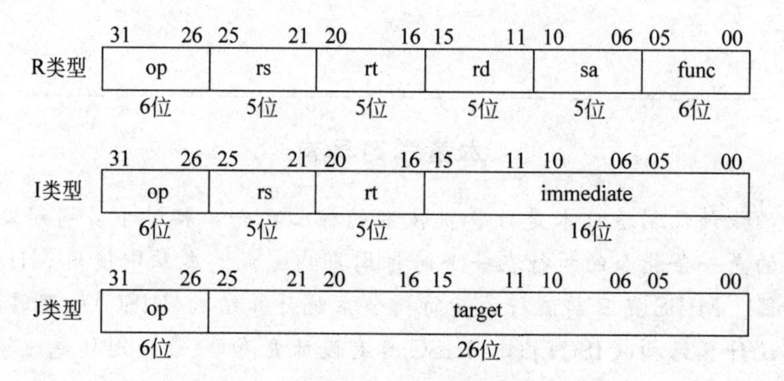

图 14.1 单周期处理器 32™指令格式

指令格式中的 op(opcode)是指令操作码；rs(register source)是源操作数的寄存器号；rd(register destination)是目的寄存器号；rt(register target)既可作为源寄存器号，又可作为目的寄存器号，由具体的指令决定；func(function)可被认为是扩展的操作码；sa(shift amount)由移位指令使用，定义移位位数；immediate 是 16 位立即数，使用之前由指令进行 0 扩展或符号扩展；26 位 target 由 jump 指令使用，用于产生跳转的目标地址。

5. 单周期处理器指令集的指令分类

CPU 的指令类型根据其操作的不同，可以分为下面七类。

1) 计算类指令(Computational)

计算类指令用于执行算术操作、逻辑操作和对寄存器进行移位操作。这些指令有两种类型：寄存器类型和立即数类型。寄存器类型的指令使用两个源寄存器的值作为源操作数；立即数类型使用一个寄存器和立即数作为源操作数。根据操作的不同，这些指令分为下面 4 种：

(1) ALU 立即数指令

31　26	25　21	20　16	15　11　10　06　05　00
op	rs	rt	immediate
6位	5位	5位	16位

(2) 3 操作数指令

31　26	25　21	20　16	15　11	10　06	05　00
op	rs	rt	rd	00000	func
6位	5位	5位	5位	5位	6位

（3）移位指令

31　26	25　21	20　16	15　11	10　06	05　00
op	rs	rt	rd	sa	func
6位	5位	5位	5位	5位	6位

（4）乘/除法指令

31　26	25　21	20　16	15　06	05　00
op	rs	rt	00 0000 0000	func
6位	5位	5位	10位	6位

2）Load/Store 指令

Load 和 Store 指令都为立即数（I-type）类型，用来在存储器和通用寄存器之间存储和装载数据。值得一提的是单周期处理器指令集只有该类指令可以访问内存，而其他指令都在寄存器之间进行，所以指令的执行速度较高。该类指令只有基址寄存器的值加上扩展的16 位有符号立即数这一种寻址模式，数据的存取方式可以是字节（byte）、字（word）和双字（double word）。

指令格式如下：

31　26	25　21	20　16	15　00
op	base	rt	offset
6位	5位	5位	16位

3）跳转/分支指令（Jump Branch）

跳转和分支指令改变程序流。所有的跳转和分支指令都会产生一个延迟槽（delay slot）。紧跟着跳转/分支指令后的指令（delay slot 中的指令）也被执行，然后将跳转目的的第一条指令从存储器中取出并执行，这是为了指令的流水线执行时获得更高的效率。

Jump 指令格式如下：

31　26	25　00
op	target
6位	26位

31　26	25　21	20　16	15　11	10　06	05　00
op	rs	00000	00000	hint	func
6位	5位	5位	5位	5位	6位

Branch 指令格式如下：

31　26	25　21	20　16	15　00
op	rs	rt	immediate
6位	5位	5位	16位

4）寄存器传送指令

寄存器传送指令用来在系统的通用寄存器（GPR）、乘/除法专用寄存器（HI、LO）之间传送数据，这些指令分为有条件传送和无条件传送两种类型。

5）专用指令

专用指令用来产生软件中断，当执行这类指令的时候，CPU 产生异常并转入中断处理程序。这些指令有系统调用（Syscall）、暂停（Break）和 Trap 指令等，主要用于软件的异常处理。

6）协处理器指令

协处理器指令对协处理器进行操作。协处理器的 Load 和 Store 指令是立即数类型，每个协处理器指令的格式依协处理器不同而不同。

7）系统控制协处理器(CP0)指令

系统控制协处理器(CP0)指令执行对 CP0 寄存器的操作来控制处理器的存储器并执行异常处理。

6. 单周期处理器指令集的寻址方式

单周期处理器的寻址方式有以下几种(见图 14.2)：

(1) 寄存器寻址：操作数在寄存器堆中。

(2) 立即数寻址：操作数是一个常数，包含在指令中。

(3) 基址偏移量寻址：操作数在存储器中，存储器地址由一个寄存器的内容与指令中的常数相加得到。

(4) PC 相对寻址：转移指令计算转移地址时使用，PC 的相对值是指令中的一个常数。

(5) 伪直接寻址：跳转指令形成转移地址时使用，指令中的 26 位目标地址值与 PC 的高 4 位拼接，形成 30 位的存储器“字地址”。

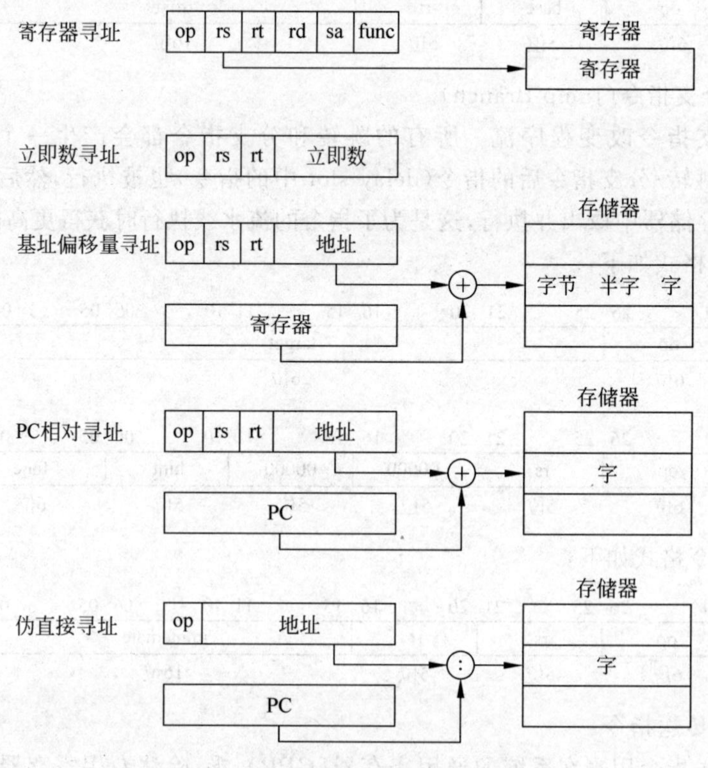

图 14.2 单周期处理器 32™ 指令寻址方式

14.1.2 单周期处理器系统结构

单周期处理器结构框图如图 14.3 所示。

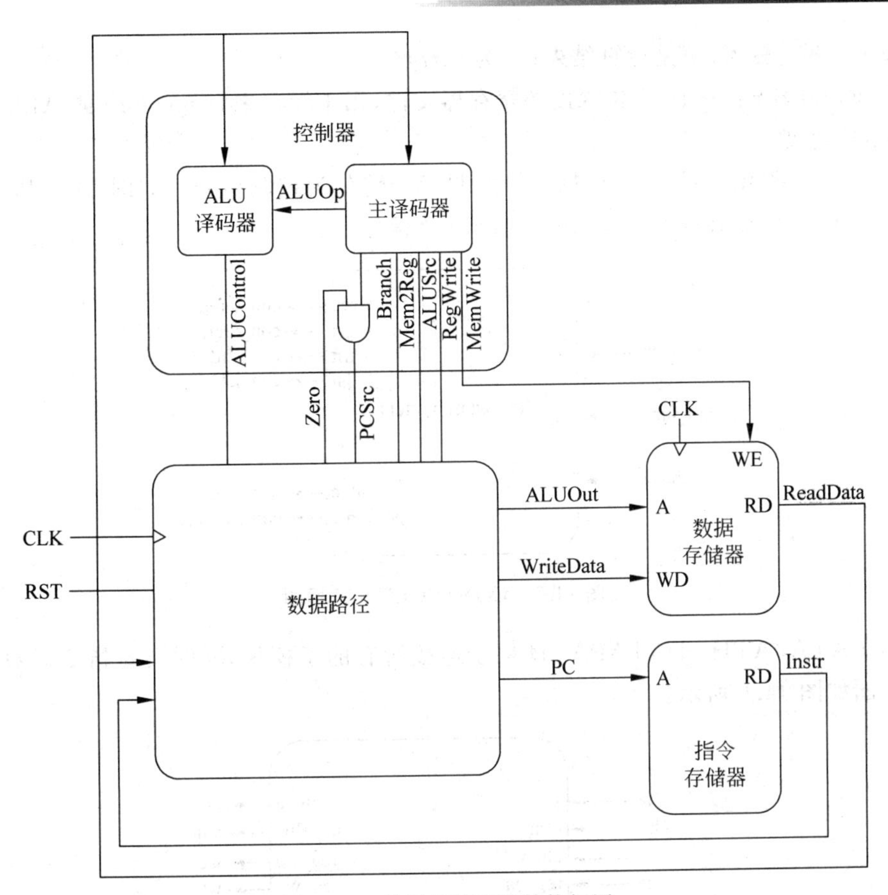

图 14.3　单周期处理器结构框图

14.2　设计流程

14.2.1　实验原理

本节介绍32位单周期处理器设计，其中所包含子模块如下：

(1) ALU：ALU (arithmetic logic unit)算数逻辑单元，是处理器中的一个重要功能模块，用来执行多组加减乘除等算术运算以及或与非等逻辑运算。算术逻辑单元的操作和种类由控制器决定，处理的数据来自于存储器，处理后的结果送回储存器或者暂存于算数逻辑单元中。ALU框图如图14.4所示，aluc为控制信号，包括了ALU需要执行的运算的命

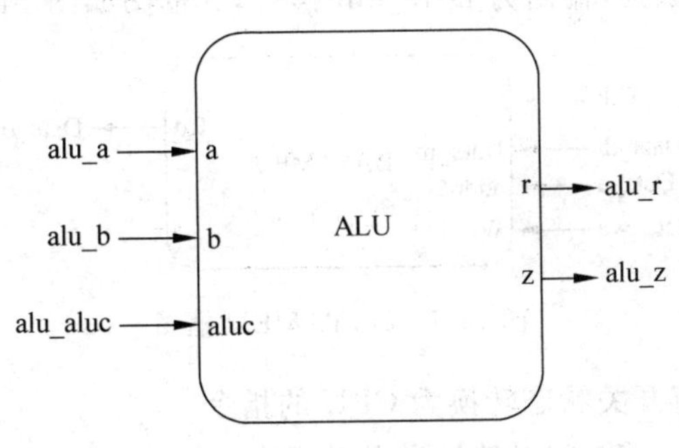

图 14.4　ALU框图

令;a 和 b 为两个输入;r 是运算结果;z 为 carry。

(2) REGFILE:一个 32 位深度的寄存器文件,用于缓存来自 memory 或 ALU 的数据以提高运算速度。

(3) CONTROLUNIT:主要用于将控制指令转化为控制信号。如图 14.5 所示,控制指令 op 和 func 将被转换为 wreg、regrt、shift 等信号。

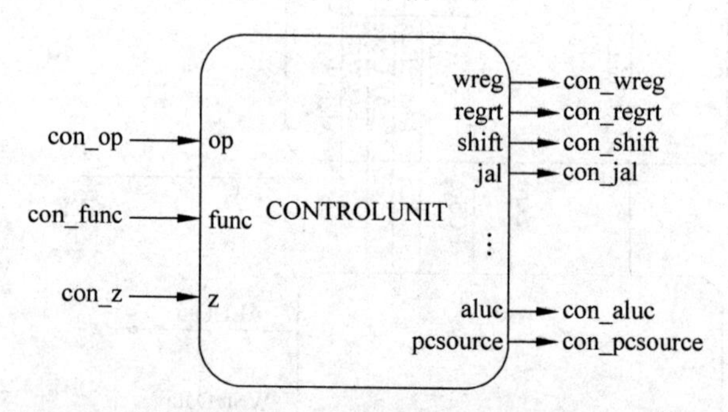

图 14.5 CONTROLUNIT 框图

(4) DATAPATH:DATAPATH 用于连接所有的子模块,同时具备指令计数器的功能,其框图如图 14.6 所示。

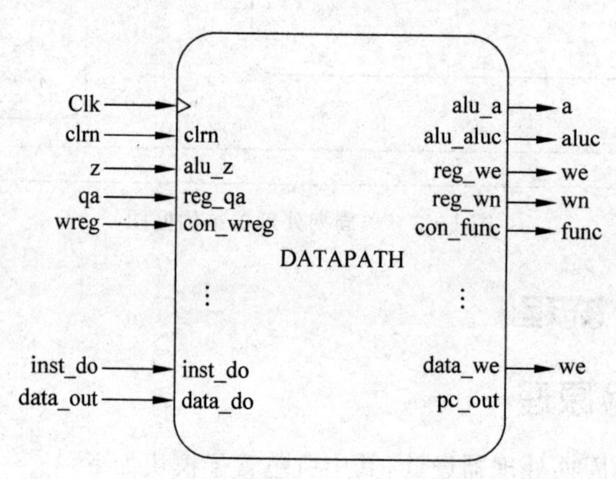

图 14.6 DATAPATH 框图

(5) INSTMEM:instruction memory,指令储存器,用于存放工程的测试指令。

(6) DATAMEM:用于存储所有工程测试数据例如 ALU 计算结果等。输入为写使能、时钟、地址及写入的数据,输出为 Data_out 信号,其框图如图 14.7 所示。

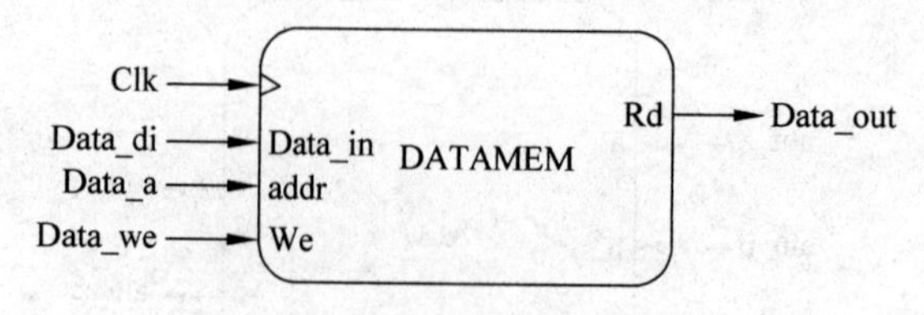

图 14.7 DATAMEM 框图

(7) KEY2INST:将开关状态转换为 CPU 的指令。

(8) SHOWONLED:将最终计算结果或者开关状态按照预先设定好的模式通过 LED 展

示给用户。输入为计算结果和开关状态，输出为控制 LED 的信号，其框图如图 14.8 所示。

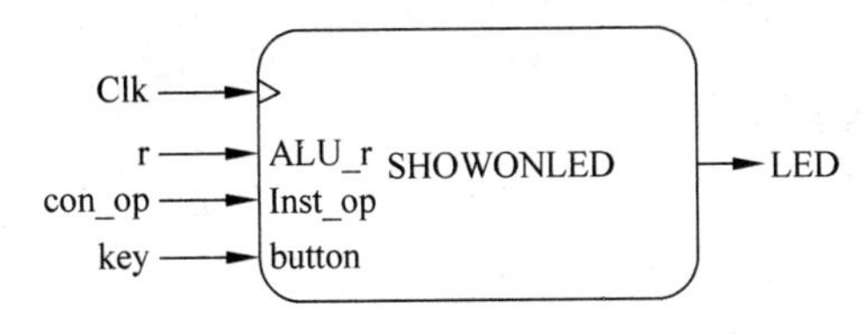

图 14.8　SHOWONLED 框图

14.2.2　设计与验证

为方便读者验证，本节使用 Tcl 脚本实现工程的创建、综合、实现、编译等流程。读者可以在光盘附件或资源网站中查看源码。设计与验证的具体实验步骤如下：

1. 运行 Tcl，创建新工程

(1) 打开 Vivado 2014.4 设计开发软件，如图 14.9 所示。

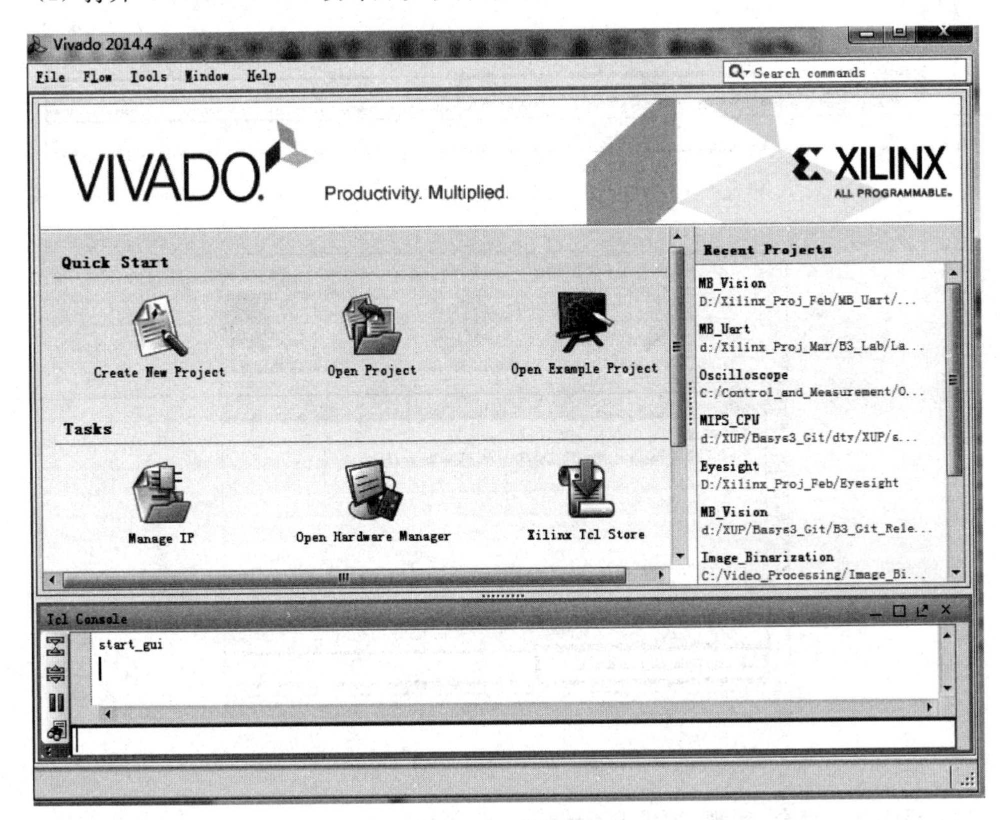

图 14.9　打开 Vivado

(2) 在 Tcl Console 一栏，用 cd 指令，进入 run_on_board.tcl 文件所在的路径。例如路径为 d:/Digital_Verilog/MIPS_CPU/src/Tcl/，那么就要输入：cd d:/ Digital_Verilog/MIPS_CPU/src/Tcl/，如图 14.10 所示。

(3) 在 Tcl Console 一栏，输入以下指令：source ./run_on_board.tcl。输入完毕按回车，运行 Tcl，如图 14.11 所示。

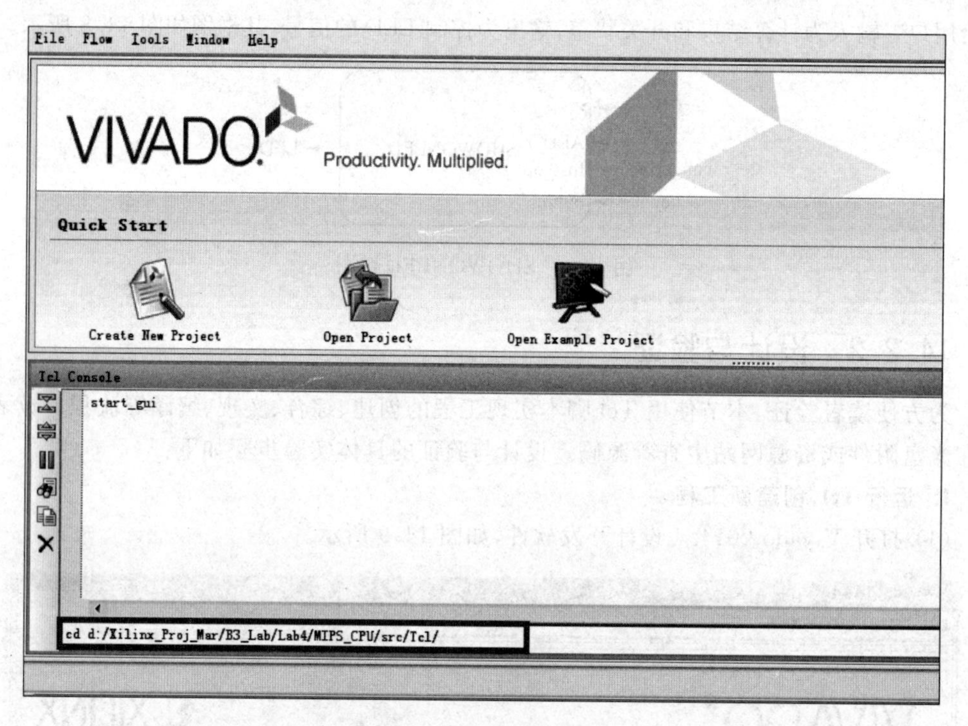

图 14.10　输入目录

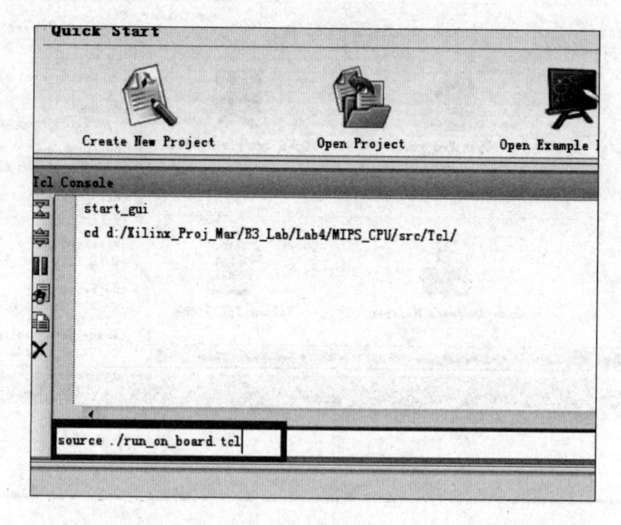

图 14.11　运行 Tcl

（4）等待 Tcl 综合、实现，生成 Bitstream。

2. 下载 Bitstream 到开发板

（1）生成编译文件后，选择 Open Hardware Manager，打开硬件管理器，进行板级验证，如图 14.12 所示。

（2）打开目标器件，单击 Open target。如果初次连接板卡，选择 Open New Target。如果之前连接过板卡，可以选择 Recent Targets，在其列表中选择相应板卡，如图 14.13 所示。

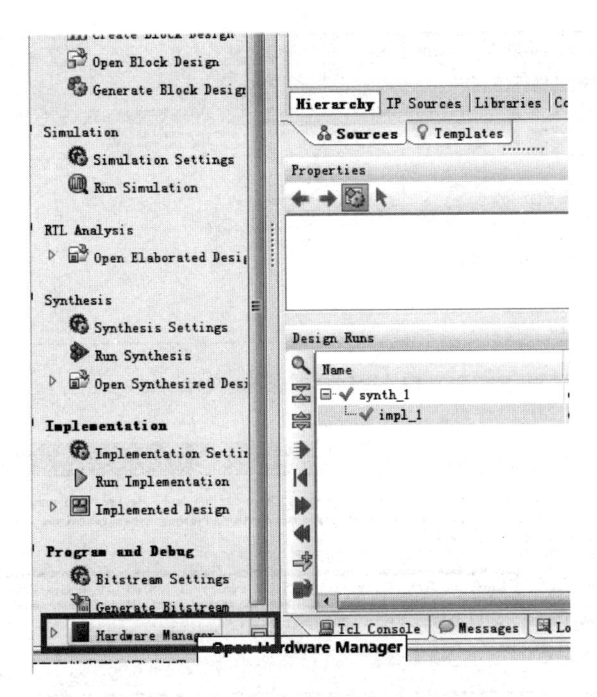

图 14.12 打开硬件管理器

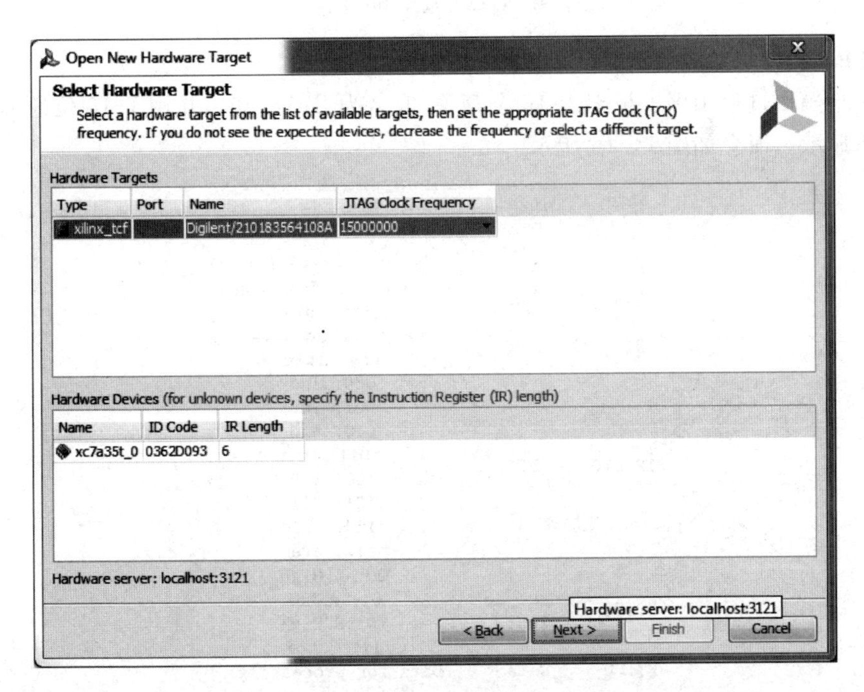

图 14.13 打开硬件

(3) 单击 Hardware Manager 上方提示语句中的 Program device，选择目标器件，如图 14.14 所示。

检查弹出框中所选中的 bit 文件，然后单击 Program 进行下载，进行板级验证，如图 14.15 所示。

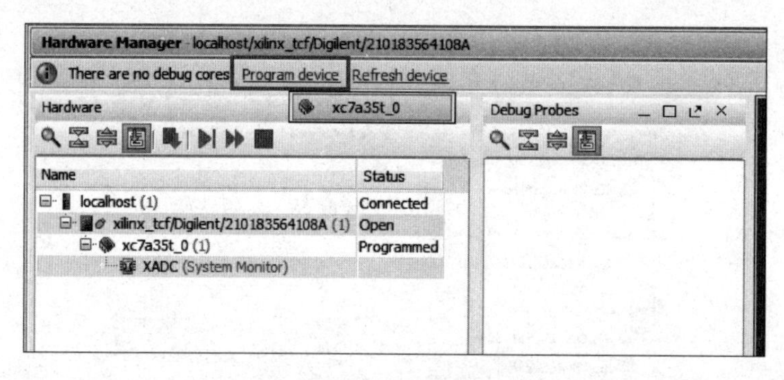

图 14.14　下载 bit 文件

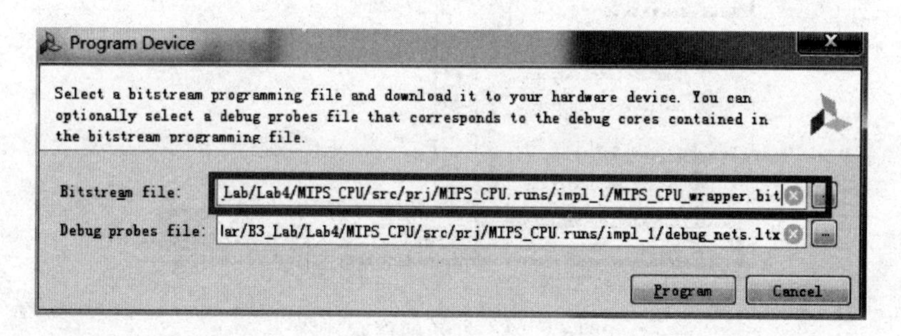

图 14.15　选定 bit 文件

3. CPU 实验板级验证流程

本实验操作过程用到了板卡上 16 个开关(取名为 B15～B0)，并用了 16 位的 LED 作为输出状态显示。简介如图 14.16 所示。

开关	功能	描　述
B15	Rst_n	Reset, active low.
B14	Run	High: Run function Low: Idle
B13	Load	High: Load Data Low: Idle
B12:B10	CMD	000: Add 001: Sub 010: And 011: Or 100: Xor 101: Sll 110: Srl 111: Sra
B9:B8	Input_Se lect	00: A, High 01: A, Low 10: B, High 11: B, Low
B7:B0	Data	Data for processing.
LED		When running, leds will show the result of processing, else, will follow buttons' changing.

图 14.16　开关功能

加载 bit 文件后，可以进行 CPU 的运算操作。以下实验目的是实现一个简单的加法运算，两个加数分别为 16 位的 0000000100000000 和 16 位的 0000000000000000。操作过程如下：

（1）将 B14～B0 设置为 0。将 B15 设置为 0，然后再置为 1，完成系统复位。

（2）将 B9～B8 这两位设置为 10，将 B7～B0 设置为 00000001，然后将 B13 设置为 1 后马上设置为 0，目的为加载 data_bh。

（3）将 B9～B8 这两位设置为 11，将 B7～B0 设置为 00000000，然后将 B13 设置为 1 后马上设置为 0，目的为加载 data_bl。

（4）将 B9～B8 这两位设置为 00，将 B7～B0 设置为 00000000，然后将 B13 设置为 1 后马上设置为 0，目的为加载 data_ah。

（5）将 B9～B8 这两位设置为 01，将 B7～B0 设置为 00000000，然后将 B13 设置为 1 后马上设置为 0，目的为加载 data_al。

（6）将 B12～B10 这三位设置为 000，这样就选择了加法运算模式。然后将 B14 设置为 1，此时 CPU 运行运算，结果为 0000000100000000 ＋ 0000000000000000＝0000000100000000，16 位的结果将显示在 LED 上。

（7）如果进行下一轮的计算，只需系统复位，然后重复（2）～（6）即可。

第15章 CHAPTER 15 数字信号处理实例：FIR滤波器

本章学习导言

HLS(high-level synthesis)是高层次综合。软件作为越来越多应用的基础，无论是在开发周期还是成本上，都有着硬件不可比拟的优势。Xilinx Vivado HLS编译器提供了C/C++的开发环境，使得软件工程师可以通过编写代码运行FPGA，同时HLS提供了一系列针对FPGA的带宽、功耗以及延迟优化。本章通过FIR滤波器的实例讲解如何使用HLS编写C/C++并且转换为RTL代码。

15.1 FIR滤波器简介

FIR(finite impulse response)滤波器是有限长单位冲激响应滤波器，又称为非递归型滤波器，是数字信号处理系统中最基本的元件之一，它可以在保证任意幅频特性的同时并具有严格的线性相频特性，因为其单位冲激响应是有限长的，因而滤波器是稳定的系统。FIR滤波器在通信、图像处理和模式识别等领域都有着广泛的应用。

在进入FIR滤波器前，首先要将信号通过A/D器件进行模数转换，把模拟信号转化为数字信号。滤波器输出的数据是一串序列。FPGA有着规整的内部逻辑阵列和丰富的连线资源，特别适合于数字信号处理任务，相对于串行运算为主导的通用DSP芯片来说，其并行性和可扩展性更好，利用FPGA内部的乘累加资源执行快速算法，可以设计出高速的FIR数字滤波器。本章借助Xilinx HLS工具，介绍一个硬件FIR滤波器设计实例。

15.2 基于HLS的FIR滤波器实现流程

(1) 打开Vivado HLS 2015.4，单击Create New Project图标，如图15.1所示。

(2) 输入工程名和路径，单击Next，如图15.2所示。

(3) 指定顶层函数名，以及添加所需源文件。可以在工程建立后再进行这些操作，所以直接单击Next，如图15.3所示。

(4) 指定测试文件，同样跳过，单击Next，如图15.4所示。

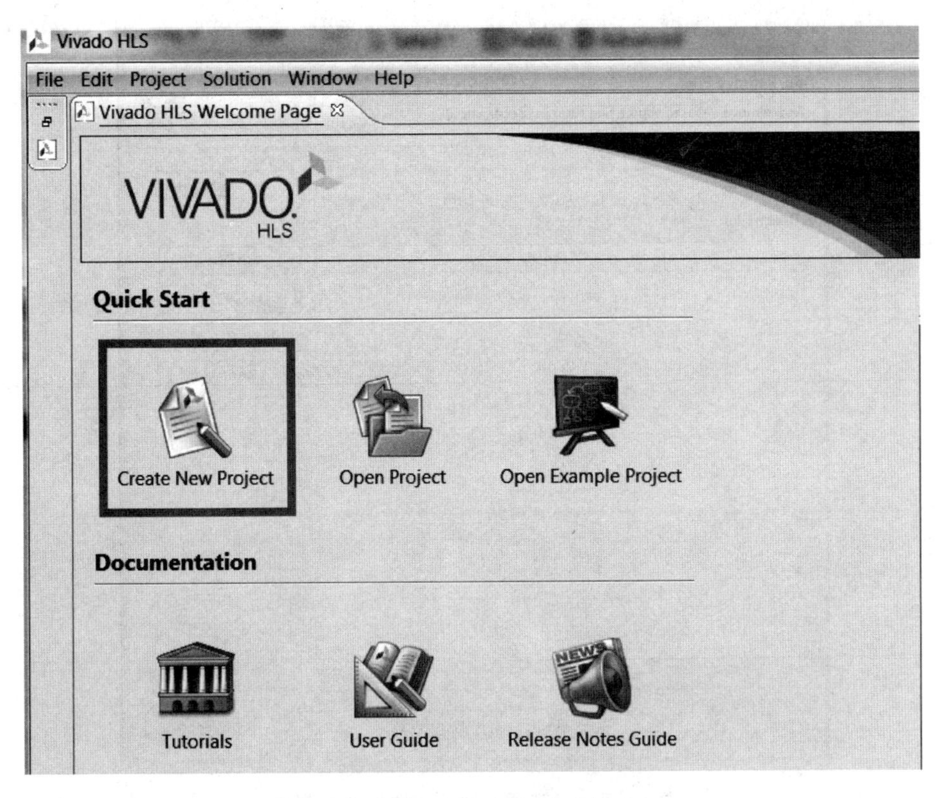

图 15.1　Vivado HLS 欢迎界面

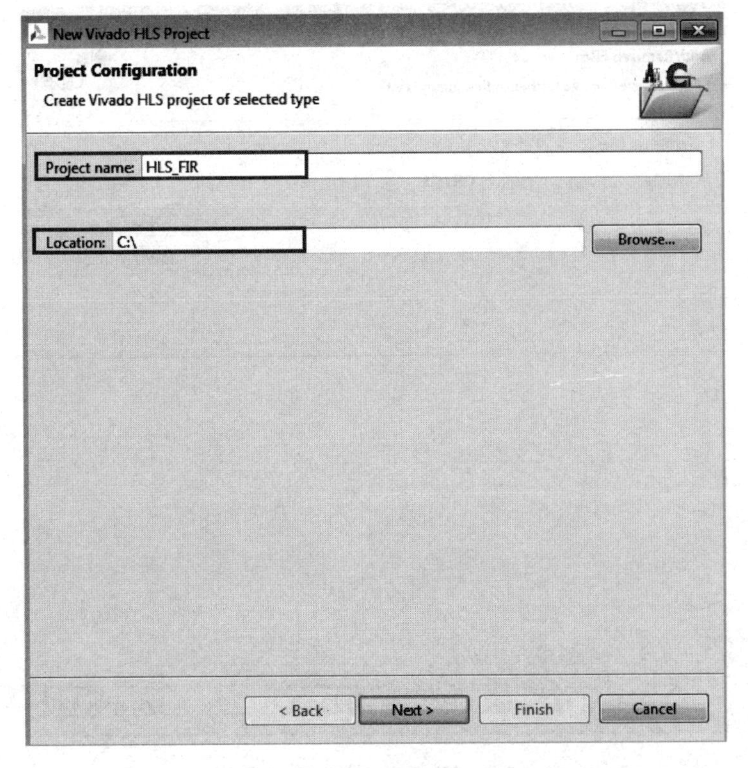

图 15.2　HLS 工程创建界面

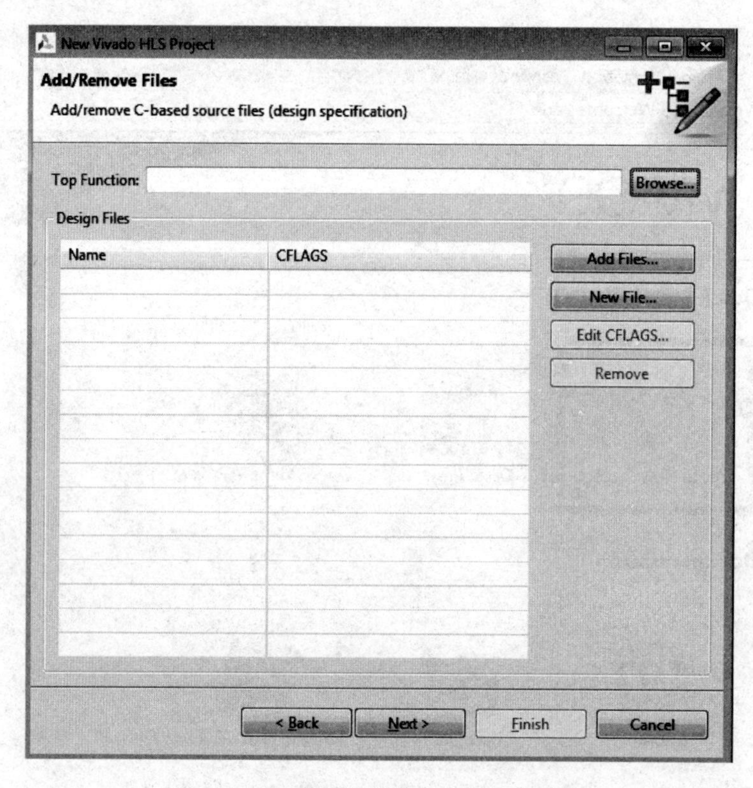

图 15.3　HLS 函数设计文件添加或删除

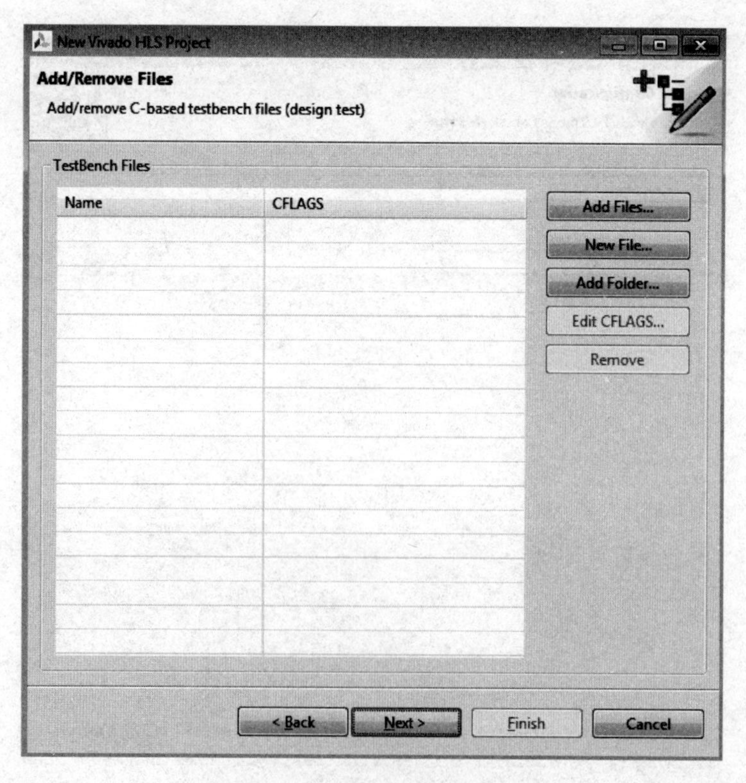

图 15.4　HLS 测试文件添加或删除

(5) 在接下来的界面中，设置时钟周期为默认的10(单位：ns)，单击 Part Selection 右侧的按钮，如图15.5所示。

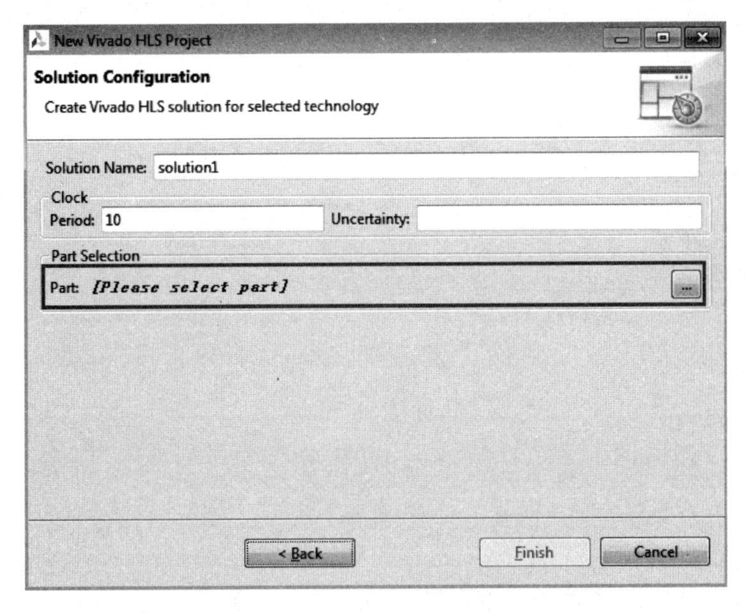

图15.5　HLS 函数方案选择

(6) 在 search 栏输入 xc7a35tcpg236-1，然后在 Device 中选择 xc7a35tcpg236-1 器件，单击 OK，如图15.6所示。

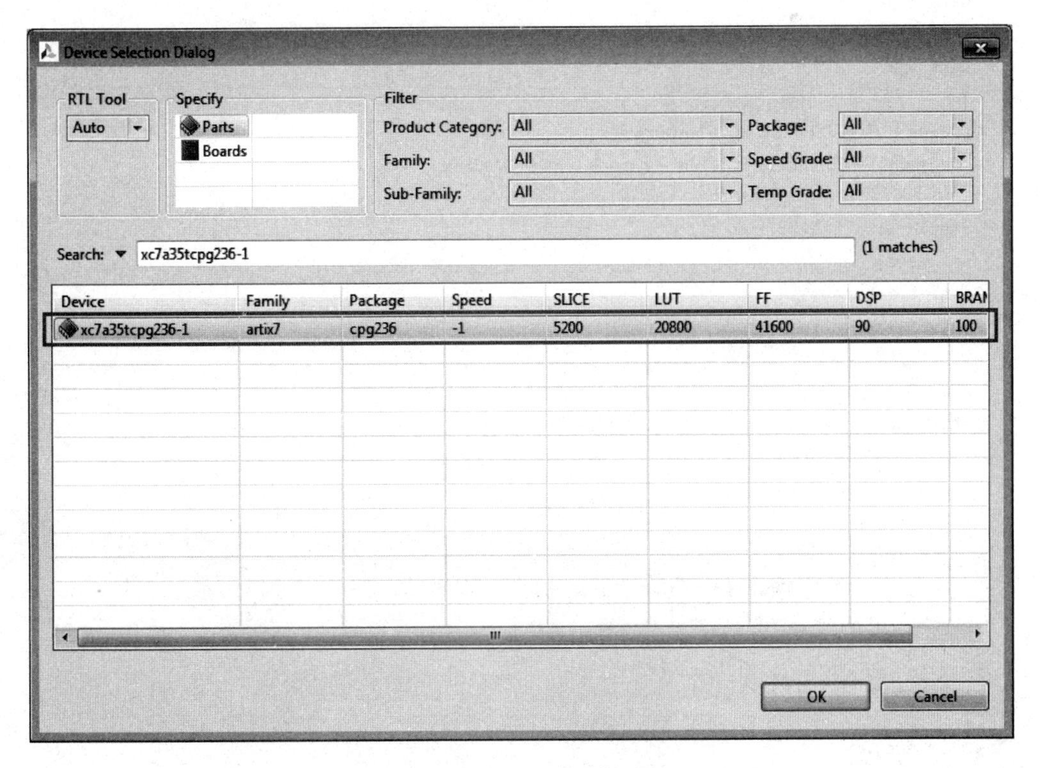

图15.6　HLS 目标器件选择

（7）回到 Solution Configuration 界面，单击 Finish，完成新建工程。

（8）右击工程界面左侧 Explorer 栏的 Source，选择 New File，新建两个文件：fir. h 和 fir. c。

在 fir. h 中添加如下代码：

```
#ifndef FIR_H_
#define FIR_H_
#define N  11

typedef int coef_t;
typedef int data_t;
typedef int acc_t;

void fir (
  data_t *y,
  coef_t c[N+1],
  data_t x
  );

#endif
```

保存文件，再在 fir. c 中添加如下代码：

```
#include "fir.h"

void fir (
  data_t *y,
  coef_t c[N],
  data_t x
  ) {
#pragma HLS INTERFACE ap_vld port = x
#pragma HLS RESOURCE variable = c core = RAM_1P_BRAM

  static data_tshift_reg[N];
  acc_tacc;
  data_t data;
  int i;

  acc = 0;
  Shift_Accum_Loop: for (i = N-1;i>= 0;i--) {
        if (i == 0) {
               shift_reg[0] = x;
        data = x;
    } else {
               shift_reg[i] = shift_reg[i-1];
               data = shift_reg[i];
    }
    acc += data * c[i];;
  }
  *y = acc;
}
```

保存文件，此时工程界面如图 15.7 所示。

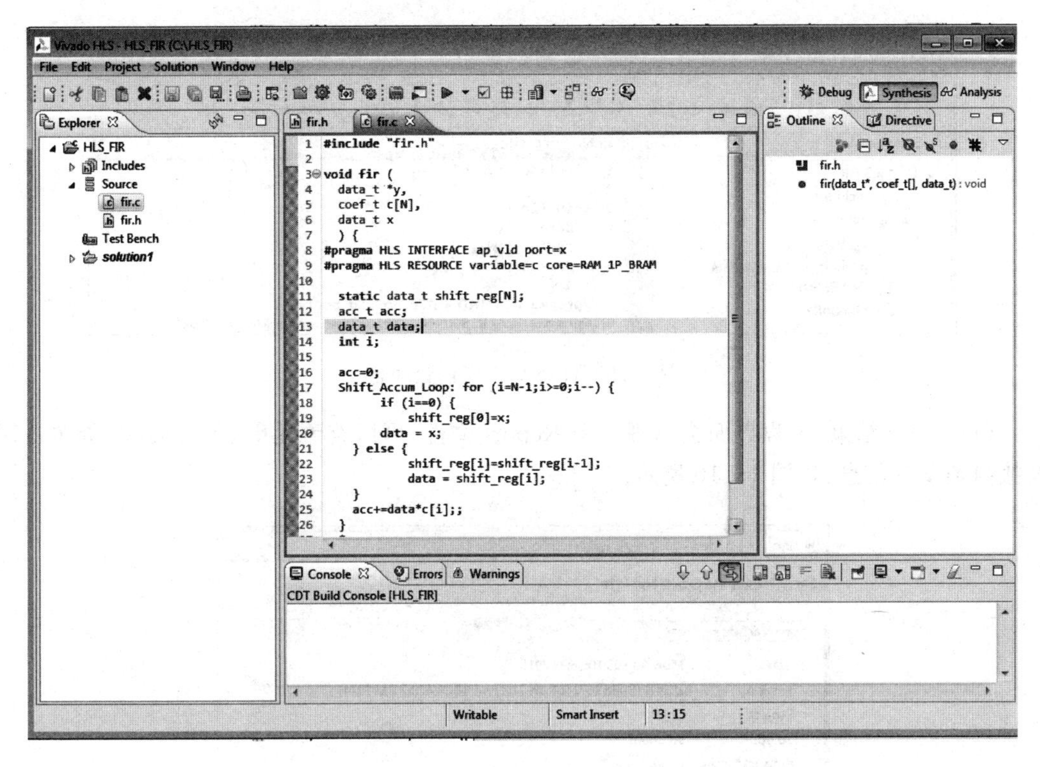

图 15.7　HLS 源文件输入

(9) 设置顶层函数名。单击 Project→Project settings，然后选择 Synthesis，在 Synthesis Settings 界面中设置 Top Function 为 fir，如图 15.8 所示。然后单击 OK。

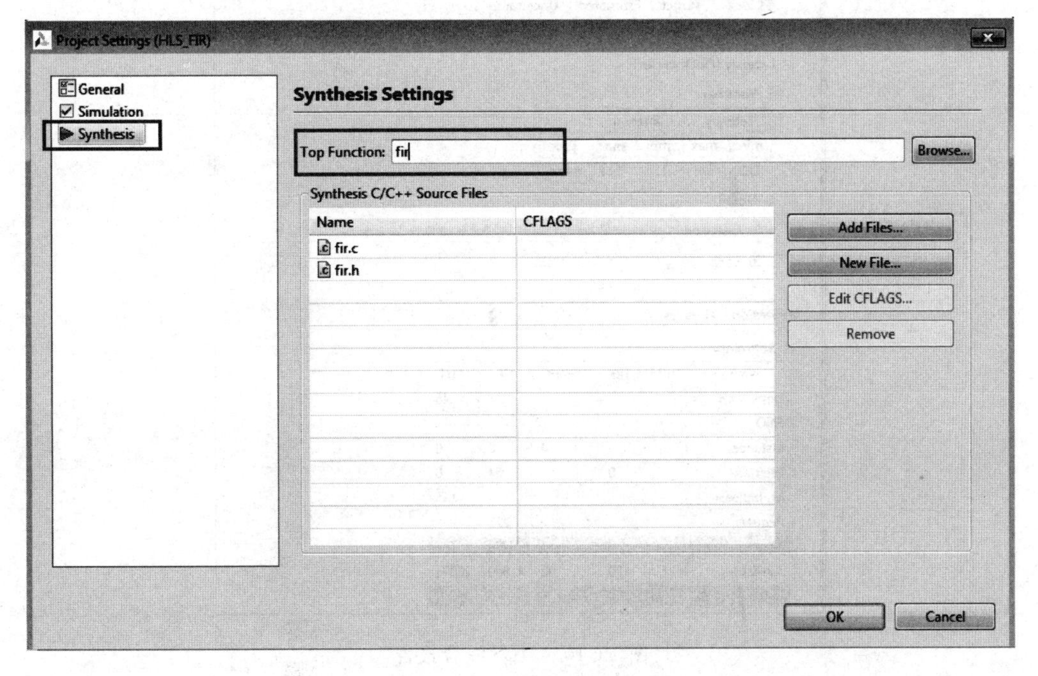

图 15.8　顶层函数设置

(10) 综合工程。单击工程界面上方的综合按钮，如图 15.9 方框内所示。

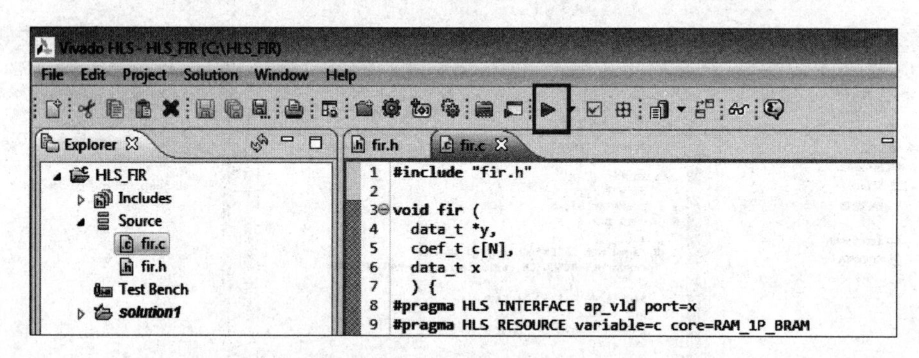

图 15.9　HLS C 语言函数综合

(11) 综合结束，工程界面会出现一个 Report 文件，可以查看延时、等待时间、资源占用及接口类型等信息，如图 15.10 所示。

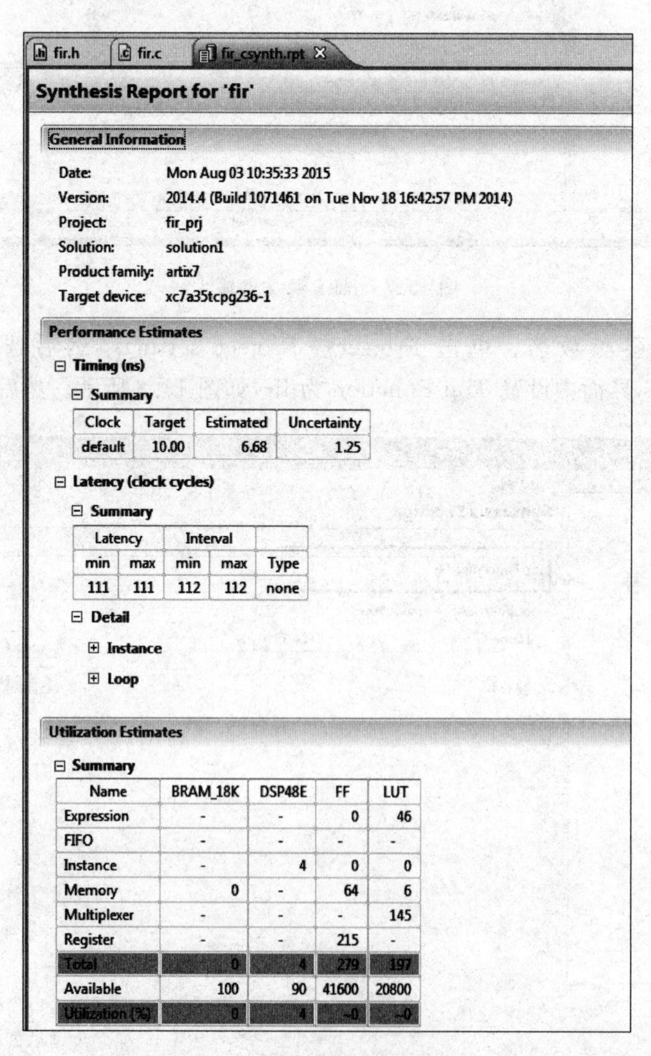

fir.h fir.c fir_csynth.rpt

Synthesis Report for 'fir'

General Information

Date: Mon Aug 03 10:35:33 2015
Version: 2014.4 (Build 1071461 on Tue Nov 18 16:42:57 PM 2014)
Project: fir_prj
Solution: solution1
Product family: artix7
Target device: xc7a35tcpg236-1

Performance Estimates

⊟ Timing (ns)

⊟ Summary

Clock	Target	Estimated	Uncertainty
default	10.00	6.68	1.25

⊟ Latency (clock cycles)

⊟ Summary

Latency		Interval		
min	max	min	max	Type
111	111	112	112	none

⊟ Detail

⊞ Instance

⊞ Loop

Utilization Estimates

⊟ Summary

Name	BRAM_18K	DSP48E	FF	LUT
Expression	-	-	0	46
FIFO	-	-	-	-
Instance	-	4	0	0
Memory	0	-	64	6
Multiplexer	-	-	-	145
Register	-	-	215	-
Total	0	4	279	197
Available	100	90	41600	20800
Utilization (%)	0	4	~0	~0

图 15.10　HLS 综合报告

15.3 工程测试

(1) 右击 Explore 栏的 Test Bench，新建一个 fir_test.c 的测试文件。添加以下代码，并保存。

```
#include <stdio.h>
#include <math.h>
#include "fir.h"

int main () {
  const int     SAMPLES = 600;
  FILE           *fp;

  data_t signal, output;
  coef_t taps[N] = {0, -10, -9,23,56,63,56,23, -9, -10,0,};

  int i, ramp_up;
  signal = 0;
  ramp_up = 1;

  fp = fopen("out.dat","w");
  for (i = 0;i <= SAMPLES;i++) {
    if (ramp_up == 1)
        signal = signal + 1;
    else
        signal = signal - 1;

    //Execute the function with latest input
    fir(&output,taps,signal);

    if ((ramp_up == 1) && (signal >= 75))
    ramp_up = 0;
    else if ((ramp_up == 0) && (signal <= -75))
    ramp_up = 1;

    //Save the results.
    fprintf(fp,"%i %d %d\n",i,signal,output);
  }
  fclose(fp);

  printf ("Comparing against output data \n");
  if (system("diff -w out.dat out.gold.dat")) {

    fprintf(stdout, "*******************************************\n");
    fprintf(stdout, "FAIL: Output DOES NOT match the golden output\n");
    fprintf(stdout, "*******************************************\n");
    return 1;
  } else {
    fprintf(stdout, "*******************************************\n");
    fprintf(stdout, "PASS: The output matches the golden output!\n");
    fprintf(stdout, "*******************************************\n");
```

```
        return 0;
    }
}
```

(2) 添加测试数据文件。将 out. gold. dat 文件复制到工程根文件夹下，然后在 Test Bench 中添加这个文件。

(3) 单击 Run C Simulation 按钮，然后在新弹出的 C Simulation Dialog 窗口中单击 OK，进行测试，如图 15.11 所示。

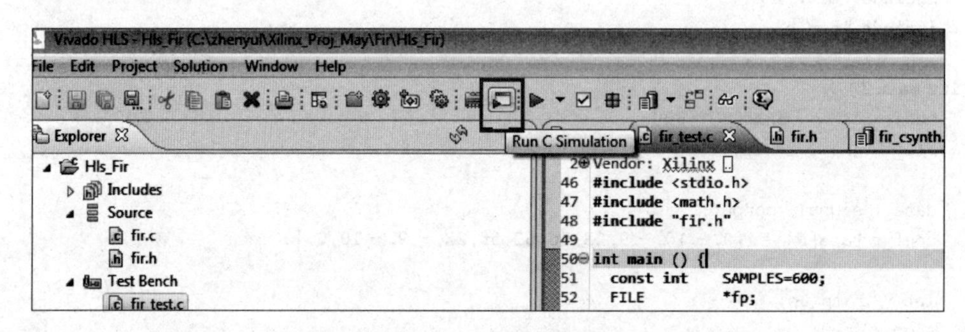

图 15.11　HLS C 语言仿真

(4) 测试结束后，Console 窗口中会打印出图 15.12 方框内的信息，证明测试通过。

```
    in directory 'C:/HLS_FIR/solution1/csim/build'
@I [APCC-3] Tmp directory is apcc_db
@I [APCC-1] APCC is done.
@I [LIC-101] Checked in feature [VIVADO_HLS]
   Generating csim.exe
Comparing against output data
*******************************************
PASS: The output matches the golden output!
*******************************************
@I [SIM-1] CSim done with 0 errors.
@I [LIC-101] Checked in feature [VIVADO_HLS]
```

图 15.12　HLS 测试结果

15.4　生成 IP

想要使用综合的工程，需要将其导出生成 IP，然后在 Vivado 中调用。这里只介绍如何导出 IP，Vivado 调用 IP 的方法请见第 7 章。

(1) 首先在 Solution 中选择 Export RTL，如图 15.13 所示。

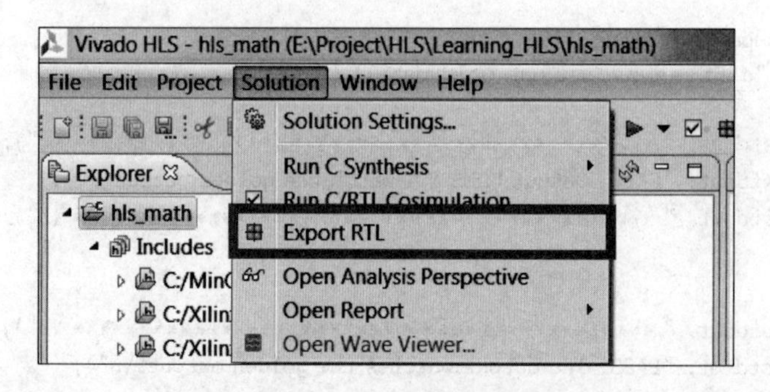

图 15.13　Export RTL 菜单

(2) 在弹出的对话框中单击 OK，如图 15.14 所示。

Export RTL Dialog
Export RTL
Format Selection
IP Catalog
Configuration...
Options
Evaluate
Verilog
Do not show this dialog box again.
OK
Cancel

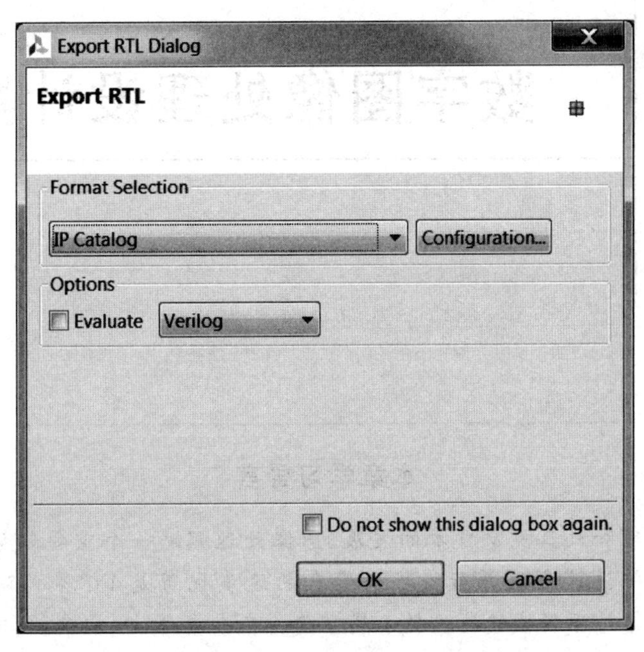

图 15.14　Export RTL 对话框

(3) HLS 会自动运行生成 RTL。当看见 Finished export RTL，表明 IP 生成成功，如图 15.15 所示。可以在工程目录\solution1\impl\ip 文件夹中，找到生成的 IP.zip 文件。

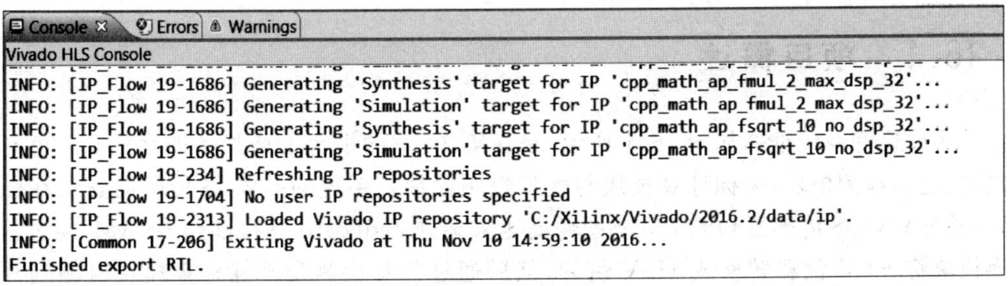

Console
Errors
Warnings
Vivado HLS Console
INFO: [IP_Flow 19-1686] Generating 'Synthesis' target for IP 'cpp_math_ap_fmul_2_max_dsp_32'...
INFO: [IP_Flow 19-1686] Generating 'Simulation' target for IP 'cpp_math_ap_fmul_2_max_dsp_32'...
INFO: [IP_Flow 19-1686] Generating 'Synthesis' target for IP 'cpp_math_ap_fsqrt_10_no_dsp_32'...
INFO: [IP_Flow 19-1686] Generating 'Simulation' target for IP 'cpp_math_ap_fsqrt_10_no_dsp_32'...
INFO: [IP_Flow 19-234] Refreshing IP repositories
INFO: [IP_Flow 19-1704] No user IP repositories specified
INFO: [IP_Flow 19-2313] Loaded Vivado IP repository 'C:/Xilinx/Vivado/2016.2/data/ip'.
INFO: [Common 17-206] Exiting Vivado at Thu Nov 10 14:59:10 2016...
Finished export RTL.

图 15.15　IP 生成成功

15.5　练习题

HLS 优化

阅读 ug871，进一步了解和学习 HLS 工具的使用方法。练习文档中给出的实验案例，了解如何在 HLS 里对程序做优化。

第16章 数字图像处理设计案例

CHAPTER 16

本章学习导言

随着图像处理和机器视觉技术的发展，图像处理领域一个重要趋势就是处理速度的加快，而FPGA设计中的并行特性所带来的速度优势是PC等无法比拟的，因此，FPGA器件在图像处理领域的地位越来越重要。在本书第13章中，我们学习了如何采用CMOS摄像头搭建一个图像采集平台。本章就是在第13章的基础上，一步一步深入学习如何构建一个有趣的数字图像处理系统，它的主要功能是高速追踪乒乓球。与第13章重复的内容，本章不再讲解。

16.1 项目概述

乒乓球追踪系统框图如图16.1所示，是在第13章的平台上增加了四个模块：色彩转换模块、色彩检测模块、坐标计算模块与舵机控制模块。系统的CMOS传感器安装在舵机平台，通过CMOS传感器OV7725将图像高速采集进Zedboard并存储到BRAM，通过色彩转换模块将RGB色彩转换成HSV色彩，然后通过色彩检测及坐标计算模块检测到乒乓球，并计算出它在图像中的位置坐标，用红十字架定位屏幕中小球位置，再控制舵机跟踪小球。

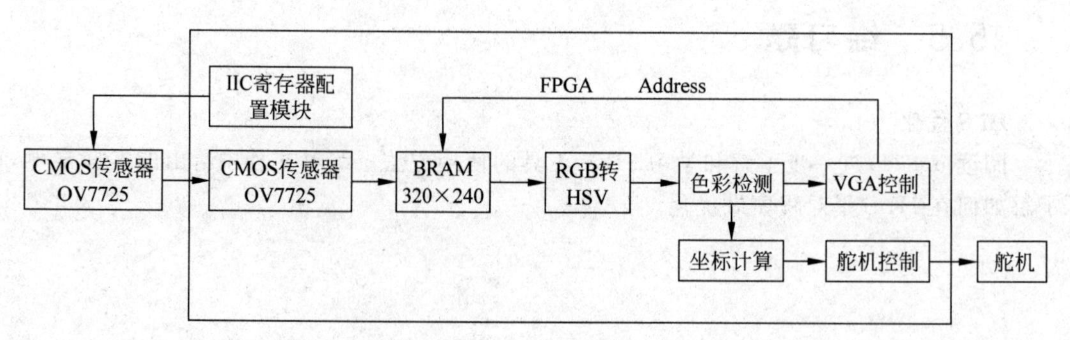

图16.1 系统框图

16.2 硬件介绍

OV7725 是一款低压 CMOS 图像传感器。芯片内置图像处理单元，速度可达 60fps。通过 SCCB 接口，可以控制芯片的内置功能，包括曝光调整、gamma 调整、白平衡、色彩饱和度调整等。OV7725 内 G 和 BR 通道共用一个 10 位 AD，工作频率为 12MHz。

除此之外，OV7725 利用自己的技术处理图像，减少了图像的噪声，并且提供了多种颜色格式的支持及图像大小的支持。

16.3 模块介绍

16.3.1 RGB 转 HSV 模块

通常来说，记录及显示彩色图像时，RGB 是最常见的一种方案。但是 RGB 色彩空间注重颜色的合成而将颜色的属性相混合，在某些图像处理中，如果不均匀改变 RGB，会改变亮度和饱和度，由此带来的 RGB 比例改变甚至会改变色调。乒乓球的色彩比较稳定，因此本实例寻找乒乓球的策略是以色彩为基础。HSV(hue saturation value)是一种比较直观的颜色模型，它将颜色的亮度、色调和饱和度属性分离，因此采用 HSV 颜色空间来实现颜色的检测效果会更好。

RGB 空间和 HSV 空间之间的转换为非线性的，硬件实现需要考虑时钟同步、算法优化及实时性等问题。本实例通过调用低延迟的除法器实现 Hue 分量与 Saturation 分量的高速计算，从而实现了将 RGB 转换成 HSV。

设(r,g,b)是颜色的红绿蓝坐标，取值范围都是$[0,1]$。设 max 为 r、g 和 b 中最大值，min 为最小值。设色调值 h 范围$[0,360]$，s 和 $l\in[0,1]$分别是饱和度和亮度。色彩空间从 RGB 到 HSV 的转换公式如下：

$$h=\begin{cases}0^\circ & \max=\min\\ 60^\circ\times\dfrac{g-b}{\max-\min}+0^\circ & \max=r,g\geqslant b\\ 60^\circ\times\dfrac{g-b}{\max-\min}+360^\circ & \max=r,g<b\\ 60^\circ\times\dfrac{b-r}{\max-\min}+120^\circ & \max=g\\ 60^\circ\times\dfrac{r-g}{\max-\min}+240^\circ & \max=b\end{cases}$$

$$s=\begin{cases}0 & \max=0\\ \dfrac{\max-\min}{\max} & \text{otherwise}\end{cases}$$

$$v=\max$$

实现转换操作最重要的是除法运算，因为 FPGA 中没有小数，所以实际运算过程中需要将 S 乘以 255，同时考虑到 FPGA 位数的原因，将 H 的值除以 2。注意保证 h、s 和 v 三个分量的延迟都一致。用 Verilog 实现 RGB 转 HSV 的流程如图 16.2 所示。

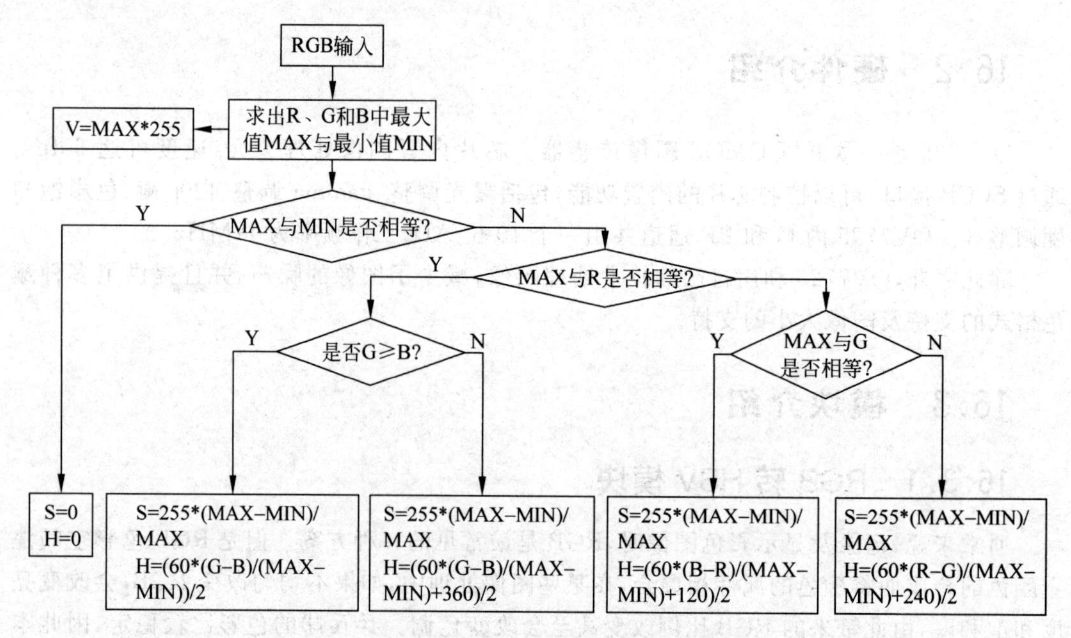

图 16.2 Verilog 实现 RGB 转 HSV 流程

16.3.2 Color Detect 色彩检测及坐标计算

本系统追踪乒乓球的原理是应用了色彩方面的理论，构建了一个基于图像色彩统计的图像处理模块。首先此模块通过一个简单的学习过程，提取乒乓球的 HSV 分量；然后在图像中搜索和这一组分量相近的像素，过滤后标注这些像素，并对这些像素进行坐标位置的求平均计算；最后将计算所得的坐标发送给舵机控制模块，如图 16.3 所示。

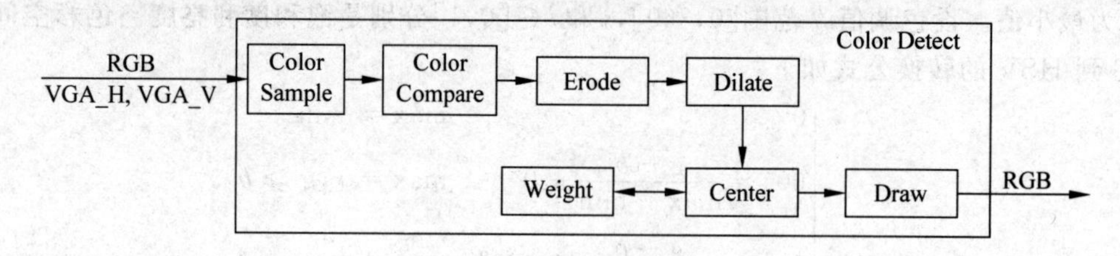

图 16.3 色彩检测流程

1. 乒乓球色彩采集

系统刚上电工作时并不知道乒乓球的色彩，需要一个色彩的提取操作。取屏幕正中央大小为 32×32 的区域，使乒乓球球体位于这个区域。在这个区域内对 H、S、V 三个通道进行像素数的统计，并求出三个通道的像素平均值。按下 btn_color 按钮，将这一组平均值保存下来，存放到 HSV_Detect[23:0]。这组值就是进行接下来乒乓球搜索的主要依据。这部分的代码如下：

```
always@(posedge PClk) begin
    //signal output
    if(btn_ColorExtract == 1) begin
        HSV_detect <= HSV_out_temp;
```

```
        end
    if(sw_ColorClear == 1)begin
    HSV_detect <= 24'b11111111_11111111_11111111;
        end
    //取屏幕中间的一块作为乒乓球色彩收集块
    if(VtcHCnt >= 144 &&VtcHCnt < 176 &&VtcVCnt >= 104 &&VtcVCnt < 136 )
    begin
        H_Sum <= H_Sum + HUE;
        S_Sum <= S_Sum + SATURATION;
        V_Sum <= V_Sum + VALUE;
        end
    else if( Vtc VCnt == 1 ) begin //initial
        H_Sum <= 0;
        S_Sum <= 0;
        V_Sum <= 0;
        end
    else if( VtcVCnt == 239 ) begin //result
            HSV_out_temp[23:16]  <= H_Sum / 1024;
            HSV_out_temp[15:8]   <= S_Sum / 1024;
            HSV_out_temp[7:0]    <= V_Sum / 1024;
        end
end
```

2. 乒乓球搜索

取一帧图像,将每个像素的 H、S、V 通道都与 HSV_Detect[23:0]的 H、S、V 进行做差运算,如果三个差值的和小于一个阈值,那么可以判定为此像素属于乒乓球的球体。主要代码如下:

```
always@( * ) begin

    //different for each channel
    //Hue
    if(HSV24[23:16] > HSV_Detect[23:16])
        H_diff <= HSV24[23:16] - HSV_Detect[23:16];
    else
        H_diff <= HSV_Detect[23:16] - HSV24[23:16];
    //Saturation
    if(HSV24[15:8] > HSV_Detect[15:8])
        S_diff <= HSV24[15:8] - HSV_Detect[15:8];
    else
        S_diff <= HSV_Detect[15:8] - HSV24[15:8];
    //Value
    if(HSV24[7:0] > HSV_Detect[7:0])
        V_diff <= HSV24[7:0] - HSV_Detect[7:0];
    else
        V_diff <= HSV_Detect[7:0] - HSV24[7:0];

    //different sum
    diff_sum <= H_diff/2 + S_diff/4 + V_diff/4;
```

```
        //当达到一定阈值则判断成功,否则失败
        if(diff_sum > 24 || H_diff/2 > 9 || S_diff/4 > 15 || V_diff/4 > 15)
            Binary_out <= 0;
        else
            Binary_out <= 1;

end
```

3. 中心坐标的计算

为了让舵机平台正确的追踪乒乓球，需要乒乓球相对于摄像头的位置，具体来说，就是乒乓球在图像上的坐标。由乒乓球搜索子模块，得到了乒乓球的像素区域。既然这样，求这个区域的中心坐标就变得简单。计算的方法如下：

计算纵坐标：对第 N 帧图像，进行乒乓球区域的像素个数统计。在第 $N+1$ 帧图像，设定一个计数值，当乒乓球区域的像素个数等于第 N 帧像素个数的一半时，将此像素的行计数值保存下来，这就是需要的纵坐标 center_v。

计算横坐标：由上述计算纵坐标可知，对第 N 帧图像，必定会得到第 $N-1$ 帧图像的 center_v 值，以及在 center_v 行的乒乓球像素数目 center_line_num。然后，设置一个计数值 H_num_cnt，在第 N 帧图像的第 center_v 行，对乒乓球像素的个数进行计数，当计数值等于 center_line_num 的一半时，此像素的列计数值保存下来，这就是需要的横坐标 center_h。计算中心坐标的代码如下：

```
module center(
    input pclk,                         //pixel clock
    input din,                          //1-bit 标注亮点的像素值,为乒乓球区域的像素
    input [11:0] Hcnt,                  //0-319 列计数值,来自 vga
    input [10:0] Vcnt,                  //0-239 行计数值,来自 vga
    output reg[11:0] center_h,          //0-319,中点横向坐标
    output reg [10:0] center_v          //0-239,中点纵向坐标
    );

reg [20:0] num;                         //亮点区像素总数
reg [20:0] num_cnt;                     //亮点区像素总数计数
reg [11:0] h_cnt;                       //中点横向坐标计数
reg [10:0] v_cnt;                       //中点纵向坐标计数
reg [10:0] center_line_num;             //中间一行的有效像素总数
reg[10:0] H_num_cnt;                    //中间一行的亮点像素计数变量
reg [10:0] center_line_num_cnt;         //中间一行的有效像素总数计数

//有效区间
reg en;
always@(*) begin
    if(Hcnt >= 0 &&Hcnt < 320 &&Vcnt >= 0 &&Vcnt < 239)
        en <= 1;
    else
        en <= 0;
end
//亮点区像素总数计数
always@(posedge pclk) begin
    if(Hcnt == 1 && Vcnt == 0)          //扫描到像素点(1,0)时
        begin
```

```
            num_cnt <= 0;
        end
    else
        if(din == 1 && en == 1) num_cnt <= num_cnt + 1;
        else                num_cnt <= num_cnt;
end
//在第 center_v 行时,对亮点区像素的个数进行计数,当计数值等于 center_line_num 的一半时,此像素的列计数值保存下来,即得出中心像素的横坐标
always@(posedge pclk) begin
    if(Hcnt == 1 && Vcnt == 0)                //扫描到像素点(1,0)时
        begin
            H_num_cnt <= 0;
            h_cnt <= 0;
        end
    else
        if(Vcnt == center_v&&din == 1 && en == 1)begin H_num_cnt <= H_num_cnt + 1;
                //中点横坐标计数
                if(H_num_cnt < center_line_num/2) h_cnt <= Hcnt;
                else          h_cnt <= h_cnt;
        end
        else          H_num_cnt <= H_num_cnt;
end

//num_cnt 为亮点区像素数量计数值,当等于 num 的一半时保存,得到中点纵坐标
always@(posedge pclk) begin
    if(num_cnt < num/2) v_cnt <= Vcnt;
    else          v_cnt <= v_cnt;
end

//中间一行的有效像素总数
always@(posedge pclk) begin
    if(Hcnt == 1 && Vcnt == 0)                //扫描到像素点(1,0)时
        begin
            center_line_num_cnt <= 0;
        end
    else
        if(Vcnt == center_v&& en == 1 &&din == 1)
            center_line_num_cnt <= center_line_num_cnt + 1;
        else
            center_line_num_cnt <= center_line_num_cnt;
end

//一帧结尾赋值
always@(posedge pclk) begin
    if(Hcnt == 319&& Vcnt == 239)             //扫描到像素点(319,239)时
        begin
            num <= num_cnt;
            center_v <= v_cnt;
            center_h <= h_cnt;
            center_line_num <= center_line_num_cnt;
        end
end

endmodule
```

注意：中心坐标的横、纵坐标并不是在同一帧图像得到，这样的坐标准确吗？其实由于OV7725的帧率较高(60fps)，相邻的两帧图像间几乎没有差别，故并不影响系统的性能。

16.4 舵机控制模块

本系统为了实现追踪，需要水平方向、竖直方向各一个舵机，以组成二自由度平台。平台采用的舵机是四线舵机，除了电源、地以及pwm信号线以外，还有一根反馈信号线，能够以电压的形式返回舵机当前的位置(角度)。反馈信号使得控制算法设计变得简单而有效。具体设计思路为：图像每一帧都会得到一组小球中心点的横纵坐标，在摄像头帧同步信号vsync_in的驱动下，根据舵机反馈信号的ADC采样值计算出当前的舵机角度，同时计算出当前小球中心点坐标与画面中心点坐标的距离(当前偏差量)，将这两个数值的单位统一换算成pwm，然后根据舵机下一时刻的角度＝当前角度＋当前偏差量，计算出下一时刻舵机的pwm值。

16.5 实例实现过程

(1) 创建一个名为Ball_Track的新工程，选用xc7a35tcpg236-1的FPGA器件。

(2) 创建完工程后，在工程的IP设置中，添加本设计所涉及的IP所在目录(IP都位于chapter_16文件夹下的files\HDL_source\IP_Catalog)。如图16.4所示。

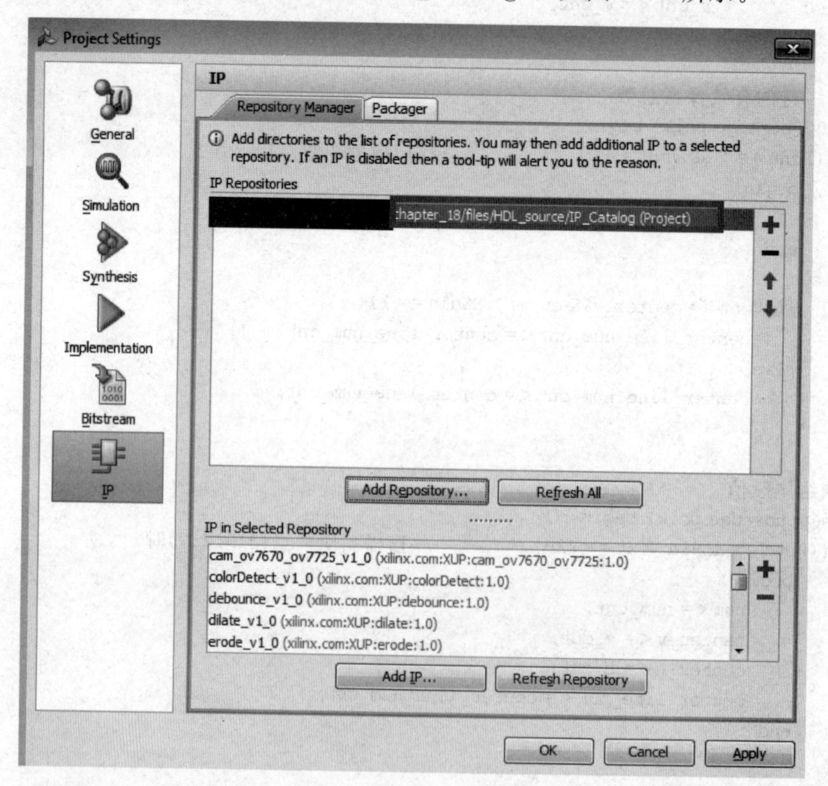

图16.4 添加IP所在目录

(3) 可见添加路径结束后,相应 IP 已自动添加。

(4) 依次在 Vivado 界面 IP_Catalog 的 search 栏中,搜索 cam、ov7725_reg、vga、IICctrl、ram_read、colorDetect、debounce、dilate、erode、move_en、PWM、region、rgb565_rgb888、rgb888_rgb565、hsv、servo、xadc_v1,添加工程所需的 IP。其中,PWM、servo 这两个 IP 各需要添加两次,因为系统用到两个舵机。

(5) 添加工程顶层文件。在 Vivado 界面左侧,单击 Add Sources 和 Add or create design source。

(6) 添加 design_1. v。这是本工程顶层文件,位于 chapter_16\files\HDL_source 目录下。

(7) 添加系统时钟 IP。在 Vivado 界面 IP_Catalog 的 search 栏中,搜索 clock,单击 clocking_wizard,双击它进入 IP 配置界面。

(8) 参考第 13 章中的实现步骤,配置时钟 IP。输出两路时钟,第一路为 100MHz,第二路为 25MHz 的时钟,并去掉 reset 与 lock 前的钩。

(9) 添加帧缓存 IP。参考第 13 章中的实现步骤,配置 IP。

(10) 这样,工程所需的 v 文件以及 IP 都添加完毕。然后添加约束文件。在 Vivado 界面左侧单击 Add Sources 和 Add or create constraints,添加约束文件 B3_Balltrack. xdc(在 chapter_16\files\Constraint 目录下)。

(11) 依次单击综合、实现,生成 Bitstream。

16.6 板级验证

将对应的拨码开关 SW[0]与 SW[1]拨至 0,然后将乒乓球追踪平台上电,稍等几秒,VGA 上会有图像显示。如果视野非常模糊,用户可以转动镜头来调焦。将乒乓球对准摄像头并靠近,通过 VGA 显示器观察,使得屏幕正中央黄色矩形框的区域落于乒乓球的球体区域,按下设定的确定按键,程序会将方框内的颜色记录下来。此时将 SW[1]置为 1,舵机平台将进行乒乓球追踪。显示器画面如图 16.5 所示。

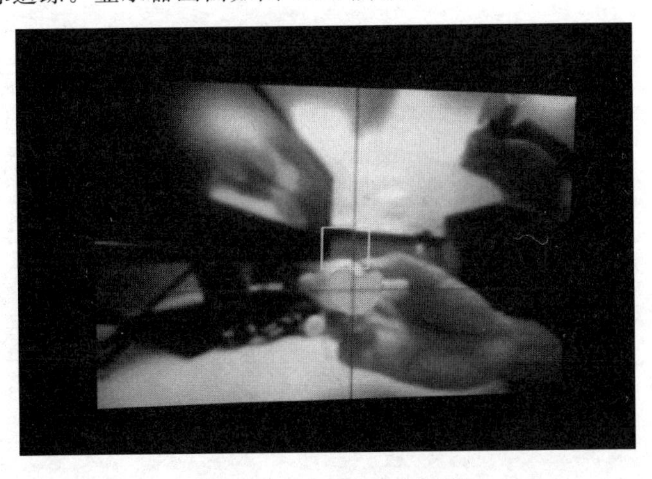

图 16.5 乒乓球追踪效果

如果要重新设定追踪物体，则要先将 SW[1]置为 0，然后将 SW[0]拨至 1 再拨至 0，接着将 SW[1]置为 1 即可。

16.7 练习题

图像滤波

思考如果在屏幕中有其他黄色干扰物，应该如何处理屏蔽。尝试在程序中添加利用物体大小滤波的模块。更改程序后下载到板卡上进行验证。

第 17 章 大学生 FPGA 设计案例

CHAPTER 17

本章学习导言

本章中将分逻辑控制、图像处理、仪器仪表及运动控制等方向简要地给出一些近期大学生自主开发的基于 FPGA 核心的逻辑系统案例，每个案例均包括设计概述、设计原理、设计框图及案例演示等内容，帮助读者了解 FPGA 的实际应用。在此也感谢上海交通大学及东南大学提供的案例。

17.1 逻辑控制

FPGA 的 LUT(查找表)和 FF(触发器)原理就是数字电路中的门电路与触发器，所以 FPGA 也非常适合做数字电路设计的验证。

1. 设计概述

(参考上海交通大学实验) 利用板上时钟分频获取 1Hz 时钟，作为出租车计费器的输入，以实现出租车计费。

(1) 出租车计费方式为：起步价 10 元；3 千米内按起步价计费，3 千米外为 2.4 元/千米；超过 10 千米单价为 3.6 元/千米；用一拨位开关模拟停车，当模拟停车时，计费按照每分钟 0.5 元计费；

(2) 利用一个按钮，表示完成一次交易，并将费用计入小计；

(3) 利用一个按钮，查看今日收入总额。

(4) 利用 2 个拨位开关控制数码管亮度，分成 4 档。

2. 设计原理

工程总共包含三个模块，taxi，bcd 和 seg_display。taxi 模块的输出为公里数、时间和价格的二进制数。bcd 模块用于将二进制码转换为 bcd 码。seg_display 则用于数码管的显示。顶层模块将这三个模块连接起来。

将时钟分频为 1Hz，模拟公里数和等待时间的增加。计程车模拟使用了独热编码状态机。具体状态及其功能如表 17.1 所示。

一共有 4 个拨位开关用于控制整个过程，开关的具体功能如表 17.2 所示。

表 17.1 出租车系统状态表

状　态	功　能
init	初始化距离、时间
moving	计程车行驶
waiting	计程车停车计费
load	将费用计入小计
finish	计算总额
finish2	查看今日收入总额

表 17.2 出租车系统开关功能

开　关	功　能
SW0	停车计费
SW1	计入小计
SW2	查看今日总额
SW3	复位

3. 原理框图

出租车系统原理框图如图 17.1 所示。

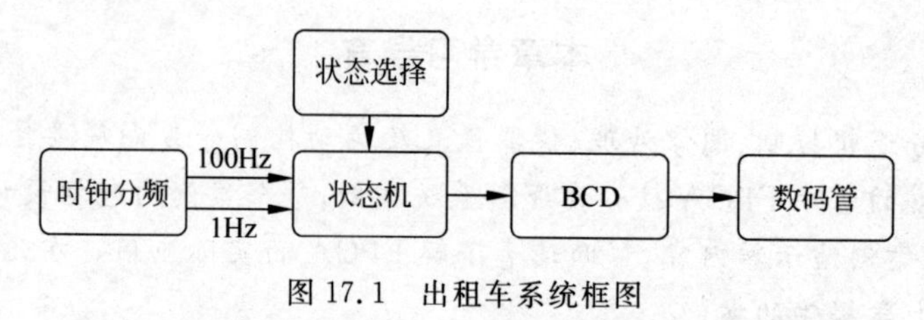

图 17.1 出租车系统框图

状态机如图 17.2 所示，其中复位信号（sw3）将所有状态恢复至 init 状态，此触发条件并没有显示在图上。

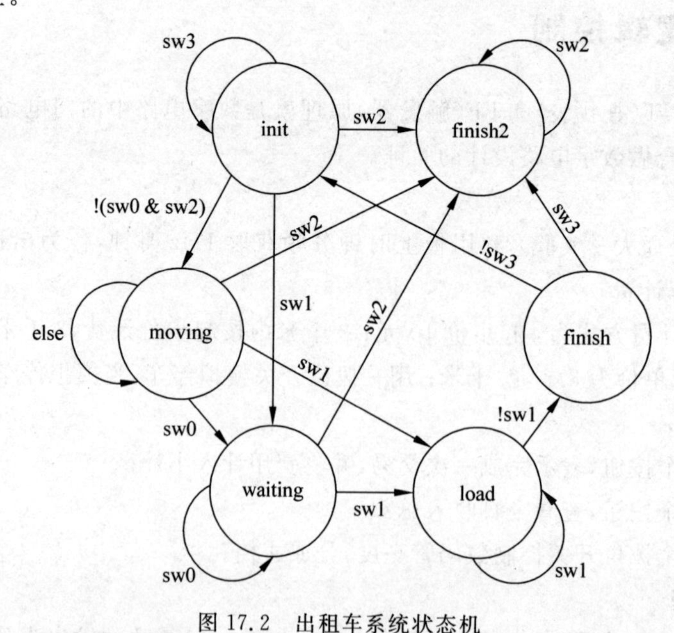

图 17.2 出租车系统状态机

17.2 图像处理

FPGA 擅长并行处理数据。摄像头传输的图像数据流通常需要大数据量的并行处理，从中提取有用的信号给下一级继续处理。同样，图像的显示需要并行将数据流传输给图像显示设备。由于图像的解析度越来越高，对并行处理的要求也随之增高。所以 FPGA 常常被用作图像第一级的大数据量处理以及显示工作。

17.2.1 VGA 控制颜色

1. 设计概述

（参考上海交通大学实验）利用板上的 VGA 接口，实现在显示器上显示图像：

（1）在显示器上实现 8×8 彩色方格显示；

（2）利用拨位开关实现颜色的控制（显示方式自定）；

（3）在显示器上显示“上海交通大学”字样，大小字体自定。

2. 设计原理

由于显示分辨率为 640×480，根据计算或者时序参照表可知时钟频率为 25Hz。将系统时钟分频为 25Hz 用于产生行、场同步信号。场同步信号脉冲宽度为 2 个行周期的负脉冲，每显示行包括 800 点时钟，其中 640 点为有效显示区，每一行有一个行同步信号，该脉冲宽度为 96 个点时钟。

将要输入的字以十六进制（二进制亦可）的形式定义成字库，在有效区域内，将字库在所需的位置一行一行输出即可获得显示内容。显示位置可以由 x_cnt 和 y_dis 控制。同样，在显示 8×8 方块的时候，在 x_cnt 处于 8 个像素点之间的时候输出，输出列距离为 8 个y_dis。

Reset 被设置为 SW0，在平时使用时需要将其拨至 1 的位置。输出内容由一个开关控制（SW1），对应为代码中的选择信号（sel），用于切换显示内容是方块或者文字。显示颜色由其他开关（SW4-SW15）控制，用 12 个开关可以更方便更精确地控制颜色。

3. 原理框图

VGA 显示框图如图 17.3 所示。

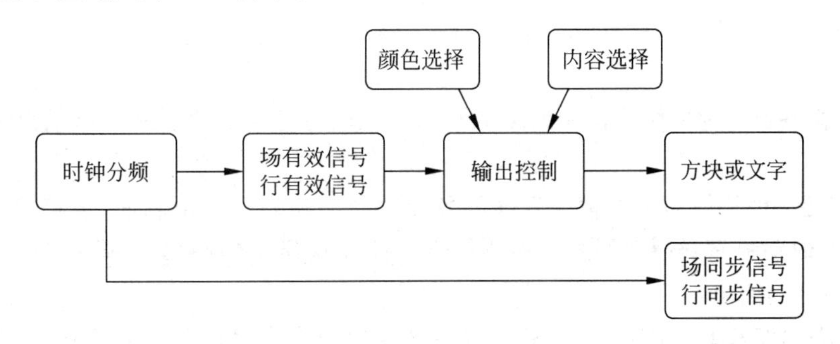

图 17.3　VGA 显示框图

4. 案例演示

如图 17.4 所示，颜色会根据拨位开关的控制而变化。

17.2.2 视力表

1. 设计概述

（参考东南大学 FPGA 竞赛题）本作品所实现的功能是通过数字摄像头 OV7620 对手势图像的采集，将图像数据送回 FPGA 分析，得出手势方向，判断是否与 VGA 显示的字符

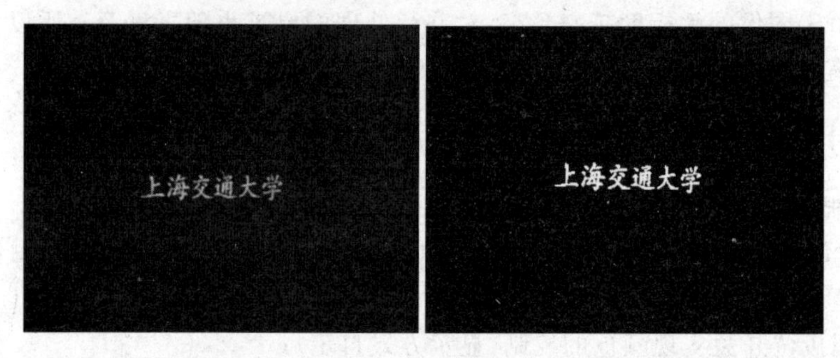

图 17.4　VGA 演示

“E”的方向一致，从而达到检测视力的目的。

2. 设计原理

为了实现上述功能，需要使用 VGA 模块、SRAM 模块、串行通信模块（调试时使用）、LCD 模块，此外还有数码管、拨码开关、按键、扩展 IO 口等。

首先通过 FPGA 发送 VGA 信号，在屏幕上显示一方向随机的字符“E”，接着把摄像头采集到手势图像的 YUV 信号中的亮度信号 Y 按行列地址（图像行号送 ADDRESS 高 9 位，列号送 ADDRESS 低 9 位）依次存到 SRAM 中，再由 FPGA 从 SRAM 依次读取出每行（列）的信息进行分析，得到所指方向。若对同一大小的“E”连续两次判断正确，减小“E”的大小继续测试，否则增大其大小，直到获取到有效视力。

工程分为主控制模块、分频模块、摄像头采集模块、SRAM 存储模块、VGA 显示模块、图像信息分析模块、串行通信模块（在线调试使用），以及其他包括按键开关、数码管显示、拨码开关等模块。

主控制器：控制程序的总体流程。

摄像头采集模块：通过扩展 IO 口读入 OV7620 的像素时钟（TCLK）、行中断（HREF）及场中断（VSYN），并根据这些信息得到地址，将地址和对应的像素点的亮度信息传递给 SRAM 模块。

SRAM 模块：通过摄像头模块发来的写信息或图像分析模块发来的读信息来写入或读出数据。

VGA 显示：模块按照主控模块发来的各种控制信息来显示出画面、字符 E、正确画面、错误画面、未识别画面和最后的视力检测结果。该模块显示的图形较多，计算量较大，因此用去不少逻辑资源。

图像信息分析模块：该模块从 SRAM 中读取出摄像头模块存入的信息，并用阈值比较的方法来区分黑白，计算出每行（列）的黑点数目，并得出黑点最多的行和列，再以该行和列为中心分别向上下（左右）扫描，找到存在符合手指特征的方向。得出方向后送到主控模块进行分析。

串行通信模块：为了方便调试，对摄像头采集回来的数据进行分析，可以使用串行通信模块，把摄像头采集到一幅图像的数据首先通过 C++ 编写的程序滤去行号，并把十六进制的亮度变成了二进制文件，在上位机上读出文件，还原出摄像头采到的图像。这样对图像数据有一个更直观的感受，并且对于手势的形状和各个部分所占的像素点有了精确的数据，在对 FPGA 的编程中有了这些数据就可以更准确地识别出各种手势。

其他模块：按键开关、LED 显示和拨码开关在调试过程中都发挥了不小的作用。

3. 设计框图

视力表框图和视力表手势图分别如图 17.5 和图 17.6 所示。

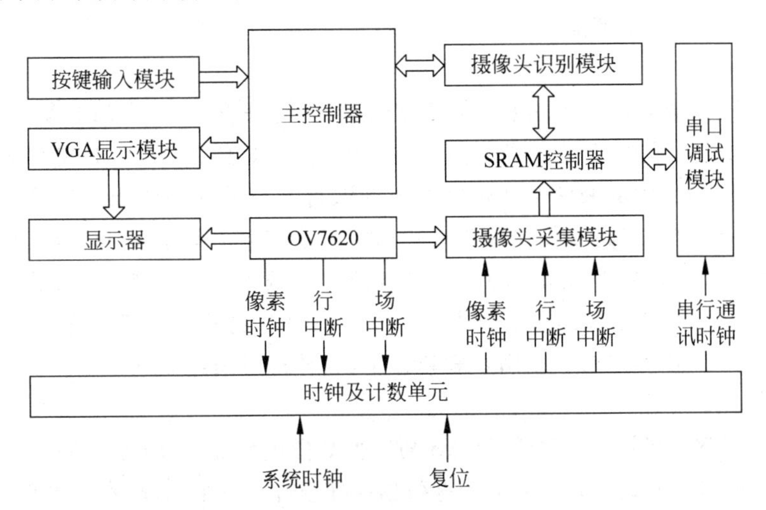

图 17.5 视力表框图 17.3.4 案例演示

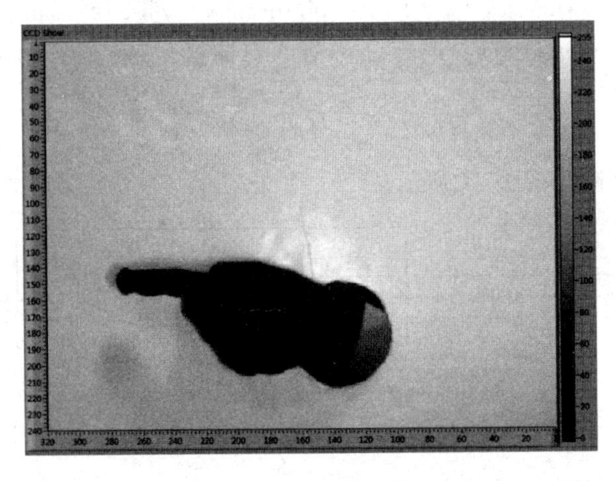

图 17.6 视力表手势图

17.2.3 手部运动检测系统

1. 设计概述

(参考东南大学 FPGA 竞赛题)本作品的目的是制作一种新型的数据手套，实现完整的手部运动信息检测：利用加速度传感器对手部的动作进行检测，再通过 A/D 采集信号后送入 FPGA 进行处理，然后利用模糊检测算法，实现动作的识别，最终通过 VGA 接口在液晶显示屏上显示。

2. 设计原理

1) 加速度检测

由 MMA7260QT 加速度传感器完成对加速度的检测。

每个加速度传感器给出 x、y 和 z 三个坐标方向的加速度值，可以据此分析对应手势。

该 MMA7260QT 低成本电容微加速度计有信号调节功能，一个一级低通滤波器，温度补偿，有 4 种敏感程度供选择。零重力抵消全面跨度无需外部设备。提供睡眠模式，使它适合手持式电池供电的电子产品。

2）数据录入

由 MAX117 完成对加速度信息的模数转换，将加速度信息采入 FPGA。MAX117 是 8 位 8 通道的模数转换芯片，具有转换速度快、功耗低、精度高和易于 μP 接口等特点。它采用半刷新技术，利用其内部的两个 4 位刷新组件取得 8 位的转换结果。转换分两个阶段进行：首先输入模拟量并在高 4 位刷新组件中进行比较转换，从而得到转换结果的高 4 位数字值；其次，把此 4 位数字量所对应的模拟值（即 4 位数字量×参考梯度，其中参考梯度为 $(REF^+ - REF^-)/16$）与输入模拟量进行比较，再把两者之差送入低 4 位刷新组件进行转换，最后取得低 4 位转换结果。使用半刷新技术，其转换时间达 660ns。

3）VGA 显示

首先，对需要的手势拍照，用 MATLAB 对图像数据进行处理，因为 FPGA 开发板的 VGA 输出仅有高低两个电平，这样就需要对图像数据矩阵进行二值化处理，将图像的三维矩阵的第三维颜色值二值化，然后将这三个值转化成一个 3 位的值，便于以二维矩阵的形式存入存储器。例如，二值化后，pictures[x][y][1]=0，pictures[x][y][2]=1，pictures[x][y][3]=1，则将此像素点转化为 pictures[x][y]=110B 存入存储器。根据动作检测的结果调用对应的手势图像进行输出。

3. 设计框图

手部运动检测框图如图 17.7 所示。

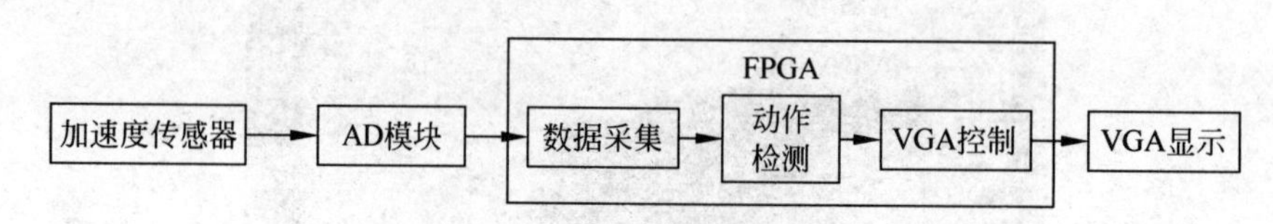

图 17.7　手部运动检测框图

4. 案例演示

手部运动检测图如图 17.8 所示。

图 17.8　手部运动检测图

17.3　仪表仪器

FPGA 由于并行处理的优异性能，很好地满足了仪表仪器对信号处理的高速要求。FPGA 可以使用并行处理提高处理的速度，从而提高仪表仪器可以处理的信号频率。

17.3.1　数字示波器

1. 设计概述

利用 FPGA 的 XADC 采样正弦信号，然后将信号输出在 VGA 上，并且测量出信号的频率与峰-峰值。

2. 设计原理

数字示波器主要分为五个模块。

1) XADC

Artix-7 系列 FPGA 集成的 XADC 拥有 12MHz 的采样率，用来采集输入的模拟信号。XADC 的模拟输入范围为 0～1V。

2) Vpp 计算模块

通过对比找出波形中的最高点与最低点，从而计算出 Vpp。

3) 频率计算模块

通过设置一个阈值，将波形转变成方波。然后通过计算方波的周期，换算成频率，从而得出正弦波的频率。

4) 波形 ROM

预先将正弦波形存储在 ROM 内，然后通过 Vpp 控制具体的输出点坐标。

5) VGA

VGA 输出模块，将波形、Vpp、频率显示在屏幕上。

3. 设计框图

数字示波器框图如图 17.9 所示。

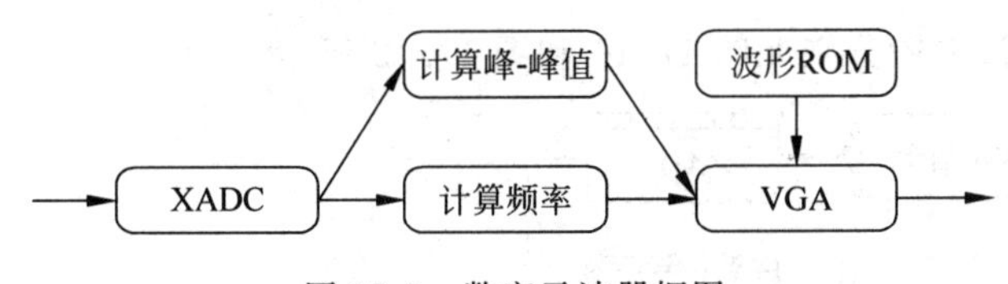

图 17.9　数字示波器框图

4. 案例演示

数字示波器演示如图 17.10 所示。

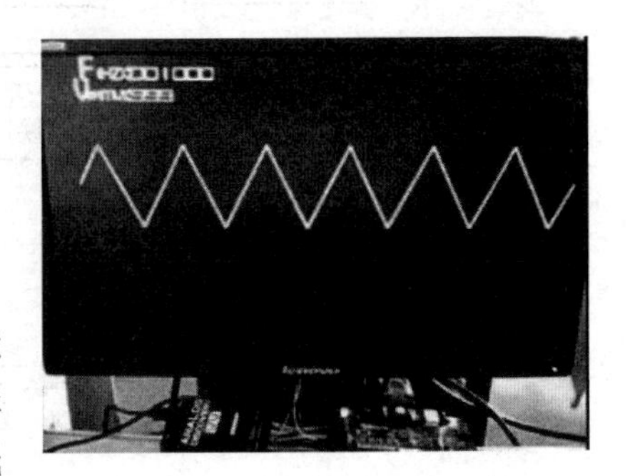

图 17.10　数字示波器演示

17.3.2　逻辑分析仪

1. 设计概述

(参考东南大学 FPGA 竞赛)本设计主要希望能够开发一款可以在大多数 FPGA 平台上工作的逻辑分析仪，使外设(如探头等)的成本尽可能低，以较低的成本满足用户对较高性能逻辑分析仪的需求，并提供给用户模块化的扩展空间。可以适用于所有对中低性能逻辑分析仪、混合信号分析仪有需求的用户。最终实现每通道 1Gbps 的采样速率，对 16 通道数据进行采样，储存深度为 16384。

2. 设计原理

1）数据采集

为了实现对不同电平系统的兼容，本设计采用电压转换收发器 SN74LVC16T245。其可以兼容 1.65V 至 5.5V 间的电平系统，传输延迟最大值小于 5ns（2.5～5V 转换至 5V）。这可以满足 100Msps/200Msps 的采集速率，同时每通道成本仅有 0.1 美元。

2）数据存储

FPGA 内进行数据存储，选择了 FIFO。考虑到有 16 通道输入，暂取每通道 2048 位的存储深度。同时也可以根据实际需要及 FPGA 上剩余的空间资源，确定实际需求的采样深度。

3）与 PC 通信

考虑到板上资源以及各种通信方式使用的难易程度，采用最简单的串口通信。为了保证通讯速度，考虑到 DE0 板上串口芯片为 ADI 的 ADM3202，其数据手册上标称最大串行通信速率为 460kbps。又考虑到计算机端串口 - USB 转换器件的最大工作速率，故最终选定 256000/128000 的通讯速率。

4）人机界面

上位机主要针对本次设计的各种功能实现其显示与相应的控制。主要的模块有数据采集、显示与控制字发送等。图形界面程序开始运行时需要选择串口及波特率，等待 FPGA 准备好，开始读取数据，数据读取完毕存储在本地磁盘中，然后单击“显示波形”即可将获得的数据显示在波形图上，界面默认有 16 个通道，可计算延时，另外可以通过调节旋钮选择不同的触发方式和采样频率。

3. 设计框图

信号框图和设计框图分别如图 17.11 和图 17.12 所示。

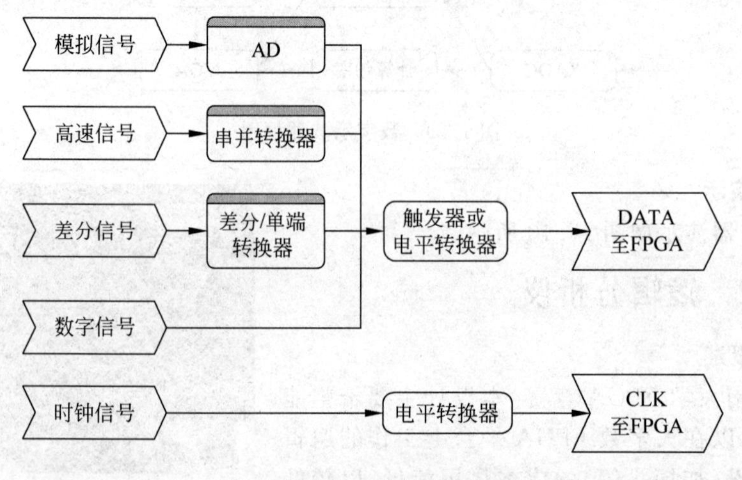

图 17.11 信号框图

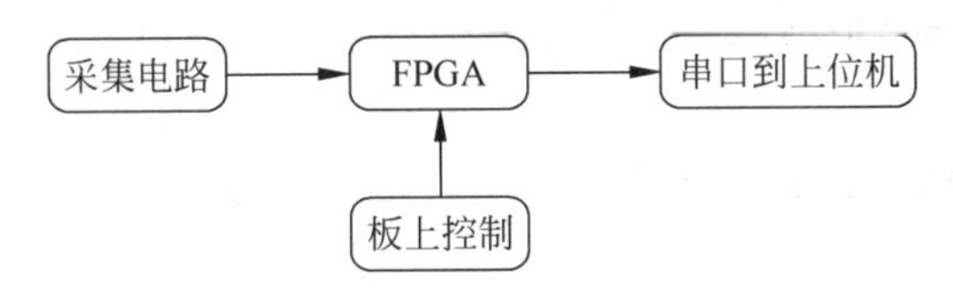

图 17.12　设计框图

4. 案例演示

逻辑分析仪界面演示如图 17.13 所示。

图 17.13　逻辑分析仪界面演示

17.3.3　波形发生器

1. 设计概述

(参考东南大学 FPGA 竞赛)波形发生器是一种数据信号发生器,在调试硬件时,常常需要加入一些信号,以观察电路工作是否正常。本实验使用 FPGA 产生波形,通过 DA 模块将数字信号转换为模拟信号产生模拟波形。

2. 设计原理

1) 板卡控制

板卡控制部分主要包括按键控制以及数码管显示。通过板卡上的上下左右键,选取需要发生的频率,并显示在数码管上。

2) DA 模块

本系统使用 AD7303 作为 DA 输出模块。AD7303 是一个双通道 8 位的 DA 模块。需要根据 AD7303 的时序图,编写 AD7303 的驱动程序。

3) 波形发生模块

波形发生模块是本系统的核心。波形发生模块连接板卡控制模块和 DA 模块,根据板卡控制的频率产生对应频率的波形给 DA 模块。事先将方波、正弦波的数据存储在 FPGA

中，根据需要的频率调用波形数据送给 DA 模块，完成波形发生。

3. 设计框图

波形发生器框图如图 17.14 所示。

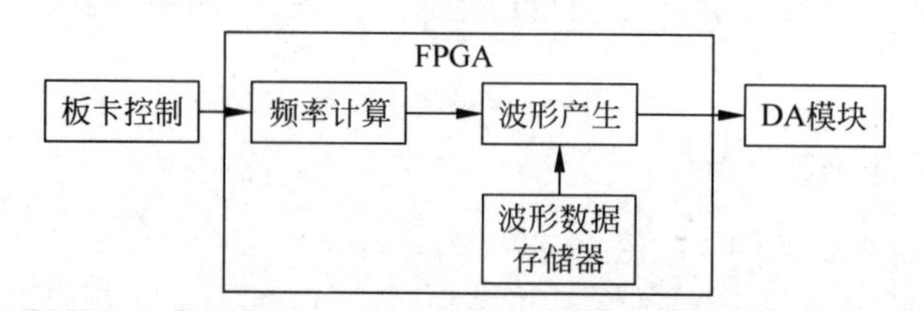

图 17.14　波形发生器框图

4. 案例演示

波形发生连接示波器显示如图 17.15 所示。

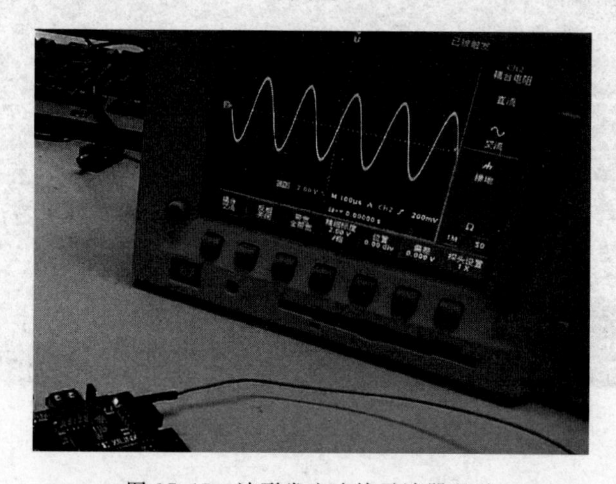

图 17.15　波形发生连接示波器显示

17.4　其他

FPGA 广泛应用于图像处理、通信、物联网、数据中心等领域。读者可以访问 Xilinx 官方网站中的应用方向 http://www.xilinx.com/applications.html 了解 FPGA 在工业上的应用，同时可以访问 OpenHW 网站 http://www.openhw.org/template/openhw/match/index.html 查看以前竞赛的获奖作品文档。

第18章 Xilinx资源导读

CHAPTER 18

本章学习导言

在学习FPGA时,建议不仅要看书本上的知识,更要亲自动手实践。这样不仅巩固了所学的知识,更加强了实际的动手能力。本章主要介绍如何获取书中的例程代码以及参考资料,方便读者根据书中内容实际操作。

18.1 获取本书参考例程

本书内的参考例程,可以访问开源代码网站Github中Xilinx大学计划的页面https://github.com/xupsh,也可以访问Xilinx大学计划社区http://openhw.org/进行下载。

本书的所有例程均在Vivado 2014.4里生成,如若读者不是这个版本,则可能需要更改tcl文件或者手动加载工程源文件。

18.1.1 Github介绍及使用

Git是一个分布式的版本控制系统,最初由Linus Torvalds编写,用作Linux内核代码的管理。在推出后,Git在其他项目中也取得了很大成功,尤其是在Ruby社区。

(1) 登录github.com。

(2) 在搜索栏输入xupsh,按回车确认,如图18.1所示。

(3) 在左侧一栏单击Users,然后单击xupsh进入xup主界面,如图18.2所示。

(4) 进入所需文件夹,然后单击Download ZIP下载相关文件,如图18.3所示。

18.1.2 OpenHW介绍

OpenHW是Xilinx大学计划官方的开源社区,其资源栏如图18.4所示。Xilinx会在社区发布举办的活动内容、Xilinx最新资讯、项目介绍,以及各种学习参考资源。参考社区和论坛的内容是学习Xilinx FPGA的良好途径。

图 18.1　Github 主页面

图 18.2　Github 找到 xupsh

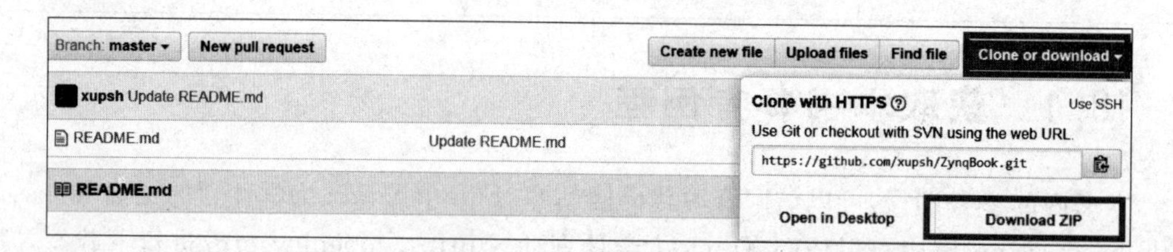

图 18.3　下载相关文件

图 18.4　OpenHW 资源栏

18.1.3 Xilinx各类比赛

在OpenHW的活动一栏，Xilinx会不定期举行各种比赛，如图18.5所示。参加比赛是一个非常好的学习途径，和其他参赛者一起共同进步会提高学习的积极性和热情，而且还有丰厚的奖品。参赛同样可以获得珍贵的FPGA开发资源。

图18.5 Xilinx比赛活动

18.2 Xilinx网站

Xilinx官方网站www.xilinx.com提供了非常丰富的资源给FPGA的研究开发人员，这里对Xilinx官方网站的资源进行一个概括性的介绍，方便读者能更好地查找自己想要的资料。

18.2.1 FPGA应用与解决方案

在网站主界面的APPLICATIONS栏里，可以找到Xilinx对各个领域的应用与解决方案，如图18.6所示。

图18.6 APPLICATIONS栏

18.2.2 文档资料查找

在SUPPORT栏内，可以看到Documentation选项，如图18.7所示。资料包含了器件手册、IP手册和工具使用说明等文档。点进去后，可以在搜索栏中直接搜索想要查询的内容，页面会显示所有有关搜索内容的文档，如图18.8所示。

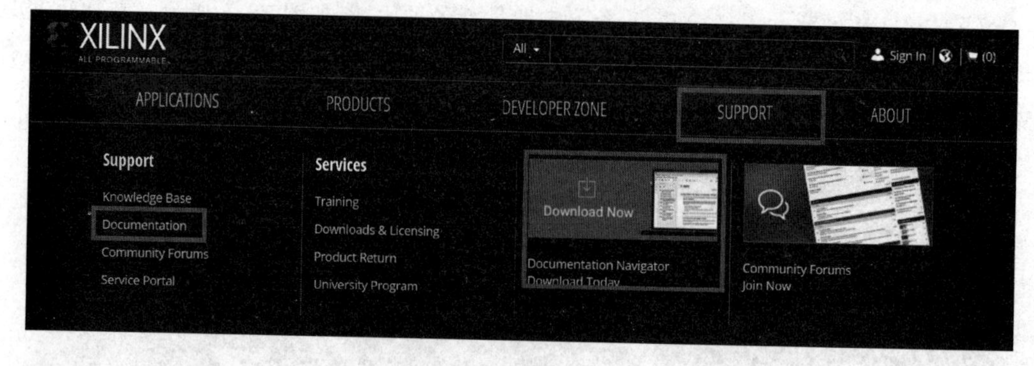

图18.7　SUPPORT栏

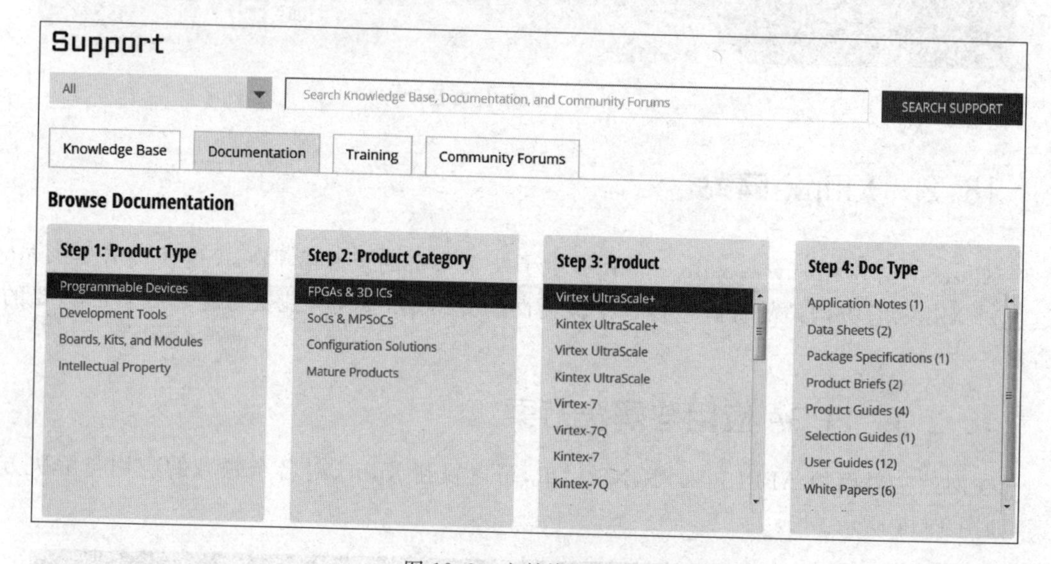

图18.8　文档资料搜索

读者也可以在DocNav软件内进行资料的搜索查找。在Support栏中可以看到DocNav软件的下载。安装Vivado工具时也会自动安装这一软件。打开DocNav软件，同样可以使用软件内的搜索栏搜索想要的文档。注意一定要先将软件左边一栏的查找类型选中，如图18.9和图18.10所示。

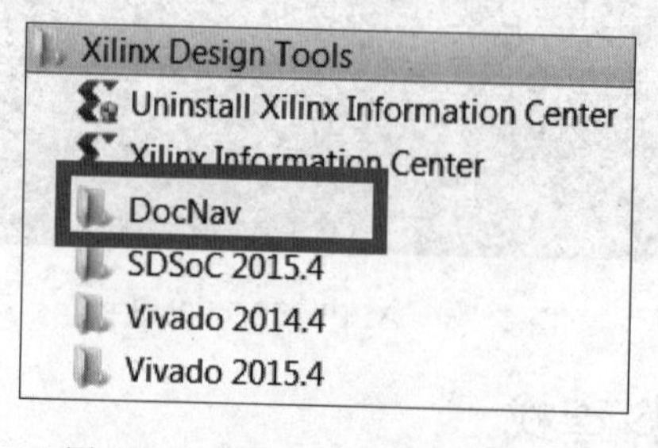

图18.9　Xilinx工具开始菜单栏

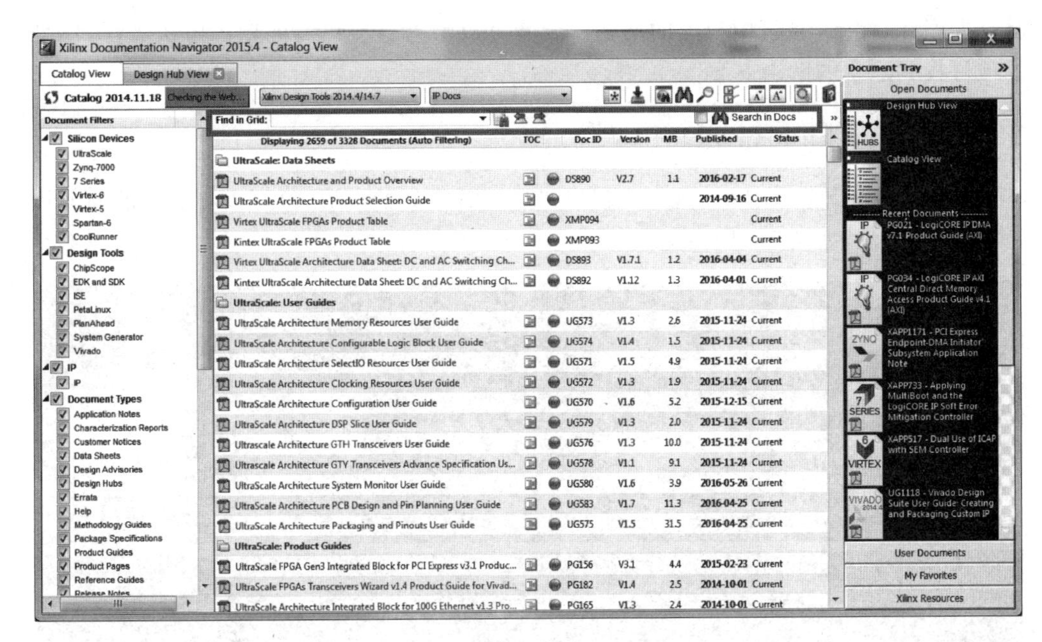

图 18.10　DocNav 软件

18.2.3　Vivado 工具和 License 的下载以及更新

在 SUPPORT 栏中，可以找到 Downloads & Licensing 选项。点进页面可以看到各个版本工具下载。Vivado 软件每个季度会推出一次更新。高版本的 Vivado 可以打开并且只要 Update 后就可以运行低版本 Vivado 上生成的工程。反之高版本生成的工程，较低版本的 Vivado 无法直接运行。在打开 Vivado 的时候工具会提示你这个工程的版本。如若没有提示，则说明工程版本与现在的软件版本符合，如图 18.11 所示。

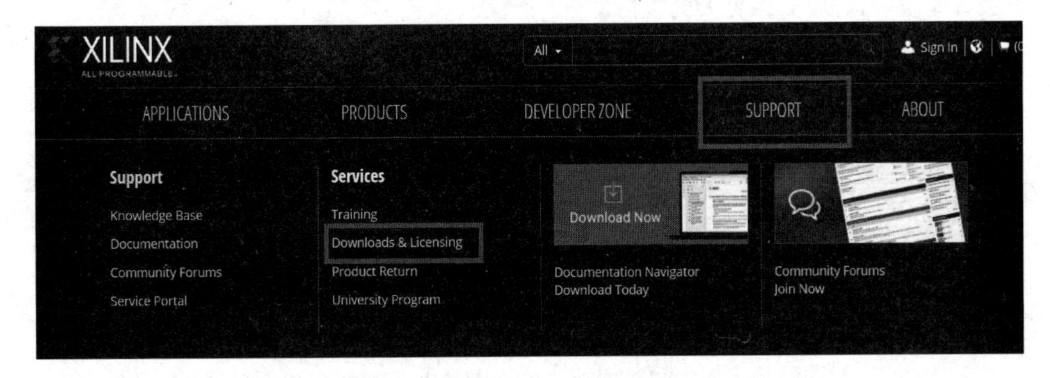

图 18.11　工具下载

18.2.4　问题的查找

在学习与开发的过程中，或多或少会碰到一些自己无法解决的问题。查看相关的文档可以对问题有一个系统的认识。但是如果想要更快速找到解决方法，可以在 Xilinx 主页上，直接在搜索栏里进行问题的搜索。搜索出的结果除了文档之外，有一些标题以 AR 打头的就是大家在 Xilinx 社区中提出的问题。读者可以参考这些已有问题的解决方法，结合实际的项目找到适合的解决方案。

18.2.5 Xilinx 社区

Xilinx 同样有开发者社区，这里不仅可以进行开发者的交流，也可以将自己的问题提出来，大家共同交流，如图 18.12 所示。

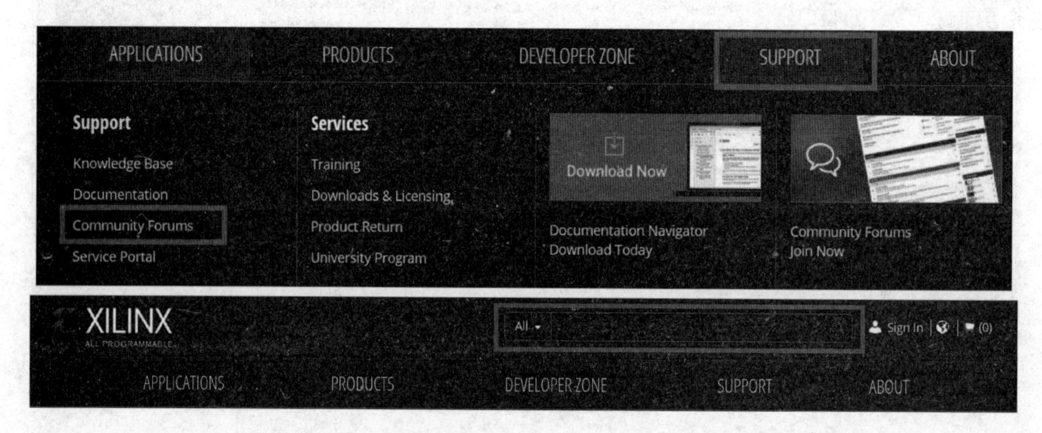

图 18.12　Xilinx 社区

18.3　视频教程

Xilinx 同样提供了丰富的视频教程方便大家学习：

(1) 优酷网上，http://i.youku.com/xilinx，Xilinx 主页内不仅有丰富的技术介绍，解决方案视频，同时有非常全面的 Vivado Quick Take 视频教程，建议在可以初步使用 Vivado 后再去看此教程，可以获得更大的提高。

(2) OpenHW 社区在未来会给出 Xilinx 大学计划的视频教程，教程将覆盖从基础的 Vivado 使用到实际搭建项目，如图 18.13 所示。

图 18.13　优酷 Vivado 快速上手视频

18.4　Vivado 学习参考文档

推荐如下几个 Vivado 参考文档，方便读者更详细地学习 Vivado。

➢ Ug888 Vivado Design Suite Tutorial

➢ Ug910 Vivado Getting started

- Ug892 Vivado Design Flow Overview
- Ug893 Vivado Using IDE
- Ug901 Vivado Synthesis
- Ug904 Vivado Implementation
- Ug835 Vivado Tcl Commands

参 考 文 献

[1] Pong P. Chu. FPGA Prototyping By Verilog Examples：Xilinx Spartan-3 Version. JOHN WILEY & SONS INC. ,2008.

[2] 潘松,黄继业,潘明. EDA 技术实用教程(第五版). 北京：科学出版社,2013.

[3] Richard E. Haskell Darrin M. Hanna 著,郑利浩,王荃,陈华锋译. FPGA 数字逻辑设计教程—Verilog. 北京：电子工业出版社,2010.

[4] 王金明. Veirlog HDL 程序设计教程. 北京：人民邮电出版社,2004.

[5] 夏宇闻. Verilog 数字系统设计教程. 北京：北京航空航天大学出版社,2004.

[6] Xilinx，ug995-vivado-ip-subsystems-tutorial.

[7] Xilinx，ug586_7Series_MIS.

[8] Xilinx，ug480_7Series_XADC.